ZHONGDIYA PEIDIAN
JINENG SHIWU

中低压配电

技能实务

李天友　林秋金　编著

中国电力出版社
CHINA ELECTRIC POWER PRESS

内 容 提 要

随着配电技术的发展和管理组织的变革，中低压配电从以架空线路为主向绝缘化、电缆化方向发展，网络接线方式从辐射型向环网方式发展，作业方式从停电作业向不停电作业方式转变，由此，配电专业工种也由传统的以配电线路工种为主向电缆、带电作业等工种拓展，而且这些专业工种在配电作业现场是一种继承、发展、融合的关系。本书以配电专业传统技能知识为基础，融入当今配电的新知识、新技术、新设备（仪器）和新技能，介绍配电各专业技能及现场管理知识，具有很强的实用性。

全书共十章，第一章、第二章介绍配电网的基本概念和相关技术基础知识，作为配电技能人员的应知部分。第三章介绍配电技能人员必须具备的基本技能。第四章至第十章系统地对架空配电线路、电缆线路、配电装置、防雷与接地、带电作业、配电自动化、配电网运行与监控分别进行介绍，作为配电技能人员的应会部分。

本书可作为电网企业、工矿企业等从事配电施工、运行、检修的技能人员、管理人员的工作参考书和业务培训书，也可供高等职业技术院校相关专业师生学习参考。

图书在版编目（CIP）数据

中低压配电技能实务/李天友，林秋金编著. —北京：中国电力出版社，2011.11（2022.2 重印）
ISBN 978 - 7 - 5123 - 2403 - 9

Ⅰ. ①中…　Ⅱ. ①李…②林…　Ⅲ. ①配电系统—基本知识
Ⅳ. ①TM7

中国版本图书馆 CIP 数据核字（2011）第 244185 号

中国电力出版社出版、发行

（北京市东城区北京站西街 19 号　100005　http：//www.cepp.sgcc.com.cn）
三河市航远印刷有限公司印刷
各地新华书店经售

*

2012 年 6 月第一版　2022 年 2 月北京第三次印刷
787 毫米×1092 毫米　16 开本　20.5 印张　490 千字
印数 4001—4500 册　定价 50.00 元

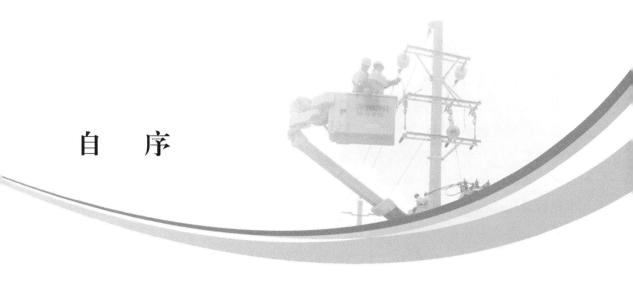

自　序

　　屈指算来，自己在电网企业工作已近三十年，从配电线路班的技术员、配电工区的管理者、生产技术部主任到总工程师等，组织实施了配电网的升压（6kV 升为 10kV）改造、特区投资开发区的配电网及配电自动化的规划与建设、配电带电作业的推广应用等，经历了配电网从架空裸导线到绝缘化、电缆化，接线方式从辐射型到环网方式的变化与发展以及配电网技术装备与管理不断提升的过程。多年的配电工作经历，使我深深感受到配电网在应用先进技术装备的同时，必须同步提升运行管理和技能工艺水平，才能真正发挥作用并产生效益。现场有不少此方面的案例，如配电网绝缘化初期因绝缘导线的架设工艺质量问题而多次造成断线、电缆化初期因电缆接头的制作工艺问题而造成爆炸甚至"火烧连营"等。

　　中低压配电网直接连接用户，是确保供电质量、提升电网运行效益最直接最有效的环节。目前，用户遭受的停电有近 90％是由于中低压配电系统环节造成的，电网一半以上的电能损耗产生在中低压配电网，配电设备整体运行效率较低，中压配电线路和变压器年平均载荷率仅在 30％左右。因此，提高电网的供电可靠性和运行效率的落脚点在中低压配电网。此外，现代经济社会对供电质量提出了更高的要求，停电给社会造成的影响也越来越大，短暂的供电中断、电压骤降等供电质量扰动，都可能引起敏感用户的重大经济损失或造成不良的社会影响，配电运行技术管理面临新课题。

　　近十几年来，本人多次参加国际供电会议（CIRED）并对国外电力企业进行学习考察，深刻感受了国际电力界对配电运行管理及配电技术发展的普遍重视。配电技术面临重要的机遇与挑战，特别是分布式电源的发展，正在给配电网带来深刻的变化。刚刚结束的第 21 届国际供电会议，"配电领域技术和商业驱动力的全球视野"是会议的主题，60 多个国家和地区的 1200 多位专家学者云集德国法兰克福。本人有幸再次参加会议，深入了解国际智能配电网的最新研究动态。不久的将来，呈现在我们面前的配电网，将是一个融合传统和前沿配电工程技术、高级传感和测控技术、现代计算机与通信技术的更加安全、可靠（自愈）、优质、高效、兼容（支持分布式电源接入）、互动的配电系统。配电网将从传统的供方主导、单向供电、基本依赖人工管理的无源网络向用户参与、潮流双向流动、高度自动化的有源网络方向转变；将能大量接纳分布式的可再生能源发电，推动新能源革命，促进环保与社会可持续发展；将提供更加优质可靠的电能，更好地保障现代社会经济的发展；同时实现配电网的最优运行，达到经济高效。面对配电网发展面临的新形势和配电技术面临的新课题，真感形势喜人、形势逼人！

借着本书的出版，有感而发，谈点配电工作的经历、体会与展望，作为本书的序。

潘天友

2011.12.11.于鹭岛

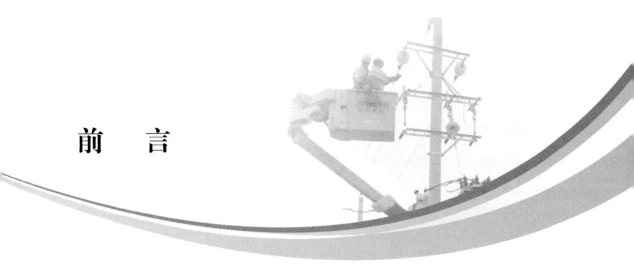

前　言

　　2011 年是我国"十二五"的开局之年，是全面实施"十二五"电网发展规划的起步之年，又是国家启动第二轮农村电网升级改造的第一年。电网的建设与升级改造，除了应用先进的技术和装备外，还必须同步提高技能工艺和运行管理水平。目前，中低压配电网的运行管理和安装检修工艺水平相对较弱，标准化程度不高，是明显的短板，应给予特别的关注。同时，随着配电技术的发展和管理组织的变革，配电新技术、新设备、新工艺不断涌现；中低压配电网从以架空线路为主向绝缘化、电缆化方向发展；配电专业工种也由传统的以配电线路工为主，向电缆、带电作业、配电自动化等工种拓展。因此本书的编撰以配电专业传统技能知识为基础，介绍配电电缆、配电带电作业、配电自动化、配电运行与监控等当今配电的新知识、新设备和新技能，突出"技能实务"性，力求通俗易懂，贴近实际，便于阅读自学。期待能对配电网运行管理、维护检修和升级改造第一线的工作者有所裨益！

　　本书在编写过程中得到朱良镭老师、徐丙垠教授的指导；"电缆线路的故障探测"和"配电自动化"章节的编写，承蒙朱启林与张海台高工提供了大量资料，在此表示衷心的感谢！

　　由于时间仓促，再加上作者的水平有限，书中不妥之处在所难免，恳请广大读者批评指正！

编著者

2011 年 10 月

目　录

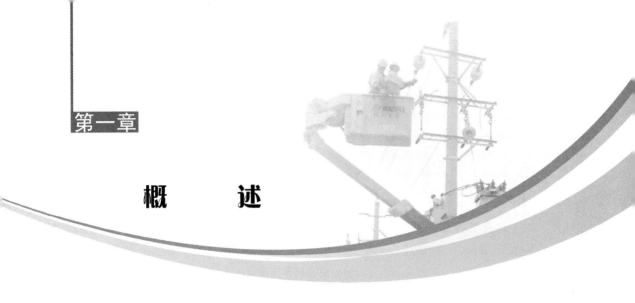

第一章

概　述

本章介绍了电力系统与配电网的基本概念，阐述了配电网的分类以及中低压配电网的特点，使读者对配电网有初步了解；此外，本章还介绍了供电质量、电力用户与电力负荷，并介绍了配电网规划和未来配电网的发展愿景。

第一节　配　电　网

一、电力系统的定义

电力系统是由发电、输送、分配和消耗电能环节的发电机、变压器、电力线路和电力用户组成的整体，是将一次能源转换成电能并输送和分配到用户的统一系统，其构成示意图如图 1-1 所示。电力系统还包括保证其安全可靠运行的继电保护装置、安全自动装置、调度自动化系统和电力通信等相应的辅助系统（一般称为二次系统），以及通过电或机械的方式联入电力系统中的设备（如发电机的励磁调节器、调速器）。

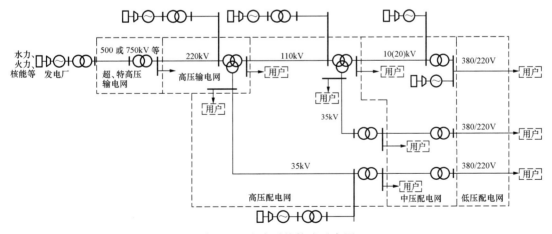

图 1-1　电力系统构成示意图

电力网络是电力系统中输送、变换和分配电能的一部分，包含输电网络和配电网络。输电和配电主要按其各自的性质及其在电力系统中的作用和功能来划分。输电网络一般是电力系统中主要承担电能输送的电压等级较高的电网，是电力系统的主干网络，可以采用直流或交流电方式实现大容量、长距离输送。输电设施包括输电线路、变电站（或换流站，直流输电方式使用，包括整流站和逆变站）等。配电网是指从输电网或地区发电厂接受电能，通过配电设施就地或逐级分配给各类用户的电力网。配电设施包括配电线路、配电变压器、配电所（站或室）、开闭所等。

电力系统电压等级由国家规定，即为额定电压标准。电力系统中的发电机、变压器、电力线路等电力设备都是按规定的额定电压设计并制造的，以使它们在技术经济上能够合理地匹配。由于历史等方面的原因，世界各国采用的电压等级标准不尽相同。我国通用的电压等级及应用场合如表 1-1 所示。

表 1-1 额定电压等级及应用场合

额定线电压（kV）	应用场合	说　明
0.38	低压配电网	中小容量动力、电力电子用电设备、照明家电等
3	工业企业内部使用	大、中容量动力及低压用电设备，多数为用户内部电压变换后应用
6	发电机、工矿企业内中压配电网	大容量动力及中压配电网用户，多数为用户内部电压变换后应用
10（20）	发电机、中压配电网	大容量动力及中压用户
35	高压配电网	部分城市及县电网大量采用
66	高压配电网	我国东北地区使用
110	高压配电网	普遍采用作为城市（或大部分区）供配电网络
220	高压输电网	作为各省或城市供电网架（网络）
330	超高压输电网	我国西北地区作为跨省及省内供电网架
500	超高压输电网	作为全国跨省及省内电网网架
750	超高压输电网	作为我国西北地区跨省及省内电网网架

电力系统的运行管理应满足以下的基本要求：

（1）供电安全、可靠。用户供电中断，会使生产停顿、生活混乱，甚至危及人身和设备的安全，造成很大经济损失和社会影响。停电给国民经济造成的间接损失，也远大于电力系统少售电造成的直接损失。因此，电力系统运行的首要任务是满足用户对供电安全、可靠的要求。

（2）供电质量合格。供电电压、频率以及波形符合国家规定，为用户提供合格的电能。

（3）经济运行。电能生产的规模很大，消耗大量一次能源，在电能生产与输送、分配过程中应力求节约，减小消耗，最大限度地降低电能成本。

（4）降低对环境的负面影响。在电能生产、输送、分配、消耗过程中，总是会伴生出大量的排放物，如废气、废水、废渣和噪声。因此电力企业应遵照环保要求对"三废"进行无害化处理、抑制噪声，最大限度地降低对环境的负面影响。电力设施的建设要尽量减少对土地的占用，且要做到与周围环境相协调。

二、配电网的定义

从输电网（或本地区发电厂）接受电能，就地或逐级向各类用户供给和配送电能的电力网称为配电网。配电网设施主要包括配电线路、变电站、开闭所、配电所（站或室）、断路

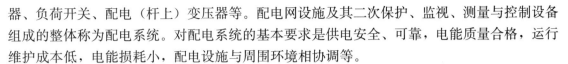

器、负荷开关、配电（杆上）变压器等。配电网设施及其二次保护、监视、测量与控制设备组成的整体称为配电系统。对配电系统的基本要求是供电安全、可靠，电能质量合格，运行维护成本低，电能损耗小，配电设施与周围环境相协调等。

我国的配电网供电范围基本上按行政建制地市级城市和县（市）、乡镇所辖的管理区域划分，仅有少数地区由于行政区划或电网发展过程等原因，存在跨行政区域供、受电情况，但销售电量及收入可以按行政区域分列统计。根据所在地域或服务对象的不同，配电网可划分为城市配电网与农村配电网；根据配电线路的安装方式不同，可分为架空配电网与电缆配电网；而根据电压等级的不同，可分为高压配电网、中压配电网与低压配电网。

（一）高压配电网

高压配电网是指高压配电线路和相应等级的变配电电气设备系统组成的配电网。高压配电网的功能是从上一级电源接受电能后，可以直接向高压用户供电，也可以通过变压器降压后为下一级中压配电网提供电源。高压配电网电压为 110、66、35kV 三个电压等级，城市配电网一般采用 110kV 作为高压配电电压，东北地区采用 66kV，上海市区、天津、青岛等城市采用 35kV 电压等级。

（二）中压配电网

中压配电网是指由中压配电线路和变配电电气设备组成的配电网。中压配电网的功能是从输电网或高压配电网接受电能，向中压用户供电，或向各用户小区的配电所（站或室）供电，再经过配电变压器降压后向下一级低压配电网提供电源。

中压配电网主要有 20、10、6kV 三个电压等级。在我国，大多数中压配电网采用 10kV 电压等级，部分负荷密度高的地区采用了 20kV 电压等级，少量工厂用电系统的中压采用 6kV 电压等级。

20kV 电压与 10kV 电压比较，在同等导线截面及电流密度的情况下，输送容量提高 1 倍，在保证相同的电压质量的前提下，其合理送电距离可增加 1 倍；在输送相同的距离和相同功率的前提下，电压损失降低 50％，电能损失降低 75％，可减少变电站配电出线回路数近一半，对负荷密集地区可避免出线过多带来的通道路径等困难，在同一地区可使降压变电站的设置数量减少一半。

（三）低压配电网

低压配电网是指由低压配电线路及其附属电气设备组成的向用户提供电能的配电网。低压配电网的功能是以中压配电网的配电变压器为电源，将电能通过低压配电线路直接送给用户。低压电源点较多，一台配电变压器就可作为一个低压配电网的电源，供电半径通常不超过几百米。低压配电线路供电容量不大，但分布面广，除一些集中用电的用户外，大量是供给城乡居民生活用电及分散的街道照明用电等。

低压配电网主要采用的三相四线制。我国采用单相 220V、三相 380V 的低压额定电压。

（四）中低压配电网的特点

中低压配电网即电压在 10（20）kV 及以下的配电网，它直接面向用户，是确保供电质量的关键环节，具有如下特点：

（1）配电设备遍布城市和农村的大街小巷、村庄，是城乡公共基础设施的组成部分。

（2）网络结构与设备变动频繁，这主要是受市政建设要求迁杆移线和用户负荷发展的影响。

（3）中压配电网一般采用辐射型或环网开环运行的供电方式，分支线路大多采用 T 接。低压配电网则一般采用辐射型的供电方式。

（4）配电网保护、控制装置的配置相对简单，技术要求也相对低一些，例如允许继电保护装置延时动作切除配电线路末端的故障，而在输电线路上任何一点发生故障时，都要求继电保护装置快速动作。

（5）用户遭受的停电绝大部分是由于配电系统环节造成的。据有关供电可靠性统计表明，扣除系统容量不足限电因素，因配电系统环节造成的停电，共占总停电事件的 96％左右，而高电压输变电环节造成的停电占 4％左右。

（6）电网一半以上的传输电能损耗发生在中低压配电网。

由此可见，要进一步提高供电质量和电网企业的经济效益，必须在配电系统上下工夫，加强配电系统技术创新与管理工作。

需要特别指出，目前在世界范围内分布式发电技术迅速发展，被称为是改变电力工业未来面貌的革命。大量的小型分布式发电设备直接接入配电网，给配电网的分析计算、设计、保护与控制、运行管理提出了许多新的课题。

第二节 供 电 质 量

供电质量是指供电企业满足用户电力需求的质量，包括电能质量和供电可靠性两个方面。电能质量是指供应到用户电能的品质优劣程度，衡量电能质量的主要指标为电网频率和供电电压质量。供电可靠性是指对用户连续供电的可靠程度，直接体现了配电网对用户的供电能力。中低压配电网是保证用户供电质量的最直接、最重要的环节。

一、电网频率质量

我国的电力系统的运行频率为 50Hz，理想的频率标称值应当是 50Hz。但是，受发电机运行、电网负荷等因素的影响，常达不到理想频率。频率偏差即系统频率的实际值和标称值之差。我国规定：

（1）电网容量在 300 万 kW 及以上，频率允许偏差为 ±0.2Hz；

（2）电网容量在 300 万 kW 以下，频率允许偏差为 ±0.5Hz。

电网频率不符合上述标准，频率低或频率高都将给用户和电力生产造成严重危害。当电网频率过低时，会损坏发电设备，降低发电厂出力，容易使电网发生瓦解事故，造成大面积停电；同时会损坏用电设备，使产品质量下降，容易使用户的自动装置误动。当电网频率过高时，线损会成倍增长，导体的表面电流密度随频率增加而增大，用户载流设备的负载能力明显下降。

二、供电电压质量

1. 电压允许偏差

一般以电压变动幅度来衡量是否符合标准。GB/T 12325—2008《电能质量 供电电压偏差》规定，允许的偏差如下：

（1）35kV 及以上供电电压允许偏差为额定电压的 ±10％；

（2）10kV（20kV）及以下三相供电电压允许偏差为额定电压的 ±7％；

（3）220V 单相供电电压允许偏差为额定电压的-10%～+7%。

该标准中，供电电压为供电部门与用户产权分界处的电压或由供用电合同所规定的电能计量点的电压。

2. 造成电压偏差的原因及其危害

（1）配电系统运行方面的原因。配电系统个别元件或单元故障或检修退出运行，或运行方式改变，造成配电网功率分布和阻抗的改变，从而使电压损耗发生变化，造成用户受电端电压的偏差。

（2）配电系统规划设计方面的原因。由于规划设计不完善，造成配电线路供电半径超过允许范围或设备过负荷，引起电压损耗或电压偏差率超出允许范围。

（3）用户原因。用户的有功功率、无功功率和功率因数是随时间变化的，这必然引起负荷电流的变化，从而使配电网中各点的电压损耗发生变化，造成用户受电端电压的波动。

还有因上级输电系统的异常运行造成变电所的母线电压偏移，从而造成用户受电端电压的偏差。

电压偏差超过允许范围时，对用户用电设备的运行具有很大的影响。由于各种用电设备都是按额定电压来设计的，所以用电设备都是在额定电压下运行才能取得最佳技术经济效果。偏离额定电压运行，会导致效率下降，经济性变差，当电压偏离过大时，必然会影响工农业生产、甚至会损坏用电设备。如电压过低时，用户异步电动机的转差率将增大，同时电动机绕组中的电流将增大，引起绕组温升，使电动机的寿命缩短。还有，电压过低对照明负荷也有影响，将使白炽灯发光效率大大降低，日光灯甚至无法启动。

三、公用电网谐波

电力谐波主要是冶金、化工、电气化铁路等换流设备及其他非线性用电设备产生的。随着硅整流及可控硅换流设备的广泛使用和各种非线性负荷的增加，大量的谐波电流注入电网，造成电压正弦波形畸变，使电能质量下降，给发供电设备及用户用电设备带来严重危害。为保证向各类用户提供质量合格的电能，必须对各种非线性用电设备注入电网的谐波电流加以限制和管理，以保证电网和用户用电设备的安全经济运行。

与电网连接并输入两倍于 50Hz 及以上频率电流的设备，统称谐波源。

谐波电流与电压正弦波形畸变率，用下式进行计算

$$DFV_n = \sqrt{3}\,\frac{V_N n I_n}{10 S_k} \times 100\% \qquad (1-1)$$

式中　DFV_n——第 n 次谐波电压正弦波形畸变率（相电压有效值）的百分数；

　　　　V_N——电网的额定线电压，kV；

　　　　S_k——电网连接点的三相短路容量，MVA；

　　　　n——谐波次数（$n=2$、3、4、5、……）；

　　　　I_n——第 n 次谐波电流有效值，单位 A。

将式（1-1）进行变换即可求出第 n 次谐波电流值。

GB/T 14549—1993《电能质量　公用电网谐波》规定，公用电网谐波电压（相电压）限值不得超过表 1-2 规定。公共连接点的全部用户向该用户注入的谐波电流分量（方均根值或有效值）不应超过表 1-3 规定的允许值。

表1-2   公用电网谐波电压限值

供电电压（kV）	0.38	6 或 10	35 或 66	110
电压总谐波畸变率（%）	5	4	3	2
奇次谐波电压含有率（%）	4	3.2	2.4	1.2
偶次谐波电压含有率（%）	2	1.6	1.2	0.8

表1-3   注入公共连接点的谐波电流允许值

供电电压（kV）	基准短路容量（MVA）	谐波次数及谐波电流允许值（有效值，A）											
		2	3	4	5	6	7	8	9	10	11	12	13
0.38	10	78	62	39	62	26	44	19	21	16	28	13	24
6	100	43	34	21	34	14	24	11	11	8.5	16	7.1	13
10	100	26	20	13	20	8.5	15	6.4	6.8	5.1	9.3	4.3	7.9
35	250	15	12	7.7	12	5.1	8.8	3.8	4.1	3.1	5.6	2.6	4.7
66	500	16	13	8.1	13	5.4	9.3	4.1	4.3	3.3	5.9	2.7	5.0
110	750	12	9.6	6.0	9.6	4.0	6.8	3.0	3.2	2.4	4.3	2.0	3.7

供电电压（kV）	基准短路容量（MVA）	谐波次数及谐波电流允许值（有效值，A）											
		14	15	16	17	18	19	20	21	22	23	24	25
0.38	10	11	12	9.7	18	8.6	16	7.8	8.9	7.1	14	6.5	12
6	100	6.1	6.8	5.3	10	4.7	9.0	4.3	4.9	3.9	7.4	3.6	6.8
10	100	3.7	4.1	3.2	6.0	2.8	5.4	2.6	2.9	2.3	4.5	2.1	4.1
35	250	2.2	2.5	1.9	3.6	1.7	3.2	1.5	1.8	1.4	2.7	1.3	2.5
66	500	2.3	2.6	2.0	3.8	1.8	3.4	1.6	1.9	1.5	2.8	1.4	2.6
110	750	1.7	1.9	1.5	2.8	1.3	2.5	1.2	1.4	1.1	2.1	1.0	1.9

四、三相电压不平衡

三相电压不平衡度指三相电力系统中三相不平衡的程度，用电压或电流负序分量与正序分量的均方根值百分比表示。

三相电压不平衡度表达式为

$$\varepsilon_U = \frac{U_2}{U_1} \times 100 \quad （\%） \tag{1-2}$$

式中 U_1——三相电压的正序分量方均根值，V；

U_2——三相电压的负序分量方均根值，V。

如将式（1-2）中的 U_1、U_2 换为 I_1、I_2 则为相应的电流不平衡度 ε_I 的表达式。

GB/T 15543—2008《电能质量 三相电压不平衡》规定，电压不平衡度限值如下：

（1）电力系统公共连接点电压不平衡度限值为：电网正常运行时，负序电压不平衡度不超过2%，短时不得超过4%；低压系统零序电压限值暂无规定，但各相电压必须满足 GB/T 12325—2008《电能质量 供电电压偏差》的要求。

（2）接于公共连接点的每个用户引起该点负序电压不平衡度允许值一般为1.3%，短时不得超过2.6%。

三相电压不平衡主要是由单相或三相不平衡负荷引起的，因此不平衡度的测量标准衡量点选在电网的公共连接点，以便在保证其他用户正常用电的基础上，给干扰源用户以最大的限值。

五、电压波动和电压闪变

电压波动是指由电力系统中具有冲击性功率的负荷（生产运行过程中周期性从电网中取用快速变动功率的负荷，如炼钢电弧炉、轧机、电弧焊机等）引起的公共供电点电压的快速变动。

闪变是指人对灯光照度不稳定造成的视感。

1. 电压波动

对于平衡的三相负荷，电压波动 d 可由式（1-3）计算

$$d \approx \frac{\Delta S_i}{S_{sc}} \times 100\% \tag{1-3}$$

式中　ΔS_i——负荷的变化量，kVA；

　　　S_{sc}——考察点的短路容量，kVA。

已知三相负荷的有功功率和无功功率的变化量分别为 ΔP_i 和 ΔQ_i 时，则用式（1-4）计算电压波动

$$d = \frac{R_L \Delta P_i + X_L \Delta Q_i}{U_N^2} \times 100\% \tag{1-4}$$

式中　R_L——电网阻抗的电阻分量，Ω；

　　　X_L——电抗分量，Ω；

　　　ΔP_i——有功功率的变化量，kW；

　　　ΔQ_i——无功功率的变化量，kvar；

　　　U_N——额定电压，kV。

对于由某一相间单相负荷变化引起的电压波动，公式为

$$d \approx \sqrt{3}\, \frac{\Delta S}{S_{sc}} \times 100\% \tag{1-5}$$

式中　ΔS——负荷的变化量，kVA；

　　　S_{sc}——考察点的短路容量，kVA。

GB/T 12326—2008《电能质量　电压波动和闪变》规定，电力系统公共连接点由波动负荷产生的电压波动限值见表 1-4。

表 1-4　　　　　　　　　　　　电 压 波 动 限 值

电压变动频度 r（次/h）	$r \leqslant 1$	$1 < r \leqslant 10$	$10 < r \leqslant 100$	$100 < r \leqslant 1000$
$U_N \leqslant 35kV$ 时的 $d\%$	4	3	2	1.25

2. 电压闪变

不同类型的电压闪变可有不同的评估方法。一般可用符合标准的闪变仪进行测量，有的可用仿真法、闪变时间分析法进行评估。

电力系统公共连接点，由波动负荷引起的短时闪变值 P_{st} 和长时闪变值 P_{lt} 应满足表 1-5 的要求。

表 1-5　　　　　　　　　　　各级电压下的闪变限值

系统电压等级	$U_N \leqslant 1kV$	$1kV \leqslant U_N \leqslant 35kV$
P_{st}	1.0	0.9（1.0）
P_{lt}	0.8	0.7（0.8）

注　P_{st} 和 P_{lt} 每次测量周期分别取为 10min 和 2h。

六、电压骤降

电压骤降指供电电压的有效值短时间突然下降的事件。目前，国际、国内都还没有统一的电压骤降标准。根据欧洲标准 EN 50160 以及美国国际电气电子工程师协会推荐标准（IEEE Std 1159—1992），电压骤降的定义为：供电电压有效值突然降至额定电压的 90%～10%（0.9p.u.～0.1p.u.），然后又恢复至正常电压，且这一过程的持续时间为 10ms～60s。

引起电压骤降的原因主要是电网或用电设备发生短路故障；一些用电设备（如电动机）启动或突然加荷等。与长时间供电中断事故相比，电压骤降有发生频率高、经历时间短、事故原因不易觉察的特点，处理起来也比较困难。

电压骤降会造成计算机系统失灵、自动化控制装置停顿或误动、变频调速器停顿等；引起接触器跳开或低压保护启动，造成电动机、电梯等停顿；引起高温光源（碘钨灯）熄灭，造成公共活动场所失去照明。因此，电压骤降会给工商业带来很大的经济损失，甚至会危害人身及社会安全。

用于评估配电系统电压骤降的一个基本指标是 $SARFI(x)$，通过对被评估系统的所有用户在单位时间（一般为 1 年）进行监测，统计各用户感受到电压骤降次数及每一次电压骤降时的电压有效值，从而得出用户平均经受的电压有效值在 $x\%$ 以下的电压骤降次数，即

$$SARFI(x) = \frac{\sum N_i}{N_T} \tag{1-6}$$

式中　x——电压有效值的阈值，取值范围在 90～10 之间；

N_i——经受电压骤降的用户一年中感受到的电压有效值小于 $x\%$ 的电压骤降次数；

N_T——被评估系统的用户总数。例如用户 1 年中平均经受了 3 次电压有效值低于 70% 的电压骤降，则 $SARFI(70)=3$。

$SARFI(x)$ 与反映用户平均停电次数的指标 $SARFI$ 类似。$SARFI$ 用来评价供电中断（中断时间大于 3min）；$SARFI(x)$ 将电压骤降发生的频次与幅值下降严重程度统一考虑，能够确切地反映电压骤降的对用电设备的影响。

电压骤降并不是一个新问题，由于以往的绝大多数用电设备对电压的短时突然变化不敏感，该问题没有引起人们的重视。20 世纪 80 年代后，计算机、可编程逻辑控制器、变频调速设备等数字设备应用和工业生产过程自动化程度的提高，对供电质量提出了更高的要求，使问题凸显出来。实际上，目前造成用电设备不正常运行的主要电能质量问题就是电压骤降引起的。据国外统计，用户电能质量问题投诉中，由于电压骤降原因造成的占 80% 以上。因此，电压骤降已成为国际上电能质量研究的首要问题，国际电工委员会 IEC 已着手制定电压骤降的技术标准。

七、供电可靠性

1. 供电可靠性的定义

供电可靠性是指供电系统对用户持续供电的能力。用户是指供电系统提供电能的对象，按其接入系统的电压等级可分为低压用户、中压用户、高压用户。由于用户接入系统电压等级不同，统计单位也存在差异。

供电可靠性反映了对电能需求的满足程度，是供电系统的规划、设计、基建、施工、设备选型、生产运行、供电服务等方面的质量和管理水平的综合体现，它是一项复杂的系统工

程，涉及发、输、变、配、用电等各个环节。

2. 供电可靠性的评价指标

供电可靠性评价指标，是用户供电可靠性的具体量化。描述供电可靠性的主要指标有供电可靠率、用户平均停电时间、用户平均停电次数、用户平均停电用户数、故障停电平均持续时间。用户供电可靠性统计评价指标按不同电压等级分别统计，供电可靠性的数据采集、统计、填报应及时、准确、完整。

(1) 供电可靠率：在统计期间内，对用户有效供电时间总小时数与统计期间小时数的比值，记作 RS-1，是反映供电系统对用户供电的可靠度的指标。其公式为

$$供电可靠率=\left(1-\frac{用户平均停电时间}{统计期间时间}\right)\times100\% \tag{1-7}$$

若不计外部影响，则记作 RS-2；不计系统电源不足的影响，则记作 RS-3。

(2) 用户平均停电时间：在统计期间内用户的平均停电小时数，记为 AIHC-1。其公式为

$$用户平均停电时间=\frac{\sum(每次停电持续时间\times每次停电用户数)}{总用户数}（h/户） \tag{1-8}$$

若不计外部影响，则记作 AIHC-2；不计系统电源不足的影响，记作 AIHC-3。

(3) 用户平均停电次数：在统计期间内供电用户的平均停电次数，记作 AITC-1，是反映供电系统对用户停电频率的指标。其公式为

$$用户平均停电次数=\frac{\sum每次停电用户数}{总用户数}（次/户） \tag{1-9}$$

若不计外部影响，则记作 AITC-2；不计系统电源不足的影响，则记作 AITC-3。

(4) 用户平均停电用户数：在统计期间内，平均每次停电的用户数，记作 MIC，是反映了停电的平均停电范围大小的指标，其公式为

$$平均停电用户数=\frac{\sum每次停电用户数}{停电次数}（户/次） \tag{1-10}$$

(5) 故障停电平均持续时间：在统计期间内，故障停电的每次平均停电小时数，记作 MID-F，主要反映了平均每次对故障停电恢复能力的水平，其公式为

$$故障停电平均持续时间=\frac{\sum故障停电时间}{故障停电次数}（h/次） \tag{1-11}$$

我国供电可靠性仅以中压用户（若为公用变压器，每台计1户）作为统计单位进行统计，完成的指标值与发达国家相比也有较大差距，国际上发达国家已将低压用户纳入统计范围。

3. 提高供电可靠性的措施

供电可靠性评价指标中，停电户数和停电时间是关键因素，要从规划建设、设备选型、运行维护全过程管理，不断改进和提高供电可靠性。

(1) 科学规划，建设坚强的电网。除了上级电源的强有力支撑外，配网线路应分段合理，减少线路段户数，实现可转供电；采用成熟可靠少维护设备，提高绝缘化、电缆化、自动化比率，从网架和装备上为可靠供电奠定物质基础。

(2) 提高维护与抢修质量，减少故障停电。加强配电线路的巡视维护消缺，保障配网安全健康水平。提高故障修复的效率，借助配电自动化、线路短路故障指示器的信息，大幅度

缩短故障查找的范围与时间，发挥操作抢修专业优势，快速反应、精心组织，尽力减少故障的停电时间。

（3）加强停电分析与指标预控，减少停电范围和时间。严格控制各类计划检修停电，整合各类停电计划，做到"一停多用"，杜绝重复停电。优化设计和施工方案，从源头抓起，在施工组织、施工步骤、施工方法上续挖潜力，最大程度缩小停电范围与时间。

（4）大力推广带电作业，实现"能带不停"，配电线路结构、新设备接入方案要考虑带电作业的要求。

（5）加强管理措施的监督与改进，提高供电可靠性。将供电可靠性工作贯穿到网络成员和有关设计、施工、运行维护的部门和班组，设计方案、施工任务分解、维护消缺等围绕可靠性要求来优化和改进。

第三节　电力用户与电力负荷

一、电力用户及其分类

电力用户是指与供电企业建立供用电合同关系的电能消费者。任何单位或个人向供电企业提出用电报装申请，签订《供用电合同》并装表接电，即成为供电企业的一个电力用户。

电力用户按照用电性质分工业用户、农业用户、商业用户、居民生活用户等；按照供电电源的特征分为高压用户、低压用户、双电源（多电源）用户、专线用户，也有单相用户和三相用户之分。高压用户由 10（20）、35（66）、110、220kV 等电压等级供电，低压用户由单相 220V 或三相 380V 电压等级供电；按照供用电管理关系分为直供用户、趸售用户和转供电用户；按照按用电期限分为临时用电用户与正式用电用户。

二、配电设施的产权及维护分界

为明确运行维护管理分界，保障供受电设施的安全运行和可靠供电，供电企业和电力用户在签订供用电合同时应就产权及维护分界进行明确，运行维护管理一般按产权归属的原则确定。

（1）公用低压线路供电的，以供电接户线用户端最后支持物为分界点，支持物属供电企业。

（2）10（20）kV 公用配电线路供电的，以用户的厂界外或配电室前的第一断路器或第一支持物为分界点，第一断路器或第一支持物属供电企业。

（3）35kV 及以上公用高压线路供电的，以用户厂界外或变电站外第一基电杆为分界点，第一基电杆属供电企业。

（4）采用电缆供电的，本着便于维护管理的原则，分界点由供电企业与用户协商确定。

（5）产权属于用户且由用户运行维护的线路，以公用线路支线杆或专用线接引的公用变电站外第一基电杆为分界点，专用线路第一基电杆属用户。

三、电力负荷的分类及供电要求

1. 电力负荷的分类

根据供电突然中断造成的直接影响程度和对供电可靠性的要求，可将电力负荷分为三个级别，当然，还可根据不同实际情况进行细化分类或分级。

（1）一级负荷。符合下列情况之一时，应为一级负荷：

1）中断供电将造成人身伤亡时。

2）中断供电将在政治、经济上造成重大损失时。例如：重大设备损坏、重大产品报废、用重要原材料生产的产品大量报废、国民经济中重点企业的连续生产过程被打乱需要长时间才能恢复等。

3）中断供电将影响有重大政治、经济意义的用电单位的正常工作时。例如：重要交通枢纽、重要通讯枢纽、重要宾馆、大型体育场馆、经常用于国际活动的大量人员集中的公共场所等用电单位中的重要电力负荷。

符合下列情况之一时，应为一级负荷中的特别重要负荷：在一级负荷中，当中断供电将发生中毒、爆炸和火灾等情况的负荷，以及特别重要场所的不允许中断供电的负荷。

（2）二级负荷。符合下列情况之一时，应为二级负荷：

1）中断供电将在政治、经济上造成较大损失时。例如：造成主设备损坏、大量产品报废、重点企业大量减产等。

2）中断供电将影响重要用电单位的正常工作时。例如：交通枢纽、通讯枢纽、大型影剧院、大型商场等。

（3）三级负荷。不属于一级和二级负荷者为三级负荷。

2. 不同电力负荷的供电要求

（1）对具有一、二级负荷的用户应采用双电源或多电源供电，其保安电源应符合独立电源的条件。对具有一级负荷的用户，其一级负荷应由用户自备保安电源，具有一、二级负荷的用户应配备非电性质的应急措施。对三级负荷的用户可采用单电源供电。

双电源是指由两个相对独立的供电电源向一个用电负荷实施的供电，即正常运行方式下用户可以同时得到两个互不影响的电源，其中一个电源故障时，不会导致另一电源同时损坏。供电企业提供的双电源应当符合独立电源的条件，分别来自不同变电站或同一变电站内互不影响的不同段母线，两回电源采用架空线路时不得同杆架设。

（2）一级负荷中有特别重要负荷的或者一、二级负荷无法取得第二回供电电源的用户，应装设自备应急电源。自备应急电源一般可由自备发电机或不间断供电电源（UPS）提供。

此外，不同电力负荷的特性也有很大差异，部分电力负荷会对配电网及整个电力系统带来负面影响。这些负荷具体可分为冲击性负荷、不对称负荷、非线性负荷三大类。冲击性负荷会引起供电电压瞬间波动或过载；不平衡负荷会引起不平衡电流，造成供电电压不对称；而非线性负荷会引起谐波电流，造成供电电压畸变。对以上这三类负荷，在进行供用电工程建设时，需要采取技术措施，避免或减少其对供电系统的不良影响。

3. 现代电力负荷分类

近年来，随着高科技设备的广泛应用，用户对电能质量的要求也越来越高。根据电能质量波动（不合格）对用电对象的影响严重程度，也可将电力负荷分为三类：

（1）普通负荷。指基本不受电能质量波动的影响或者造成的损失较小的电力负荷。如一般照明设备与家用电器、电加热器、通风机等。

（2）敏感负荷。指对电能质量有一定要求的负荷。电能质量波动时可能会对这类负荷造成一定的影响和危害，如电动机控制器、不间断供电电源、变频调速装置。

（3）严格负荷。指对电能质量要求非常严格的负荷。电能质量出现问题时会对严格负荷造成严重的后果，如造成设备损坏、生产过程中断、产品大量报废、计算机数据遭到破坏等。这类负荷有集成电路芯片制造流水线、微电子产品的智能化流水线、制药业智能化流水线、银行与证券中心的计算机系统等。

第四节 配 电 网 规 划

配电网规划指分析现状，制订发展目标，勾画配电网发展的蓝图，并确定配电网建设与改造的措施、工程规模、项目及投资概算，是指导制定建设与改造年度项目计划的依据。配电网的规划不仅是电力网规划的重要组成部分，也是当地市政基础设施改造建设计划的重要内容。编制配电网规划的目的在于指导有序地进行配电网的建设与改造，落实线路路径走廊和配电站房用地，既不失时机地配合市政基础设施的建设与改造，又能经济合理地拓展配电网，不断满足用户的供电需要。配电网的规划应积极与当地政府部门取得相互沟通与交流，使配电网规划与市政总体规划及重点建设项目相融合。中低压配电网规划通常仅作近期（3或5年）规划，每年进行滚动修订。

一、规划的主要内容

1. 规划的前期搜资工作

（1）搜集规划编制的依据、文件、规定，作为规划及设计的主要依据。

（2）搜集供电规划区历年的年用电量、最高负荷及城市发展规划情况，掌握其负荷分布和变化规律，进行必要的电力市场分析与预测。

（3）搜集统计配电网现状资料及台账并进行评估分析，查找差距及薄弱环节，分析配电网存在的问题。

2. 规划目标与原则的确定

（1）配电网的规划应与地方市政建设发展计划、输变电设施、用户的发展相协调，满足负荷发展的需要和电能质量的要求。

（2）结合主电网规划及变电站建设情况，确定配电网建设与改造方案，针对性地解决配电网存在的问题，同时简化、优化网络结构，逐步建设一个技术先进、网架灵活、安全可靠、经济合理的配电网，做到远近结合、统筹兼顾、分步实施。

（3）配电网的规划项目应有计划、有步骤地分步实施，按照解决"卡脖子"问题、负荷增长、改造老旧设备、变电站送出工程、网络结构优化、实施配电网自动化的先后轻重缓急排序，适时提出配电网建设改造年度计划项目。

（4）网络结构首先考虑"手拉手"环网结构，简单灵活、安全可靠，其次在备用容量不能满足可靠性的情况下，可采取多分段多点联络，减少备用容量、提高转供电能力。

（5）合理规划线路布局和走廊，新建馈线尽量避免线路交叉问题的出现，严禁发生供电区域交叉现象。

（6）配电自动化要量力而行，首先建设坚强的配电网架，而后考虑实施配电自动化，才能充分发挥自动化的效益。

3. 规划报告的主要内容

（1）规划报告的主要内容包括现状调查分析、负荷预测、规划的目标与思路、规划项目

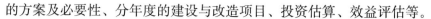

的方案及必要性、分年度的建设与改造项目、投资估算、效益评估等。

（2）规划报告应有现状接线图和目标规划接线图，主要体现主干网架的结构，局部区域的规划应有较详细网络结构规划图，预留管道设施建设的余度等。

二、规划的步骤

下面简要介绍一下规划的步骤，实际运用中对每个步骤每一内容深入分析、研究、具体展开。规划工作主要步骤如下：

（1）数据收集、调查与录入。对规划区负荷发展的相关历史数据、规划区未来发展的详细用地规划及发展规划材料以及电力网络系统的相关信息等进行收集、调查和录入。数据来源于城市（城镇）总体规划、开发区或用户的规划，负荷电量数据来源于调度 SCADA、配变负荷监测以及人工搜集统计。

（2）配电网的现状分析及评估。对规划区现状网络进行总体和局部分析，查找超限馈线和解决措施。确定必要的技术、经济指标，包括电压水平分析、线路过负荷情况分析、短路容量校验及 $N-1$ 校验等，发现配电网中的薄弱环节和存在问题，以便未来的规划工作能够有的放矢加以解决。

（3）确定规划的主要技术原则。参考相关技术导则，结合本地的实际情况，详细制订改造的技术和经济的目标、主要技术原则，例如电网供电安全准则、网络接线模式、导线的种类（电缆、裸导线或绝缘线）、设备选型及配置原则等。

（4）负荷及负荷分布预测。负荷及负荷分布预测的总原则是根据规划区的用地规划，结合历史负荷发展情况、历史社会经济发展、未来发展趋势情况，以空间负荷分布预测为基础，采用多种负荷预测方法进行。

（5）配电网络规划。根据变电站的供电范围计算结果，将中压配电网按供电范围分区，对中压配电网络按分区进行网络规划，确定网络接线、线路布局、建设项目。

（6）阶段成果汇报、交流及修改。邀请与电网发展、运行维护、调度等有关部门以及当地政府规划建设部门共同研讨、交流，以便开展下一阶段工作。

（7）投资估算及经济效益分析，经济技术指标分析和比较。

（8）撰写规划报告，规划成果全面汇报、交流及修改，规划成果评审，根据修改意见修改，提交最终规划文本和图集。

三、配电网的评估

配电网的评估是对现状配电网进行科学、客观的分析评价，做好全面摸底工作，为城市配电网规划、建设和改造提供依据。传统的配电网现状分析主要从满足负荷发展和技术原则要求等方面来描述电网存在的问题，并试图在规划中加以解决。随着规划深度的提高，这种以问题发现为主的现状分析已不能很好地满足实际要求，系统的量化综合评价理论逐步在城市配网现状分析中得到应用。采用系统、科学、客观的综合评价体系和评估方法，是对配电网进行全面摸底的关键，越来越受到研发单位和供电企业的重视。

配电网的评估是指对配电网基本性能、供电能力及运营指标概况进行科学、量化的评价，对现状配电网或规划配电网的适应性作诊断，以便制订或修订配电网的建设与改造的措施。借助数学理论和模型，可以对配电网的现状进行量化的评估分析，国内外一些科研单位相应开发了实用的评估软件，减少了大量人工基础数据采集和计算的工作量。例如：层次分析法是在决策过程中对非定量事件做定量分析、对主观判断作客观分析的有效方法；德尔菲是一种能够充分综合领域专家知识、经验和信息的方法，又称专家打分法。清晰的层次结构是分解、简化综合复杂问题的关键，在此基础上确定的属性权重反映了同层指标间的重要程度。按照所研究问题的性质，将已选定的各个因素划分为不同的层次，再通过构造判断矩阵确定同层因素之间和层与层之间的权重大小。

评估过程至少应包括指标确定和评价体系建立、单项指标计算和评分、综合评分和问题分析等四部分。

1. 指标确定和评价体系建立

配电网评估首先应依据德尔菲和层次分析法，选择评估指标、建立综合评价体系。衡量配电网的指标包括配电网基本性能、供电能力、运营指标等。

配电网基本性能主要包括配电网供电规模及各类主要设备数量、中压配电网的电源和变电站的结构及规模、中低压配电网的结构及规模、主要设备健康状况等。中压配电网的规模及性能常用绝缘化率、电缆化率、断路器无油化率、$N-1$供电比例、辐射馈线比例、每回馈线平均长度、每回馈线平均变压器台数、每回馈线平均接入变压器总容量、每回馈线平均分段数等具体指标来量化衡量。

供电能力主要包括区域的变电容载比、中压馈线和配电变压器的负载率、$N-1$安全供电能力等。主要运营指标包括用户供电可靠性、电压合格率、线损率、配电网故障率等。

2. 单项指标计算和评分

在进行指标计算之前，要做好原始数据收集，并做好数据校验与修复工作。

首先，应立足于供电企业现有和将来的数据源结构，从各生产部门收集配电网 GIS 数据、典型日负荷、最大日负荷等数据，称之为生数据。其次，针对原始生数据普遍存在的数据缺失、不匹配等问题，对导入的数据表进行字段、表内以及表间关联校验与修复、拓扑关系校验与修复和电气参数校验与修复等，校验完成之后的数据称为熟数据。

通过分类、统计、拓扑识别、潮流计算、$N-1$分析等方法，对熟数据进行处理即得到单项指标数据。单项指标计算完毕后，依据确定的评分标准得到每项指标的百分制评分。

3. 综合评分

单项指标评分从不同侧面反映了电网的具体情况，但是不足以说明电网的整体状况。因此，需要利用层次分析法逐层向上计算，直到计算得出整个电网的综合评分。综合评分越高说明电网的整体情况越好，即电网在建设技术合理性、运行安全性、供电质量以及运行经济性等各方面都达到了较高水平。

4. 问题分析

在对单项指标进行计算的过程中，通过评价数据自动识别辨析电网是否存在问题，并对存在问题的详细信息进行记录，如设备位置和数量等；在应用层次分析法计算综合评分的同时，电网存在的问题也得到分层统计。

四、负荷预测

负荷预测不仅是电网运行调度的重要基础工作（年、季、月、日、小时的负荷预测，可以经济合理调度和优化运行方式），还是电网规划设计的基础，以负荷需求推动项目建设。负荷预测是根据历史发展情况和负荷特性，结合社会经济、生活的发展状况，对未来的供电

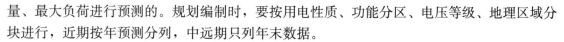

量、最大负荷进行预测的。规划编制时，要按用电性质、功能分区、电压等级、地理区域分块进行，近期按年预测分列，中远期只列年末数据。

负荷预测的方法很多，各种预测方法适用于不同属性特点情况，实际应用中综合选用适当的方法并相互校核、补充，最后确定恰当、可信的预测值。目前比较实用的预测方法有：

（1）时间序列增长趋势外推法。该方法主要应用线性增长模型、指数曲线增长（年均增长率）模型、二次曲线增长模型确定参数并外推预测。

（2）相关参数预测法。包括回归法、电力弹性系数法、单耗法（产品单耗、产值单耗）、人均综合用电指标法、电力负荷密度法。

（3）对比借鉴法。借鉴相同和相近的条件和地区的数据，进行对比借鉴预测。

以下分别对单耗法、电力弹性系数法、电力负荷密度法及线性增长法进行详细介绍。

1. 单耗法

单耗法根据产品（或产值）用电单耗和产品（或产值）的数量来推算电量。

$$A_m = G_m Q_0 (1 + C)^n \tag{1-12}$$

式中　A_m——某产业产值在第 m 年预测需电量，kWh；

　　　G_m——某产业在第 m 年的产值数量，元（个、台）；

　　　Q_0——某产业在计算基准年的产值单耗，kWh/元（kWh/个、kWh/台）；

　　　C——预测期内某产业产值单耗递减（增）率，递减为负数，递增为正数；

　　　n——预测期的年数。

人均综合用电指标法参考式（1-12）。

2. 电力弹性系数法

电力弹性系数是用电量年均增长率与国内生产总值年均增长率的比值，其数值范围大体较为稳定，可根据历史统计数据计算出电力弹性系数，然后利用此值来预测未来年份的电力需求。

$$k_{dt} = k_{zch} / k_{gzch}$$
$$A_m = A_0 (1 + k_{gzch} k_{dt})^n \tag{1-13}$$

式中　k_{dt}——电力弹性系数；

　　　k_{zch}——用电量年均增长率；

　　　k_{gzch}——国内生产总值年均增长率；

　　　A_m——预测期年末需要用电量，万 kWh；

　　　A_0——预测期始基准年的用电量，万 kWh；

　　　n——预测期的年数。

3. 电力负荷密度法

电力负荷密度法采用单位土地或建筑面积上的平均负荷数值来预测负荷，一般是根据功能区及负荷密度数据分区分块预测，最后得出整个规划区的预测值。

$$P = Sd \tag{1-14}$$

式中　P——预测区的年综合负荷，kW；

　　　S——预测区的土地面积或建筑面积，m^2；

　　　d——负荷密度，kW/m^2。

4. 线性增长法

该方法适用于电力负荷逐年增量大致相同（称一次差分）的情况。

$$y = a + bt \tag{1-15}$$

式中　y——预测量，如用电量；

　　　t——自变量，如年份；

　　　a——预测的基准年数值；

　　　b——常数，线性变化的比率或直线斜率，递减时为负数。

第五节　发展中的配电网

随着现代社会的发展以及数字化高科技设备的广泛应用，用户对供电质量的要求越来越高。进入 21 世纪后，电力电子技术的成熟发展，柔性配电技术和设备得到一定应用；同时随着可再生能源、分布式电源的快速发展，传统的配电网从无源网络向有源网络发展，配电网相关技术正发生深刻的变化；近两年来智能电网概念的提出，更是为未来配电网描绘了美好的愿景。

一、分布式电源及其对配电网的影响

分布式电源是指小型的（容量一般小于 50MW）、向当地负荷供电、可直接连到配电网上的电源装置，包括分布式发电装置与分布式储能装置。分布式发电装置根据所使用的能源，可分为化石燃料（煤炭、石油、天然气）发电与可再生能源（风力、太阳能、潮汐、生物质、小水电等）发电两种形式。分布式储能装置是指模块化、可快速组装、接在配电网上的电能存储与转换装置。根据储能形式的不同，可分为电化学储能装置（如蓄电池储能装置）、电磁储能装置（如超导储能和超级电容器储能等）、机械储能装置（如飞轮储能、压缩空气储能等）和热能储能装置等，此外，近年来发展很快的电动车亦可在配电网需要时向其送电，因此也是一种分布式储能装置。

长期以来，电力系统向大机组、大电网、高电压的方向发展。进入 20 世纪 80 年代，各种分散布置的、小容量的发电技术又开始引起人们的关注，并已成为一股影响电力工业未来面貌的力量。引起这一变化的原因主要有：

（1）应对全球能源危机的需要。随着国际油价的不断飙升，能源安全问题日益突出。为了实现可持续发展，人们的目光转向了可再生能源，因此，风力发电、太阳能发电等备受关注，快速发展并开始规模化商业应用，而这些可再生能源的发电大都是小型的、星罗棋布的。

（2）保护环境的需要。二氧化碳排放引起的全球变暖问题，已引起各国政府的高度重视，并成为当今世界政治的核心议题之一。为保护环境，世界上工业发达国家纷纷立法，扶持可再生能源发电以及其他清洁发电技术（如热电联产微型燃气轮机），有力地推动了分布式电源的发展。

（3）天然气发电技术的发展。对于天然气发电来说，大容量机组在效率上不再占有优势，并且天然气输送成本远远低于电力的传输，比较适合采用分布式电源。

我国分布式发电的应用原来主要在山区的小水电，风电、光伏发电等起步相对较晚。

2003 年以来，国家强力推进节能减排，先后颁布了《可再生能源法》并制定了一系列促进可再生能源利用与提高能效技术发展的扶持政策，风电等可再生能源得到飞速发展。国际上，欧洲在世界上最早开始分布式电源的应用；目前，丹麦、芬兰、挪威等国家分布式电源容量已接近或超过总发电装机容量的 50%。

分布式电源的大量接入改变了传统配电网功率单向流动的状况，给配电网带来一系列新的技术问题。主要有：

（1）电压调整问题。配电线路中接入分布式电源，将引起电压分布的变化。由于配电网调度人员难以掌握其投入、退出时间以及发出的有功功率与无功功率的变化，因而配电线路的电压调整控制十分困难。

（2）继电保护问题。分布式电源的并入会改变配电网故障时短路电流水平并影响电压与短路电流的分布，容易引起继电保护的误动或拒动。

（3）对配电网供电质量的影响。风力发电、太阳能发电功率输出具有间歇性特点，会引起电压波动。同时通过逆变器并网的分布式电源，不可避免地会向电网注入谐波电流，导致电压波形出现畸变。

二、柔性配电技术

柔性配电技术是柔性交流输电技术在配电网的延伸，它是利用电力电子技术和控制技术对交流输电系统的阻抗、电压、相位等基本参数进行灵活、快速的调节，进而对系统的有功和无功潮流进行灵活地控制，为用户提供定制电力技术或定制电力。所谓"定制"，指的是用户根据其负荷运行需要向供电企业提出的对供电质量的特殊要求，如要求供电一刻都不能中断，没有电压骤降、谐波、电压波动的影响等。而依赖传统的供电技术难以满足用户的这些特殊要求，这就需要应用柔性配电技术对各种电能质量扰动进行有效的控制，因此，电能质量控制是柔性配电技术的一种主要的应用领域。鉴于此，柔性配电技术应用的初期也称为定制电力技术。

柔性配电技术的另一个应用领域是解决分布式电源（DER）并网问题。一方面是提供动态无功补偿，克服风力发电、太阳能发电功率输出间歇性的影响，使配电网在最大程度地接纳风电、太阳能发电功率的同时，保证电压质量与稳定性；另一方面是对有源配电网的潮流进行调节与控制，优化配电网潮流分布，提高配电网运行可靠性，减少损耗。

柔性配电设备包括动态电压恢复器、静止同步补偿器、静态无功补偿装置、固态开关和故障电流限制器等，这些在第六章作具体介绍。进入 21 世纪，电力电子技术迅猛发展，电力电子器件容量不断增大，成本逐步降低，柔性配电技术更加成熟可靠。相信将来柔性配电设备将像变压器、开关设备一样，遍布未来配电网的各个环节。

三、有源网络

有源网络指的是分布式电源高度渗透、功率双向流动的配电网络。所谓"高度渗透"是指接入分布式电源对配电网的潮流、短路电流产生了实质性的影响，使得传统配电网的规划设计、保护控制、运行管理方法不再有效。有源网络的概念是相对于对分布式电源接入容量做出严格限制的配电网而提出的。

有源网络不再单纯地为了不影响现有配电网而严格限制分布式电源的接入，而是从让分布式电源尽可能地多发电（特别是对可再生能源）、充分地发挥其对配电网的积极作用以及节省整体投资。分布式电源的容量客观上是可以替代一部分配电容量的，从而减少对发、输、配电系统的投资。因此，考虑分布式电源对配电容量的替代作用，也是有源网络的一个重要特征。

有源网络给配电网的保护控制、运行管理提出了新挑战，它包括电压控制、继电保护、短路电流限制、故障定位与隔离、调度管理等方面的问题。

四、微电网技术

微电网简称微网，是指由分布式电源（包括发电和储能）和监控、保护装置汇集而成的并为相应区域供电的小型发配电系统，其能够不依赖大电网正常运行，实现内部供需平衡。一般来说，微网是一个用户侧的电网，它通过一个公共连接点与大电网连接。图 1-2 是美国电力可靠性技术解决方案协会（CERTS）提出的微电网基本结构。

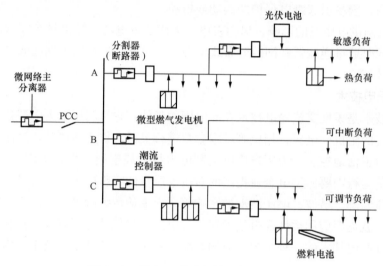

图 1-2 CERTS 提出的微电网基本结构

微网仅在 PCC 点与大电网连接，避免了多个分布式电源与大电网直接连接。通过合理地设计，可使微网中的分布式电源主要用于区域内部负荷的供电，做到不向外输送或输送很小的功率，使得大电网可以不考虑其功率输出的影响。这样，就较好地解决了分布式电源大量接入与不改变配电网现有保护控制方式之间的矛盾。微网技术还在研究发展之中，是智能配电网的重要研究内容。

五、智能配电网

智能配电网是人们对未来配电网的愿景，具有更高安全性、更高供电质量、更高资产利用效率，可大量接入分布式可再生能源发电，能够与用户互动，适应电动汽车的发展等特征。

1. 智能电网的定义

"智能电网"最早出自美国未来能源联盟智能电网工作组在 2003 年 6 月发表的报告。报告将智能电网定义为"集成了传统和现代电力工程技术、高级传感和监测技术、信息与通信技术的输配电系统，具有更加完善的性能并且能够为用户提供一系列新型与增值服务。"智能电网是未来先进电网的代名词，我们可从其技术组成和功能特征两方面来理解它的含义。

从技术组成方面讲，它是计算机、通信、信号传感、自动控制、电力电子、超导材料等领域新技术在输配电系统中应用的总和。这些新技术的应用不是孤立的、单方面的，不是对传统输配电系统进行简单的改进、提高，而是从提高电网整体性能、节省总体成本出发，将各种新技术与传统的输配电技术进行有机地融合，使电网的结构以及保护与运行控制方式发生革命性的变化。

从功能特征上讲，它在系统安全性、供电可靠性、电能质量、运行效率、资产管理等方面较传统电网有着实质上的提高；支持各种分布式发电与储能设备的即插即用，支持与用户之间的互动。

智能电网包括智能输电网和智能配电网两方面的内容，其中智能配电网具有新技术内容多、与传统电网区别大等特点。

2. 智能配电网的主要功能特征

与传统的配电网相比，智能配电网具有以下主要功能特征：

（1）自愈能力。自愈是指智能配电网能够及时检测出已发生或正在发生的故障并进行相应的纠正性操作，使其不影响用户的正常供电或将其影响降至最小。自愈主要是解决"供电不间断"的问题，是对供电可靠性概念的发展，其内涵要大于供电可靠性。目前的供电可靠性管理是不把一些持续时间较短的断电（如小于 3min 的断电）考虑在内的，而这些供电短时中断往往会使一些敏感的高科技设备损坏或长时间停运。

（2）具有更高的安全性。能够很好地抵御自然灾害的破坏，避免出现大面积停电；能够将外部破坏限制在一定范围内，保障重要用户的正常供电。

（3）提供更高的电能质量。智能配电网实时监测并控制电能质量，使电压有效值和波形符合用户的要求，即能够保证用户设备的正常运行并且不影响其使用寿命。

（4）支持分布式电源的大量接入。这是区别于传统配电网的重要特征。现在的配电网里，是硬性限制分布式电源的接入点与容量，而智能配电网是从有利于可再生能源足额上网、节省整体投资出发，通过保护控制的自适应以及系统接口的标准化，支持分布式电源的即插即用。同时通过优化调度，实现对各种能源的优化利用。

（5）支持与用户互动。与用户互动也是智能配电网区别于传统配电网的重要特征之一。主要体现在两个方面：一是应用智能电表，实行分时电价、动态实时电价，让用户自行选择用电时段，在节省电费的同时，为降低电网高峰负荷作贡献；二是允许并积极创造条件让拥有分布式电源（包括电动车）的用户在用电高峰时向电网送电。

（6）对配电网及其设备进行可视化管理。智能配电网全面采集配电网及其设备实时运行数据以及电能质量扰动、故障停电等数据，为运行人员提供高级的图形界面，使其能够全面掌握电网及其设备运行状态，克服目前配网因"盲管"造成的反应速度慢、效率低下问题。对电网运行状态进行在线诊断与风险分析，为运行人员进行调度决策提供技术支持。

（7）更高的资产利用率。智能配电网实时监测电网设备温度、绝缘水平、安全裕度等，在保证安全的前提下增加传输功率，提高系统容量利用率；通过对潮流分布的优化，减少线损，进一步提高运行效率。在线监测并诊断设备运行状态，实施状态检修，延长设备使用寿命。

（8）配电信息的高度融合。将配电网实时运行与离线管理数据高度融合、深度集成，实现设备管理、检修管理、停电管理以及用电管理的信息化。

3. 智能配电网的主要技术内容

智能配电网集现代电力、通信和信息等新技术于一体，具体内容主要有：

（1）配电数据通信网络。这是一个覆盖配电网中所有节点（开闭所、环网开关、配电所、分段断路器、用户端口等）的 IP 通信网，采用光纤、无线与载波等组网技术，支持各种配电终端与系统"上网"。它将彻底解决通信瓶颈问题，给配电网保护、监控与自动化技术带来革命性的变化，并影响一次设备及技术的发展。

（2）先进的传感测量技术。如光学或电子互感器、架空线路与电缆温度测量、电力设备状态在线监测、电能质量测量等技术。

（3）先进的保护控制技术。包括广域保护、自适应保护、配电系统快速模拟仿真、网络重构等技术。

（4）高级配电自动化。目前大家熟悉的配电自动化技术都属于智能配电网技术的范畴。为与目前的配电自动化区分，美国电力科学院提出了高级配电自动化的概念，其新内容主要支持分布电源的即插即用；它采用 IP 技术，强调系统接口、数据模型与通信服务的标准化与开放性。

（5）高级量测体系。简称 AMI，是一个使用智能电能表通过多种通信介质，按需或以设定的方式测量、收集并分析用户用电数据的系统。AMI 是支持用户互动的关键技术。

（6）分布式电源的并网技术。包括分布式电源高度渗透的配电网的规划建设、并网保护控制与调度管理、系统与设备接口的标准化等，还包括有源网络技术。

（7）柔性配电技术。本节第二目中已介绍。

（8）故障电流限制技术。指利用电力电子、高温超导技术限制短路电流的技术。随着故障电流限制技术的普遍应用，短路电流甚至限制至 2 倍额定电流以下，配电系统摆脱了短路电流的危害，传统的遮断大电流的断路器或许从系统中消失，配电网面貌、性能与保护控制方式将发生根本性的变化。

可见，智能配电网技术包含一次与二次两方面的内容。一个具体的智能配电网技术功能的实现，是涉及多项技术的综合应用。

总之，随着配电技术的发展和管理组织的变革，中低压配电网从以架空线路为主向绝缘化、电缆化方向发展，网络接线从辐射型向环网方式发展；作业方式从停电作业向不停电作业方式转变；配电自动化的覆盖面也将进一步拓展。由此，配电专业也由传统的以配电线路为主，向电缆、带电作业、配电自动化等专业发展，而且这些工种在配电作业现场是一种继承发展融合的关系，因此，本书以配电专业传统技能知识为基础，融入当今配电的新知识、新技术、新设备（仪器）和新技能，介绍配电各专业技能及现场管理，突出实务性。

第二章

配电技术基础

本章重点介绍配电网的故障分析、接地方式及继电保护等相关知识，介绍线损及无功补偿，使读者了解必要的配电技术基础。

第一节　配电网故障分析

在配电运行中，可能发生各种故障和不正常运行状态，最常见同时也是最危险的故障是发生各种型式的短路。短路类型有三相短路、两相短路、两相接地短路以及单相接地短路。三相短路时，三相电流、电压基本上是对称的，称为对称短路，其他类型的短路称为不对称短路。统计资料表明，配电网以单相接地短路故障发生最多，高达 80% 以上，在中性点非有效接地系统中发生单相接地故障时，由于故障点的电流很小，而且三相之间的线电压仍然保持对称，对负荷的供电没有影响，属于不正常运行状态。

配电系统发生短路故障时，会产生以下后果：

（1）短路电流可能达到额定电流的几倍到几十倍，由于发热和电动力的作用，使配电设备损坏。

（2）造成故障线路上的用户供电中断，影响供电可靠性；引起电网电压骤降，造成用户用电设备工作不正常甚至发生故障。

（3）巨大的短路电流，特别是不对称短路电流产生的交变磁场，对周围的通信网络、电子设备产生干扰。

配电系统规划建设与运行管理中的许多工作都离不开短路电流的计算，如一次电气设备（断路器、开关、熔断器、变压器等）和二次继电保护设备的选型，继电保护设备的整定计算，电网接地点的设计等。

由电路分析理论可知，电网发生短路后，电压、电流的变化包含随时间衰减的暂态分量以及幅值不随时间变化的稳态分量，下面简要介绍短路稳态分量的分析。

一、三相短路

对称三相电路中发生三相短路时，短路电流仍然是对称的，因此可以按单相电路对待，其等效电路如图 2-1 所示，$Z = R + jX_L$ 表示从电源到短路点的等效阻抗；$Z' = R' + jX'_L$，表示从短路点到负载的等效阻抗。

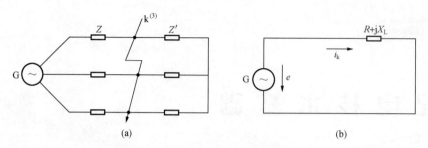

图 2-1 发生三相短路时的等效电路

(a) 原理图；(b) 等效电路

任取一相电路，有

$$Ri_k + L\frac{di_k}{dt} = U_m\sin(\omega t + \varphi_{0u}) \qquad (2-1)$$

式中　i_k——短路电流瞬时值，kA；

　　　φ_{0u}——短路时电源电压相位角。

即可求出短路电流瞬时值为

$$i_k^{(3)} = \frac{U_m}{z}\sin(\omega t + \varphi_{0u} - \varphi) + \frac{U_m}{z}\sin(\varphi_{0u} - \varphi)e^{-\frac{t}{\tau}}$$

$$= i_{kp} + i_{kna} \qquad (2-2)$$

式中　$i_k^{(3)}$——三相短路电流瞬时值，kA；

　　　U_m——相电压幅值，kV；

　　　z——短路点到负载的等效阻抗，$z = \sqrt{R^2 + X^2}$，Ω；

　　　ω——角频率，rad/s；

　　　ψ_{0u}——短路时电源电压的相位角（或称短路相角），rad；

　　　φ——R 和 X 的阻抗角，rad；

　　　τ——非周期分量的时间常数，$\tau = \dfrac{L}{R}$，s；

　　　i_{kp}——短路电流的周期分量，kA；

　　　i_{kna}——短路电流的非周期分量，kA。

当相位角 $\psi_{0u} = \varphi - 90°$ 时，即电源的电压瞬时值正好经过零值，短路电流的非周期分量最大，此时短路电流将达到最大值。

根据式（2-2）不难看出，三相短路的物理过程与 RL 电路正弦交流电源的过渡过程相似，由此可以绘制短路电流的波形，如图 2-2 所示。

三相短路电流的最大值出现在短路发生后约半个周波左右，不仅与周期分量的幅值有关，也与非周期分量的起始值有关。当 $t = \infty$ 时，非周期分量已衰减完毕，短路电流就等于短路电流周期分量，称之为稳态短路电流。在高压电力系统中，在短路发生 0.2s 后就基本进入稳定短路状态。

最严重的短路情况下，三相短路电流的最大瞬时值称为冲击电流。三相短路冲击电流与

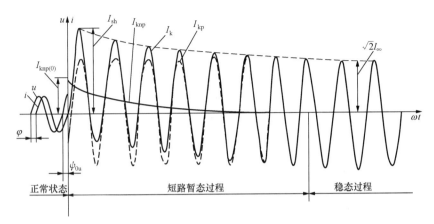

图 2-2 无限容量系统三相短路时的短路电流波形

短路相角及电网时间常数有关短路相角越小，时间常数越大，冲击电流幅值越高，最大可达到稳态电流有效值的 2.8 倍。

电力系统中某个节点的三相短路电流与短路前额定电压的乘积，称为短路容量，用 S_k 表示。

$$S_k = \sqrt{3} U_N I_k^{(3)} \tag{2-3}$$

式中 U_N——额定电压，kV；

$I_k^{(3)}$——三相短路电流，kA。

节点连接的电源容量越大，节点越靠近电源，短路容量越大，要求电气设备耐受短路电流要越大，开关关合或者开断的遮断容量也越大，反之亦然。短路容量是电网节点的重要参数，也是选择电气设备的重要依据，应检验考察其耐受短路时产生巨大的机械和热效应的能力。有时，为了控制电力系统的短路电流或者短路容量，采用分列运行或者选用高阻抗变压器。

二、两相短路

在图 2-3 电网中，设 A、B 两相发生金属性短路，其边界条件为

$$\left. \begin{array}{l} \dot{I}_A = -\dot{I}_B \\ \dot{I}_C = 0 \\ \dot{U}_A = \dot{U}_B \end{array} \right\} \tag{2-4}$$

因为 $\dot{I}_C = \dot{I}_{C1} + \dot{I}_{C2} + \dot{I}_{C0}$，$\dot{I}_{C0} = 0$，故

$$\dot{I}_{C1} = -\dot{I}_{C2} \tag{2-5}$$

又因为 $\dot{U}_A = \dot{U}_B$，故电压的正序分量 $\dot{U}_{C1}$ 与负序分量 $\dot{U}_{C2}$ 相等，即

$$\dot{U}_{C1} = \dot{U}_{C2} \tag{2-6}$$

根据式（2-4）～式（2-6）即可绘出两相短路时的复合序网图，如图 2-4 所示。此时

没有零序网络。

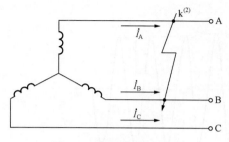

图2-3 两相短路示意图

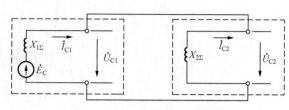

图2-4 两相短路的复合序网图

根据图2-4所示，得

$$I_{c1} = \frac{E_c}{X_{1\Sigma} + X_{2\Sigma}} \tag{2-7}$$

故障点的短路电流

$$I_A = I_B = \sqrt{3}\,\frac{E_c}{X_{1\Sigma} + X_{2\Sigma}} \tag{2-8}$$

当远离电源处发生两相短路时，可以认为 $X_{1\Sigma} = X_{2\Sigma}$，由此可以得出在同一点两相短路电流 $I_k^{(2)}$ 与三相短路电流 $I_k^{(3)}$ 之间的关系，即

$$I_k^{(2)} = \frac{\sqrt{3}}{2}\,I_k^{(3)} \tag{2-9}$$

三、两相接地短路

运用前面介绍的方法，同样可以分析计算如图2-5所示的大接地电流系统的两相（设A、B相）接地短路。其短路点 k 处的边界条件为

$$\left.\begin{array}{l} \dot{I}_C = 0 \\ \dot{U}_A = \dot{U}_B = 0 \end{array}\right\} \tag{2-10}$$

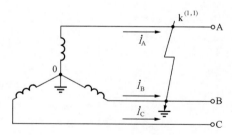

图2-5 中性点有效接地系统的
两相接地短路示意图

故障点各序电压分量为

$$\left.\begin{array}{l} \dot{U}_{C1} = \dfrac{1}{3}(\dot{U}_C + a\dot{U}_A + a^2\dot{U}_B) = \dfrac{1}{3}\dot{U}_C \\[2mm] \dot{U}_{C2} = \dfrac{1}{3}(\dot{U}_C + a^2\dot{U}_A + a\dot{U}_B) = \dfrac{1}{3}\dot{U}_C \\[2mm] \dot{U}_{C0} = \dfrac{1}{3}(\dot{U}_C + \dot{U}_A + \dot{U}_B) = \dfrac{1}{3}\dot{U}_C \end{array}\right\} \tag{2-11}$$

根据式（2-10）和式（2-11）即可绘出如图2-6所示的复合序网图。由复合序网图可得

$$\dot{I}_{C1} = \frac{\dot{E}_C}{j\left(X_{1\Sigma} + \dfrac{X_{2\Sigma}X_{0\Sigma}}{X_{2\Sigma}+X_{0\Sigma}}\right)}$$

$$\dot{I}_{C2} = -\frac{X_{0\Sigma}}{X_{2\Sigma}+X_{0\Sigma}}\dot{I}_{C1} \tag{2-12}$$

$$\dot{I}_{C0} = -\frac{X_{2\Sigma}}{X_{2\Sigma}+X_{0\Sigma}}\dot{I}_{C1}$$

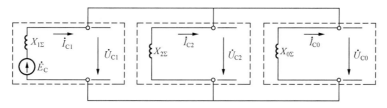

图 2-6 中性点有效接地系统两相接地短路的复合序网图

故障相的电流为

$$\dot{I}_A = \frac{\dot{E}_C\left[(a^2-a)X_{0\Sigma}+(a^2-1)X_{2\Sigma}\right]}{j\left(X_{1\Sigma}+\dfrac{X_{2\Sigma}X_{0\Sigma}}{X_{2\Sigma}+X_{0\Sigma}}\right)(X_{2\Sigma}+X_{0\Sigma})} \tag{2-13}$$

同理

$$\dot{I}_B = \frac{\dot{E}_C\left[(a-a^2)X_{0\Sigma}+(a-1)X_{2\Sigma}\right]}{j\left(X_{1\Sigma}+\dfrac{X_{2\Sigma}X_{0\Sigma}}{X_{2\Sigma}+X_{0\Sigma}}\right)(X_{2\Sigma}+X_{0\Sigma})} \tag{2-14}$$

可见，两个故障相电流幅值是相等的。

四、单相接地短路

(一) 中性点大接地电流系统的单相接地

在图 2-7 所示大电流接地系统中，设 A 相发生单相接地故障，接地电阻为 R_k，当忽略负荷电流时，短路点的边界条件为

$$\dot{U}_A = \dot{I}_A R_k$$

$$\dot{I}_B = 0 \tag{2-15}$$

$$\dot{I}_C = 0$$

根据对称分量法可以写出

$$\dot{I}_{A1} = \frac{1}{3}(\dot{I}_A + a\dot{I}_B + a^2\dot{I}_C) = \frac{1}{3}\dot{I}_A$$

$$\dot{I}_{A2} = \frac{1}{3}(\dot{I}_A + a^2\dot{I}_B + a\dot{I}_C) = \frac{1}{3}\dot{I}_A \tag{2-16}$$

$$\dot{I}_{A0} = \frac{1}{3}(\dot{I}_A + \dot{I}_B + \dot{I}_C) = \frac{1}{3}\dot{I}_A$$

同时

$$\dot{U}_A = \dot{U}_{A1} + \dot{U}_{A2} + \dot{U}_{A0} = 3\dot{I}_{A1}R_k \tag{2-17}$$

根据式（2-15）~式（2-17），可以绘出单相接地时的复合序网图（将正序网络、负序网络和零序网络组合而成），如图 2-8 所示。

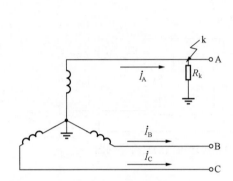

图 2-7 中性点大接地电流系统单相接地示意图

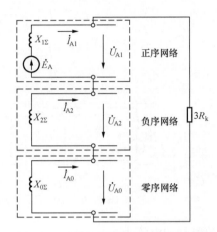

图 2-8 单相接地短路的复合序网图

（二）中性点小接地电流系统的单相接地

小电流接地故障指的是非有效接地系统的单相接地故障，由于其接地电流主要是电网分布电容引起的，其故障分析有其特殊之处。

1. 中性点不接地系统的单相接地故障

理论上讲，考虑分布电容影响后，可以利用上述不对称分量法求出小电流接地故障电流，不过下面介绍的分析方法更为简单明了。

图 2-9（a）所示配电系统接线，三相对地分布电容相同，数值为 C_0。正常运行情况下，三相电压对称，对地电容电流之和等于零。在发生 A 相接地故障后，对地电压变为零，对地电容被短接，其他两个非故障相（B 相和 C 相）电压分别变为该相对 A 相的线电压，幅值升高 $\sqrt{3}$ 倍，相量关系如图 2-9（b）所示。故障点零序电压为

$$\dot{U}_{k0} = \frac{1}{3}(\dot{U}_{AG} + \dot{U}_{BG} + \dot{U}_{CG}) = -\dot{E}_A \tag{2-18}$$

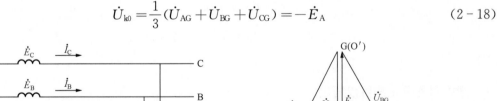

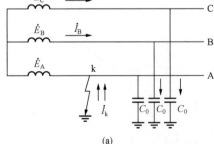

(a)

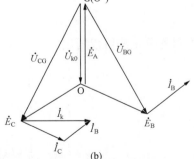

(b)

图 2-9 简单中性点不接地系统网络接线及 A 相接地电压、电流相量图

(a) 原理图；(b) 相量图

忽略负荷电流及对地电容电流在线路及电源阻抗上的电压降，则整个 A 相对地电压均变为零，非故障相电压也都变为相对于 A 相的线电压，对地电容电流也随之升高 $\sqrt{3}$ 倍，流过故障点的电流是配电网中所有非故障相对地电容电流之和，即

$$\dot{I}_k = \dot{I}_B + \dot{I}_c = j\omega C_0 \dot{U}_{BG} + j\omega C_0 \dot{U}_{CG} = -3j\omega C_0 \dot{E}_A \qquad (2-19)$$

式中，$\omega C_0 \dot{E}_A$ 是正常运行状态下 A 相对地电容电流之和，因此，流过故障点的电流数值是正常运行状态下配电网三相对地电容电流的算术和。

以下对故障线路与非故障线路零序电流之间的关系进行分析。如图 2-10（a）所示，两条线路相对地电容分别为 C_{0I}、C_{0II}，母线及背后电源每相对地等效电容为 C_{0S}，设线路 II 的 A 相发生接地故障，非故障线路始端感受到的零序电流为

$$3\dot{I}_{0I} = \dot{I}_{BI} + \dot{I}_{CI} = -j3\omega C_{0I} \dot{E}_A \qquad (2-20)$$

即非故障线路零序电流为线路本身的对地电容电流，其方向由母线流向线路。

对于故障线路来说，在 B 相与 C 相，流有它本身的电容电流 $\dot{I}_{BII}$ 和 $\dot{I}_{CII}$，而 A 相流回的是全系统的 B 相和 C 相对地电流之和，因此，线路始端感受到的零序电流为

$$3\dot{I}_{0II} = \dot{I}_{AII} + \dot{I}_{BII} + \dot{I}_{CII} = -\dot{I}_k + \dot{I}_{BII} + \dot{I}_{CII} = 3j\omega(C_{0\Sigma} - C_{0II})\dot{E}_A \qquad (2-21)$$

式中，$C_{0\Sigma}$ 为配电系统每相对地电容的和。可见，故障线路零序电流数值等于所有非故障元件（不包括故障线路本身）的对地电容电流之总和，其方向由线路流向母线，与非故障线路的相反。

根据以上分析，作出的单相接地故障时零序等效网络如图 2-10（b）所示，其中，$\dot{U}_{k0} = -\dot{E}_A$ 为接地点零序虚拟电压源电压；电网零序电容值等于相对地电容值；由于线路串联零序阻抗远小于对地电容的阻抗，因此忽略不计。

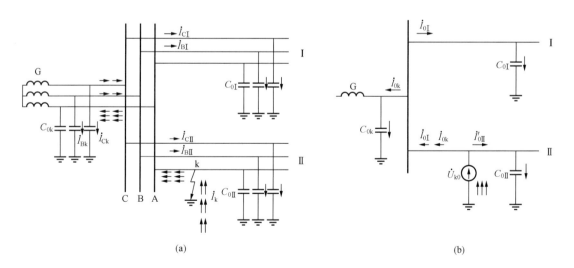

图 2-10 中性点不接地系统中单相接地时的电流分布及零序等效网络
(a) 电网接线图与电流分布；(b) 零序等效网络

以上有关结论，适用于有多条线路的配电系统。

2. 谐振接地配电系统中的单相接地故障

图 2-11（a）所示中性点不接地系统中发生 A 相接地故障后，中性点位移电压 $\dot{U}_0$ 变为故障点零序电压 $-\dot{E}_A$。中性点接入消弧线圈后，忽略线圈电阻，在相电压的作用下产生的电感电流为

$$\dot{I}_L = \frac{-\dot{E}_A}{X_L} = j\frac{\dot{E}_A}{\omega L} \qquad (2-22)$$

式中 L——消弧线圈的电感量；

X_L——消弧线圈的感抗。

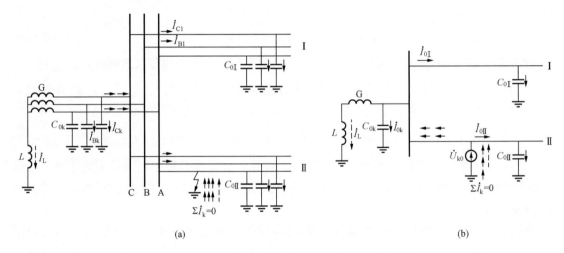

(a)　　　　　　　　　　　　　　　　　(b)

图 2-11　谐振接地系统中单相接地时的电流分布及零序等效网络

(a) 电网接线图与电流分布；(b) 零序等效网络

如图 2-11（a）所示，消弧线圈的电感电流经故障点沿故障相返回。因此，故障点的电流增加一个电感分量的电流 $\dot{I}_L$，从接地点返回的总电流为

$$\dot{I}_k = \dot{I}_L + \dot{I}_{Ck} \qquad (2-23)$$

$\dot{I}_L$ 与 $\dot{I}_{Ck}$ 相位相反，因此，故障点电流将因消弧线圈的电流而减少。如果 I_L 与 I_{Ck} 相等，配电网处于完全补偿状态，I_L 小于 I_{Ck} 属于欠补偿，I_L 大于 I_{Ck} 则属于过补偿。为了防止线路发生串联谐振，一般采用过补偿方式。

谐振接地系统中单相接地故障的零序等效网络如图 2-11（b）所示。

当采用过补偿方式时，流过故障点的电感电流大于电网电容电流，补偿后的残余电流呈感性。这时，母线处故障线路的零序电流是本身对地电容电流与接地点残余电流之和，其方向由母线流向线路，和非故障线路的一致，因此难以根据电流方向来判别故障线路。为避免出现谐振过电压，消弧线圈一般运行在过补偿状态下。

当采用完全补偿方式时，接地电容电流被电感电流完全抵消掉，流经故障线路和非故障线路的零序电流都是本身的对地电容电流，方向都是由母线流向线路。在这种情况下，利用稳态零序电流的大小和方向都无法判断出哪一条线路发生了故障。

第二节 配电网接地方式

配电系统的接地就是将配电设备的某一部位或配电系统的某点与大地之间作良好的电气连接，达到稳定电位、提供零电位参考点等作用，以确保配电系统、设备的安全运行，确保配电运行人员的人身安全。配电系统的接地按其作用分为工作接地、保护接地、防雷接地三种。

一、工作接地

工作接地是指配电设备因为正常工作需要而进行的接地，例如变压器中性点的接地、接地开关接地端的接地等，具有迅速切断故障设备、避免过电压、泄放雷电流和消除静电荷的作用。配电系统中性点的接地方式是一个综合性的问题，不同中性点接地方式将对配电网绝缘水平、过电压保护元件的选择、继电保护方式等产生不同的影响。

（一）中压配电网中性点的接地方式

中压配电网的中性点常用接地方式主要有 4 种：中性点直接接地、中性点经小电阻接地、中性点经消弧线圈（消弧电抗器）接地、中性点不接地。

1. 中性点直接接地系统

中性点直接与地连接的配电系统，称为中性点直接接地系统，如图 2-12 所示。这种系统中性点的电位固定为地电位，当某一相由于对地绝缘损坏造成接地时，便造成单相短路。

由于中性点的电位被固定为零，因而相对地的绝缘水平决定于相电压，这就大大降低了电网的造价。电压等级愈高，其经济效益愈显著，这就是中性点直接接地系统的优点。

当中性点直接接地系统发生单相短路时，短路电流 $I_d^{(1)}$ 很大，危害严重，故障线路不能继续运行，且在继电保护作用下，故障线路将被切除。实际上，电网的绝大

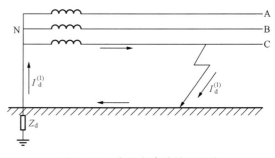

图 2-12 中性点直接接地系统

部分故障是单相接地故障，其中瞬时性故障又占有很大比例，这些故障都会引起供电中断，大大影响供电可靠性。

目前，我国 110kV 及以上电压等级电网大多采用中性点直接接地的运行方式，低压 380/220V 三相四线制配网也采用中性点直接接地的运行方式。

2. 中性点经小电阻接地系统

在中性点串联接入一电阻器以后，泄放燃弧后半波的能量，则中性点电位降低，故障相的恢复电压上升速度也减慢，从而减少电弧重燃的可能性，抑制电网过电压的幅值。这就是中性点经小电阻接地的特点。

中性点经小电阻接地方式的中性点与大地之间连接一个电阻，电阻的大小应使流经变压器绕组的故障电流不超过每个绕组的额定值。经小电阻接地的配电网发生接地故障时，非故障相电压可能达到正常值的 $\sqrt{3}$ 倍。这对配电网设备不会造成危害，因为高、中压配电网的

绝缘水平是根据更高的雷电过电压制定的。

中性点经电阻接地的配电网中，接地电阻的选取参照考虑下列情况：

（1）以电缆为主的配电网中，单相接地时允许阻性接地电流较大，如 1000～2000A。

（2）以架空线路为主的配电网，允许阻性接地电流较小，如 300A。

（3）考虑配电网远景规划中可能达到的对地电容电流。

（4）考虑对电信设备的干扰和影响以及继电保护、人身安全等因素。

相对于中性点直接接地配电网，小电阻接地配电网单相接地故障电流较小，所引起的过流危害相对较小；但由于故障电流仍然较大，同样必须立即切断故障线路，会造成供电中断，供电可靠性较差。

中性点直接接地和中性点经小电阻接地也称为中性点有效接地系统或大电流接地系统。

3. 中性点经消弧线圈接地系统

消弧线圈是一个具有铁芯的可调电感线圈，它装设在配电系统的中性点，如图 2-13 所示。当发生单相接地故障时，电感线圈的电感值被调整到使单相接地故障时流过它的工频电感电流基本抵消了接地故障电流的工频电容电流分量，因此可消除接地处的电弧。另外，当接地电流过零值而电弧熄灭之后，消弧线圈的存在可以显著减小故障电压的恢复速度，从而减小电弧重燃的可能性，使单相接地故障容易自动消除。

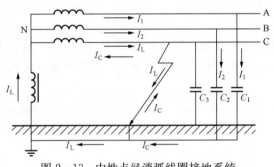

图 2-13 中性点经消弧线圈接地系统

由于消弧线圈能有效地减小单相接地电流，迅速熄灭故障处的电弧，防止间歇性电弧的接地时产生的过电压，故广泛应用于 10～63kV 配电系统。个别雷害事故较严重地区的 110kV 系统，为了减少由于雷击造成单相闪络而引起的线路断路器跳闸的次数，提高供电可靠性，减少断路器的维修工作量，也采用经消弧线圈接地的运行方式。

早期消弧线圈采用人工调整方式，操作起来比较麻烦，并且还难以及时、准确地跟踪电容电流的变化，随着技术的发展，现在一般采用自动跟踪补偿装置，克服了人工调整方式存在的缺点。

采用中性点经消弧线圈接地方式，在系统发生单相接地时，流过接地点的电流较小，其特点是线路发生单相接地时，可不立即跳闸，按规程规定电网可带单相接地故障运行 2h，因而大大提高了供电可靠性。

4. 中性点不接地系统

中性点不接地系统中发生单相接地故障时，不构成短路回路，接地相电流不大，不必马上切除接地相；但这时非接地相的对地电压却升高为相电压的 $\sqrt{3}$ 倍，因此，对绝缘水平要求高。

中性点不接地系统中，发生单相接地故障时，由于线电压保持不变，三相系统的平衡没有破坏，三相电力用户可以继续运行一段时间，因而供电可靠性高，这是中性点不接地系统的主要优点。在中性点不接地系统中，线路和电气设备的对地绝缘水平都是按线电压设计的，虽然非故障相对地电压升高到$\sqrt{3}$倍,对设备的绝缘水平不会造成破坏,但若长期带接地故障运行可能会引起非故障相绝缘薄弱处的损坏,继而发展成为两相短路。所以在中性点不接地系统中,一般都设有绝缘监视装置,当发生单相接地时,发出接地故障信号,使值班人员尽快采取行动,查找故障点并隔离故障。一般硬性规定,单相接地故障时持续运行的时间不得超过 2h。

中性点不接地系统的使用范围一般适用于系统接地电容电流 $I_c \leqslant 10A$ 的配电网。当接地电流较大(大于 30A 时),将产生稳定的电弧,形成持续性的电弧接地,电弧的大小与接地电流成正比,强烈的电弧将会损坏设备,甚至导致相间短路;而当接地电流小于 30A 而大于 5A 时,有可能产生间歇性电弧,出现间歇性过电压,其幅值可达 2.5~3 倍相电压,足以危及整个配电网络的绝缘。

中性点经消弧线圈(消弧电抗器)接地和中性点不接地也称为中性点非有效接地系统或中性点小接地电流系统。

5. 中压配电网中性点接地方式的综合比较

不同的接地方式,对人身和设备的安全、系统过电压、继电保护、供电可靠性等方面有不同的影响。从人身和设备的安全来看,在中性点不接地的方式中,由于单相接地电流产生的电弧比较大,而且难以自熄,常常使电缆等设备的相间绝缘烧坏,造成短路。从保护接地的作用来看,除了采用消弧线圈的接地方式外,当单相接地时,电流都比较大,都可能使接触电压超过规定值,因而造成人身触电的危险。

从抑制各种过电压来看,中性点直接接地方式、小电阻接地方式为最好;而从供电可靠性来看,不接地方式和采用消弧线圈的接地方式为最好。

从实现单相接地保护的难易程度来看,中性点不接地方式、消弧线圈接地方式比较难,近年来,随着微机继电保护技术的发展,利用故障产生的暂态零序电流与电压,能够可靠地选出故障线路,使小电流接地故障选线的灵敏度及可靠性都有了很大提高,为推广消弧线圈接地方式创造了条件。

从供电可靠性来看,中性点不接地或采用消弧线圈接地方式的系统,当发生单相接地故障时,中压侧线电压保持不变,三相系统处于平衡状态,可以继续运行的一段时间,供查找甚至处理故障点,供电可靠性较高;而中性点经小电阻接地系统或直接接地的系统,一旦发生单相接地故障,立即跳开线路断路器,供电可靠性较低。

通过分析,各种中性点接地方式的综合比较见表 2-1。

表 2-1   各种中性点接地方式的综合比较

中性点接地方式	直接接地	电阻接地	消弧线圈接地	不接地
单相接地电流	最大	大	小,同脱谐度有关	大
人身触电的危险性	最危险	大	减小	大
单相电弧接地过电压	最低	低	较高,高过电压概率小	最高
单相接地保护的实现	很容易	易	难	较难
铁磁谐振过电压	低	低	高	高
操作过电压	低	最低	较高	最高
供电可靠性	低	低	最高	高

配电网中性点接地方式的选择确定是一个系统工程，对不同地区、不同配电网、不同发展阶段和不同的受电对象，应对各种接地方式进行技术经济分析、权衡利弊，因地制宜地选择最佳的接地方式。但从提高供电可靠性的角度消弧线圈的接地方式是最佳的选择，这也是当今国际中压配电网中性点接地方式发展的潮流。

（二）低压配电网中性点接地方式

低压配电网中性点一般采用直接接地方式，也就是配电变压器低压侧的中性点采用直接接地的运行方式。它有以下两方面的作用：

（1）防止高压窜入低压系统的危险。若该中性点不进行接地，一旦当变压器高、低压绕组间绝缘击穿损坏，则高压窜入到低压侧系统中，有可能造成低压电气设备绝缘击穿及人身触电事故。工作接地后，能够有效地限制系统对地电压，防止高压窜入低压的危险。

（2）减轻单相接地故障时的危险。若中性点没有进行工作接地，一旦发生一相导线接地故障，则中性线对地电压变为接近相电压的数值，使所有接零设备的对地电压均接近相电压，触电危险性大。同时，其他非接地两相的对地电压也可能接近线电压，烧毁单相用电设备，且使单相触电的危险程度加大。

二、保护接地

保护接地是指当电气设备的金属外壳、构架、线路杆塔由于绝缘损坏有可能带电时，为了防止危及人身和设备的安全而设置的接地。保护接地是用来防止间接接触电击的一种重要安全措施，凡由于绝缘损坏或其他原因可能呈现危险对地电压的配电设备的金属外壳、架构、支架、框架等金属部分，除另有特殊规定外，均应接地。

另外，对低压电气设备，也有采用正常情况下不带电的设备金属外壳用保护线与"零线"连接起来的保护方式，称作保护接零。这样，零线既是三相四线制电路中单相用户的一条"工作线"，又是电气设备外壳带电时的"保护线"，用"PE"表示。低压设备保护接地有多种型式，具体如下。

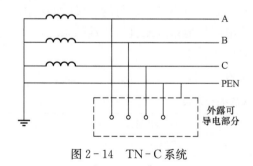

图 2-14 TN-C 系统

1. TN-C 系统

TN-C 系统内由中性线 N 和保护线 PE 组合成的，叫做保护中性线，标为 PEN（实为电源中性点直接接地的三相四线制低压配电系统）。中性线 N 用淡蓝色作标志，保护中性线 PEN 用竖条间隔淡蓝色作标志，保护线 PE 用绿/黄双色相间作标志。在该系统内所有电气装置的外露可导电部分采用保护线接地保护，如图 2-14 所示。

采用 TN-C 系统时应满足如下要求：

（1）为保证在故障时保护中性线的电位尽可能地保持接近地电位，保护中性线应重复接地，如果条件允许，宜在每一接户线的引接处接地。

（2）用户末端应装设剩余电流末级保护，其动作电流应符合相关要求。

（3）配电变压器低压侧及各出线回路应装设短路保护和过负荷保护。

（4）保护中性线不得装设熔断器和单独的开关（或刀闸）装置。

2. TN-S 系统与 TN-C-S 系统

TN-S 系统内中性线 N 和保护线 PE 完全分开，设备外露可导电部分与保护线 PE 相连，不再单独作保护接地，如图 2-15 所示。TN-C-S 系统内有一部分中性线 N 和保护线 PE 是合一的，有一部分是分开的，如图 2-16 所示。

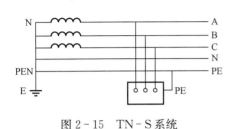

图 2-15 TN-S 系统　　　　　　　　图 2-16 TN-C-S 系统

3. TT 系统

TT 系统为电源中性点直接接地，系统内所有电气装置的外露可导电部分用保护线 PE 接到独立的接地体上，如图 2-17 所示。当设备碰壳时，形成单相接地短路，使回路上的过流保护置动作，切除故障。由于该保护方式有一定的局限性，所以在系统内应装设漏电保护器。

采用 TT 系统时应满足如下要求：

（1）除配电变压器低压侧中性点直接接地外，中性线不得重复接地，且应保持与相线相同的绝缘。

（2）必须装设剩余电流总保护、中级保护装置。配电变压器低压侧及各出线回路均应装设短路和过负荷保护。

（3）中性线不得装设熔断器或单独的开关（或刀闸）装置。

4. IT 系统

IT 系统的电源中性点不接地或经过阻抗接地，系统内所有电气装置的外露可导电部分用保护线 PE 接到独立的接地体上，如图 2-18 所示。

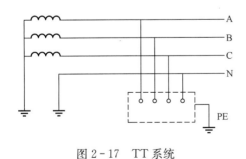 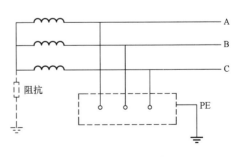

图 2-17 TT 系统　　　　　　　　图 2-18 IT 系统

采用 IT 系统时应满足如下要求：

（1）配电变压器低压侧及各出线回路均应装设短路和过流保护。

（2）网络内的带电导体严禁直接接地。

（3）当发生单相接地故障，故障电流很小，切断供电不是绝对必要时，则应装设能发出接地故障音响或灯光信号的报警装置，而且必须具有两相不同地点发生接地故障的保护措施。

（4）各相对地有良好的绝缘水平，在正常运行情况下，从各相测得的泄漏电流（交流有效值）应小于 30mA。

（5）不得从变压器低压侧中性点配出中性线作 220V 单相供电。

（6）变压器低压侧中性点和各出线回路终端的相线均应装设击穿熔断器。

应注意的是，同一台配电变压器供电的三相四线接保护中性线系统中，不允许将一部分电气设备的接地部位采用接保护中性线，而将另一部分电气设备的接地部位采用保护接地。因为在同一个接保护中性线系统中，若采用保护接地的电气设备，一旦发生绝缘损坏而漏电（熔丝未及时熔断），接地电流通过大地与变压器工作接地形成回路，就会使整个零线上出现危险电压，从而使所有采用接保护中性线的电气设备的接地部位电位升高，威胁人身安全（见图 2-19）。

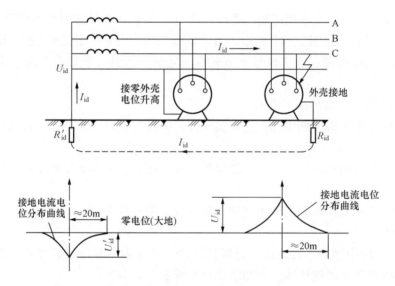

图 2-19 部分设备接地、部分设备接零的危险性原理图
I_{id}—单相接地电流；U_{id}，U'_{id}—零线电位；
R_{id}—设备外壳接地电阻；R'_{id}—中性点接地电阻

三、防雷接地

防雷接地是指防雷保护装置泄放雷电流入地的接地。为了防止雷电对配电系统及人身安全的危害，一般采用避雷针、避雷线及避雷器等雷电防护设备，这是为了让强大的雷电流安全导入地中，以减少雷电流流过时引起的电位升高，例如避雷针、避雷线以及避雷器等接地。这些雷电防护设备都必须与合适的接地装置相连，以将雷电流导入大地，这种接地称为防雷接地。流过防雷接地装置的雷电流幅值很大，可以达到数百千安，但持续的时间很短，一般只有数十微秒。详细内容在第七章介绍。

第三节　配电网继电保护

一、继电保护的基本原理及构成

继电保护的动作原理是利用电力系统中元件发生短路或异常情况时的电气量（电流、电压、功率、频率等）或其他物理量（如变压器油箱内故障时伴随产生的大量瓦斯、油流速度的增大或油压强度的增高等）的变化来启动动作的。继电保护装置由测量比较元件、逻辑判断元件、执行输出元件三个部分组成。

继电保护装置的基本任务是：

（1）监视电力系统的正常运行。当被保护的电力系统元件发生故障时，应该由该元件的继电保护装置迅速、准确地给脱离故障元件最近的断路器发出跳闸命令，使故障元件及时从电力系统中断开，以最大限度地减少对电力系统元件本身的损坏，降低对电力系统安全供电的影响。当系统和设备发生的故障足以损坏设备或危及电网安全时，继电保护装置能最大限度地减少对电力系统元件本身的损坏，降低对电力系统安全供电的影响。

（2）反应电气设备的不正常工作情况，并根据不正常工作情况和设备运行维护条件的不同发出信号，提示值班员迅速采取措施，使之尽快恢复正常，或由装置自动地进行调整，或将那些继续运行会引起事故的电气设备予以切除。反应不正常工作情况的继电保护装置允许带一定的延时动作。

（3）实现电力系统的自动化和远程操作，如自动重合闸、备用电源自动投入、遥控、遥测等。

继电保护装置的四个基本要求是选择性、速动性、灵敏性、可靠性，即保护"四性"，它们之间紧密联系，既矛盾、又统一。电力系统继电保护的整定主要是依靠启动值和时间参数的设定来实现上下级的配合，时间上还应考虑设备及装置自身的固有动作时间。

选择性是指电力系统发生故障时，保护装置仅将故障元件切除，而使非故障元件仍能正常运行，以尽量缩小停电范围。速动性是指快速切除故障，提高系统稳定性，减少用户在低电压下的动作时间，减少故障元件的损坏程度，避免故障进一步扩大。灵敏性是指在规定的保护范围内，对故障情况的反应能力。满足灵敏性要求的保护装置应在区内故障时，不论短路点的位置与短路的类型如何，都能灵敏地正确地反映出来。可靠性是指发生了属于该保护装置应动作的故障，它能可靠动作，即不发生拒绝动作（拒动）；而在不该动作时，它能可靠不动，即不发生错误动作（简称误动）。

电力系统的发展对继电保护不断提出新的要求，电子技术、计算机技术与通信技术的飞速发展又为继电保护技术的发展不断地注入了新的活力，继电保护技术经历了机电式继电保护、晶体管继电保护、集成电路保护、微机保护 4 个发展阶段，未来趋势是向计算机化、网络化、智能化发展，微机继电保护技术将逐渐与数字化测量、控制、通信等功能融为一体。

二、配电网常用继电保护装置类型

1. 电流保护

（1）电流速断保护：指继电保护装置按被保护设备的短路电流整定，可实现快速切断故障，但一般在线路末端有一段保护不到的"死区"须采用过电流保护动作作为后备保护。速断保护动作，理论上电流速断保护没有时限，实际上有装置自身固有的动作时间。

（2）过电流保护：指继电保护装置的动作电流按避开被保护设备（包括线路）的最大工作电流整定，一般具有动作时限，所以动作快速性受到一定的限制。为使上、下级过电流保护能获得选择性，在时限上设有一个相应的级差。

（3）反时限过电流保护：过电流保护中采用反时限电流继电器，其动作时间随电流大小而变化，电流越大，则动作时间越短。

2. 零序保护

在大短路电流接地系统中发生接地故障后，就有零序电流、零序电压和零序功率出现，利用这些电气量构成保护接地短路的继电保护装置统称为零序保护。这是作为三相电力系统中发生不对称短路故障和接地故障时的主要保护装置。

3. 欠电压保护

欠电压保护也称失压保护，指被保护线路电压低于设定值（一般为额定电压的35%～70%）时，欠电压脱扣器使断路器跳闸；当电源电压低于欠电压脱扣器额定电压的35%时，欠电压脱扣器保证断路器无法合闸。它常用于供电可靠性要求不高的配电终端，用于防止电压突然降低致使电气设备的正常运行受损，也用于防止线路停电时倒送电的措施。

4. 差动保护

差动保护是一种按循环电流原理依据装设在保护中产生的差电流而动作的一种保护装置，常作为变压器或母线等设备的保护。它在被保护线路或设备的两端各装设一组同型号和变比的电流互感器，二次侧按环流法连接（即按同极性端并联接线），通过比较被保护线路或设备两端电流的大小和相位的原理来实现，保护范围为两组电流互感器之间的线路或设备。在正常与外部故障时没有电流流过，不会动作；而在内部发生相间短路时，会造成很大电流流过，超过整定值时即动作。

5. 气体保护

气体保护是利用气体继电器装在变压器油箱与油枕之间的通道上，专门用来保护油浸式变压器内部故障的装置。根据油浸式变压器内部故障性质严重程度，分为轻瓦斯和重瓦斯两种：轻瓦斯是根据绝缘油（物）受热分解出瓦斯气体量的多少，流入气体继电器而动作；重瓦斯是根据变压器内部故障，绝缘油由本体流向油枕流速的大小，确定是否动作。轻瓦斯动作于信号，重瓦斯动作于跳闸。

6. 自动重合闸

自动重合闸是将因故跳开后的断路器按需要自动重新投入合闸状态的一种自动装置。运行经验表明，架空线路绝大多数的故障是瞬时性的，由继电保护动作切除短路故障之后，电弧将自动熄灭，短路处的绝缘可以自动恢复。因此，自动重合闸将开关重合，重合成功不仅提高了供电的安全性和可靠性，而且还提高了系统的暂态稳定水平，也可弥补或减少由于断路器或继电保护装置不正确动作跳闸造成的损失。所以，架空线路一般需要采用自动重合闸装置；电缆线路的故障多数为永久性故障，因此运行时一般退出重合闸。

7. 备用电源自动投入装置

备用电源自动投入装置是指当工作电源因故障被断开后，能迅速自动地将备用电源投入或将用电设备自动切换到备用电源的一种自动装置。在变电站和重要开闭所母线、供电可靠性要求较高的配电站和重要双电源用户装设备用电源自动投入装置，可大大提高供电可靠性。

三、配电网继电保护的配置

中压配电线路设置过电流、电流速断、零序电流保护，用户侧进线断路器还可设置失压保护。

配电变压器设置过电流、电流速断，大型配电变压器还应设置差动、气体、温度、压力释放等保护装置。

低压配电线路设置过电流、电流速断保护。

电力电容器设置过电流、电流速断、过电压和低电压保护。

跌落式熔断器、低压熔断器是最为简易的反时限过电流保护装置，"熔断器＋负荷开关"组合电器实现反时限过电流保护，适用于容量为1000kVA及以下的配电网保护；柱上断路器实现定时限速断和过流保护，户内式断路器开关柜实现定时限速断和过电流保护，断路器均可配置重合闸装置而实现重合闸功能，适用于容量1000kVA以上的配电网保护。

第四节　线损与无功补偿

一、线损

（一）线损的产生

在输送和分配电能的过程中，电网的各个元件都必然产生一定数量的有功功率损失和电能损失，就形成了线损。

按照电能损耗的原因，线损可分为可变损失、固定损失和不明损失。

（1）不变损失。随负荷电流的变动而变化的电能损失，称为可变损失。这种损失主要是电网中电气设备的电能损耗，如电力变压器的铜损，线路导线的电能损耗，电抗器、互感器、消弧线圈等设备的电能损耗，电能表等表计电流线圈的电能损耗，接户线的电能损耗等。

（2）固定损失。电网加上电压后，随电压的变动而变化的电能损失，称为固定损失。这种损失包括电力变压器的铁损，电缆、电容器的介质损失，电能表、功率表等仪表电压线圈的损失，电抗器、互感器、消弧线圈等设备的铁损，绝缘子泄漏电流的损失，电晕损失等。

（3）不明损失。供电过程中的不明损失又称管理线损。不明损失包括计量装置本身的综合误差、倍率差错，窃电，绝缘泄漏、放电，抄表、计算错误造成的遗漏电量等。

按线损管理理论，线损又可分为统计线损和理论线损。

（1）统计线损。统计线损是根据电能表的读数累计出来的，即供电量和售电量两者之差值。

（2）理论线损。理论线损是根据供电设备的参数和电力网当时的运行负荷情况，由理论计算得出的线损，又称技术线损。电力线路和变压器的损耗计算如下。

电力线路的损耗由式（2-24）计算

$$\left.\begin{aligned}
\Delta P &= 3I^2R \times 10^{-3} = \frac{(P^2+Q^2)R}{U^2} \times 10^{-3} \\
\Delta Q &= 3I^2X \times 10^{-3} = \frac{(P^2+Q^2)X}{U^2} \times 10^{-3}
\end{aligned}\right\} \qquad (2-24)$$

式中　ΔP——有功功率损耗，kW；

ΔQ——无功功率损耗，kvar；

I——线路中通过的相电流，A；

R——线路的导线电阻，Ω；

X——线路的导线电抗，Ω；

P——线路中的有功功率，kW；

Q——线路中的无功功率，kvar；

U——线路的线电压，kV。

电力变压器的损耗由式（2-25）计算

$$\left.\begin{aligned}\Delta P &= \Delta P_0 + \frac{\Delta P_{dl} \times S_{fz}}{S_n} \\ \Delta Q &= \frac{S_n I_0}{100} + \frac{U_{kln}^2 S_{fz}^2}{100 S_n^3}\end{aligned}\right\} \qquad (2-25)$$

式中　ΔP——变压器有功功率损耗，kW；

ΔP_0——变压器的空载损耗，kW，可查变压器出厂参数；

ΔP_{dl}——变压器的短路损耗，kW，可查变压器出厂参数；

S_{fz}——变压器的实际负荷，kVA；

S_n——变压器的额度容量，kVA；

I_0——变压器的空载电流；

U_{kln}——变压器的短路电压。

（二）线损电量和线损率

线损电量是供电量和售电量之差。供电量是指发电厂或电力网向电网和用户供的电量，包括输送和分配电能过程中的损失电量。售电量是指电力企业售给用户（包括趸售户）的电量，包括购入或转售给用户的电量。

线损率为线损电量与供电量之比的百分数，是一项重要的技术经济指标。对于一个供电单位，有

$$线损电量＝供电量－售电量 \qquad (2-26)$$
$$供电量＝发电量＋输入电量（包括购入）－厂用电量－输出电量 \qquad (2-27)$$
$$线损率＝线损电量/供电电量×100\% \qquad (2-28)$$

线损率按电压等级、营业范围划分分指标，以便分级管理。

为加强线损的日常管理，把一些与线损率完成好坏密切相关的工作，化为小指标的形式进行管理，这些小指标分为两类：一类是保证线损指标正确完成的小指标，如抄表正确率、实抄率、电能表调前合格率、校验率、调换率、月及日24h抄见电量、母线电量不平衡率、供电量责任差错等；另一类是节电小指标，如降损电量完成率、电容器投入率、各级电压监视点电压合格率、线路停电小时数、负荷率等。

（三）影响线损的因素

电网在输送、分配电能过程中，必然产生一定的电能损耗。由于设备和管理等各种因素影响着配网损耗的大小，如下诸多因素都可能造成线损的增大。

1. 设计因素

（1）线路路径不尽合理，供电半径过大，甚至存在迂回现象。

（2）配电变压器偏离负荷中心。

（3）供电与配电容量或配电与用电容量的容载比不合理。

（4）未按无功经济当量选用无功补偿装置。

（5）线路导线选用截面积不符合经济电流密度的要求。

（6）选用的设备能耗较高，降温、通风、散热条件不佳等。

2．安装运行因素

（1）线路部分原因主要有：绝缘子污秽或绑线松动放电，导线接头发热，发生线路断线或接触树枝等接地故障，接户线年久失修和绝缘损坏，混线短路等。

（2）设备部分原因主要有：变压器陈旧、铜损和铁损值超标，变压器三相负荷不平衡，变压器绝缘和散热作用不良，表箱内接头发热，未按规定装表、表计运输及搬运时受震、损坏元件，互感器倍率不准或二次线接触不良，电能表未按期更换、校验等。

3．环境及负载因素

（1）温度影响。工作环境温度及设备工作温度使设备运行时超过允许温升，线损增大。

（2）电压影响。设备工作电压过高，设备铁损增加；设备工作电压过低，铜损增加。

（3）设备超载运行损耗剧增。

（4）设备空载或轻载运行线损比率增大。

（四）技术降损措施

降低线损的技术措施大致分为两大类。一类措施是对电力网实施技术改造，在提高电力网的送电能力及改善电压质量的同时也降低了线损，这类措施需要一定的投资，所以一般要根据技术经济比较来论证其合理性。另一类措施是加强电力网的运行管理，主要有如下方面：

（1）均衡配电各馈线中的负荷分布，调整网络合理的运行方式，避免单一馈线重载发热，增加线路损耗。由式（2-24）可知，线路损耗与输送电流的平方成正比，因此要尽量采用增加回路分流。

（2）改造现有不合理的配电网结构，减少线路迂回供电，缩短供电半径，使配电站、变压器更贴近负荷中心，可有效降低线路损耗。

（3）在输送负荷不变的情况下，换粗导线截面，减少线路电阻，可明显达到降损节能效果。

（4）淘汰高损耗变压器、停运空载变压器、合理配置变压器容量、平衡变压器三相负荷可有效降低配电变压器的损耗。

（5）合理补偿无功功率，提高功率因素，从而降低无功电流引起的损耗。

（6）其他降损技术措施：如采用节能型的新技术、新设备、新材料、新工艺，依靠科技进步，降低电能损耗。同时利用现代化管理手段，搞好负荷预测和监控，实行负荷调整，移峰填谷，降低电能损耗。

二、无功补偿

（一）无功补偿的基本知识

配电系统中，除了用电负荷需要无功功率外，线路和变压器的电感电抗也要消耗无功功率，系统的有功功率和无功功率应维持平衡。因此，在配电网中需要设置一定的无功补偿装置。按照"就地补偿，分级分区平衡"的原则进行配置，合理布局，并满足以下要求：

（1）供电部门补偿和客户补偿相结合。供电部门补偿电网的无功损耗，而客户补偿用电设备的无功损耗，尽可能做到就地补偿、就地平衡。

（2）分散补偿与集中补偿相结合，以分散为主。分散补偿是在配电网中的配电线路、配电变压器和客户的用电设备进行分散直接补偿，而集中补偿是在变电所集中装设较大容量的补偿设备，用于补偿主变压器及上级电网的无功损耗。

无功补偿容量可按下列公式确定：

$$Q_\mathrm{C} = P(\tan\varphi_1 - \tan\varphi_2) \tag{2-29}$$

式中　Q_C——无功补偿容量，kvar；

　　　P——有功功率，kW；

　　　φ_1——补偿前的功角，rad；

　　　φ_2——补偿后的功角，rad。

配电网无功补偿主要采用以下几种方式：

（1）变电站集中补偿。将高压并联电容器组集中装设在变电站的10kV（20kV）母线上，用以补偿变电站主变压器和高压输电线路的无功损耗，平衡输电网的无功功率，改善输电网的功率因数，提高系统终端变电站的母线电压。

（2）线路补偿。将电容器分散安装在配电线路上，以补偿线路的无功损耗，这种方式主要用于长线路或无功消耗较大的馈线。

（3）低压集中补偿。将电容器或无功自动补偿装置安装在低压母线上，通过自动投切装置投切电容器，以补偿低压配电网的无功损耗。

（4）随机补偿。将电容器装设在用电设备上，即时补偿用电设备的无功损耗。

（二）低压无功自动补偿装置

由于低功率因数的电器如空调、冰箱、电扇、日光灯等家电在低压负荷中占有相当的比重，致使低压配电网的无功负荷增加，因此对公用配电变压器低压配电网进行无功补偿显得尤为重要。

1. 低压无功补偿方案

以台区配电变压器所供低压配电网为补偿单元，在每台配电变压器低压侧出线安装低压无功补偿箱（柜），如图2-20所示。根据配电变压器无功负荷状况，自动分挡投切并联电

图2-20　无功补偿箱（柜）

容器组，以改善功率因数。为适应低压负荷的变化，无功补偿箱内电容器补偿容量一般分为三级，根据负荷大小投切适当容量的电容器。第一级为固定投入级，补偿配电变压器、低压网及用户固定的部分无功负荷，第二级、第三级为控制器控制经复合开关投入，在固定级补偿基础上根据低压配电网所缺无功负荷继续投入电容器。低压无功补偿柜通常并联接在配电所（站或室）的低压母线上，作为无功补偿，低压无功补偿柜的安装与投运与普通配电盘相似，这里不作介绍。

2. 低压无功补偿箱的安装与投运

（1）安装前应对低压无功补偿箱及箱内元件、接点进行检查，核对出厂试验报告并做绝缘电阻测试。

（2）低压无功补偿箱安装在配电变压器架上，用角钢支架承载并固定箱体，角钢支架安装应平整牢固。

（3）采样电流互感器通过的一次电流应包括负载电流和补偿电流在内，采样电流互感器一次线和二次线的极性、相序要保持一致。

（4）变压器送电前应断开低压无功补偿箱的进线断路器，在确认相线、地线、中性线及电流互感器的二次输入线接线准确可靠后方可投运。

（5）送电后对电容器分级投运情况，现场数据采集、控制器整定、指示灯完好等进行观测和记录。

目前，集分路开关、电气量监测、无功自动补偿三个模块为一体的低压综合配电箱，具有电能分配、电能计量、电流与电压运行数据采集、过流保护功能，广泛应用于杆上配电变压器，作为公用低压网络的无功补偿。

第三章

配电基本技能

本章对配电现场作业人员所必须具备的技能和知识进行介绍。重点就从事配电作业所需的主要工器具和个人基本操作技能进行系统阐述，并介绍了配电相关的起重作业和紧急救护知识。

第一节　常用工器具

一、登高工具

1. 登高板（升降板）

登高板也称升降板、脚踏板或踩板，由踏板和吊绳组成，如图 3-1（a）所示。登高板采用质地坚韧的木板制成，表面刻有防滑纹路，吊绳一般采用 ϕ19mm 白棕绳、ϕ14mm 锦纶绳或蚕丝绳制作而成，呈三角形状，底端两头固定在踏脚板上，顶端上固定有金属挂钩，绳长适应使用者的身材，一般保持一人一手长。

登高板主要用于电杆登高，常用规格有 630mm×75mm×25mm 或 640mm×80mm×25mm。

2. 脚扣

脚扣是用钢或铝合金材料制作的近似半圆形、带皮带扣环和脚登板的轻便登杆用具，有木杆和水泥杆用的两种形式。木杆用脚扣的半圆环和根部均有突起的小齿，以便登杆时刺入杆中起防滑作用；水泥杆用脚扣的半圆环和根部装有橡胶套或橡胶垫来防滑，如图 3-1（b）所示。脚扣有大小号之分，以适应电杆粗细不同之需要。脚扣使用较方便，攀登速度快、易学会。

3. 安全带、安全绳

安全带由带子、绳子和金属配件组成，是高空作业工人预防坠落的防护用品。它广泛用于电力施工、检修和操作等高空作业中。

安全带必须用锦纶、维尼纶或蚕丝等材料制作。金属配件用普通碳素钢或铝合金钢制作。腰带和保险带、绳应有足够的机械强度，材质应有耐磨性，卡环（钩）应有保险装置，操作灵活。

安全绳是高空作业必须具备的人身安全保护用品，通常与安全带配合使用，组成双控安全带，如图 3-1 (c)、(d) 所示。安全绳通常是用锦纶丝捻制而成的，具有质量轻、柔性好、强度高等优点，目前广泛应用于电力线路等高处作业中。根据使用情况不同，目前常用的安全绳有 2、3、5m 三种。

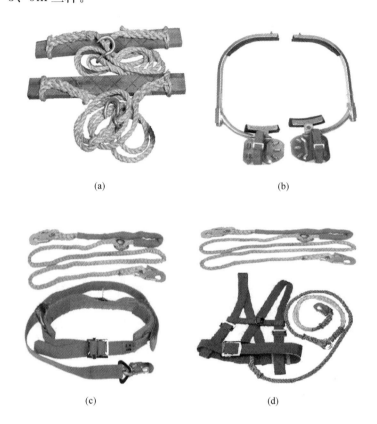

(a)   (b)

(c)   (d)

图 3-1 登高工具
(a) 登高板；(b) 脚扣；(c) 护腰式双控安全带；(d) 背带式安全带

登高工具使用维护注意事项如下：

(1) 必须按规定定期进行试验。

(2) 使用前应作外观检查，看各部分是否有变形、裂纹、腐蚀、断裂、断股或锁扣失灵等现象。若有，应禁止使用。

(3) 登杆前应进行冲击试拉、试登，以检验其强度。检验方法是，将登高板或脚扣系于钢筋混凝土杆上离地 0.5m 左右处，人站在登高板、脚扣上，双手抱杆，双脚腾空猛力向下蹬踩冲击，绳索应不发生断股，登高板不应折裂，脚扣无变形及任何损坏，方可使用。

(4) 使用脚扣应按电杆的规格选择，并且不得用绳子或电线代替脚扣系脚皮带。使用登高板时，要保持人体平稳不摇晃。

(5) 安全带、安全绳应高挂低用或水平拴挂，切忌低挂高用。

(6) 登高工具一般要求专人专用，平时应放置在干燥、通风的地方，切忌接触高温、明火和酸类物质及有锐角的坚硬物等。

二、安全用具

安全用具是防止触电、高空坠落、电弧灼伤等工伤事故，保障工作人员安全的各种专用工具和用具。安全用具可分为绝缘安全用具和一般防护安全用具两大类，如图 3-2 所示。

安全用具 {
绝缘安全用具 {
基本安全用具（如高压绝缘棒、高压验电器、绝缘夹钳等）
辅助安全用具〔如绝缘手套、绝缘靴（鞋）、绝缘垫、绝缘台等〕
}
一般安全用具（如携带型接地线、防护眼镜、安全帽、安全带、标示牌、临时遮栏等）
}

图 3-2　安全用具分类

下面主要介绍验电器、绝缘棒、绝缘手套、绝缘靴（鞋）、携带型接地线等安全用具的使用注意事项及其试验和保管。

（一）安全用具使用注意事项

1. 验电器

验电器又称测电器、试电器或电压指示器，它是检验电气设备、导线上是否有电的一种专用安全用具，配电线路常用的验电器按电压等级可分为高压和低压两类。低压验电器仅有绝缘握柄，并无高压验电器的绝缘棒部分，在 500V 以下电压等级使用，常用的有氖泡式和感应（电子）式两种。

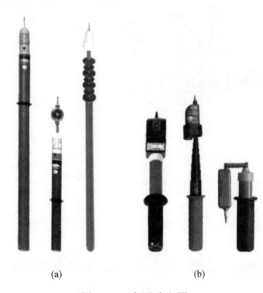

图 3-3　高压验电器
(a) 回转验电器；(b) 声光验电器

目前常用的高压验电器有回转验电器和声光验电器两种，如图 3-3 所示。

（1）GHY 型高压回转验电器。

GHY 型高压回转验电器主要由回转指示器和长度可以伸缩的绝缘棒组成。它是利用带电导体尖端放电产生的电风（即通过电晕放电产生的电晕风）来驱使指示叶片旋转，从而检测是否有电的，所以也称为风车式验电器。使用时，将回转指示器触及线路或电气设备，若设备带电，指示叶片就会旋转；反之，则不旋转。

这种验电器具有灵敏度高、选择性强、信号指示鲜明、操作方便等优点，不论在线路、杆塔上或变电站内都能够正确、明显地指示电力设备有无电压，它适用于 6kV 及以上的交流电压。

（2）GSY 型声光验电器。GSY 型声光验电器由电压指示器和全绝缘自由伸缩式操作杆两部分组成，属于电容型交流高压探测装置，电路采用集成电路屏蔽工艺，保证集成元件在高电压强电场下安全可靠地工作。具有测电灵敏、指示鲜明、操作轻便、抗干扰性强、带有全电路自检功能等特点。

高压验电器使用注意事项如下：

（1）高压验电器必须定期进行预防性试验。预防性试验前，应进行外观检查，当发现验电器指示器的外壳有缺损，绝缘杆有裂纹等明显缺陷时即应更换。

（2）使用前必须根据被验电设备的额定电压，选用合适电压等级的合格验电器。使用前需对验电器进行检验，证实良好后方可使用。

（3）验电器的绝缘棒上标有红线，红线以上部位表示内有电容元件，且属带电部分，该部分应按要求与临近导体或接地体保持必要的安全距离。

（4）验电器应妥善保管，不得强烈振动或冲击，也不准擅自调整拆装。每次使用完毕，在收缩绝缘棒及取下回转指示器放入包装袋之前，应将表面尘埃拭净，并存放在干燥通风的地方，避免受潮。

2. 绝缘棒

绝缘棒又称令克棒、绝缘杆或操作杆，如图 3-4 所示。主要由工作部分、绝缘部分和握手部分三部分构成。工作部分一般由金属或具有较大机械强度的绝缘材料（如玻璃钢）制成，长度不宜过长，一般不超过 5～8cm，以免操作时发生相间或接地短路；绝缘部分和握手部分是用浸过绝缘漆的木材、硬塑料或胶木等制成，两者之间由护环隔开，绝缘棒的绝缘部分须光洁、无裂纹或硬伤，为了便于携带和保管，往往将绝缘棒分段制作，每段端头有金属螺栓，用以相互镶接，也可用锁扣或其他方式连接，使用时将各段接上或拉开即可。

图 3-4 绝缘棒

绝缘棒用来操作高压柱上开关、隔离开关、跌落式熔断器，安装和拆除临时接地线以及带电测量和试验工作。

绝缘棒使用注意事项如下：

（1）必须定期进行预防性试验。

（2）使用绝缘棒时，工作人员应戴绝缘手套和穿绝缘靴（鞋），以加强绝缘棒的保安作用。

（3）在下雨、下雪天用绝缘棒操作室外高压设备时，绝缘棒应有防雨罩，以使罩下部分的绝缘棒保持干燥。

（4）绝缘棒不得直接与墙或地面接触，使用绝缘棒时要注意防止碰撞，以防碰伤其绝缘表面。

（5）绝缘棒应存放在干燥的地方，以防止受潮。一般应放在特制的架子上或垂直悬挂在专用挂架上，以防弯曲变形。

3. 绝缘手套、绝缘靴（鞋）

绝缘手套是防止人的两手同时触及不同电位带电体而造成触电的安全用品。在高压电气设备上进行操作时，绝缘手套是用来操作高压隔离开关、高压跌落式熔断器、高压柱上开关等的辅助安全用具；在低压带电设备上工作时，把它作为基本安全用具使用，可直接在低压设备上进行带电作业。

绝缘靴（鞋）的作用是使人体与地面绝缘。高压操作时，绝缘靴是用来与地面保持绝缘的辅助安全用具；在低压系统中，可作为防护跨步电压的基本安全用具。绝缘手套、绝缘靴（鞋）如图 3-5 所示。

绝缘手套、绝缘靴（鞋）的使用注意事项如下：

(a)   (b)

图 3-5   绝缘手套、绝缘靴（鞋）

(a) 绝缘手套；(b) 绝缘靴、绝缘鞋

（1）必须定期进行预防性试验。

（2）每次使用前应进行外部检查，查看表面有无损伤、磨损或破漏、划痕等。如有砂眼漏气情况，应禁止使用。绝缘手套的检查方法是，将手套朝手指方向卷曲，当卷到一定程度时，内部空气因体积减小、压力增大，手指鼓起，为不漏气者，即为良好。

（3）使用绝缘手套时，里面最好戴上一双棉纱手套，这样夏天可防止因出汗而操作不便的问题，冬天可以保暖。戴手套时，应将外衣袖口放入手套的伸长部分里。

（4）绝缘手套使用后应擦净、晾干，最好洒上一些滑石粉，以免粘连。绝缘手套、绝缘靴（鞋）应存放在干燥、阴凉的地方，并应倒置在指形支架上或存放在专用的柜内，与其他工具分开放置，其上不得堆压任何物件。

（5）不得与石油类的油脂接触，合格与不合格的不能混放在一起，以免使用时拿错。

4. 携带型接地线

接地线是用来防止设备突然来电和邻近带电设备产生的感应电压对作业人员的危害，还可用以放尽断电设备的剩余电荷。携带型接地线由专用夹头（线夹）和多股软铜线组成，如图 3-6 所示。多股软铜线的截面应符合短路电流的要求，即在短路电流通过时，铜线不会因产生过热而熔断，且应保持足够的机械强度，故该铜线截面一般不得小于 $25mm^2$。

携带型接地线的使用注意事项如下：

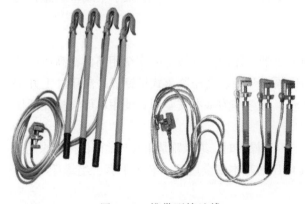

图 3-6   携带型接地线

（1）使用前应检查接地铜线和短接铜线的连接是否牢固，一般应由螺丝拴紧后，再加焊锡焊牢，以防因接触不良而熔断。损坏的接地线应及时修理或更换，禁止使用不符合规定的导线作接地线或短路线之用。

（2）接地线必须使用专用线夹固定在导线上，严禁采用缠绕的方法进行接地或短路。接地线的连接器（线卡或线夹）装上后接触应良好，并有足够的夹持力，以防短路电流幅值较大时，由于接触不良而熔断或因电动力的作用而脱落。

（3）装设接地线必须由两人进行，装、拆接地线均应使用绝缘棒和戴绝缘手套。接地线装拆顺序的正确与否是很重要的，装设接地线必须先接接地端、后接导体端，先近端、后远端，且必须接触良好；拆接地线的顺序与此相反。在高低压同杆或同杆架设两回以上线路装设接地线时，应先接低压，后接高压，先接下层，后接上层；拆接地线的顺序与此相反。

（4）接地线和电力设备之间不允许连接开关（刀闸）或熔断器，以防它们断开时设备失去接地保护，使作业人员发生触电事故。

（二）安全用具的试验和保管

1. 安全用具试验

安全用具试验一览如表 3-1 所示。

表 3-1　　　　　　　　　　　　　　　安全用具试验一览

序号	名称	电压等级（kV）	周　期	交流耐压（kV）	时间（min）	漏泄电流（mA）	附　注
1	绝缘棒	6~10	每年一次	45	1		
2	绝缘挡板	6~10	每年一次	30	1		
3	验电器	6~10	每年一次	45	5		发光电压不高于额定电压的 25%
4	绝缘手套	高　压	半年一次	8	1	≤9	
		低　压		2.5		≤2.5	
5	橡胶绝缘靴	高　压	半年一次	15	1	≤7.5	

2. 安全用具的保管

（1）安全用具应设专人负责，并编号建立台账，做到账、卡、物相符，试验报告齐全。

（2）安全用具均应设有专门的安全用具间或橱（柜），用具均对号入座，并置于支架上或用具橱内。

（3）安全用具原则上不准外借，也不准另作他用，要保持整齐、清洁、干燥、完整。使用时轻拿轻放，防止意外损坏。

（4）凡试验不合格或损坏不能使用者，一律上交或销毁，不得再混入合格品之中。

（5）接地线必须编号，同一车间班组间接地线编号不能重复。

三、作业器具

配电作业器具分为架空线类和电缆线类两大类。

（一）架空线类主要作业器具

1. 断线器

架空配电线路施工用断线器一般用于切断导线、钢绞线等。其种类繁多，主要有大剪刀、液压断线器、棘齿式断线器、链条式断线器等，如图 3-7 所示。

2. 紧线器

紧线器主要用于收紧导线、钢绞线等。紧线器的种类很多，视需要可以有许多不同的组

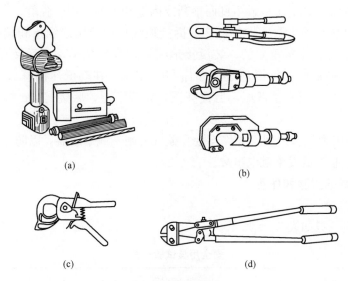

图 3-7 断线器

(a) 电动棘轮式；(b) 液压式；(c) 手动棘轮式；(d) 大剪刀式

合。其握着部分一般有桃子式紧线头、平板式（或称蚱蜢式）紧线头等类型 ［如图 3-8 (a)、(b) 所示］，其收紧部分主要有棘齿紧线盘（若配一动滑车可省一半力）、双钩紧线器 ［如图 3-8 (c) 所示］、滑车组、液压紧线器等类型。

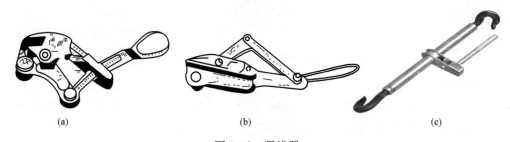

图 3-8 紧线器

(a) 桃子式紧线头；(b) 平板式紧线头；(c) 双钩紧线器

3. 压接钳

架空配电线路施工用压接钳一般用于导线承力连接、部分用于导线的非承力连接（如采用 C 型、H 型线夹支接导线）以及尾线鼻子的连接。其种类也较多，有机械式、液压式等，机械式压接钳如图 3-9 所示。

（二）电缆线类主要作业器具

1. 电缆剪切刀

用于电缆横向切断的专用工具如图 3-10 所示。它包括握柄装置、剪切装置及推进装置。该剪切刀的推进装置是借助两个齿轮传动，以带动活动刀体上的卡齿往前推进，使活动刀体与固定刀体的刀锋部所形成的圆形部渐次缩小，以达到剪切的功效。使用这种剪切的优点在于剪切平整且不损坏线芯的结构，而使用锯子虽然也能横向锯段，但是不平整而且毛刺多。

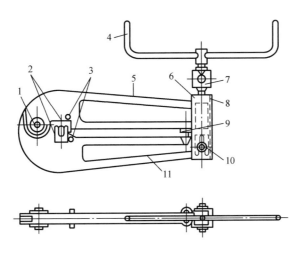

图 3-9　压接钳

1—铰链；2—压模；3—螺钉；4—手柄；5—压钳体；6—螺栓；

7—卡具；8—卡具螺纹；9—止动螺钉；10—绞铰；11—压钳体

(a)　　　　　　　　　　　　　　　　(b)

图 3-10　电缆剪切刀

(a)液压式电缆剪切刀；(b)充电式电动电缆剪切刀

2. 电缆压接钳

电缆压接钳以液压钳（见图 3-11）较为常见，它由液压油缸、U 型钳体、模具和操作手柄组成。液压油缸内的活塞与位于 U 型钳体外下部的模具相接，液压油缸的另一端连接接头，接头用于连接液压泵；U 型钳体上端两侧壁上开孔，孔内穿设模具固定销；模具包括下压模和上压模，上压模通过模具固定销固定于 U 型钳体的上部，下压模位于 U 型钳体的下部，并与 U 型钳体的 U 型内壁相配合。

图 3-11　电缆压接钳

压接口采用六角型模具，压接紧密导电良好，U 型钳体上端部穿设模具固定销。钳压模下压模的开口使得压接管的装入和取出都很方便，手柄操作简单省力，单人即可操作。

3. 电缆剥皮器

电缆护套剥皮工具主要有电缆外皮剥除器、外半导体层剥除器、电缆主绝缘层倒角器和电缆主绝缘层剥除器等，如图 3-12 所示。

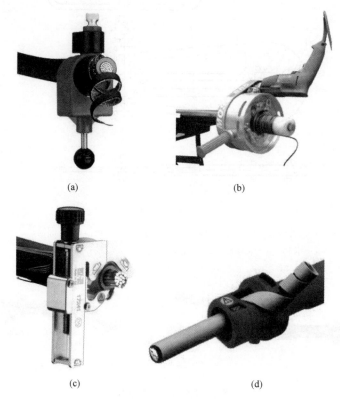

图 3-12　电缆剥皮器

（a）电缆外皮剥除器；（b）外半导电层电动剥除器；（c）电缆主绝缘层倒角器；（d）电缆主绝缘层剥除器

4. 电缆网套

电缆网套用于电缆施放时牵引电缆，整体为网状结构，如图 3-13 所示。它由高强度钢丝编织而成，具有耐用强韧、富有弹性、径向伸缩大、装拆容易、夹紧牢靠等特点。使用方法是先将电缆网套后端压缩使之张开后套入被牵引的电缆，然后逐节压缩逐节套入，使网套与被牵引的电缆紧贴，待网套全部套入后（可空留一段）用扎带或铁丝扎紧引绳器末端的开口处。

图 3-13　电缆网套

电缆网套使用注意事项如下：

（1）牵引开始时，必须检查网套是否完全绷紧在被牵引电缆上，确认无误后，方可开始。

（2）被牵引电缆头部的切割尖角应采用包扎打磨等方式处理，以防止尖角割伤网套或影响网套的伸缩。

（3）牵引过程中，应注意检查网套有无断丝现象，若出现断丝现象应及时报废和更换。

（4）网套使用完毕后应及时取出，并妥善保管，防止丝股及其他部件的损坏。

四、常用仪器及仪表

配电常用的仪器仪表有万用表、钳形电流表、绝缘电阻表、接地电阻测量仪、测温仪等。

（一）万用表

万用表是一种多用途的携带式仪表，主要由表头（或液晶显示板）、测量电路和转换开关等组成。表头（或液晶显示板）用以指示被测量的数值；转换开关用以实现对不同测量功能的选择，以适应各种测量的要求。利用转换开关，万用表可以测量交流电压，直流电压、电流，电阻、音频电平等多种电量，有的万用表还可以测量电感、电容、晶体管电流的放大倍数等。

万用表的品种很多，按表头指示可分为数字式和指针式两种。数字式万用表使用方便、简单，但看不到指示过程，且价格较高。测量读数过程中，如果显示的数字不停地变化，应读数字最大的一次数字。测量完毕后，应关掉表内的电源以免消耗电池。指针式是传统式万用表，使用较复杂，但指示明了，价格便宜。下面主要介绍 500 型指针式万用表的外形结构和使用方法。

500 型指针式万用表的外形结构如图 3-14 所示，设置了测量电阻、直流电压、交流电压和直流电流 4 种功能。使用前应检查两表笔与插孔是否对应并接触紧密，引线、笔杆、插头等处有无破损露铜现象。使用时应将万用表水平放置并进行机械调零。测量各种数据时，要把万用表切换到相应挡位量程，防止烧坏表计，并不要双手同时接触表笔针部，以防触电或引起测量误差。测量直流电压时应注意极性，以免表针反偏，测量电阻后应将开关旋到其他挡位上去（一般放在交流电压最高量程上），以免两表笔无意中搭接在一起使电池电量白白消耗掉。

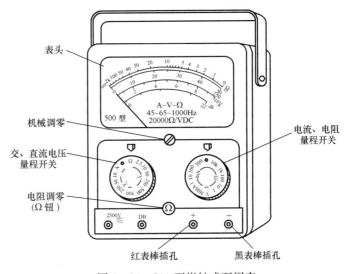

图 3-14 500 型指针式万用表

（二）钳型电流表

钳形电流表由单匝穿芯式电流互感器和磁电式电流表（内有整流器）组合而成，电流互感器做得像把可开口的钳子，在测量时只要捏紧扳手，将活动铁芯张开，让待测载流的导线夹入钳口的铁芯中，松开扳手使钳口闭合，即可读出被测的电流大小。钳形电流表按表头指示可分为数字式和指针式两种，如图 3-15 所示。

钳形电流表使用起来比较简单、方便，适于在不便拆线或不能切断电源等情况下进行电

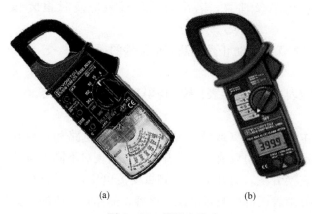

图 3-15 钳形电流表

(a) 指针式；(b) 数字式

流测量，是用来测量电流的常用仪表。由于钳形表需要在带电情况下测量，一般的钳形表不得用于高电压测量。测量时应戴绝缘手套，不得触及其他设备，以防短路或接地。测量低压母线等裸露导体的电流时，测量前将临近各相用绝缘物隔开，以防钳口张开触及临近导体，引起相间短路。使用时注意测量的正确性，被测载流导线应放在钳口中央，并使钳口动、静铁芯接触良好。若无法预测被测电流的大小，应将仪表量程放置最大量限挡处，以防损坏仪表，然后根据读数再选择适当的量限挡。观察测量值时，要特别注意保持头部与带电部分的安全距离。每次测量完毕后，应将量程切换到最高位，以免下次使用时因疏忽未切换量程而损坏。

（三）绝缘电阻表

绝缘电阻表俗称绝缘摇表或兆欧表，如图 3-16 所示，它主要由手摇直流发电机、磁电式流比计和接线柱三部分组成，一般用于测量电气设备（如变压器、电动机等）及电力线路（如架空线、电缆等）等的绝缘电阻。使用方法如下：

（1）选择绝缘电阻表时，必须与被测设备或线路的电压等级相适应。若用电压较高的绝缘电阻表测量低压设备的绝缘电阻，有可能损坏被测设备的绝缘；如果用电压较低绝缘电阻表测量高压设备的绝缘电阻，则将会使测量结果产生较大误差。常用绝缘电阻表的电压等级有 500、1000、2500、5000V 四种。对于额定电压为 220/380V 的设备、线路而言，一般使用 500V 绝缘电阻表摇测其绝缘电阻；对于额定电压为 500V 及以上的设备、线路而言，则使用 1000V 或 2500V 绝缘电阻表。

图 3-16 绝缘电阻表

（2）测量前，应检查绝缘电阻表是否完好。检查时，应把绝缘电阻表放平，将绝缘电阻表接线柱开路空摇，指针应指在标度尺上的"∞"处；然后将绝缘电阻表接线柱短接，轻摇手柄，此时指针应指在标度尺的"0"处。

（3）绝缘电阻表接线要正确。绝缘电阻表上有三个接线端钮；L 端钮（代表线路）和 E 端钮（代表接地）接被测设备或线路；G 是屏蔽端钮，用于在测量电缆或在潮湿气候下测量设备绝缘电阻时起屏蔽作用。如测量线路对地绝缘电阻时，L 端接线路导线，E 端接接地引线；测量变压器高压侧对低压侧的绝缘电阻，为得到精确的数值，绝缘电阻表的 G 端钮要与变压器外壳连接。

（4）使用绝缘电阻表时，应将仪表放平，摇动手柄要由慢到快，使其转速达到

120rad/min。当指针稳定后，即可读取绝缘电阻值。在摇动手柄时，若发现指针指"0"，一般不宜再摇手柄，以免大电流流经线圈时间过长而烧坏仪表。测试后，要等绝缘电阻表停止转动，并且被测设备放电后，人体才可触及被测设备。

（5）绝缘电阻表连接被测对象的导线，应采用绝缘良好的单股导线分开连接。不能使用双股绝缘线，以免因导线绝缘不良导致测量误差。

（6）不能用绝缘电阻表测量带电设备。测量前，被测设备必须停电，并将被测设备对地放电，以保障人身和设备的安全。同时应将被测设备表面擦干净，以免因漏电而造成测量误差。

（7）测量大电感、电容设备或电缆线路时，应采用具有相应绝缘水平的绝缘接线棒搭、断开被测设备，测量绝缘电阻后，要先断 L 端引线才能停止摇动手柄，以免被测设备向绝缘电阻表反充电而损坏仪表。

（8）在测量吸收比时，应先将绝缘电阻表摇到额定转速，然后将其接入被测对象，同时开始计时，读取数值。测量完毕后，应先将接线棒与被测对象分开，再停止摇动手柄，以防仪表被反充电。

（四）接地电阻测量仪

测量接地电阻常用的方法有三种：①电流电压表法；②比率计法；③补偿法。电流电压表法不受测量范围的限制，必须采用独立的交流电源，并应使用高内阻电压表，测量后还需要进行计算和电压校验；比率计法中，其表针的偏转与电压、电流成比例，可以直接读取电阻；补偿法（或称电位法、电桥法）中通过调节可变电阻，使检流计读数为零，此时在刻度盘上即可读出接地电阻。目前配电线路测量接地电阻常用的仪表主要是摇表式接地电阻测量仪和晶体管接地电阻测量仪。

1. 摇表式接地电阻测量仪

摇表式接地电阻测量仪又称接地摇表（见图 3-17），常见如 ZC-8 型接地电阻测量仪。它有三个端钮（E、P、C）和四个端钮（C、P、C、P）两种类型。使用四个端钮的测量仪时，应将 P 和 C 端钮短接后再与被测接地体连接。使用三个端钮的测量仪时，若其 P 和 C 在内部已短接，只引出端钮 E，则测量时应将 E 直接与被测接地体连接，端钮 P 接电压辅助极接地棒 P，端钮 C 接电流辅助极接地棒 C，E、P、C 三者之间必须保持一定的距离（一般相距 20m 左右），且 P 在 E 和 C 之间，三点成一直线。此外，P 和 C 的接地电阻不能太大，否则会影响仪表的灵敏度，甚至不能测出数值。一般电压辅助极 P 的接地电阻不应大于 1000Ω；电流辅助接地极 C 的接地电阻不应大于 250Ω（电流极和电压极的接地棒可采用直

图 3-17 摇表式接地电阻测量仪

径为 5~10mm 的钢筋制成，打入地中不小于 0.5m，对于大多数种类的土壤，辅助接地棒的接地电阻一般不会超过 250Ω，能满足测量要求）。若在高土壤电阻率地区测量时，可在接地棒周围的土壤灌一些盐水，以降低其本身的接地电阻。

接地摇表测量接地电阻的使用注意事项有：

（1）测量接地电阻时，必须将被测接地装置与避雷线或被保护的电气设备断开。

（2）接地电阻应在一年中最干燥的季节测量，雨后不应立即测量接地电阻。测量时由于土壤的干湿情况不同，应将仪表读数乘上土壤干湿系数 ψ，该值即为接地电阻值。

（3）将仪表量程放置在最大量限挡，然后根据测得的读数，再选择合适的量程挡。

（4）测量接地电阻时，应把仪器放平、调零，使指针指在红线上。手摇发电机的速度应保持在120rad/min，当指针稳定不动时读取数值。如果摇表指针摆动不定，则需改变手摇发电机的转速，以抗衡外界干扰，使指针稳定。

利用接地摇表还可以测量土壤电阻率。测量土壤电阻率一般采用有四个端钮的接地摇表。测量时，把四根棒呈一直线插入土壤中（见图3-18），它们之间的距离都相等，棒插入土壤中的深度不应小于 $a/20$。把仪器放平、调零，使指针指在红线上，并以120rad/min的速度摇动发电机，待指针稳定后读取数值。则土壤电阻率为

$$\rho = 2\pi a R \qquad (3-1)$$

式中　ρ——土壤电阻率，$\Omega \cdot m$；

　　　a——棒与棒之间距离，m；

　　　π——圆周率；

　　　R——接地摇表的读数，Ω。

同样，考虑到土壤干湿情况不同，也应将读出的数值乘以土壤干湿系数。

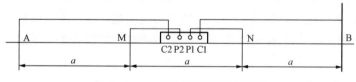

图3-18　土壤电阻率测量布置图

2. 晶体管接地电阻测量仪

晶体管接地电阻测量仪由晶体管及半导体元件、电流互感器、放大器、检流计、直流电池等构成，采用补偿法进行测量。该仪表体积小、重量轻，测试方法也较为简单，但其精度不如接地摇表。使用中必须注意以下事项：

（1）在安装干电池时，应注意不能把极性接反，以免损坏仪表。

（2）测量时，应先检验电池电源是否充足。仪表不用时应取出电池。

（3）仪表应放置在干燥通风、没有强大电磁场的地方。

（4）仪表在运输和使用过程中应防止受激烈振动，以保证检流计的灵敏度。

（五）红外测温仪和红外热成像仪

物体的热辐射定律表明，一切温度高于绝对零度的物体都在不停地向周围空间发出红外辐射能量。通过对物体自身辐射的红外能量的测量，便能准确地测定它的表面温度，这就是红外辐射测温所依据的原理。任何物体由于其自身分子的运动，不停地向外辐射红外热能，从而在物体表面形成一定的温度场，红外检测技术正是通过吸收这种红外辐射能量，测出设备表面的温度及温度场的分布，从而判断设备发热情况。

常用的检测设备有红外测温仪和红外热成像仪，如图3-19所示。其优点是可在较远

距离非接触地测量小目标温度，广泛应用于电力线路接头以及变压器、断路器、电缆头等设备的温度测量，能实时实现带电检测，不受日间和昼夜影响，携带方便、使用简单、有效。

红外测温仪由光学系统、光电探测器、信号放大器及信号处理、显示输出等部分组成。光学系统汇集其视场内的目标红外辐射能量，视场的大小由测温仪的光学零件以及位置决定。红外能量聚焦在光电探测器上并转变为相应的电信号，该信号经过放大器和信号处理电路按照仪器内部的算法和目标发射率校正后转变为被测目标的温度值。

红外热成像仪由红外探测器、光学成像物镜、光机扫描系统、信号处理与显示装置组成。它通过非接触探测红外能量，将其转换为电信号，进而在显示器上生成热图像和温度

图 3-19　红外测温仪和红外热成像仪
(a) 红外测温仪；(b) 红外热成像仪

值，不仅能够观察热图像，还能够对发热的故障区域进行准确识别和严格分析。屏幕色彩红色高亮表示温度高，灰暗表示温度低，对焦点能显示出温度值。

使用红外线测温仪（或热成像仪）时，测量人员调整好距离和视场，将红外测温设备对准要测的物体，按触发器，在仪器上读出温度数据或图像。有关注意事项如下：

（1）只能测量表面温度，不能测量内部温度。

（2）不能透过玻璃进行测温，因玻璃有很特殊的反射和透过特性，最好不用于光亮的或抛光的金属表面的测温，特殊的反射和透射性会影响测量值。

（3）定位热点或目标点，先用仪器瞄准目标，然后在目标作上下扫描运动，直至确定热点和目标点。

（4）注意环境条件，避免蒸汽、灰尘、烟雾等遮住镜头，妨碍精确测量。雨天不宜使用。

（5）注意环境温度，如果遇到10℃以上的突变环境温差，必须先让仪器适应新的环境温度至少20min。

（6）红外测温设备应防潮保管，防止暴晒或靠近高温物体。使用时应轻拿轻放，避免振动。

第二节　基　本　技　能

一、登杆

登杆可采用升降板或脚扣登高工具，上杆前必须检查杆身有无缺陷，并确认杆根埋土坚实牢固，否则应采取可靠的加固措施。登杆工具、安全器具应经试验合格；安全带应系在电杆及牢固的构件上，扣好扣环，并确认不会从杆顶、横担端头脱落转移。杆上作业必须按照有关规程要求系安全带、戴安全帽，作业位置应靠近安全带，让安全带承受一定的张力，使

扣环不易松脱。

脚扣登杆的有关注意事项：

（1）用与杆径相适应的脚扣，登杆前必须检查脚扣是否牢固，宽度调节是否顺畅。

（2）调整皮带扣环至适合位置，以免登杆过程中脚扣脱落。

（3）用手将脚扣固定在电杆离地面约50cm处，登上脚扣，双手扶持电杆用力往下蹬踏，冲击试登，同时检验橡胶垫是否能防滑。

（4）扣好安全带，一手夹持安全带，一手扶持电杆，双脚交替攀登，步幅不宜过大，提扣压扣时要注意顺着杆身方向进行，便于松脱和扣紧。

（5）登拔梢杆时，每隔3～4m应调整收紧脚扣，以免松脱滑落。

（6）雨雪天气杆身较滑，不宜采用脚扣登杆。

二、绳扣的扎结

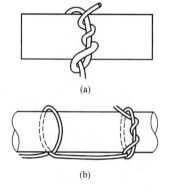

图 3-20　绳扣扎结方法
(a) 背扣；(b) 倒背扣；(c) 勒扣

在线路的安装架设及检修作业中，工器具、材料的传递或笨重物件的起重都离不开绳索。熟练、正确地扎结绳扣，能起到提高工效、保证安全的作用。下面介绍几种常用绳扣的扎结方法。

（1）上、下传递一般工具、材料用背扣，细长物架用倒背扣，绝缘子、螺栓用勒扣。其扎结方法分别如图 3-20 (a)、(b)、(c) 所示。

（2）做牵引用绳扣和连接钢丝绳的绳扣用钢丝绳扣。钢丝绳扣的扎结方法如图 3-21 所示。

（3）打临时拉线时用倒扣，抬重物时用抬扣。其扎结方法分别如图 3-22 (a)、(b) 所示。

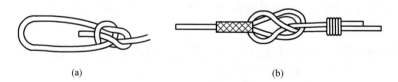

图 3-21　钢丝绳扣扎结方式
(a) 用于牵引；(b) 用于连接钢丝绳

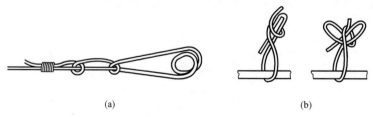

图 3-22　倒扣和抬扣
(a) 倒扣；(b) 抬扣

（4）拉绳活扣和腰绳扣。拉绳活扣用来把拉绳系在杆顶上，有拉力时越拉越紧，不需用欲解掉时一甩就开；腰绳扣也称拴马扣，拉绳长度不够时对接处要用腰绳扣。其扎结方法分别如图 3-23（a）和图 3-23（b）所示。

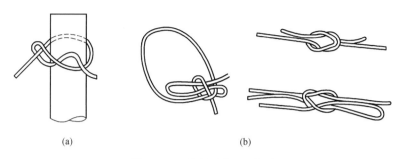

图 3-23 拉绳活扣和腰绳扣
（a）拉绳活扣；（b）腰绳扣

三、导线的绑扎固定

架空导线在绝缘子上的固定，通常用绑线缠绕法。绑扎导线时，绑线与导线应材料相同、规格相同；绑线本身不应有接头，如用钳子缠绕时，应防止钳口刻伤导线；绑扎时不要前后拉动导线，应按导线在绝缘子上的自然位置进行绑扎，防止导线两侧拉力不均，使绝缘子扭歪。

绑扎导线的方法和步骤如下：

（1）针式绝缘子上的顶绑。顶绑时把导线绑在针式绝缘子顶上线槽中，这种绑法适用于直线杆。该绑扎法操作步骤如图 3-24 所示。

图 3-24 中步骤（a）、（b）：先将绑线对折，绞扎于绝缘子左侧导线上，然后将两线头 A、B 分开两端，沿绝缘子边槽绕至绝缘子的右侧，交叉绞合（同左侧）。

图 3-24 中步骤（c）、（d）：将绑线头 A 在右侧绕导线一圈后，沿边槽绕至绝缘子左侧，在导线上绕一圈后，再沿绝缘子边槽将导线绕回右侧，同样在导线上卷绕一圈。

图 3-24 中步骤（e）、（f）：按（c）、（d）方法重复绕一次。

图 3-24 中操作步骤（g）、（h）：将绑线头 A 照图示作十字交叉于导线的上部。

图 3-24 中操作步骤（i）、（j）：将绑线头 A 再沿边槽绕至绝缘子左侧返回，使其与绑线头 B 相遇，拧小辫收紧即成。

（2）针式绝缘子上的侧绑。侧绑时把导线绑在绝缘子上端环形槽内，这种绑法适用于小转角或直线杆。对于小转角杆，导线应绑在转角外侧；对于直线杆，导线应绑在靠电杆一侧。该绑扎法操作步骤如图 3-25 所示。

图 3-25 中操作步骤（a）：将绑扎线对折，环套于绝缘子右边的导线上，如图中 C 点。

图 3-25 中操作步骤（b）、（c）：将绑线的 B 头在绝缘子的边槽绕绑两圈，其跨过导线处 D 点由上而下将导线紧绑在绝缘子上。

图 3-25 中操作步骤（d）、（e）：将绑线 A 头同样绑扎两圈，但跨过导线 D 处，则由下而上将导线紧绑在绝缘子上，如图中 E 点。

图 3-25 中操作步骤（f）：将绑线 A、B 再分别沿槽向左和向右绞扎于导线，如图中 F 和 G 点。

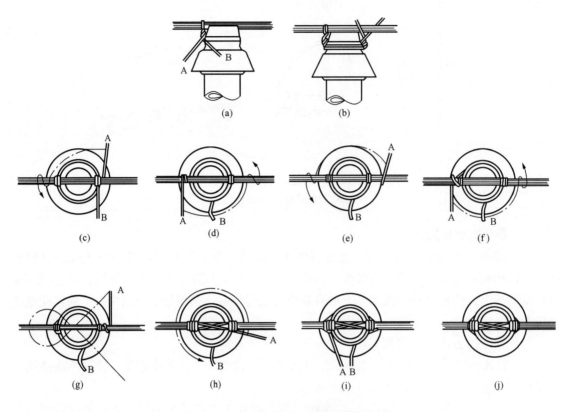

图 3-24　针式绝缘子上顶绑法操作步骤

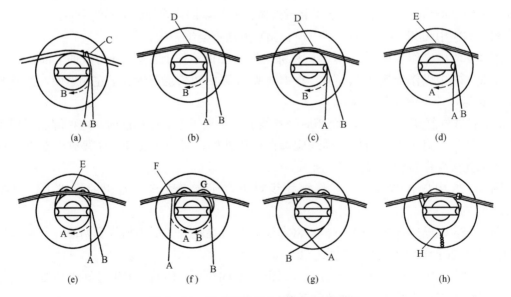

图 3-25　针式绝缘子上侧绑法操作步骤

图 3-25 中操作步骤（g）、（h）：将绑扎线两头 A、B 绞合在一起拧小辫，将绑线收紧即完成，如图中 H 点。

（3）承力杆蝶式绝缘子上的绑扎。其绑扎长度应根据导线截面的大小具体确定，一般来说，50mm² 以下导线绑扎长度为 150mm，70~120mm² 的导线绑扎长度为 200mm；导线的线套应能允许绝缘子出入，以便检修时不拆绑线就能更换绝缘子。该绑扎法如图 3-26 所示。

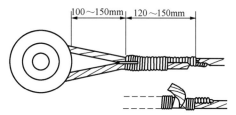

图 3-26 承力杆蝶式绝缘子上绑扎法

四、导体连接

导体连接主要包括导线连接和铜（铝）排连接。

（一）导线连接

1. 总体要求

架空线路使用的导线，如钢芯铝线、铝绞线在档距内的连接通常采用压接、搭接和插接法。导线的连接应牢固可靠，档距内接头的机械强度不应小于导线抗拉强度的 90%。导线接头处应保证有良好的接触，接头处的电阻应不大于等长导线的电阻。

导线在展放过程中，常由于工作不慎或制造厂的疏忽致使导线发生断股、金钩或过扭现象，轻微损伤的可经修补后使用，其标准见表 3-2；损伤严重的须重接，其标准见表 3-3。

表 3-2 导线损伤需修补标准

导线类别	损伤情况	处理方法
铝绞线	导线在同一处损伤程度已经超过规定,但因损伤导致强度损失不超过总拉断力的 5% 时	以缠绕或修补预绞丝修理
铝合金绞线	导线在同一处损伤的强度损失超过总拉断力的 5%,但不超过 17% 时	以补修管补修
钢芯铝绞线	导线在同一处损伤程度已经超过规定,但因损伤导致强度损失不超过总拉断力的 5%,且截面积损伤又不超过导电部分总截面积的 7% 时	以缠绕或修补预绞丝修理
钢芯铝合金绞线	导线在同一处损伤的强度损失已超过总拉断力的 5% 但不足 17%,且截面积损伤也不超过导电部分总截面积的 25% 时	以补修管补修

表 3-3 导线损伤须重接标准

导线种类	铜、铝绞线			钢芯铝绞线			铜绞线	
	7 股	19 股	37 股	6 股	28 股	54 股	7 股	19 股
损伤股数	>2	>3	>6	>2	>7	>14	不可损伤	>2

配电线路跨越以下工程设施时不允许有接头：①高速公路及电气化铁路；②一级公路及城市二级道路；③主要河流指通船河流；④一、二级弱电线路；⑤特殊管道（指架设在地面

上的易燃易爆的管道）。

导线接头位置最好在导线的档距中央弧垂最低点，因为该处应力最低，如不能做到接头在中央位置，则接头距导线支撑点不应小于0.5m。同一个档距内的不同相导线上接头允许同时出现，但同一个档内的同一相导线只能有一个接头。不同金属、不同规格、不同绞向的导线严禁在档距内连接。

2. 导线的压接

各类导线在压接前，均必须进行净化工作，其步骤如下：①先将连接管用细铁杆裹纱头，蘸以汽油洗净，若已预先洗净，则管两端应以纱头封没后带到现场。②导线的连接部分先用钢丝刷刷去表面的油污，再用汽油擦洗干净揩干，洗擦长度为连接部分的1.25倍。然后涂抹一层中性凡士林，再用钢丝刷轻刷一次。

（1）钳压连接。钳压连接是将导线插入钳接管（椭圆形接续管）内，用钳压器或导线压接机进行压接的压接方式。

1）在压接前应检查：连接管是否与导线同一规格，接管有无裂纹毛刺，是否平直，其弯曲度不得超过1‰；钢模是否与导线同一规格，两端塞入导线的方向是否正确，如钢芯铝线应特别注意有无衬垫，衬垫和导线的露出长度是否符合要求。

2）将净化后的导线从两端塞入已净化的连接管中，两端露出30～50mm。导线的塞入方向应从管上缺少印记的一侧插入，从另一端有印记的一侧露出，如图3-27所示。

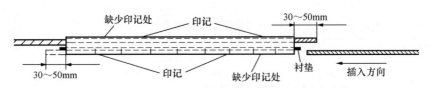

图3-27 导线塞入连接管方法示意

3）将连接管放进钢模内，铝绞线和铜绞线连接管钳压顺序从管端开始，依次向另一端上下交错钳压，如图3-28所示（图中数字表示压接顺序）。钢芯铝绞线连接管钳压顺序应从中间开始，依次先向一端交错钳压，再从中间向另一端顺序上下交错钳压，导线端头处连压两道，如图3-29所示（图中数字表示压接顺序）。

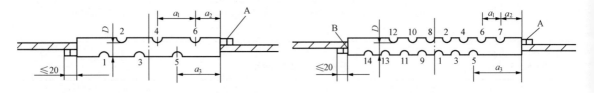

图3-28 铝绞线和铜绞线连接管钳压顺序　　　　图3-29 钢芯铝绞线连接管钳压顺序

对钳压式压接管的压坑数、压坑间距和压坑深度要求分别见表3-4～表3-6。铝、铜连接管压后尺寸的允许误差均应小于±0.5mm。

表 3-4　　　　　　　　　　　钳压式压接管压坑数　　　　　　　　　　　　（个）

导线截面（mm²）	16～35	50～70	95	120～150	185
铜芯铝线	6	8	10	10	10
钢芯铝线	14	16	20	24	26

表 3-5　　　　　　　　　　　钳压式压接管的压坑间距　　　　　　　　　　　（mm）

导线截面（mm²）	50	70	95	120	150	185
a_1	40	44	48	52	56	60
	38	46	54	62	64	66
a_2	25	28	32	33	34	35
	48	54	62	68	70	74
a_3	45	54	52	59	62	65
	106	124	142	160	166	174

表 3-6　　　　　　　　　　　钳压式压接管的压坑深度　　　　　　　　　　　（mm）

导线截面（mm²）	50	70	95	120	150	185
铜线	17.5	20.5	24	27.5	31.5	35.5
铝线	16.5	19.5	23	26	30	33.5
钢芯铝线	20.5	25	29	33	36	39

（2）液压连接。

1）由于液压连接方式所产生压力较大，因此对钢绞线及截面较大的导线多采用该方式进行连接。液压连接钢芯铝绞线时，先在导线端量出钢接续管的一半长度加 10mm 处（预留压延长度）用红笔划印，然后在红笔线上用铁丝或铝线扎紧导线，齐红线后用钢锯锯去所有铝质线股，锯割时沿圆周逐步深入，锯至靠钢芯最近一批铝股时，只能锯到此批铝股的一半深度，再用手将此批铝股折断，以防钢锯损伤钢芯。

2）先套入铝接续管，再将钢芯插入钢接续管，两端应在钢管中心接触，此时钢管两端应各有 10mm 空隙，放入液压机钢模内。先在钢管中心压下第一模，开始先压一端，连续向一端压第二模，再压第三模，压完一端以后，再从中间第一模向另一端同样压接，如图 3-30 所示（图中数字表示压接顺序）。

3）压好钢接续管后，将导线压接部分清洗净化，套上铝接续管，铝接续管中心必须与钢接续管中心重合，这时在铝接续管外进行液压，铝接续管与钢接续管重叠部分不压，压接顺序是由重叠处两端各让出 10mm 处开始压第一模，分别向两端进行，压完一端再压另一端，如图 3-31 所示（图中数字表示压接顺序）。

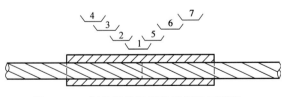

图 3-30　钢芯铝绞线钢接续管液压顺序

此外，导线的压接还有爆压连接方法，爆压连接是利用炸药爆炸的压力来施压于接续管，将各种导线连接起来，由于爆压连接较为危险且较少使用，故不作详细介绍。

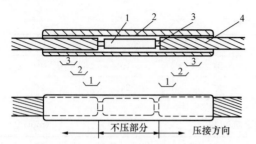

图 3-31 钢芯铝绞线铝接续管液压顺序

1—钢接线管；2—铝接线管；3—钢芯；4—铝绞线

3. 导线的插接

导线的插接步骤如图 3-32 所示：

（1）先松开接头长度约 1m，顺序拆开，砂光拉直，做成伞骨的样子，其余未拆开的 1m 长度是被缠绕的部分，将分根拆散的导线每隔一段互相交叉插到底，如图 3-32（a）所示。

（2）把插好的线拢在一起，用电工钳拍紧并用绑线在中间缠绕到规定长度，如图 3-32（b）所示。

（3）把导线本身的单股线向两端逐步缠绕，每一股缠完后，把余下线尾压在下面，再用另一股缠，直到缠完为止，如图 3-32（c）。最后一段缠完后，拧成小辫收尾，全部缠完后的插接线头如图 3-32（d）所示。其插接缠绕长度可参考表 3-7，并且应在接头表面涂少量中性凡士林油，以减少氧化膜的产生。

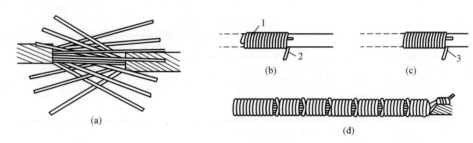

图 3-32 导线的插接

（a）～（d）导线插接步骤

表 3-7 　　　　　　　　　　　插接缠绕长度参考表

导线截面（mm²）	16	25	35	50	70	95
中间缠绕长度（mm）	50	60	70	80	90	100
全部缠绕长度（mm）	200	300	350	400	500	600

（二）铜（铝）排连接

铜排或铝排常用作电气装置硬连接的母线。

1. 母排制作加工

母排制作加工的要点如下：

（1）材料选用与检查。母排一般采用铝母排（LMY）、硬铜母排（TMY）制作。母线材料表面应平整、光洁，不应有裂纹、裂口、起皮、气孔、夹杂物等缺陷。

（2）母线矫正及切割。母线在加工前应放在平台上或平直的型钢上，用垫块（铜、铝或木垫块均可）垫在母线上用锤子间接敲打平直，用力要适当，不能过猛，否则会引起母线变形。不得用铁锤直接敲打母线，母线表面不得有锤痕、划痕、气孔、坑凹、起皮。

按照实测尺寸下料，用机械加工方法剪切或手工锯断母线，禁止使用气焊或电焊切断母线。剪切后打磨切口处的毛刺。

（3）钻孔（冲孔）。母线连接处的开孔尺寸与搭接方式有关，按母线连接尺寸表进行开孔，开孔后应打磨平整毛刺。母线连接孔的直径一般应大于螺栓直径 1mm，孔眼加工应保证位置正确、垂直、不歪斜，孔眼间相互距离的误差不应大于 0.5mm。

（4）成形。按实测母线的走向，用母线折弯机将母线弯曲成所需形状（见图 3-33），母线的折弯角度不得小于 90°。成形后，弯曲处不应有裂纹或折皱，不平整度应不大于 1mm，母线的弯曲半径不得小于表 3-8 所列数值。

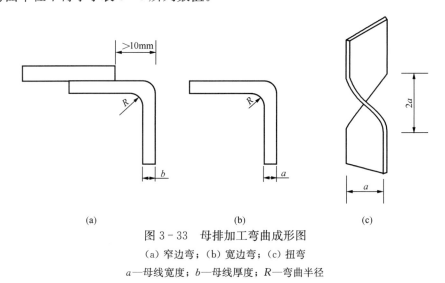

图 3-33　母排加工弯曲成形图

（a）窄边弯；（b）宽边弯；（c）扭弯

a—母线宽度；b—母线厚度；R—弯曲半径

表 3-8　　　　　　　　　　　　　　母线的弯曲半径

弯曲种类	母线截面(mm×mm)	最小弯曲半径	
		铜	铝
平弯	50×5 及以下	$2b$	$2b$
	120×10 及以下	$2b$	$2.5b$
立弯	50×5 及以下	$1a$	$1.5a$
	120×10 及以下	$1.5a$	$2a$
圆棒	直径 16mm 及以下	50mm	70mm
	直径 30mm 及以下	100mm	100mm
扭弯	扭弯部分的全长不小于 2.5a		

注　a 为母线的宽度，b 为母线的厚度。

（5）接触面加工。母线之间连接时接触部分的表面应加工平整，把表面的污垢清除干净后，涂上松香或焊锡膏，浸入锡锅中进行镀锡，使锡附在母线的表面。母线从锡锅中取出时，用抹布擦去表面的浮渣，露出银白色的光洁表面。镀锡处理的长度为母线宽度的 2 倍。加工后如不立即装配，接触面应用纸包好。

（6）母排喷漆。经过冲孔、弯曲、镀锡处理后的母排，必须用铅笔画出喷漆线，喷漆线一律规定在搭接处 10mm 的位置上，尺寸偏差±1mm。

将划好喷漆线的母排，用裁齐边缘的纸和黑胶布沿喷漆线包扎（注意边缘必须整齐，不得有毛边）后，用废旧导线绑扎后送喷漆。母线喷漆应均匀，无流痕、刷痕起泡、皱纹、漏底等缺陷，接触面不能粘漆，同一元件、同一侧母线喷漆界线应一致，其界线距接触面的距离相差不能超过 10mm。一般喷黑漆。

2. 母线安装

母线安装要点如下：

（1）各种相同布置的主母线、分支母线、引下线及设备连接线应对称一致，整齐美观，层次分明，同相母线颜色应一致。

（2）母线搭接连接时，其接触部分和长度应等于或大于母线的宽度。

（3）用螺栓连接母线，当母线平放时，螺栓由下向上穿。在其他情况下，螺帽应置于维护侧，所有螺栓两侧均应加垫圈，并在螺帽侧加弹簧垫。连接母线用的螺栓、螺帽、垫圈应是精制或半精制的。

（4）铜排与铝排之间不能直接连接，必须采用铜铝过渡专用连接设备进行连接。

（5）母线在绝缘子上固定时，若工作电流大于 1500A 时，每相母线的支持铁构、夹板等金具，应不使其成为闭合磁路。

（6）母线支持夹板与支持绝缘子间的固定，应平整牢固，不应使其所支持的母线受到任何机械应力。

五、距离与角度的测量

从事配电线路运行和施工的人员必须掌握测量学中的距离与角度的测量的基本知识和技能。

（一）常用测量工具

1. 经纬仪

配电线路的主要测量工具是光学经纬仪，光学经纬仪可以测量水平角、竖直角、高程和距离等，在配电线路工程的设计和施工中都离不开经纬仪。经纬仪的结构及读数方法可查看相关使用说明或相关书籍，这里不做详细介绍。

在使用光学经纬仪观测目标前，仪器必须经过对中、整平两个步骤，而对中、整平两步骤的总称为仪器的"安置"。

（1）对中。所谓对中，就是使经纬仪的竖轴中心线与观测点重合。光学经纬仪可用垂球或光学对中器对中。垂球对中的操作步骤及方法如下：

1）将三脚架的脚尖安插在观测点桩位的周围土地上，如图 3-34 所示。调节脚架螺旋，使三脚架顶面基本水平（它到地面的高度不宜超过观测者的下颚），同时使三脚架顶面中心大致对准观测点（本桩上的小钉），然后再将经纬仪轻轻地放在脚架面上，并用中心螺旋连接好。

2）挂上垂球，若垂球尖与观测点相距较大时，可用两手各持三脚架的一脚，使仪器进退或左右移动，静止的垂球尖基本对准观测点，并保持水平度盘略成水平。

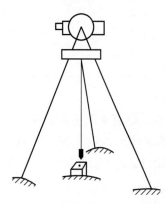

图 3-34 经纬仪对中

3）均匀用力依次将三脚架踩入土中，若垂球尖此时与观测点相距较小，可松动中心螺旋，在脚架面上滑动仪器，使垂球尖对准桩上的小钉，拧紧中心螺旋。

以上是用垂球对中的操作方法，在有风的情况下最好用光学对中器对中。

（2）整平。整平（也称置平）是使照准部上的水准管在任何方位时，管内的气泡最高点与管壁上刻划线的中点重合，即称气泡居中。此时仪器的竖轴竖直、水平度盘居于水平位置。整平的操作方法是：

1）拧松照准部的制动螺旋，使其水准管大致与脚螺旋 1、2 的连线平行，如图 3-35 （a）所示，然后两手同时向内（或向外）旋转脚螺旋 1 和 2，使水准管的气泡居中（气泡移动的方向与左手拇指运动的方向一致）。

2）转动照准部，使水准管处于垂直脚螺旋 1、2 连线的位置，如图 3-35 （b）所示。单独旋转脚螺旋 3，使气泡居中。上述两个方位的操作须反复多次，才能使水准管的气泡在任何方位都居中。

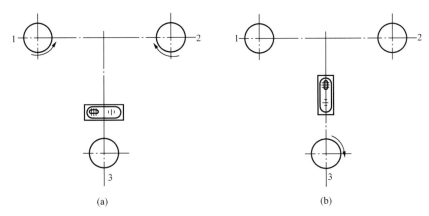

图 3-35 经纬仪整平步骤

（3）瞄准。对中、整平以后，先调好取光镜，再把望远镜对向天空，旋转目镜筒，使十字丝清晰，然后稍抬动度盘和望远镜制动螺丝，把望远镜上的准星打到对准目标，再转动望远镜上的轴套使目标清晰地展示在十字丝附近。最后旋紧度盘和望远镜制动螺丝，再转动度盘和望远镜的微调螺丝，准确地对准目标定位打桩。使用经纬仪测量定位时，在使用前要先经目测确定始端、转角和终端杆位置。如线路转角杆、经纬仪的位置置于转角杆的位置，由此经两侧观测，这样可以减少经纬仪移动次数，提高测量定位速度。注意，在测量过程中不要碰经纬仪，以免造成误差。

光学经纬仪是精密的仪器，使用时应遵循正确的使用方法，轻拿轻放，避免振动，以免仪器遭受意外的损伤。

2. 其他测量工具

（1）全站仪。全站仪是一种从全站型电子速测仪，是由电子测角、电子测距、电子计算和数据存储单元等组成的三维坐标测量系统，测量结果能自动显示，并能与外围设备交换信息的多功能测量仪器。由于全站型电子速测仪较完善地实现了测量和处理过程的电子化和一体化，所以人们也通常称之为全站型电子速测仪或简称全站仪。

在配电线路测量中采用全站仪作为测量工具将很大的加快测量速度，减少人为误差。

（2）手持式激光测距仪。在山区或丘陵地区，用一般测量方法进行测量都比较困难，如用花杆定向、皮尺丈量或经纬仪定向、经纬仪配合红外测距仪测距，红外测距仪应用时需配合棱镜，工序比较多，携带不大方便。若是选用了手持式激光测距仪，整个测量工作将变得简单而且方便。它具有测程远、操作简单、工作效率高、外业携带方便等优点。

此外，常用的还有红外测距仪、皮尺、卷尺等，这里不一一介绍。

(二) 基本测量方法

1. 水平角观测

大地表面是起伏不平的，设 A、B、C 是地面上的任意三点，其高程不等，如图 3-36 所示。将这三点沿铅垂线方向，投影到同一平面 P 上，得 a、b、c 三点。在 P 平面上 a 和 b 及 a 和 c 连线的夹角 α，称之为水平角。由图 3-36 可知：ab 和 ac 分别是 AB 和 AC 在平面上的投影，因此，水平角就是地面上的一点到另两点的方向线之间的夹角，也就是过 AB、AC 这两条方向线所作的两竖直面之间的两面角。由于望远镜绕仪器竖轴旋转，其竖丝可以瞄准任何水平方向。因此，只要将经纬仪安置在两竖直面交线上的任意位置，都能够测出两竖直面的方向，由读数显微镜中读出水平角（即两面角）值。根据这个原理，可将经纬仪安置在观测点 A 桩上，盘左位置瞄准 B 桩（十字丝交点对准桩上小钉，或双竖丝正夹、单竖丝平分花杆），读出水平盘角度值，设为 $10°12'51''$（或旋转基座上的转盘手轮，使读数窗读数显示为 $0°00'00''$，称为水平归零）；拧松照准部制动螺旋，顺时针方向旋转照准部，用同样的方法读出瞄准 C 桩时的水平角值，设为 $42°13'17''$，则 $\angle\alpha = 42°13'17'' - 10°12'51'' = 32°0'26''$（如已水平归零，就可以直接读出 $\angle\alpha$ 值）。对于档距大、耐张段长、精度要求较高的水平角测量，可采用测回法测量，取 n 个测回的平均值作为观测结果。

2. 竖直角观测

在一个竖直面中视线与水平线之间的夹角，称为竖直角，如图 3-37 所示，A、B 和 O 点同为一个竖直面上的点，OO' 为水平线，OA 是上倾斜线，则 $\angle AOO'$ 为仰角，符号为正（＋）；OB 是下倾斜线，则 $\angle BOO'$ 为俯角，符号为负（－）。

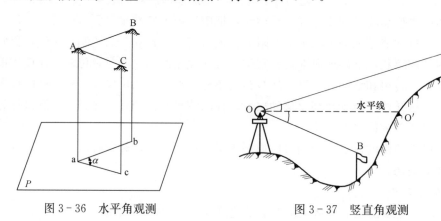

图 3-36　水平角观测　　　　　　图 3-37　竖直角观测

光学经纬仪是依靠望远镜与竖直度盘装置的配合，实现竖直角观测。标准的竖直度盘由竖盘读数指标、竖盘水准管和竖盘水准微动螺旋三部分组成。测微尺零分划线是读取竖盘读数的指标，其位置又与竖盘水准管固定在一起，当水准管气泡居中时，测微尺处于正确位置。望远镜视线水平时，竖盘读数一定是一个固定值（90°、270°或 0°、180°）。

望远镜绕仪器横轴旋转时，其横丝可以改变指向不同高度的竖直角，则同轴相连的竖盘随之旋转，即可读出望远镜视线倾斜时的竖盘读数，继而算出竖直角。因经纬仪竖盘的注记形式不一，使其起始读数也不相同。有盘左位置起始读数为90°的一般注记形式，也有盘左起始读数为0°的少数注记式样。一旦竖盘随同望远镜旋离水平视线位置，由于目标不动，即可读出不同的竖盘读数。下面以盘左位置起始读数是90°为例，介绍竖直角角值计算方法。

如图3-37将仪器安置在O点上，盘左位置使望远镜对准目标A。再微调望远镜及照准部的微调螺旋，使十字丝交点与目标A重合，转动竖盘水准管微调螺旋，使竖盘水准管气泡居中，设此时竖盘读数$L=78°42'37''$，则竖直角$=90°-L=21°17'23''$。在观测竖直角时，不必首先将望远镜置平，而是首先用十字丝瞄准目标，调节水准管微调螺旋，使气泡居中，再读竖盘读数。根据竖直角的计算方法，即可算出竖直角的角值。

这种方法不但麻烦费事，又易遗忘。新型的光学经纬仪（如北京DJ6型及J2型仪器）普遍采用竖盘自动归零装置来代替竖盘水准管，观测时在本仪器整平精度要求范围内，只需旋动自动归零按钮，仪器的起始读数即为0°的初始位置，从而提高了观测的效率和精度。

3. 水平视距测量

光学经纬仪都是采用内对光望远镜，其视距公式为

$$D=Kl \tag{3-2}$$

式中　D——观测点到目标的水平距离，m；

　　l——视距丝在视距尺上的截尺间隔，cm；

　　K——视距乘常数，$K=100$。

在平坦地区测量两点间的水平距离，可使望远镜的视线水平来进行测量，如图3-38所示。将仪器安置在观测点A上，瞄准目标B点上竖立的视距尺G，将望远镜视线调至水平，则视线OE垂直于视距尺。读取上、下视距丝在视距尺上的截尺间隔l，按式（3-2）计算出两点间的水平距离D。设截尺间隔$l=50$格（每格长1cm），则水平距离$D=100×50=5000$（cm）$=50$m。

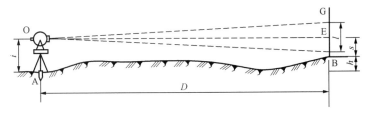

图3-38　水平视距测量

在测量水平距离的同时，还可以测出这两点的地形高差。先用钢卷尺或标志杆（花杆）量出A点地面至仪器横轴中心的垂直高度（简称仪高）i值。再读取十字丝的横丝在视距尺上的切尺数s值，则B点对A点的高差为$h=i-s$。若已知A点地面的高程为H_A，则B点的高程为

$$H_B=H_A+i-s \tag{3-3}$$

式中　H_B——B点的高程，m；

H_A——A 点的高程，m；

i——仪器至 A 点的垂直高度，m；

s——横丝在视距尺上对应的切尺数，m。

在地面起伏地区，不能用望远镜水平视线来测距，只有将视线也调至相应倾斜位置才能看到视距尺，此时情况复杂，在这里不作阐述。计算公式为

$$h = 0.5Kl\sin2\alpha + i - s \qquad (3-4)$$

式中　h——B 点对 A 点的高差，m；

　　　l——视距丝在视距尺上的截尺间隔，cm；

　　　K——视距乘常数，$K=100$；

　　　α——俯仰角。

经纬仪测量时容易产生测量误差，尤其是在水平角观测中出现的误差几率更大。产生这些误差的原因主要有仪器本身的误差、安置仪器的误差、标志杆倾斜误差、观测误差、读数误差等几个方面，在测量中要注意克服。

第三节　配电常见起重作业

一、起重器具

(一) 钢丝绳

钢丝绳是用优质高强度碳素钢丝制成的，抗拉力强度高，耐磨损。它广泛应用于各种起重机械的机械传动，也是起重作业中最常用的绳索之一。整个钢丝绳的粗细一致，柔性好、强度高，能承受很大的拉力，弹性大，能承受冲击性载荷，高速运转中没有噪声，破断前有断丝的预兆，不会发生整个钢丝绳立即折断的情况。

1. 钢丝绳种类

(1) 按钢丝绳捻搓方向不同，可分为右互交捻、左互交捻、右同向捻及混合捻四种。一般情况下，单根钢丝绳右捻或左捻在使用上并无区别，但用于绕双联滑车组时，要用右捻、左捻各一，使之正确地卷绕于同一卷筒上。

(2) 按钢丝的绳股数量可分单股和多股两种。单股钢丝绳刚性较大，不易挠曲；多股钢丝绳挠性较好，股数越多，股内钢丝愈细愈多，挠性也越好。相同截面的钢丝绳，丝数愈多，钢丝直径愈细，钢丝绳的挠性也就越好，但细钢丝捻的钢丝绳没有较粗的钢丝捻制的钢丝绳耐磨损。

(3) 按钢丝绳的绳芯不同可分为麻芯、石棉芯、钢芯三种。绳芯一般采用油浸剑麻或棉纱纤维等制成，它能增加钢丝绳的挠性，绳芯中的油能防止绳内部的锈蚀作用，外部在适当时也应涂油防锈，油润钢丝，但不能在较高的温度下工作和受到重压。用石棉芯的钢丝绳可耐重压并可在高温下工作，但钢丝绳太硬，不易弯曲。一般起重工作绳索大都是麻芯的，手扳葫芦的钢丝绳是金属绳芯的，主要为了承载耐压。

2. 钢丝绳安全系数

所谓钢丝绳的安全系数，就是确保在使用过程中一个安全保险的系数。由于绳索捆绑的工艺，起吊速度增大及刹车所产生的惯性力等的影响，实际绳索所受的拉应力也要大于计算

中的拉应力。因此，在使用中，应根据工作情况的不同来确定不同的安全系数。实际工作千变万化，比如捆绑的股数愈多者，因受力不均，安全系数就要考虑大值；另外，被捆绑物体的体积大小，也与选择安全系数有密切的关系。

和其他工具一样，钢丝绳在使用一定的时间后，由于受力疲劳而断丝，扭曲次数的增加而变形，通过滑轮的磨损等原因，就要降低负荷使用或完全报废。

3. 钢丝绳的使用

（1）钢丝绳的选择。钢丝绳的品种较多，但各种钢丝绳均有它的特点，在使用上有所区别。同向捻钢丝绳表面平整，比较柔软，容易弯曲，它与滑轮接触面大，单位面积压力小，磨损也小，比交互捻钢丝绳耐用，但同向捻钢丝绳的缺点是钢丝绳各绳段与钢丝都以同方向扭转了一定角度，使钢丝绳在受力后具有一个回转趋向，在吊重时会使吊物旋转；其次，同向捻钢丝绳还易于扭结纠缠，给工作带来很多麻烦，故一般只用于拖缆绳和牵引装置上，不宜用于起重机和滑车组的吊装工作。交互捻的钢丝绳性能与同捻的钢丝绳相反，虽然耐用程度较差，但使用比较方便，故起重机的滑车组均采用。

（2）钢丝绳的使用。

1）钢丝绳使用时要正确地开卷，按图3-39（a）中的正确方法松开，而不要按图3-39（b）所示错误方法操作。

2）钢丝绳在使用中，不要与其他物件摩擦，不要超负荷，不应受冲击力，在吊物棱角处要加包垫，不准直接接触，捆绑时如多点（或圈）受力一定要均匀。违背以上原则虽不一定立即使钢丝绳拉断，但会使钢丝绳拉伸、变形和造成损伤，缩短钢丝绳的使用寿命。

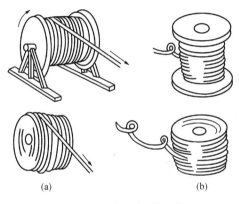

图3-39 钢丝绳的开卷
（a）正确；（b）错误

3）穿绕钢丝绳的滑车，其滑轮边缘不应有破裂现象。所采用的滑车轮槽应大于钢丝绳的直径，避免磨损钢丝绳。

4）钢丝绳禁止与带电的金属或高温物体接触，如在带电地区附近工作时应采取绝缘措施；在接近高温的物件上使用钢丝绳捆绑时必须采取隔绝措施，以免烧断或损伤后降低抗拉强度。

5）防止受到酸、碱等的腐蚀。

（3）使用后的钢丝绳应立即盘绕好，存放在干燥的木板上，并定期检查上油和保养。

（二）钢丝绳绳卡

钢丝绳绳卡也叫钢丝绳卡头，主要用于各种缆风绳绳头的固定，滑车组穿绕钢丝绳死头的固定，钢丝绳的临时连接及捆绑绳的固定等。

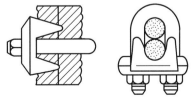

图3-40 骑马式绳卡

常用的钢丝绳绳卡有马鞍式、拳握式和骑马式三种，其中骑马式绳卡（见图3-40）连接力量最强、应用最广，是国家的标准件。

另一种钢丝绳丝卡为楔形绳卡，又称鸡心卡，它由楔形套、楔心销（鸡心环）组成，如图3-41所示，钢丝绳在楔形夹内被楔心销夹紧，绳索受力越大，则夹紧程度也越大。如需拆卸时，只需打动楔心销即可抽出钢丝绳。当绳索的作用力大且其长度须经常改变时，一般采用楔形绳卡来连接钢丝绳。

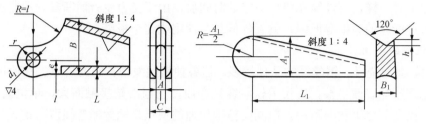

图 3-41 楔形绳卡

钢丝绳卡头使用时应注意：

（1）钢丝绳卡头的大小要适合钢丝绳的直径，每个钢丝绳卡头之间的排列间距约为钢丝绳直径的 8 倍左右。

（2）使用钢丝绳卡头时，将 U 形环绕部分卡在绳头一边，如图 3-42 所示。这是因为 U 形环对钢丝绳的接触面小，容易使钢丝绳产生弯曲和损伤，如卡在主绳一边，则不利于主绳的抗拉强度；而卡在绳头一边，由于 U 形环使绳头弯曲，如有松动和滑移，绳头也不会从 U 形环滑出，只是卡头与主绳滑动，有利于安全作业。

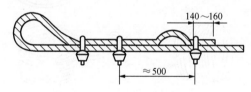

图 3-42 绳卡的安装示意图

（3）使用钢丝绳头时，一定要把 U 形环螺帽拧紧，直到钢丝绳（活头）直径被压扁约 1/3 左右为止。为了防止钢丝绳受力后卡头有滑动，可采用增加安装一只卡头（故称安全卡头）的方法来监督，安全卡头安装在距最后一只卡约 0.5m 左右的位置，将绳头放出一段安全弯后再与主绳夹紧（见图 3-42），这样若前面卡头有滑动现象时，安全弯会被拉直，便于随时发现。

（4）在重要受力钢丝绳使用卡头夹紧连接时，绳卡头也可以正反两面夹紧，但绳索使用完时，这段钢丝绳就不能留作下次使用。

（5）重要受力钢丝绳上完卡头而受力后，要对卡头的螺栓重新检查一遍，对松动的螺帽或卡头两旁的螺栓受力不均匀的要继续拧紧。

（6）利用卡头连接钢丝绳时，严禁单绳头直接对卡或中间加一钢筋卡紧，而要将绳头拆回再夹紧。

（7）钢丝绳卡头在使用后要检查螺栓丝扣有否损坏。暂不使用时，应在丝扣部位涂上防锈油，并放在干燥的地方，以防生锈。

（三）卡环

卡环又称卸卡、卸扣等，是起重工作中用的最广而较灵活方便的连接工具，常用于千斤绳与千斤绳之间或千斤绳与滑车组的固定，也可用于千斤绳与各种设备（材料件）的连接。

1. 卡环的构造和种类

卡环由弯环和横销两个部分组成，是锻造而成的，锻造的材料常用 20 号优质碳素钢，锻造后必须经过准确的退火处理，以消除其残余的内应力，增加其韧性。

卡环的种类很多，按卡环的弯环形状，可分为直环形［见图 3-43 (a)］和马蹄形［见图 3-43 (b)］两种卡环。

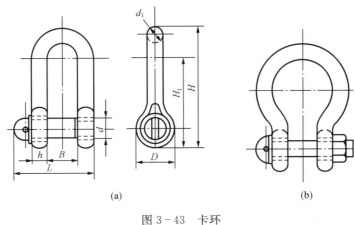

图 3-43　卡环

(a) 直环形；(b) 马蹄形

2. 卡环的使用

(1) 卡环使用前须进行外观检查，检查丝扣有无损坏，不得超负荷使用。卡环表面应光滑，不应有毛刺、裂纹、尖角、夹层等缺陷，不得利用焊接补强法焊接卡环的缺陷。将卡环挂在空中，用铁锤敲打，声音清脆者为合格，如果发现疲劳裂纹或永久变形时，应予以报废；在条件许可的情况下，可作无损探伤和 130% 的静负荷试验。

(2) 使用时螺帽或轴的螺纹部分应拧紧，螺纹部分应预先清洗干净并稍加润滑油，注意作用在卡环上的受力方向，即一般只准承受拉力，如果不符合受力要求使用时，会使卡环允许承受荷重大为降低，卡环的使用方法如图 3-44 所示，千斤绳应挂在卡环的弯环处。

(3) 使用时应考虑轴销拆卸方便，不允许在高空将拆除的卡环向下抛摔，以防伤人。

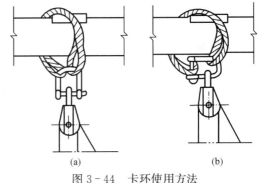

图 3-44　卡环使用方法

(a) 正确；(b) 错误

(4) 工作完毕后，要将卡环收回擦干净放在干燥处，以防表面生锈影响使用。

(四) 吊环与吊钩

吊环和吊钩一般都是用 20 号优质碳素钢锻造或冲压制作的，也有以数片钢板铆接的，前者叫锻制吊环（钩），后者叫板制吊环（钩）。锻制吊钩要进行退火处理，使其表面硬度达到 95~135HB。

等额负荷下，吊环的重量比吊钩轻，这是由于吊环受到较大的弯矩作用的缘故，但在使用上，吊环却没有吊钩方便。

1. 吊环

常见的吊环有设备安装固定吊环、封闭环形吊环、滑车用吊环三种，如图 3-45 所示。图 3-45 (a) 所示设备安装固定吊环是在设备安装时经常使用的一种吊环，用作起吊的一种固定工具。图3-45（b）所示封闭环形吊环是一种封闭的环形吊具，常用于固定的吊车上，起重能力大于吊钩，无脱钩的危险，但使用不如吊钩方便。图3-45（c）所示滑车用吊环主要用于滑车上，在施工作业中须自制单轮滑车时采用。

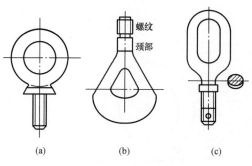

图3-45 吊环
(a) 设备安装固定吊环；(b) 封闭环形吊环；
(c) 滑车用吊环

2. 吊钩

根据外形不同，吊钩分为单钩和双钩两种，如图3-46所示。吊钩在使用时挂卸绑绳方便，是起重机滑车的重要组成部分。单钩配置在一般小型的滑车上，或与钢丝绳插接成各种吊索，成为常用的起重工具。在使用上，单钩较双钩简便，但受力条件没有双钩好，所以重量大的起重机一般都配置双钩。

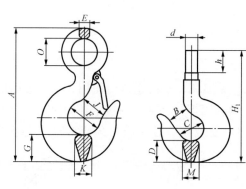

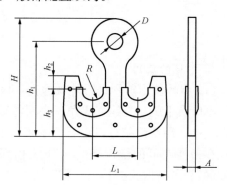

图3-46 吊钩
（a）单钩；（b）双钩

（五）滑车与滑车组

滑车由吊钩、滑轮、轴、轴套和夹板等组成，如图3-47所示，它能借助起重绳索的作用产生旋转运动，以改变作用力的方向，起吊物件。滑轮在轴上自由转动，为减少磨损、延长轴的使用寿命，轴套采用青铜制作，在重要机构上的轴套改用滚动轴承。滑车的滑轮和轴套等易损部件，大都采用标准件和通用件，按品种、规格可以互换。

滑车按其工作方式的不同分为定滑车和动滑车；按轮数分为单轮滑车、双轮滑车、三轮滑车及多轮滑车，几轮滑车又称几门滑车，单门滑车的夹门有开口和闭口两种；按滑车与吊物的连接方法分为吊钩式、链环式、吊环式

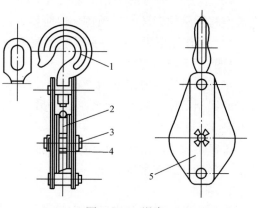

图3-47 滑车
1—吊钩；2—滑轮；3—轴；4—轴套；5—夹板

和吊梁式等几种，中、小型滑车属于吊钩式、链环式或吊环式，而大型的滑车均采用吊环式和吊梁式；滑车按材质分为木制和钢制两种，木滑车通常适用于白棕绳滑车组，滑轮数一般在 3 个以下，吊重轻，钢滑车多用于钢丝绳滑车组中，滑车数按起重量的大小分 1～8 个不等。

单个起重滑车只能改变力的方向，并不能省力，如用滑车组不仅能改变力的方向，而且能省力。绳子的自由端绕过动滑轮的计一段，滑轮组用几段绳子吊着物体，提起物体所用的力就是总重的几分之一。在实际应用中，为了扩大滑车的效用，往往把一定数量的动滑车和一定数量的定滑车组合成滑车组，配合卷扬机进行吊装、搬运等工作。

（六）环链手拉葫芦

1. 环链手拉葫芦的类型和用途

图 3-48 环链手拉葫芦

环链手拉葫芦，又称神仙葫芦，如图 3-48 所示。根据其特点和不同用途，其基本类型可分为 HS-A 型环链手拉葫芦、环链锅杆手拉葫芦和片状链式齿轮手拉葫芦 3 种。环链手拉葫芦机械效率高，尺寸、自重较小而便于携带，是一种使用简易的起重机械，其主要用途有以下几种：

（1）作为单独的起重机械，完成各种起重吊装作业。

（2）联合安装配合使用以起重或拖移重物（葫芦与葫芦，葫芦与滑车组等均可联合使用），起重高度一般不大于 3m，特制的可根据需要定制。

（3）用于单轨架空运输，手动单梁桥式起重机和悬壁式起重机上。

2. 环链手拉葫芦的使用

（1）使用前需检查各种部件有无损伤，吊挂钢丝绳及支架梁应绝对牢固，起吊提升的重量不得超过允许荷重能力。

（2）使用时应先将手拉细链反拉，让粗链松弛，以便葫芦有最大的提升余地。

（3）在一般情况下起吊重物，如用于水平方向时，应在细链的入口处，垫上物体将手链托起，以防卡住。

（4）严禁用人力以外的其他动力操作，重物起吊后，如细链一人可拉动时，则可进行工作，一人不能拉动时，则需根据各种环链手拉葫芦所需拉力而增加人数，不能任意加入猛力硬拉，及免粗链受力过大而断裂，手拉人数一般可按起重能力的大小决定拉链人数。

（5）起重吊装前应检查上下吊钩是否挂牢，严禁将重物吊在吊钩尖端等错误操作，起重链条应垂直悬挂，不得有扭链现象，以确保安全。

（6）在起吊设备和构件时，严禁任何人在重物下方站立式行走，防止环链损坏时造成人身事故。

（7）操作者如发现手拉力大于正常拉力时，应立即停止使用，并检查以下几个方面：①吊物是否与其他物件牵连；②葫芦机件有无损坏；③吊物是否超出了葫芦的额定载荷。

（七）电动葫芦

电动葫芦是一种简便的起重机械，如图 3-49 所示。它由运行和提升两大部分组成，一般是安装在直线或曲线工字梁轨道上，用以提升和移运重物，常与电动单梁悬臂等起重机配套使用。由于电动葫芦轻巧，机动性大，因此被广泛应用。

(八)地锚

地锚也叫吊地龙或锚碇,它是用来固定卷扬机、导向滑车、缆风绳、溜绳、起重机及桅杆的平衡绳索,是起重吊装作业中经常用到的一种特殊装置。

1.地锚的分类

地锚一般分为桩锚、活地锚及临时地锚三种。

(1)桩锚。桩锚允许拉力较小,一般用于拉力较小的人字扒杆的临时缆风绳、用独脚扒杆吊装小件设备的临时缆风绳等。根据圆木(或钢管)倾斜打入土中的方式不同,桩锚可分为打桩桩锚和埋设桩锚两种。

打桩桩锚用直径0.18~0.3m、长1.5~2m左右的圆木或圆钢打入地中(见图3-50),略与受力方向相反倾斜10°~15°,受力钢丝绳尽量靠近地面拴紧,不超过0.3m处。桩打入土的深度为1.2~1.5m,在圆木桩的上部前方距地面0.3m处埋一根长1m、直径与桩木相同的挡木材来增加土的抵抗力,也可不增加挡木。

图3-49 电动葫芦

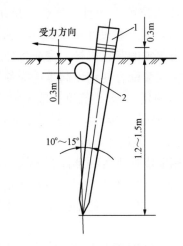

图3-50 桩锚
1—圆木或钢管;2—挡木

有时为了增加桩锚的受拉能力,常将两根或三根打桩桩锚连接在一起,形成联合桩锚,如图3-51所示。

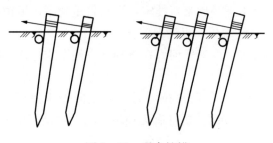

图3-51 联合桩锚

(2)活地锚。活地锚就是能随时移动的地锚。它在地面上固定不用挖抗,利用本身的重量与土壤的摩擦力或土壤的黏聚力及被动土压力作为锚碇之用。它具有减少土方作业量、少用材料、移动方便等优点。

（3）临时地锚。临时地锚也就是在现场施工时，根据设备拖运或吊装的需要，以建筑物或设备当作临时的地锚。

2. 地锚使用注意事项

地锚在起重作业中起着重要的作用，它是影响安全吊装的关键，在埋设及使用时应注意下列事项：

（1）根据土质情况、设计尺寸开挖土方，开挖基槽要求规整，地锚附近不允许取土。

（2）地锚埋设地点要求平整、不潮湿、不积水，不因为雨水渗入坑内会泡软回填土壤而降低土壤的摩擦力。

（3）拉杆或拉绳与地锚横木连接处，一定要用薄铁板垫好，防止由于应力过分集中而损伤地锚横木。

（4）地锚拉绳与地面的水平夹角在 30°左右，否则会使地锚受过大的竖向拉力。地锚只许在规定的方向受力，其他方向不允许受力，不能超载使用。

（5）重要地锚要经过拉试才能正式使用，使用时应指定专人检查，如发现异常，应采取措施，以防发生事故。

（6）固定的结构物与建筑物，可以利用作为地锚，但必须经过核算，证明安全可靠时才能利用。

（九）工程起重机（简称吊车）

工程起重机是各种工程施工广泛使用的重要的起重设备。它对减轻劳动强度、节省人力、提高劳动生产率、加快施工速度、实现工程施工机械化起着十分重要的作用。

轮胎式起重机是施工常用的工程起重机，它又分为汽车起重机和轮胎起重机两种。

1. 汽车起重机

汽车起重机是将起重装置安装在载重汽车底盘上的一种自行杆式起重机，如图 3-52 所示。其动力由汽车发动机供应，在汽车底盘上都设有外伸的支腿 4 条。在起重作业开始之前，通过手动或者液压使支腿伸出，使支腿的踏板牢固着地，这样就能使轮胎离开地面，由支腿承受全部重量，因而改善了稳定性。由于 4 条支腿的外伸，扩大了支持面积，减小了倾翻的可能性。汽车式起重机的优点是：机动灵活、转移迅速；缺点是：起吊时，支腿必须外伸落地，不能带载行驶，对工作场地要求高，必须平整、压实，以确保起重操作时平稳安全；起重机总体布置受汽车底盘的限制，一般车身都较长、转弯半径大，大部分只能在起重机两侧和后方操作。

2. 轮胎起重机

轮胎起重机也是一种自行杆式起重机，如图 3-53 所示。它的底盘是专门设计的，底盘由加重轮胎和轮轴组成，也装有可以外伸的支腿，稳定性好，操作方便，车身短，适用于狭窄的作业场所。轮胎起重机可回转 360°前后左右四面操作，除了在固定支腿时进行额定负荷作业外，有的还能在平坦、坚实的地面上可不用支腿吊重（额定负荷的 75%），并带负荷慢速行驶。

3. 起重机使用注意事项

（1）起重机司机必须经专门训练、有关部门考核合格后，方准上岗操作，严禁无证人员操作起重设备。

图 3 - 52 　汽车起重机

图 3 - 53 　轮胎起重机

（2）起重机使用前，应检查吊臂、吊钩、钢丝绳、操作与传动机构、液压系统等各部位状态，确认完好后才准使用。司机应根据起重机摆放位置的地质情况，垫好起重机各伸缩支腿，防止起重机倾翻，同时禁止超载作业。

（3）司机必须熟练掌握国家标准规定的各种指挥信号，与指挥人员密切配合。司机在开车前必须鸣铃（喇叭）示警，必要时，在吊运过程中也要鸣铃（喇叭），通知吊物威胁到的地面人员撤离。听从指挥人员指挥，当指挥信号不明时，司机应发出"重复"信号询问，明确意图后，方可开车。指挥人员所发出信号不符合国家标准时，司机有权拒绝执行。吊运过程中，司机对任何人发出的"紧急停止"信号都应服从。

（4）要注意吊装现场有足够的照明的畅通的吊运通道，并与架空线路保持规定距离。吊运作业中不准扳动支撑脚操作柄，如要调整，须先将吊物放下。

（5）起重机在最大负荷情况下，左右旋转角度不能超过 45°，一般情况不准横吊，以防翻车。不得在起重特性曲线规定的范围之外变幅。回转时动作应缓慢，防止重物摇摆造成翻车。起吊重物要先作试吊，即离地 10cm 处试验制动器是否可靠，支撑脚是否牢靠。

（6）有下列任意情况之一时均不准吊：①捆绑不牢不稳；②工作物上站人或吊物下站人；③超载、质量不明、斜拉重物；④信号不明或无统一指挥；⑤易燃易爆物品；⑥工作场所不安全，可能危及电线、建筑物等。

二、起重的基本操作

（一）起重的主要步骤

起重的主要步骤通常分为以下五步，简称"五步"工作法。

（1）实地勘察阶段（即"看"）。每接受一项起重任务，首先应到施工地点察看现场情况，为制定施工组织方案准备第一手资料。勘察内容包括：地面是否平整或高低不平；地基是坚实或松散坑洼，地下是否有暗沟、溶洞；上空有无线路，安全距离是否足够，周围有无房屋、树木影响；道路是否畅通、机械施工有无工作面。

（2）了解情况（即"问"）。它的主要任务是询问、了解基本情况，主要包括被吊运物的名称、外形尺寸、重量及重心，物件的允许捆绑点以及确定绑点后物件的强度情况等，施工中有无特殊的施工技术要求，物体所需吊运到的具体位置，正式就位后的空间位置和状态等。

（3）制订方案（即"想"）。根据实地情况及被吊物件中的具体要求，结合施工班组的技术力量、工器具来选取起吊方案，进行全面技术经济比较后确定方案，办理审批手续进行施工。起吊方案包括分析和选择施工器具、施工方法、施工步骤、人力组织及安全注意事项。

（4）方案实施（即"干"）。在方案实施中，第一步要进行技术交底，主要讲工作内容，工作方法，工艺要求，所需工、机具情况，以及施工安全注意事项，同时确定施工负责人。施工方案经审批并交底后，要坚决执行，决不能随意改变。如情况有变，须改变原方案时，要经各级审批人员同意。工作完毕后，一定要按工完、料尽、场地清的原则，回收工具，拾尽废料。

（5）总结阶段（即"收"）。在一项工作完毕后，要把工作的全部过程进行分析、总结，查找有无存在不足、有无多余的施工步骤、有无可改进的方法。

（二）起重作业方案

1. 确定起重方案的依据

起重作业的方案是依据一定的基本参数来确定的。具体实施方法和技术措施的主要依据如下：

（1）被吊运重物的重量。一般情况下可依据重物说明书、标牌、货物单来确定或根据材质和物体几何形状用计算的方法确定。

（2）被吊运物的重心位置及绑扎。确定物体的重心要考虑到重物的形状和内部结构是各种各样的，不但要了解外部形状尺寸，也要了解其内部结构。如，机床设备机床头部重尾部轻，重心偏向头部一端。又如，大型电器设备箱，其重量轻，体积大，是薄板箱体结构，吊运时经不起挤压等。了解重物的形状、体积、结构的目的是要确定其重心位置，正确地选择吊点及绑扎方法，保证重物不受损坏和吊运安全。

（3）起重作业现场的环境。现场环境对确定起重作业方案和吊装作业安全有直接影响。现场环境是指作业地点进出道路是否畅通，地面土质坚硬程度，吊装设备，厂房的高低宽窄尺寸，地面和空间是否有障碍物，吊运司索指挥人员是否有安全的工作位置，现场是否达到规定的亮度。

2. 起重方案的组成

（1）起重物体的重量是根据什么条件确定的；物体重心位置在简图上标示，并说明采用什么方法确定的；说明所吊物体的几何形状。

（2）作业现场的布置。重物吊运路线及吊运指定位置和重物降落点，标出司索指挥人员的安全位置。

（3）吊点及绑扎方法及起重设备的配备。说明吊点依据什么选择的，为什么要采用此种绑扎方法，起重设备的额定起重量与吊运物重量有多少余量，并说明起升高度和运行的范围。

3. 起重方案的确定

起重工作是一项技术性强、危险性大、多工种人员互相配合、互相协调、精心组织、统一指挥的特殊工种作业。所以，必须对作业现场的环境，重物吊运路线及吊运指定位置和起重物重量、重心、重物状况、重物降落点、起重物吊点是否平衡、配备起重设备是否满足需要，进行分析计算，正确制订起重方案，达到安全起吊和就位的目的。

（三）起重的基本操作

起重作业的基本操作归纳起来，不外乎抬、撬、捆、挂、顶、吊、滑、转、卷、滚10种，简称起重的"十字"操作法。在作业中，有时只用一种方法，有时要用几种方法混合使用。

(1) 抬。由于受到通行障碍原因而不便使用机械运输时，一般使用肩抬，以运输 1000kg 以下轻便设备或构件、小机具等物品。它们由 2 人、3 人、4 人、6 人、8 人或 10 人等共同进行。不管多少人肩抬，都要进行合理的负荷分配，并要步调一致，统一指挥，同一口号前进，不可迈大步，脚步必须同起同落，抬杠人必须两两对肩，否则就很容易发生事故。

安装现场不能使用起重机具的条件下采用肩抬法，如能使用机具的最好不用肩抬。

(2) 撬。"撬"就是用撬棍将设备撬起来，达到施工要求。在起重量较轻（20kN 左右）、起升高度不大的作业中经常采用，如在设备下安放或抽出垫木、千斤顶、滚杠等。撬的时候，可用一根撬杠操作，也可用几根撬杠同时操作。在没有千斤顶时，撬的方法常用来升高或降低设备。

(3) 捆。"捆"就是用绳索将物件捆绑起来等待吊装。捆绑方法一般有以下几种：一对绳两头兜吊，两头打空圈兜吊，两绑死起吊，三点捆绑两点起吊等。但不管采用何种捆绑方法，都必须保证设备不变形，起吊时，设备重心不能移位。捆绑时要根据物件的重量、重心、外形尺寸、起吊步骤、工艺要求及空间的安装位进行选择吊点，并对被吊件的强度、刚度进行计算，确无问题后，方可进行施工。绑绳时，要考虑穿绕方向和顺序，绑绳受力后，要保证绑绳的结实以及各股绑绳的受力均匀。打结时，要考虑绳索受力后不卡，方便拆卸；卡头固定时，卡头选择应合适、排布均匀、受力一致；绑绳处，遇有棱角，要用软物或半圆管填好；如属凹腹件，在凹腹处要填方木等，保证绳索受力后物件绑绳处不发生变形等。

(4) 挂。"挂"就是设备构件捆绑好后进行挂钩。一般的挂钩方式有单绳扣挂钩，对绳中间挂钩，背扣挂钩，压强挂钩，单绳多点起吊往复挂钩等。绳索挂钩时，要考虑被吊件的重心、各吊点的受力大小、单股绳的受力大小，保证绳索受力均匀，在外力作用不发生位移或相互挤压等。

(5) 顶。"顶"就是用千斤顶将设备顶起来，是一种简便、安全、可靠、省力的起重方法。

(6) 吊。"吊"就是用扒杆、机械、卷扬机等起重机具将设备吊起来。是垂直运输中最常用的一种方式。这一工作包括以下内容：根据形状及强度找重心、选择吊点，根据现场的具体条件选择捆绑绳索、工具及起吊机械，根据需要绑好绳、挂好钩，并按照最少的动作、最短的距离和时间、安全的操作将设备吊放到指定的位置。吊的特点是起重量大，起升高度高，工作面宽，速度快，效率高，由于机械化程度提高，现在的施工中，吊的工作就更为突出。

(7) 滑。"滑"是水平运输的一种方法，就是将设备放在滑道上进行移动。为了减少设备本身的磨损和滑动摩擦力，有时在设备下面安上滑板或滑道，使设备易于滑行。

(8) 转。"转"就是将设备就地水平旋转一个角度，采用就地外加力偶在钢走道上滑动旋转 180°。在转动时，应注意被转物体保持水平，同时两端用力均匀，形成一对力偶。

(9) 卷。"卷"是指圆柱形设备在拉绳的外力作用下产生位移的方法。先将绳子套在圆柱形设备，一端固定，拉动另一端，圆柱形设备就朝着固定端滚，从而移动设备。在斜坡上，还可根据拉绳的前拉或后放使圆柱形设备向上滚或向下放。卷动设备时，用绳根数根据设备或管道的长短来确定，下面一般要铺设滚道，滚道要铺设合适，左右对称，坡度基本一样，便于拉动设备。施工中，一般在下面主要借助撬杠帮忙。滚道的铺设，要考虑防止碰坏设备上的突出部分，如管座等。

（10）滚。"滚"就是在设备下的拖板（钢拖板、木拖板、钢木结构的拖板）与走道之间加滚杠，使设备随拖及走道间滚杠的滚动而移动。由于滚动比滑动的阻力小，所以较省力。滚杠间的净距离要根据被拖设备的荷重、外形尺寸、走道的材质、滚杠的直径、牵引力的大小来决定。一般情况至少要保持 10cm，通常为 25～50cm。

三、起吊作业要领

1. 基本要领

起重作业包括起重丝索、起重指挥、起重操作和起重机械安装等。主要要领如下：

（1）起重作业时，应由技术熟练、懂得起重机械性能的人担任指挥信号，指挥时应站在能够照顾到全面工作的地点，所发信号应实现统一，并做到准确、洪亮和清楚。

（2）起吊重物件时，应确认所起吊物件的实际重量，如不明确时，应经操作者或技术人员计算确定。

（3）吊具拴挂应牢靠，拴挂吊具时，应按物件的重心，确定拴挂吊具的位置；吊钩应封钩，以防在起吊过程中钢丝绳滑脱；捆扎有棱角或利口的物件时，钢丝绳与物件的接触处，应垫以麻袋、橡胶等物；起吊长、大物件时，应拴溜绳。

（4）物件起吊时，先将物件提升离地面 10～20cm，经检查确认无异常现象时，方可继续提升。而放置物件时，应缓慢下降，确认物件放置平稳牢靠，方可松钩，以免物件倾斜翻倒伤人。

（5）起吊物件时，作业人员不得在已受力索具附近停留，特别不能停留在受力索具的内侧。

（6）起吊物件时，应保持垂直起吊，严禁用吊钩在倾斜的方向拖拉或斜吊物件，禁止吊拨埋在地下或地面上重量不明的物件。

（7）起重机在架空高压线路附近进行作业，其臂杆、钢丝绳、起吊物等与架空线路的最小距离不应小于规定距离，如不能保持这个距离，则必须停电或设置好隔离设施后，方可工作。如在雨天工作时，距离还应当加大。

2. 起重机械的"十不吊"

起重安全注意事项较多，现将经常遇到的情况归纳为"十不吊"。

（1）被吊物体的重量不明确不吊。

（2）起重指挥信号不清楚不吊。

（3）钢丝绳捆绑不牢固不吊。

（4）被吊物体重心和钩子垂线不在一起，斜拉斜拖不吊。

（5）被吊物体被埋入地下或冻结一起的不吊。

（6）施工现场照明不足不吊。

（7）六级以上大风室外起重工作不吊。

（8）被吊设备上站人或下面有人不吊。

（9）易燃易爆危险物件没有安全作业票不吊。

（10）被吊物体重量超越机械规定负荷不吊。

第四节 配电作业的紧急救护

一、电流对人体的危害

人体触及带电体，就会有电流通过人体对人体造成伤害。电流对人体的伤害有电击和电伤两种。

1. 电击

电击是电流通过人体内部对人体所造成的伤害。它主要是破坏了人体的心脏、呼吸和神经系统的正常工作，乃至危及人的生命。如，电流通过心脏时可引起心室颤动，导致血液循环的停止；电流通过呼吸神经中枢会导致呼吸停止；电流通过胸部可使胸肌收缩迫使呼吸停顿、引起窒息。以上3种情况都会导致人死亡。一般来说，触电死亡事故中绝大部分是由电击造成的。

2. 电伤

电伤也叫电灼，是指电流对人体外部造成的局部伤害。电伤往往在肌体上留下伤痕，严重时也可致人于死命。电伤可分为灼伤、烙伤和皮肤金属化3种。

（1）灼伤。是由于电流的热效应而产生的电伤，如带负荷拉开隔离开关时产生强烈的电弧对皮肤的烧伤，灼伤也称为电弧伤害。灼伤的后果是皮肤发红、起泡以及烧焦、皮肤组织破坏等。

（2）烙伤。是由电流的化学效应和机械效应引起的电伤。烙伤通常在人体和带电设备有良好接触的情况下才发生，其后果是在皮肤表面留着圆形或椭圆形的肿块痕迹，且皮肤出现硬化。

（3）皮肤金属化。是指在电流作用下，熔化和蒸发的金属微粒产生的电伤。金属微粒渗入皮肤表面层，使皮肤受伤害的部分变得粗糙、硬化，或使局部皮肤变为绿色或暗黄色。

3. 电流对人体伤害程度的影响

（1）电流大小。电流大小是触电伤害的直接因素，电流越大，伤害越严重。一般，通过人体的交流电（50Hz）超过10mA，直流电超过50mA时，触电者就不容易自己脱离电源，因而有生命危险。人体被伤害程度与通过人体电流大小的关系见表3-9。从表3-9可看出，感知电流一般不会对人体造成伤害，人对感知电流的最初感觉是轻微刺痛和麻抖，但当电流增大时，感觉增强，反应变大；摆脱电流是人体可以承受的最大电流，因而一般不致造成不良后果。

表3-9　　　　　　　　人体被伤害程度与通过人体电流大小的关系

名称	定义	对成年男性（mA）	对成年女性（mA）
感知电流	引起人的感觉的最小电流	工频1.1，直流5.2	工频0.7，直流3.5
摆脱电源	人触电后能自主地摆脱电源的最大电流	工频16，直流76	工频10.5，直流51
致命电流	在较短时间内危及生命的最小电流	工频30～50mA 直流1300mA（0.3s）、50mA（3s）	

（2）触电时间长短。电流通过人体，使人体发热、出汗，因而人体电阻降低，电流通过人体的持续时间越长，人体电阻降低越多，通过人体的电流越大，因而触电的危险性也就越大。通常可用触电电流的大小与触电持续时间的乘积（称为电击电量）来反映触电的危害程度。若电击能量超过5mA·s时，人就有生命危险。所以，电流通过人体的持续时间延长，后果也越严重。通过人体的允许电流值与持续时间的关系见表3-10。

表3-10　　　　　　　　　　通过人体允许电流与持续时间的关系

允许电流（mA）	50	100	200	500	1000
持续时间（s）	5.4	1.35	0.35	0.054	0.0135

所以，在触电急救时，应争分夺秒，最大限度地缩短电流通过人体的时间，迅速使触电者脱离电源。

（3）电流频率。电流的频率不同，对人体伤害程度也不同。常用的50～60Hz工频交流电，对人体的伤害最为严重；交流电频率偏离工频越远，对人体伤害的危险性就越降低。不同频率电流对人体的伤害程度见表3-11。

表3-11　　　　　　　　　　不同频率电流对人体的伤害程度

电流频率（Hz）	对人体危害的影响	电流频率（Hz）	对人体危害的影响
10～20	有50%的死亡率	120	有31%的死亡率
50	有95%的死亡率	200以上	有14%以下的死亡率
50～100	有45%的死亡率		

（4）电压的高低。人体接触的电压越高，通过人体的电流越大，对人体的伤害程度越大。实际上，通过人体的电流强度并不与作用在人体上的电压成正比，这是因为接触的电压高，会使皮肤破裂，人体电阻急剧下降，致使电流迅速增加；当人体在接近高压时，在人体内还有感应电流的影响，因而也是很危险的。

（5）电流通过人体的途径。当电流通过心脏时，将引起心室震颤，较大的电流还会使心脏停止跳动，使血液循环中断导致死亡。经研究表明，在电流通过人体的途径中，最危险的途径是从手—胸部（心脏）—脚；较危险的途径是手—手；危险性较小的途径是脚—脚。

据国外在英格兰和威乐士调查电击造成死亡的情况表明，约75%的死亡发生于电流由某侧上肢流到另一侧下肢，并且多数死亡不是由于对呼吸神经控制的干扰而引起永久呼吸停止造成，而是由于心室颤动或呼吸肌的强直性痉挛造成的。

（6）人体电阻及健康状况。人体触电时，流过人体的电流（当接触的电压一定时）由人体的电阻决定，人体电阻越小，通过人体的电流越大，也就越危险。

人体的健康状况及精神是否正常，对触电后果也是有影响的。凡患有心脏病、神经系统疾病、肺病、结核病者，由于自身的抵抗能力较差，故触电时较危险；同时身体上的暂时性缺陷，如出汗多、酒醉、疲劳过度等，往往也可促成不幸事故的发生和增加触电伤害的严重性。另外，不同的人对电流的敏感程度也不一样，一般说来，女性比男性对电流的敏感性高，并且在同等的触电电流下，比男性更难以摆脱；儿童比成人敏感，在遭受电击时，比成人伤害较重。

二、触电现场紧急救护

触电事故往往是在一瞬间发生的，情况危急，不允许有半点迟疑，时间就是生命。人触电以后，往往会出现神经麻痹、昏迷不醒甚至呼吸中断、心脏停止跳动等症状，从外表上看好像已经没有恢复生命的希望了，但只要没有明显致命外伤，一般并不意味着真正的死亡，应该看做是假死。如果抢救及时，方法得当，坚持不懈，多数触电者可能"起死回生"。许多事实证明，有的伤员心脏停止跳动、呼吸中断后，经过现场急救以后，恢复了知觉。

（一）触电现场抢救的基本原则

1．迅速脱离电源

当发现有人触电时，切不可惊慌失措，应设法尽快将触电人所接触的那一部分带电设备的断路器、隔离开关或其他断路设备断开，使触电者脱离电源。救护人员在救治他人的同时，也要注意保护自己。在触电者未脱离电源前，不准直接用手或手持导电物触及伤员，否则会有触电危险。

2．准确进行救治

施行人工呼吸和胸外心脏按压时，动作必须准确，救治才会有效。如果触电人所处的位置较高，必须预防断电后，触电人从高处摔下的危险，应采取一定的安全措施加以保护。

3．就地进行抢救

一旦触电者脱离电源，抢救人员必须在现场或附近就地救治触电者，千万不要长途送往医院后再抢救。

4．救治要坚持到底

抢救要坚持不断，不可轻率中止。

（二）脱离电源和杆上营救要领

1．脱离低压电源

使触电者脱离低压电源的方法有切断电源开关、挑开触电导线以及使用绝缘隔离等方法。

（1）切断电源。如果电源开关距离触电地点较近，应迅速就近拉开电源开关或刀闸、拔除电源插头等。

（2）割断电源。如果电源开关或电源插座距离触电现场较远，则可用有绝缘手柄的电工钳或有干燥木柄的斧头、铁锹等利器割断电源线，割断点最好选择在导线在电源侧有支持物处，以防止带电导线断落，触及其他人体。

（3）挑、拉电源线。如果导线搭落在触电者身上或压在身下，并且电源开关又不在触电现场附近时，抢救者应使用身边一切可能得到的绝缘物，如干燥的木棒、竹竿等，挑开导线或用干燥的绝缘绳索套拉导线或触电者，使其脱离电源。

（4）拉开触电者。救护人可一只手戴上绝缘手套或将手用干燥衣物、围巾等绝缘物包起来，把触电者拉开，也可抓住触电者干燥而不贴身衣服，将其拖开，但切勿碰金属物体和触电者的裸露身躯。

（5）救护人可站在干燥的木板、木凳或绝缘垫上，用一只手把触电者拉脱电源。

（6）可用临时性绝缘物垫于触电者身下，使其与地绝缘，以此隔断电源，然后用绝缘器具将导线剪（切）断。救护人员尽可能站在干木板或绝缘垫上。

2. 脱离高压电源

对于高压触电者来说，使用上述解脱低压触电者的方法是不安全的。另外，高压电源往往距离事发地点很远，救护人员不易直接切断电源等，此时可采取以下措施：

（1）触电者触及高压带电设备时，救护人员应迅速切断电源；同时救护人员在抢救过程中，应注意保持自身与周围带电部分之间的安全距离。

（2）如果触电发生在高压架空线杆塔上，又不能迅速切断电源开关时，可采用抛掷足够截面的适当长度的裸金属软导线，使其线路短路，造成保护装置动作，从而使电源开关跳闸的方法。抛掷前，将短路线一端固定在铁塔或接地引下线上，另一端系重物。但抛掷时，应注意防止电弧伤人或断线危及人员安全。

（3）触电者触及断落在地上的带电高压导线时，救护人员在未做好安全措施前不能接近断线点 8m（室内不能接近 4m）以内的范围。

3. 杆上营救

当发现杆上的工作人员突然发病、触电、受伤或失去知觉时，杆下人员必须立即进行施救，使伤员尽快脱离电源和高空，降到安全的地面进行救护工作。具体的营救方法和步骤如下：

（1）首先是脱离电源，做好安全防护工作。切断电源后，肌肉痉挛突然松弛，要防止高空跌落，再造成多发性外伤。

（2）抢救者在登高或登杆前，应嘱地面做好准备，随身带好绝缘工具如绝缘手套、安全带、脚扣及牢固的绳索，确认自身所涉环境内无危险电源时，选好营救位置。一般来说，营救的最佳位置是高出受伤者约 20cm，并面向伤员，作好自身保护，固定好安全带并站稳后，才开始施救。

（3）联系地面，迅速下放。下放前，先检查绳索扣结、支架是否牢固。杆上及地面人员分别掌握好下放绳索的速度和方位，将触电者安全下放到地面进行抢救。营救方法主要有单人和双人营救。

1）单人营救法。首先在杆上安放绳索［见图 3 - 54（a）］，然后用直径 5cm 绳子将伤员绑好，将绳的一端固定在杆上，固定时绳子要绕 2～3 圈，目的是增大下放时的摩擦力，以免将伤员突然放下，发生其他意外。绳子另一端绑在伤员的腋下，绑的方法是在腋下环绕一圈，打三个半靠结，绳头塞进伤员腋旁的圈内，并压紧［见图 3 - 54（b）、（c）］，绳子的长度为杆高的 1.2～1.5 倍。最后将伤员的脚扣和安全带松开，再解开固定在电杆上的绳子，缓缓将伤员放下［见图 3 - 54（d）］。

2）双人营救法。双人营救的方法基本与单人营救法相同，即营救人员上杆后，将绳子的一端绕过横担，绑扎伤员的腋下，只是另一端由杆下人员握住缓缓下放［见图 3 - 54（e）］，此外绳子要长一些，应为杆高的 2.2～2.5 倍。另外，营救人员要协调一致，密切配合，要防止杆上人员突然松手，杆下营救人没有准备而发生意外的情况。

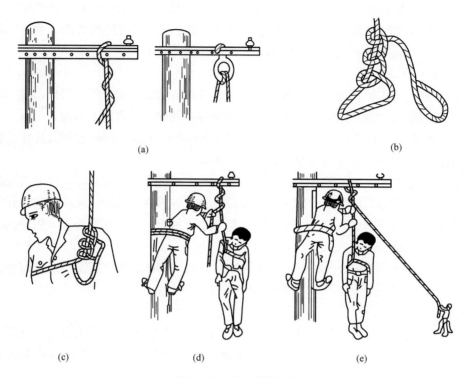

图 3-54　杆上营救方法

(a) 安放绳索；(b) 腋下环绕一圈，打三个半靠结；

(c) 绳头塞进腋旁圈内压紧；(d) 下放地面；(e) 协助下放

（三）脱离电源以后现场的对症抢救

1. 诊断

人触电以后，往往会出现神经麻痹、昏迷不醒甚至呼吸中断、心脏停止跳动等症状，脱离电源以后必须正确诊断，及时对症抢救。判断伤者有无自主呼吸，可先开放触电者的气道，然后将耳部贴近触电者的口鼻部采取一看、二听、三感觉的方法。

（1）看：观察患者胸部或腹部上区有无起伏，即有无呼吸运动。

（2）听：听患者口鼻部有无呼吸的气流声音。此法不适用于嘈杂环境。

（3）感觉：用面颊贴近患者口鼻部，感觉有无呼气气流吹拂感。此法不适用于某些室外环境。

判断心脏是否停止一般采取判断有无颈动脉搏动的方法：施救者一手压住患者的前额，使其头部后仰；另一手食指与中指并拢，置于患者喉结处，再将手指向靠近施救者一侧的颈部滑动至胸锁乳突肌侧缘的凹陷处，并向颈椎方向按压，感觉是否有搏动。5s 后再用该法检查另一侧，则可判定心脏是否停止。注意触摸颈动脉时不可用力过猛，不可同时压迫两侧。

2. 急救

（1）触电者神志清醒，但感觉心慌，四肢发麻，全身乏力，呼吸捉迫，面色苍白，或曾一度昏迷，但失去知觉有呼吸、有心跳。置空气流通处观察即可。此时就将触电者抬到空气新鲜、通风良好的舒适地方躺下，休息1～2h，禁止走动，以减轻心脏负担，让他慢慢恢复正常。这时要注意保温，并作严密观察，如发现呼吸或心跳很不规则甚至停止时，应迅速设法抢救。

（2）触电者神志不清，有心跳，但呼吸停止或极微弱时，应立即用仰头抬颌法，使气道开放，并进行口对口人工呼吸。

（3）触电者意识丧失且心跳停止，但有呼吸，此时应该用人工胸外心脏按压法进行抢救。

（4）触电者意识丧失且心跳停止，呼吸停止或有极微弱的呼吸时，都应立即用心肺复苏法进行抢救，不得中断或延误。因为这种微弱的呼吸此时是起不到气体交换作用的。

（5）触电者心跳、呼吸停止并伴有外伤时，应先进行心肺复苏急救，然后再在处理外伤。

（6）触电者衣服被电弧光引燃时，应迅速扑灭其身上的火源，着火着切忌跑动，可利用衣服、被子、湿毛巾等扑火，必要时就地躺下翻滚，使火扑灭。

三、外伤救护

在电力生产、基建中，除人体触电造成的伤害以外，还会发生高空坠落、机械卷轧、交通挤轧、摔跌等意外伤害造成的局部外伤，因此在现场中，还应会作适当的外伤处理，以防止细菌侵入，引起严重感染。及时、正确的救护，才能使伤员转危为安，任何迟疑、拖延或不正确的救护都会给伤员带来危害。因此，电力工人应该了解现场外伤救护的基本常识，学会急救的简单方法，以减少伤员的痛苦，避免可能发生的伤残，从而达到现场自救、互救的目的。

（一）基本要求

（1）外伤急救原则上是先抢救、后固定、再搬运，并注意采取措施防止伤情加重或感染，需要送医院救治的，应立即做好保护伤员的措施，然后送医院救治。

（2）抢救前，先使伤员安静、躺平，判断全身情况和受伤程度，如有无出血、骨折和休克等。

（3）有外伤出血时，应立即采取止血措施，防止因出血过多而休克。如外观无伤，但伤员已呈休克状态，神志不清，或处于昏迷状态，此时要考虑胸腹部内脏或脑部受伤的可能性。

（4）为防止伤口感染，应用清洁布片覆盖伤口。救护人员不得用手直接接触伤口，更不得在伤口内填塞任何东西，也不得随便用药。

（二）常用的几种止血方法

（1）抬高患肢位置法。该方法适用于肢体小出血。其方法是将患肢抬高，使其超过心脏位置。其目的是增加静脉回流和减少出血量。

（2）加压包扎止血法。加压包扎是一种常用的有效止血法，大多数创伤性出血经加压包扎均能止住或减少出血。其方法是先用数块面积大于伤口面积的灭菌纱布覆盖在伤口上，然后用手指或手掌用力加压，假如出血量不多，经直接加压止血后大多能够奏效。

（3）指压止血法。指压止血法就是用手指压迫"止血点"止血。"止血点"就是身体的主要动脉经过而又靠近骨骼的"搏动"部位。这是最方便而又及时的临时止血法，适用于现场止血急救。具体做法是，在伤口的靠近心脏端找到出血肢体部位的止血点，用手指用力向骨头压迫，这样就会阻断血流来源而达到急救止血的目的。此法适用于面部、颈部和四肢动脉的出血。

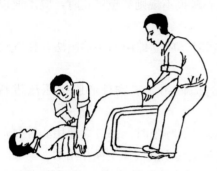

图3-55　抬高下肢示意图

高处坠落、撞击、挤压的受伤者，可能有胸腹内脏破裂和出血现象。如果伤员外表无出血情况，但有面色苍白、脉搏细弱、气促、四肢厥冷、神志不清等现象时，则应让伤员迅速躺平，抬高下肢，如图3-55所示。还应注意保暖，并速送医院救治，其间可给伤员饮用少量糖盐水。

（三）骨折的现场急救

1. 骨折现场急救的基本原则

（1）现场急救的目的是防止伤情恶化，为此，千万不要让已经骨折的肢体活动，不能随便移动骨折端，以防锐利的骨折端刺破皮肤及周围组织、神经、大血管等。因此，应首先将受伤的肢体进行包扎和固定。

（2）对于开放性骨折的伤口，最重要的是防止伤口感染。为此，现场抢救者不要在伤口上涂任何药物，不要冲洗或触及伤口，更不能将外露骨端推回皮内。伴有大出血者，应先止血后固定。

（3）抢救者应保持镇静，正确地进行急救操作，取得伤员的配合。现场严禁将骨折处盲目复位。

（4）待全身情况稳定后再考虑固定、搬运。骨折固定材料常采用木制、塑料和金属夹板，或木板、竹竿、树枝等替代物。骨折固定时，应注意要先止血、后包扎、再固定。选择的夹板长度应与肢体长度相对称。夹板不要直接接触皮肤，应采用毛巾、布片垫在夹板上，以免神经受压损伤。

2. 骨折现场急救法

现场骨折急救仅是将骨折处作一临时固定处理，在处理后应尽快送往医院救治。下面介绍几个部位的骨折现场急救法。

（1）上臂部肱骨发生骨折。使受伤上臂紧贴胸廓，并在上臂与胸廓之间用折叠好的围巾或干毛巾衬垫好；将肘关节屈曲90°，使前臂依托在躯干部，用三角巾一条将前臂悬挂于颈项部；取一与上臂长度相当的木板一条置于上臂外侧，在木板与上臂之间用毛巾等物衬垫；最后用绷带（或其他布条）两条将上臂与胸廓上下环行缚住（见图3-56）。

（2）前臂部尺骨、桡骨骨折。取与前臂长度相当的木板两块，用毛巾等柔软衣物衬垫好后，一条置于前臂掌侧，另一条置于前臂的背侧；用绷带（或其他布条）三条将两块木板扎缚好，大拇指须暴露于外；夹板固定后，使肘关节屈曲90°，再用三角巾一块将前臂悬挂在颈项部（见图3-57）。

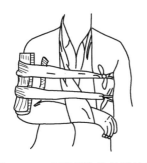

图 3-56 上臂部肱骨骨折处理

图 3-57 前臂部尺骨、桡骨骨折处理

（3）大腿部股骨骨折。由一人使骨折的上下部肢体保持稳定不动，另一人在断骨远端沿骨的长轴方向向下方轻轻牵引，不得旋转；用折好的被单放在两腿之间，将两下肢靠拢；用与下肢等长的短夹板一块放在伤肢内侧；用自腋窝起直达足跟的长夹板一块放在伤肢的外侧；用宽布带将两侧夹板包括躯干多处进行固定；最后将固定好的伤员再固定于木板上，同时用枕头将下肢稍微垫高（见图 3-58）。

（4）小腿部胫、腓骨骨折。胫骨及腓骨在膝关节以下，再下部分即为踝关节及跖、趾骨。固定方法为，用两块夹板分别置于小腿内、外侧，骨折突出部分要加垫；自膝关节以上至踝关节以下进行固定；最后用绷带卷或布卷、毛巾等物放在腘窝（见图 3-59）。

图 3-58 大腿部股骨骨折处理

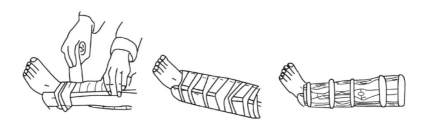

图 3-59 小腿部胫、腓骨骨折处理

（5）颈椎骨折。让伤者躺平，不要抬头、摇头、转动、搀扶活动、行走或翻身脱衣，否则，转动头部可能立刻导致伤员瘫痪，甚至突然死亡；救护者可位于伤员头部，两手稳定垂直地将头部向上牵引，并将可脱卸的环形颈圈或小枕置于伤员的颈部，以维持牵引不动；用较厚的（或多册）书籍或沙袋等堆置头部两侧，使头部不能左右摇动；用绷带将伤员额部连同书籍等再次固定于木板担架上（见图 3-60）。

3. 伤员的搬运

在现场进行止血、包扎或骨折固定之后，要搬运伤员去医院救治。搬运的方法正确与否对伤员的伤情及以后的救治效果好坏都有直接关系。搬运伤员的原则是：让伤员舒适、平稳，而且力争有害影响减低到最小程度。搬运伤员的方法如下：

（1）搬运一般伤员上担架方法。两担架员跪下右腿，一人用手托住伤员头部和肩部，另

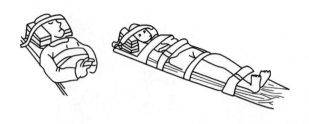

图 3-60 颈椎骨折处理

一只手托住腰部；另一人一手托住骨盆，另一只手托住膝下；两人同时起立，把伤员轻放于担架上（见图 3-61）。现场无正常担架时，可临时用自制担架，其式样如图 3-62 所示。

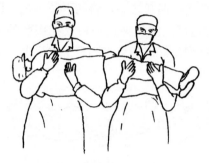

图 3-61 搬运伤员上担架方法

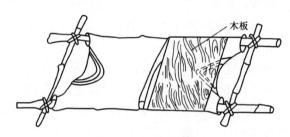

图 3-62 临时担架

（2）搬运颈椎骨折伤员上担架方法。对这种病人的搬运需十分注意，一不小心可能造成伤员立即死亡。搬运方法是：由 3~4 人一起搬运，其中 1 人专管头部牵引固定，使头部保持与躯干成直线位置，以维持颈部不动；其余 3 人蹲在伤员的同侧，其中 2 人托住躯干，1 人托住下肢；4 人一齐起立，将伤员轻放在担架上（见图 3-63）。

（3）伤员的运送。使伤员平躺在担架上，并将其腰部束在担架上，防止跌下。平地运送时，伤员头部在后（见图 3-64）；上楼、下楼、下坡运送时，让伤员头部在上（见图 3-65）。没有采用任何工具和保护措施的情况下的运送（见图 3-66），是错误的搬运法，伤员易加重伤情甚至死亡。在运送伤员的过程中，应严密观察伤员，以防止病情突变。

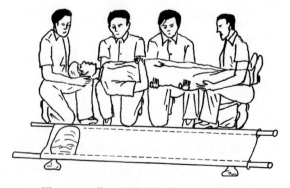

图 3-63 搬运颈椎骨折伤员上担架方法

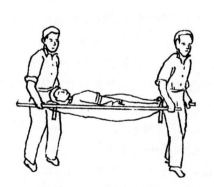

图 3-64 平地运送方法

图3-65　上楼下楼或下坡时运送方法

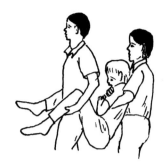

图3-66　错误运送方法

第四章

架 空 配 电 线 路

架空配电线路是配电网的主要组成部分，本章重点介绍架空配电线路的构成及其施工运行维护。

第一节　架空配电线路的构成

架空配电线路的构成元件主要有导线、绝缘子、杆塔、基础、拉线、横担、金具、避雷器、接地装置等。架空配电线路除了线路本身外，还包括在架空配电线路上架设安装的电气设备，主要有柱上变压器、柱上开关、隔离开关、跌落式熔断器、无功补偿装置等。

一、导线

（一）导线的材料

导线用来传输电流和输送电能，因此，导线应具有良好的导电性能、重量轻便、较小的温度伸长系数以及足够的机械强度，并具有耐振动和抗腐蚀等性能。导线主要的材料有铝、铝合金、铜、钢等。这些材料中，铜的导电性能最好，电阻比铝低，机械强度高。但我国铜的产量和储量都比较少，工业用途广泛，价格昂贵，故在架空线路上较少采用。

铝的导电性能也很好，也有较强的抗氧化能力。铝的电阻虽然高于铜，但铝的密度小、重量轻，而且我国铝的资源丰富、价格低廉，因而被广泛应用于架空线路上。铝的缺点是机械强度较低，耐酸、碱、盐腐蚀的能力较差。

钢芯铝绞线以钢为线芯，外面再绞上多股铝线。它既利用了铝线的良好导电性能，又利用了钢绞线的高机械强度。

1. 裸导线

裸导线的规格型号由导线材料及结构和标称截面两大部分组成，中间用"-"隔开。前一部分用汉语拼音的首字母表示导线材料及结构：T 代表铜，L 代表铝，J 代表多股绞线。后一部分用数字表示导线的标称截面，单位是 mm^2。如型号 TJ - 50 表示标称截面 $50mm^2$ 的铜绞线，GJ - 70 表示标称截面 $70mm^2$ 的钢绞线，LJ - 70 表示标称截面 $70mm^2$ 的铝绞线，LGJ - 70 表示标称截面 $70mm^2$ 的钢芯铝绞线。

2. 橡塑绝缘电线

橡塑绝缘电线是在铜绞线或铝绞线的外层注塑橡皮或聚氯乙烯作为绝缘，使导线具有一定的绝缘，它的绝缘等级和抗老化能力低。其绝缘易老化脆裂；线芯选用的是软铜线或软铝线，不适宜大档距架空敷设，因此，一般仅在低压架空接户线使用。型号中表示常用导线材料及结构的表示法有：BLX——铝芯橡皮线；BLV——聚氯乙烯铝芯绝缘线；BX——铜芯橡皮线；BV——聚氯乙烯铜芯绝缘线。

3. 架空绝缘导线

架空绝缘导线又称架空绝缘电缆，是以耐候型绝缘材料作外包绝缘，由导体、半导电屏蔽层、绝缘层组成，如图4-1所示。导体的材料有钢芯铝绞线、铝绞线和铜绞线，耐候型材料一般采用耐候型聚氯乙烯、聚乙烯或交联聚乙烯等。绝缘导线主要用于架空敷设，线芯一般采用紧压的硬铜或硬铝线芯。

规格型号由导线材料及结构、电压等级和标称截面三大部分组成，中间用"-"隔开。

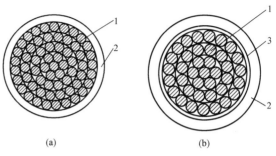

图4-1　架空绝缘导线结构图
(a) 1kV 单芯；(b) 10kV（20kV）单芯
1—导体；2—绝缘层；3—屏蔽层

第一部分代表导线材料及结构，用汉语拼音的第一个字母表示：J 代表绝缘，K 代表架空，L 代表铝，Y 代表交联，J 代表多股绞线。

第二部分为电压等级，单位为 kV。

第三部分用数字表示导线的标称截面，单位是 mm^2。

型号中常用导线材料及结构的表示法有：JKYJ——铜芯交联聚乙烯绝缘架空导线、JKLYJ——铝芯交联聚乙烯绝缘架空导线等。

如，JKLYJ-10-50 表示标称截面为 $50mm^2$ 的 10kV 铝芯交联聚乙烯绝缘架空导线，JKLYJ-1-50 表示标称截面为 $50mm^2$ 的 1kV 铝芯交联聚乙烯绝缘架空导线。

4. 平行集束导线

平行集束导线的全称是平行集束架空绝缘电缆，由绝缘材料连接筋把各条绝缘导线连接在一起而构成。导体有铜芯、铝芯两种；绝缘材料有耐候聚氯乙烯，耐候聚乙烯、交联聚乙烯三种；结构型式分为方型（BS₁）、星型（BS₂）和平型（BS₃）三种。常用的低压四芯铝芯平行集束导线型号为 BS-JKLY-0.6/1，其结构示意如图4-2所示。

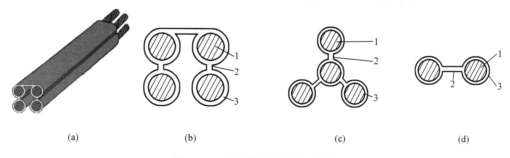

图4-2　平行集束导线结构示意
(a) 结构图；(b) 方型（BS_1）；(c) 星型（BS_2）；(d) 平型（BS_3）
1—导体：铜或铝；2—连接筋：聚氯乙烯、聚乙烯、交联聚乙烯；3—绝缘：聚氯乙烯聚乙烯、交联聚乙烯

(二) 导线的力学知识

1. 导线的比载

导线单位长度、单位截面积上承受的荷载称为比载 (见图 4-3)，单位为 $N/(m \cdot mm^2)$。

(1) 垂直比载：由单位长度、单位截面积上导线的自重 (g_1)、冰重 (g_2) 引起的比载 (g_3)。

(2) 水平比载：由导线受垂直于线路方向的水平风压引起的比载 (g_4、g_5)。

(3) 综合比载：导线的垂直比载与水平比载的矢量和 (g_6、g_7)。

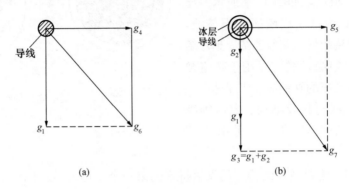

图 4-3 导线的比载

(a) 无冰有风综合比载；(b) 有冰有风综合比载

架空导线除了在运行中受自身重量的荷载、风压以外，还承受温度变化及冰雪、风力等外荷载，这些荷载可能使导线承受的拉力大大增加，导线截面越小，承受外荷的能力越低，为了保证安全，导线应有一定的抗拉机械强度，在大风、冰雪或低温等不利气象条件下不致发生断线事故，因此各地区规定了架空导线最小允许截面。

2. 档距、弧垂与应力

档距指架空线路中相邻两支杆中心线之间的水平距离 L (见图 4-4)。只有一个档距的耐张段称为孤立档，有多个档距连在一起的耐张段称为连续档。

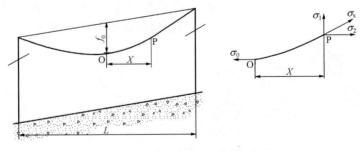

图 4-4 导线的档距、弧垂与应力

弧垂代表导线上任意点至导线两侧悬挂点之间的垂直距离，通常指弧垂最大值 f_0 (见图 4-4)。弧垂大小取决于档距，档距越大，弧垂越大。运行中的导线的弧垂还受运行环境温度和导线本身的温度影响，温度越高弧垂越大；同时导线的弧度也受覆冰气候条件的影响。

应力指导线单位横截面积上的内力。悬挂于两杆塔之间的一档导线，在导线自重、冰重、风压等荷载的作用下，任一截面上均有应力 σ（见图 4-4）存在。

导线的应力和弧垂的大小是相互联系的，弧垂越大，导线的应力越小；反之，弧垂越小应力越大。由此可见，在架设导线时，导线的松紧程度直接关系到弧垂，关系到导线及杆塔的受力大小和导线对被跨越物及地面的距离，影响到线路的安全性与经济性。从导线强度的安全角度出发，应加大弧垂从而减少应力，以提高安全系数；但是，若弧垂大了，则为保证带电导线的对地安全距离，在档距相同的条件下，必须增加杆高或缩短档距，结果使线路建设投资增加。同时在线间距离不变的条件下，增大弧垂也就增加了运行中发生混线事故的几率。所以，导线的弧垂是线路设计、施工和运行中的重要技术参数。

（三）导线截面的确定

在各种气象条件下，要保证线路的安全运行，导线必须满足相应的电气性能、机械强度、抗腐蚀性能，并保持一定的空气间隙或绝缘水平。采用绝缘导线，提高了配电线路的安全性、可靠性，增强了配电线路抵御恶劣自然环境的能力。下面我们主要从导线截面的确定、电气距离的控制及机械特性的简单计算，来介绍导线的选择和使用。

按设计规程规定，导线截面的确定应符合下列要求：

（1）结合地区配电网发展规划，导线截面一般不宜小于表 4-1 所列数值。

表 4-1　　　　　　　　导　线　最　小　截　面　　　　　　　　（mm²）

导线种类	中压配电线路			低压配电线路		
	主干线	分干线	分支线	主干线	分干线	分支线
铝绞线、铝合金线	120	70	35	70	50	35
铜绞线	95	50	16	70	35	16
钢芯铝绞线	120	70	35	70	50	35

（2）采用允许电压降校核时中压不超过 5%，低压不超过 4%。

（3）校验导线的载流量时，导线的允许温度规范规定+70℃。

（4）架空配电线路的导线截面，一般按允许载流量和经济电流密度选择，并通过机械强度、电压降、发热等技术条件加以校验技术经济比较确定。

1. 按经济电流密度选择

按经济电流密度选择导线截面，其公式为

$$S = I/J \tag{4-1}$$

式中　S——导线截面积，mm²；

　　　I——导线输送电流，A；

　　　J——经济电流密度，A/mm²，其值见表 4-2。

表 4-2		经 济 电 流 密 度			(A/mm²)
导线种类		最大负荷利用小时 (h)			
		500～1500	1500～3000	3000～5000	5000 以上
铝及钢芯铝线		2.00	1.65	1.15	0.90
铜线		3.00	2.25	1.75	
35kV 及以下电缆	铝线	1.92	1.73	1.54	
	铜线	2.50	2.25	2.00	

铝线及钢芯铝线经济输送容量见表 4-3。

表 4-3				铝线及钢芯铝线经济输送容量							(kVA)
导线截面 (mm²)	最大负荷利用小时 (h)										
	500～1500				1500～3000				3000～5000			
	I (A)	U (kV)			I (A)	U (kV)			I (A)	U (kV)		
		0.38	10	35		0.38	10	35		0.38	10	35
16	32	21			26.4	17.4			18.4	12		
25	50	33			41.3	27.2			28.8	19		
35	70	46	1210	4240	57.7	37.8	1000	3500	40.2	26	695	2430
50	100	66	1730	6050	82.5	54.3	1430	5000	57.5	38	995	3480
70	140	97	2420	8460	115	73.3	2000	6950	80.5	56	1395	4860
95	190	131	3280	11 450	157	103	2700	9480	109	72	1890	6600
120	240	165	4160	14 450	198	130	3430	11 900	138	91	2390	8350
150	300	198	5190	18 000	247	163	4280	14 900	172	113	2980	10 400
185	370	244	6410	22 400	305	200	5280	18 400	213	140	3690	12 800
240	480	317	8310	29 100	396	260	6860	24 000	276	182	4780	16 730

2. 按电压降校验

通常，各级电压降允许值为：①对于 10kV（20kV）配电线路，自变电站 10kV（20kV）母线至线路末端变压器或末端配电站入口的允许电压降为变电站二次侧额定电压的 5%；②对于低压配电线路，自配电变压器低压侧出口至线路末端（不包括接户线）的允许电压降为其额定电压的 4%。导线截面的选择应进行电压降校验，其相量计算公式为

$$\Delta \dot{U} = 100 \sum L_i (P_i R_{0i} + j Q_i X_{0i}) / U_N$$

$$\Delta \dot{U}\% = (\Delta \dot{U} / \dot{U}_N) \times 100 \tag{4-2}$$

式中　$\Delta \dot{U}$——线路的电压损耗，kV；

　　　$\Delta \dot{U}\%$——线路的电压损耗百分值，%；

　　　$\dot{U}_N$——线路的额定电压，kV；

　　　P_i——线路各段通过的有功功率，kW；

　　　Q_i——线路各段通过的无功功率，kvar；

R_{0i}——线路各段单位长度的电阻，Ω/km；

X_{0i}——线路各段单位长度的电抗，一般取 $0.3 \sim 0.4$，Ω/km；

L_i——线路各段的长度，km。

按选定导线的实际 R_0、X_0，再计算其实际损耗用以校核。如果实际电压损耗小于允许值，说明选择可行；否则，应选择截面积大一档的导线重新进行校核。

3. 按导线发热条件校验

正常情况下导线温度：铜线不超过 80℃；铝线及钢芯铝线不超过 70℃，在事故情况下不超过 90℃。

4. 按机械强度校验

导线安装于电杆上，在不断变化的气象条件中承受多种荷载作用，并承受一定的外力冲击作用。因此，导线必须有一定的机械强度，也就是导线的截面不宜过小。为保证架空配电线路的安全运行，有关规程对导线的机械强度要求均作了规定，归纳起来主要有：

（1）10kV 及以上配电线路不允许使用单股线，低压配电线路中不允许使用单股铝及铝合金线。

（2）铝及铝合金、钢芯铝绞线的截面不应小于 $35mm^2$。

（3）对 20kV 及以下配电线路，导线设计安全系数为：铝及铝合金、钢芯铝绞线一般地区应大于 2.5，重要地区应大于 3；铜绞线一般地区大于 2.0，重要地区应大于 2.5（包括低压单股铜线）；对绝缘导线，其设计安全系数不应小于 3。

二、杆塔

（一）杆塔分类

杆塔按所用材料不同可分为木杆、钢筋混凝土电杆、铁塔和钢管杆等。我国缺少木材资源，较少采用木杆，多数为钢筋混凝土电杆，俗称水泥电杆。钢筋混凝土电杆由钢筋混凝土浇制而成，具有造价低廉、使用寿命长、美观、施工方便、维护工作量小等优点。钢筋混凝土电杆可按照机械强度分为普通型杆和预应力杆，也可按照其形状分为拔梢杆和等径杆。使用最多的为拔梢杆，也称锥形杆，其拔梢度为 1：75。水泥电杆的规格型号由长度、梢径、荷载级别组成，常用的水泥电杆长度有 6、8、9、10、12、15m，有整根和组装杆；梢径一般有 150、190mm 和 230mm，等径杆通常有 300mm。此外，预应力混凝土电杆用"Y"表示；部分预应力混凝土电杆用"BY"表示，不同标准检验荷载用 Q1、Q3、A、B、C、D……代号表示。钢筋混凝土电杆的规格和重量参考见表 4-4。

表 4-4　　　　　　　　　　钢筋混凝土电杆的规格和重量参考

梢径×长度（mm×mm）	型号	荷载等级	质量（kg）
150×8000	BY、Y	B、C	410
150×9000	BY、Y	C、D	480
150×10 000	BY、Y	C、D	555
190×10 000	Y	E、G、I、J	680
190×12 000	Y	E、G、I、J	868
190×15 000	Y	E、G、I、J	1177

梢径×长度（mm×mm）	型 号	荷载等级	质量（kg）
230×12 000	Y	L、M	1225
230×15 000	Y	L、M	1650
等径杆 300×6000	预应力、非应力	根据需要	652
等径杆 300×9000	预应力、非应力	根据需要	970
等径杆 300×15 000	预应力、非应力	根据需要	1622

所谓预应力，就是预先给钢筋加一个拉力，用来对混凝土施加一个压力。这是为了充分利用高强度材料，弥补混凝土与钢筋拉应变之间的差距，人们把预应力运用到钢筋混凝土结构中去。在结构构件使用前，通过先张法或后张法预先对构件混凝土施加压应力，构成预应力钢筋混凝土结构。当构件承受由外荷载产生的拉力时，首先抵消混凝土中已有的预压力，然后随荷载增加，才能使混凝土受拉而后出现裂缝，从而延迟了构件裂缝的出现。

预应力混凝土电杆的纵向受力钢筋为预应力钢筋，其抗裂检验系数允许值大于 1.0。部分预应力混凝土电杆的纵向受力钢筋由预应力钢筋与普通钢筋组合而成，或全部为预应力钢筋的电杆，其抗裂检验系数允许值大于 0.8。

铁塔和钢管杆根据结构分为组装式铁塔和预制式钢管塔。组装式铁塔由各种角铁组装而成，应采用热镀锌防腐处理，组装较费时。预制式钢管塔多为插接式或法兰形式连接的钢管杆，采用钢管预制而成，安装简便，但是比较笨重，给运输和施工带来不便。

杆塔按照在架空线路中的用途可分为直线杆、耐张杆、转角杆、终端杆、分支杆等几种，如图 4-5 所示。

（1）直线杆：用在直线段线路中间，以承受导线的重量及其水平风力荷载，但不能承受线路方向导线张力的电杆。

（2）耐张杆：即承力杆，它要承受导线水平张力，同时将线路分隔成若干个耐张段，以加强机械强度，限制倒杆断线的范围。

（3）转角杆：为线路转角处使用的杆塔，正常情况下除承受导线等垂直荷重和内角平分线方向水平风力荷载外，还要承受内角平分线方向导线全部拉力的合力。

（4）终端杆：为线路终端处的杆塔，除承受导线的重量和水平风力荷载外，还要承受顺线路方向全部导线的合力。

（5）分支杆：为线路分支处的杆塔，除承受直线杆塔所承受的荷重外，还要承受分支导线等的垂直荷重、水平风力荷重及分支线方向导线和拉线的全部拉力。

（二）杆塔荷载

1. 杆塔荷载的分类

根据荷载在杆塔上的作用方向，杆塔荷载可以分为横向水平荷载、纵向水平荷载和垂直荷载。

横向水平荷载是指杆塔及导线的横向风压荷载、转角杆塔导线的角度荷载。

纵向水平荷载指杆塔及导线的纵向风压荷载以及事故断线的顺线路方向张力、导线顺线路方向的不平衡力、安装时的紧线张力等。

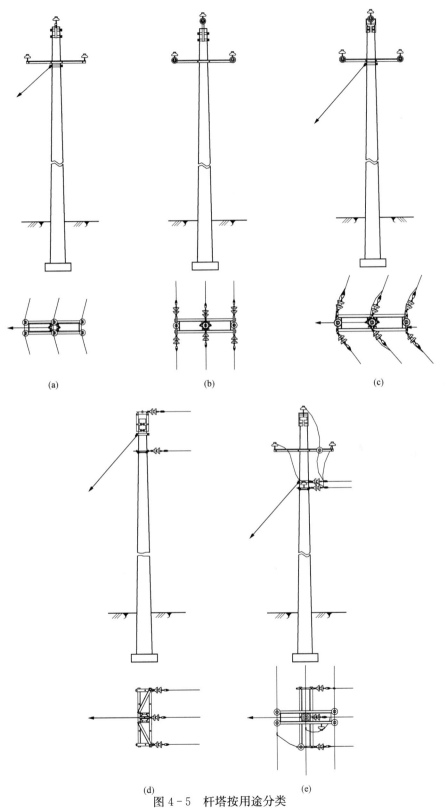

图 4-5 杆塔按用途分类

（a）直线杆；（b）耐张杆；（c）转角杆；（d）终端杆；（e）分支杆

垂直荷载指导线、金具、绝缘子、覆冰荷载和杆塔的自重，以及使用拉线产生的垂直分力。

2. 杆塔荷载的计算

依规程规定，配电直线杆塔应按以下两种情况进行计算比较：①最大风速、无冰、未断线；②覆冰、相应风速、未断线。转角杆、耐张杆按最低气温、无冰、无风、未断线计算。

(1) 各种档距的确定。在计算杆塔荷载时，需首先确定各种杆塔的标准档距、水平档距、垂直档距和代表档距，以便计算导线的风压、重力和张力。

1) 标准档距。与杆塔的经济呼称高相应的档距称为标准档距。在平地标准档距 l_b 为

$$l_b = \sqrt{8\sigma(H - \lambda - h - \Delta h)/g} \tag{4-3}$$

式中 l_b——标准档距，m；

  σ——架空线最低点应力，即水平应力，N/mm²；

  g——架空线比载，kg/(m·mm²)；

  H——杆塔的经济呼称高，m；

  λ——悬垂绝缘子串的长度，m；

  h——导线至地面的最小距离，20、10kV 线路一般取 7.0m，0.4kV 线路一般取 6.0m；

  Δh——安装误差或测量误差的裕度，档距在 50～100m 内可取 0.1～0.25m。

2) 水平档距。指杆塔前后两档距一半之和称为水平档距。水平档距是计算导线风压荷载的主要数据之一，杆塔的水平档距应等于杆塔经济呼称高决定的标准档距，但考虑到实际地形变化，在平原地区，取水平档距较标准档距大 10% 左右；在山区线路的水平档距变化较大，可据具体情况设计几种不同的水平档距及杆高。

3) 垂直档距。杆塔前后两档距中弧垂最低点之间的水平距离称为垂直档距。垂直档距决定杆塔的垂直荷载，其大小直接影响横担及吊杆的强度。垂直档距一般取水平档距的 1.25～1.7 倍（通常取 1.5 倍左右），或按比水平档距大 50～100m 来设计。

4) 代表档距。代表档距又称规律档距，一般情况下耐张段中各档导线的水平张力基本相等，这个相等的水平张力所对应的档距就称为该耐张段的代表档距。导线的张力与代表档距有关。据统计分析，绝大多数的代表档距小于标准档距。一般在计算直线杆塔的风偏角时，取代表档距 $l_c = 0.8 l_b$；计算耐张杆塔导线的张力时，可取 $l_c = 0.7 l_b$。当杆塔标准档距接近临界档距时，可取标准档距等于临界档距。

(2) 荷载系数。在杆塔强度计算中，由于各类荷载出现的几率不同，其荷载作用的时间长短也不同，为了设计的经济性，其相应的安全可靠性亦要求不同。此外，由于耐张型杆塔发生事故的后果比直线杆塔要严重得多，所以当它们同样受事故荷载作用时，要求耐张杆塔有较高的可靠性。为了能采用同一标准进行受力的比较和尺寸选择，引入荷载系数 K_H，表征各种情况的荷载对杆塔安全可靠性的要求。

将运行、断线及安装情况的荷载（称为计算荷载）分别乘以相应的荷载系数 K_H，就得到各种情况的设计荷载。按设计荷载进行杆塔强度的计算时，采用同一安全系数，可以简化杆塔强度的计算。杆塔的荷载系数可按表 4-5 参考选用。

表 4-5　　　　　　　　　　　　　　　　杆塔的荷载系数

计算情况	运行情况	断线情况		安装情况	验算情况
		直线型杆塔	耐张型和特高型杆塔		
荷载系数	1.0	0.75	0.9	0.9	0.75

（3）荷载确定。通常在档距、高差不大的情况下，直线杆荷载为

$$W = 9.807CF\frac{V^2}{16} \tag{4-4}$$

式中　　W——导线或电杆的水平风荷载，N；

　　　　C——风载体型系数，采用数值为：环形截面的钢筋混凝土电杆取 0.6，矩形截面的钢筋混凝土电杆取 1.4，线径＜17mm 取 1.2，线径≥17mm 取 1.1，导线覆冰（不论直径大小）取 1.2；

　　　　F——电杆杆身侧面的投影面积或导线直径与水平档距的乘积，m^2；

　　　　V——设计风速，m/s。

根据档距代入式（4-4）计算出导线、电杆的水平风荷载，再乘以杆塔标高得出电杆所受的弯矩。

耐张杆可由导线在最低气温时的最大许可应力除以安全倍数得到纵向荷载，通过不同导线间的纵向荷载计算出水平合力，再乘以导线与拉线悬挂的距离得出电杆所受的弯矩。

所得弯矩乘以电杆的安全系数（普通钢筋混凝土电杆的强度设计安全系数不应小于 1.7；预应力混凝土电杆的强度设计安全系数不应小于 1.8），就是所要选择的电杆弯矩。如想得到精确的数据，计算过程比较复杂，读者可阅读送电线路的相关书籍，这里不作详细介绍。

（三）杆型与导线间距

1. 杆型

杆型的选择应根据不同地区的不同气象条件、地质情况、运行经验、使用条件等进行。在地形开阔处首先选择单杆单回路架设，市区架空线路必要时可采用双回同杆架设，以充分利用线路走廊，但作为双电源或互为备用电源的线路不应同杆架设。要尽量避免多回路同杆架设，以免在需要登杆作业时扩大停电线路范围，影响供电可靠性。市区架空线路应选用与市容环境协调的新型杆塔，杆塔高度和档距一般为：市区以 15m 杆为主，档距控制在 40m 左右；郊区以 12m 杆为主，档距控制在 60m 左右。同时，还要求配电杆型尽量能够满足带电作业的要求，以便提高供电靠性。除上面的要求外，同一区域的杆型还应尽量采用通用杆型进行典型设计。

2. 导线间距

三相导线的排列方式主要有水平排列、垂直排列和三角排列几种方式，其中以三角排列最为常见。导线间的间距一般包括：

（1）导线间的水平距离。正常情况下，架空线路在风速和风向一定的条件下，每根导线同期摆动。但当风向、特别是风速发生变化时，导线的摆动可能不再同期，若导线的相间距离过小，则导线会由于摆动过近而在档距中央发生碰线甚至短路。因此导线应保持足够的相间距离。

通常，架空配电线路导线水平排列时的线间距离可用式（4-5）确定

$$D = 0.4L_k + \frac{U_e}{110} + 0.65\sqrt{f_{xd}} \qquad (4-5)$$

式中　D——水平线间距离，m；

L_k——绝缘子串长度，m；

U_e——线路的额定电压，kV；

f_{xd}——导线的最大弧垂，m。

（2）导线垂直排列时的线间距离。垂直排列导线间的距离，除应考虑过电压外，还应考虑由于冰雪、覆水而使导线弧垂加大以及导线脱水跳跃等情况。其线间距离可采用水平排列时相间距离计算结果的75%确定。在重冰区，导线应采用水平或三角排列。

（3）导线三角排列时的线间距离。导线为三角排列时，斜向线间距离按式（4-6）计算

$$D_x = \sqrt{D_p^2 + (4/3D_z)^2} \qquad (4-6)$$

式中　D_x——导线三角排列时，等值水平线间距离，m；

D_p——导线水平投影距离，m；

D_z——导线垂直投影距离，m。

此等值距离应不小于导线间的水平距离。小档距时可按表4-6给出的最小线间距离确定。

表4-6　　　　　　　　　　　　**配电线路导线最小线间距离**　　　　　　　　　　（m）

线路电压 及导线型号　档距	40m及以下	50m	60m	70m	80m	90m	100m
20kV绝缘导线	0.40	0.50	0.55	0.65	0.75	0.90	1.05
20kV裸导线	0.60	0.65	0.70	0.75	0.85	1.00	1.10
10kV绝缘导线	0.40	0.50	0.70	0.75	0.85	0.90	1.00
10kV裸导线	0.60	0.65	0.70	0.75	0.85	0.90	1.00
0.4kV绝缘（裸）导线	0.30	0.40	0.45	—	—	—	—

（4）同杆架设时的距离及过引线间的距离。同杆架设线路（双回路或高、低压同杆架设）横担之间的最小垂直距离应符合表4-7的要求。

表4-7　　　　　　　　　　**同杆架设线路横担之间的最小垂直距离**　　　　　　　　（m）

线路电压（kV）	裸导线		绝缘导线	
	直线杆	转角杆或分支杆	直线杆	转角杆或分支杆
20与20	1.0	0.6/0.8*	0.7	0.7
10与10	0.8	0.45/0.6**	0.5	0.5
20与1以下	1.5	1.5	1.2	1.2
10与1以下	1.2	1.0	1.0	1.0
1与1	0.6	0.3	0.3	0.3

　*　转角或分支线若为单回线,则分支线横担距主干线横担为0.8m;若为双回线,则分支线横担距上排主干线横担为0.6m,距下排主干线横担为0.8m。

　**　转角或分支线若为单回线,则分支线横担距主干线横担为0.6m;若为双回线,则分支线横担距上排主干线横担为0.45m,距下排主干线横担为0.6m。

导线与过引线以及杆塔构件之间的最小间隙见表 4-8。

表 4-8　　　　　　　　**导线与过引线以及杆塔构件之间的最小间隙**　　　　　　　（m）

线路电压（kV）	过引线、引下线与相邻导线之间	导线与杆塔构件、拉线之间
20	0.50	0.40
1～10	0.30	0.20
1 以下	0.15	0.10

三、基础

将杆塔固定在地下部分的装置和杆塔自身埋入土壤中起固定作用部分的整体统称为杆塔的基础。杆塔的基础起着支撑杆塔全部荷载的作用，并保证杆塔在运行中不发生下沉或在受外力作用时不发生倾倒或变形。

杆塔基础包括钢筋混凝土电杆基础和铁塔基础。钢筋混凝土电杆的基础组成部件根据设计需要还有底盘、卡盘和拉线盘，统称"三盘"（见图 4-6），通常采用预制钢筋混凝土构件或天然石材构件。底盘的作用是承受混凝土电杆的垂直下压荷载以防止电杆下沉。卡盘的作用是当电杆所需承担的倾覆力较大时，增加抵抗电杆倾倒的力量。拉线盘依靠自身重量和填土方的总合力来承受拉线的上拔力，以保持杆塔的平衡。铁塔基础有混凝土和钢筋混凝土普通浇制基础、预制钢筋混凝土基础和灌注式桩基础等。

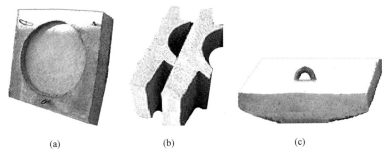

(a)　　　　　　　　　(b)　　　　　　　　(c)

图 4-6　底盘、卡盘和拉线盘

(a) 底盘；(b) 卡盘；(c) 拉线盘

1. 钢筋混凝土电杆基础

钢筋混凝土电杆基础的受力包括上拔力、下压力和倾覆力三种。土壤强度不够时钢筋混凝土电杆基础一般采用底盘、卡盘、拉盘：拉盘就承受上拔力，底盘承受下压力，卡盘承受倾覆力。电杆是否需要底盘，取决于电杆的垂直荷载和地基允许耐压应力；是否需要卡盘，取决于土壤的抗倾覆力是否大于电杆横向荷载对地面的弯矩。采用钢筋混凝土制造的底盘、卡盘与拉盘，其强度设计安全系数不应小于 1.7，岩石底盘强度设计安全系数不应小于 3，岩石卡盘强度设计安全系数不应小于 4。配电线路常用底盘、卡盘规格分别见表 4-9 和表 4-10。

底盘的验算方法一般是先假定底盘规格，再验算其是否合格。

$$底盘面积（m^2）=\frac{作用在底盘上的总下压力（kN）}{地基许可耐压力（kN/m^2）} \qquad (4-7)$$

式中，底盘承受的总下压力为：①杆塔的垂直下压荷重（包括垂直档距的一档导线质量，绝缘子、金具、横担及杆塔本身的质量）；②底盘上土重；③底盘自重。地基许可耐压力的计算参数见表 4-11。

表 4-9 配电线路常用底盘规格参考表

规格 $l \times b \times h_1$ (m×m×m)	底盘质量 (kg)	底盘体积 (m³)	主筋数量×ϕd	钢筋质量 (kg)	极限耐压力 (kN)
0.6×0.6×0.18	155	0.062	12×ϕ6mm	2.0	215.7
0.8×0.8×0.18	280	0.113	12×ϕ8mm	5.6 (4.0)	294.2
1.0×1.0×0.21	395	0.158	20×ϕ10mm	13.8 (9.8)	392.3
1.2×1.2×0.21	625	0.249	24×ϕ10mm	19.8 (14.6)	470.7
1.4×1.4×0.21	825	0.320	28×ϕ10mm	25.8 (18.6)	490.3
1.6×1.6×0.21	1090	0.436	28×ϕ10mm	29.8 (23.0)	510.0

表 4-10 配电线路常用卡盘规格参考表

规格 $l \times b \times h_1$ (m×m×m)	卡盘质量 (kg)	卡盘体积 (m³)	主筋数量×ϕd	钢筋质量 (kg)
0.8×0.3×0.2	140	0.055	8×ϕ6mm	3.8
1.2×0.3×0.2	175	0.070	8×ϕ12mm	10.6
1.4×0.3×0.2	205	0.082	8×ϕ14mm	16.2
1.6×0.3×0.2	250	0.100	8×ϕ14mm	18.2
1.8×0.3×0.2	290	0.116	8×ϕ14mm	20.4

表 4-11 土壤的物理特性及计算参数表

土壤名称	土壤状态	计算容重 γ (t/m³)	计算上拔力 α (°)	计算抗剪角 β (°)	被动土压系数 m (t/m³)	许可耐压力 $[\sigma]$ (kg/cm²)
黏土	坚硬	1.8	30	45	10.50	3.0
	硬塑	1.7	25	35	6.26	2.0~2.5
	可塑	1.6	20	30	4.80	1.5
	软塑	1.5	10~15	15~22	2.72~3.52	1.0
亚黏土	坚硬	1.8	27	40	8.28	2.5
	硬塑	1.7	23	35	6.26	2.0
	可塑	1.6	19	28	4.43	1.5
	软塑	1.6	10~15	15~22	2.72~3.52	1.0
亚砂土	坚硬	1.8	27	40	8.28	2.5
	可塑	1.7	23	36	6.26	1.5~2.0
大块碎石类	不论加砂或黏土	2.0	32	40	9.20	3.0~5.0
砾砂粗砂	不论湿度	1.8	30	37	7.20	3.5~4.5
中砂		1.7	28	35	6.26	2.5~3.5
细砂		1.6	26	32	5.22	1.5~3.0
微砂		1.5	22	25	3.69	1.0~2.5

电杆埋深验算时，应先计算电杆基础的极限倾覆力矩，该数值应大于电杆在地面处的弯矩乘以安全系数，如不合格，即需装设卡盘或增加埋杆深度。基础的极限倾覆力矩计算公式为

$$M_J = mb_0 h^3 / \mu$$

(4-8)

其中
$$b_0 = bk_0, \quad \mu = 3/(1-2\theta^3)$$

式中　M_J——基础极限倾覆力矩，N·m；

　　　m——被动土压系数，见表 4-11；

　　　h——埋深，m；

　　　b_0——基础地下部分的计算宽度，m；

　　　b——基础实际宽度，即杆根平均外径，m；

　　　k_0——宽度的修正系数，$k_0 = 1 + \frac{2}{3}\xi\tan\beta(45° + \beta/2)h_0/D$（$\xi$ 为土壤压力系数，黏

　　　　　土取 0.72，亚黏土或亚砂土取 0.6，砂土取 0.38）；

　　　μ——系数，见表 4-12；

　　　θ——基础上部被动土压应力图形高度 t 与埋深 h 的比值，即 $\theta = t/h$，θ 取值
　　　　　见表 4-12。

表 4-12　　　　　　　　　　　　　　η、θ、μ　值　表

$\eta = H/h$	θ	μ	$\eta = H/h$	θ	μ
0.00	0.79		4.0	0.722	12.13
0.10	0.78	82.90	5.0	0.720	11.81
0.25	0.77	41.31	6.0	0.718	11.55
0.50	0.76	25.29	7.0	0.716	11.28
1.00	0.75	17.68	8.0	0.715	11.15
2.00	0.73	14.06	9.0	0.714	11.03
3.00	0.73	12.61	10.0	0.713	10.91

由式（4-8）可以看出，电杆的抗倾覆力矩与埋深的 3 次方成正比，在实际施工中为了保证电杆的稳定性，首先就要保证足够的埋设深度。

架空配电线路用 15m 及以下长度的钢筋混凝土电杆埋深，一般可按式（4-9）确定

$$h = \frac{L}{10} + 0.7 \tag{4-9}$$

式中　h——电杆埋深，m；

　　　L——电杆长度，m。

无特殊要求时，配电线路中常用钢筋混凝土电杆的埋深见表 4-13。

表 4-13　　　　　　　　　　　　　　电 杆 埋 设 深 度　　　　　　　　　　　　　（m）

杆高	8.0	9.0	10.0	11.0	12.0	13.0	15.0	18.0
埋深	1.5	1.6	1.7	1.8	1.9	2.0	2.3	2.6~3.0

2. 铁塔基础

铁塔基础一般根据铁塔类型、地形、地质和施工条件的实际情况确定。常用的铁塔基础有以下几种类型：

（1）混凝土或钢筋混凝土基础。这种基础在施工季节暖和，沙、石、水来源方便的情况下可以考虑采用。

（2）预制钢筋混凝土基础。这种基础适用于沙、石、水的来源距塔位较远，或者因在冬季施工、不宜在现场浇注混凝土基础时采用，但预制件的单件质量应满足现场运输条件。

（3）灌注桩式基础。灌注桩式基础分为等径灌注桩和扩底短桩两种基础。当塔位处于河滩时，考虑到河床冲刷或漂浮物对铁塔的影响，常采用等径灌注桩深埋基础。扩底短桩基础适用于黏性土或其他坚实土壤的塔位。由于这类基础埋置在近原状的土壤中，因此它变形较小、抗拔能力强，采用它还可以节约土石方工程量，改善劳动条件。

（4）岩石基础。这种基础应用于山区岩石裸露或覆盖层薄且岩石的整体性比较好的塔位。方法是把地脚螺栓或钢筋直接锚固在岩石内，利用岩石的整体性和坚固性取代混凝土基础。

对于杆塔基础，除根据荷载、地质条件和现场实际确定其经济、合理的形式和埋深外，还应考虑水流对基础的冲刷作用和基土的冻胀影响。基础的埋深必须在冻土层深度以下，并且不应小于0.6m。杆根的回填土一定要夯实，并且除了城市行人道外，一般应有高出地面300mm的防沉土台。

对地下水有腐蚀作用及地基有流沙情况的基础，混凝土基础应采取防腐措施，地基应有防止砂土流失的措施。严寒地区，应有防止混凝土电杆基础冻裂的措施。冻土层中不应设置上卡盘，以防冻土将电杆顶起。铁塔的金属基础，埋入土中的大斜铁，应有防冻弯折的措施等。

四、拉线

拉线由拉线金具、拉线盘和钢绞线组成，用于平衡杆塔承受的各种张力，以防止杆塔弯曲、倾斜或折断。根据其形式可分为普通拉线、人字拉线、水平拉线、V形拉线或双拉线等，如图4-7所示。

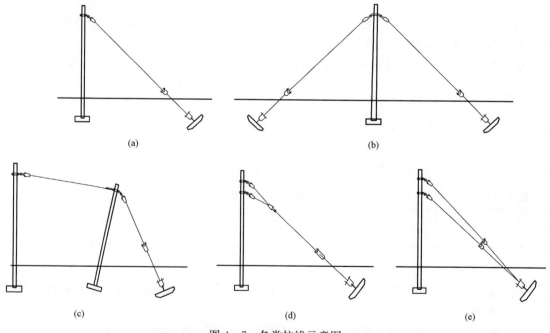

图4-7　各类拉线示意图

(a) 普通拉线；(b) 人字拉线；(c) 水平拉线；(d) V形拉线；(e) 双拉线

（1）普通拉线：用在终端杆、转角杆、耐张杆等处，用来平衡固定性的不平衡荷载。

（2）人字拉线：用以增强电杆抗风能力，其装设方向与线路方向垂直并装设在直线杆的两侧。它的两条拉线与导线方向垂直排列。

（3）水平拉线：该方式在电杆距离道路太近或不能就近安装拉线或拉线需跨越其他设施时采用。

（4）V形拉线或双拉线：用于平衡电杆较高、横担层数较多的受力。

拉线一般采用镀锌钢绞线或镀锌铁线。常用镀锌钢绞线的规格和机械性能见表4-14，其强度设计的安全系数和最小规格应符合表4-15要求。

如果拉线从导线之间穿过，还应装设拉线绝缘子。拉线绝缘子的安装高度是，在断拉线的情况下，应悬垂在最下层带电体的0.2m以下且距地面不应小于2.5m，地面范围的拉线应加装保护套。图4-8是拉线绝缘子的安装方式。

表4-14　　　　　　　　　　　　　钢绞线 GJ 的规格和机械性能

标称截面（mm²）	计算截面（mm²）	计算外径（mm）	股数×每股直径（mm）	瞬时破坏应力（kg/mm²）	瞬时拉断力（kg）	安全系数为2.0时允许拉力（kg）	单位重量（kg/km）
25	26.6	6.6	7×2.2	120	3200	1600	227.7
35	37.15	7.8	7×2.6	120	4460	2230	318.2
50	49.46	9	7×3.0	120	600	3000	423.7
70	72.19	11	19×2.2	120	8660	4300	615
100	100.83	13	19×2.6	120	12 100	6000	859.4

表4-15　　　　　　　　　　　　　拉线的安全系数和最小规格

拉线材料	镀锌钢绞线	镀锌铁线
安全系数	≥2.0	≥2.5
最小规格	25mm²	3×直径4.0mm

拉线棒应采用热镀锌且直径不应小于16mm，严重腐蚀地区，拉线棒直径应适当加大2～4mm或采取其他有效的防腐措施。钢筋混凝土拉盘强度设计的安全系数不应小于1.7，采用岩石制作的拉盘强度设计的安全系数不应小于5，常用拉盘的许可拉力见表4-16。

表4-16　　　　　　　　　　　　　拉盘的许可拉力

拉盘型号	LP6	LP8	LP10
拉盘规格（m）	0.6×0.2	0.8×0.27	1.0×0.34
允许拉力（t）	5.50	6.25	7.75

拉盘的计算拉力值，取决于拉盘自重和拉盘底板上部的倒截锥的质量，如图4-9所示。

但若为了要求增大拉盘的上拔力，并不能无限增加其埋深值，根据试验，基础的抗拔力

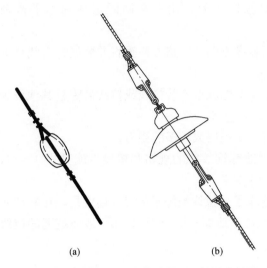

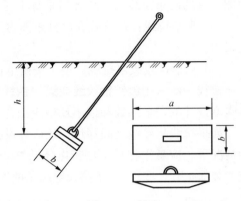

图4-8　拉线绝缘子

（a）低压；（b）中压

图4-9　拉盘

a—拉盘长度；b—拉盘宽度；h—埋设深度

只是当其埋深与底宽之比在一定范围内，才与深度成正比，浅埋者实际值大于计算值，深埋者计算值大于实际值，故上拔基础的埋深有一极限值。规程规定，拉盘的计算极限埋深不宜大于拉盘宽度的$\sqrt{3}$倍（矩形拉盘取计算宽度$b=F/a$，其中F为矩形面积；圆形拉盘计算宽度为其直径）。

五、绝缘子

绝缘子又称瓷瓶，其作用是使导线和杆塔绝缘，同时还承受导线及各种附件的机械荷重。通常，绝缘子的表面被做成波纹形的，这样一是可以增加绝缘子的泄漏距离（又称爬电距离），同时每个波纹又能起到阻断电弧的作用；二是当下雨时，从绝缘子上流下的污水不会直接从绝缘子上部流到下部，避免形成污水柱造成短路事故，起到阻断污水水流的作用；三是当空气中的污秽物质落到绝缘子上时，由于绝缘子波纹的凹凸不平，污秽物质将不能均匀地附在绝缘子上，在一定程度上提高了绝缘子的抗污能力。

（一）绝缘子的分类

架空配电线路常用的绝缘子按照材质分为陶瓷和合成绝缘子，按型式分有针式、蝶式、悬式、瓷横担、支柱式和瓷拉棒绝缘子，如图4-10所示。低压线路用的低压绝缘子有针式和蝶式两种。

1. 针式绝缘子

针式绝缘子按使用电压等级分为高压针式绝缘子和低压针式绝缘子两种。针式绝缘子型号含义为：P——针式绝缘子，T——铁担直脚，M——木担直角，C——加长，W——弯脚，D——低压；高压针式绝缘子的数字表示电压等级，低压针式绝缘子的数字表示尺寸大小的代号。

高压针式绝缘子的型号有P-10T、P-10M、P-10MC、P-15T、P-20T等。

低压针式绝缘子的型号有PD-1、PD-2、PD-3。

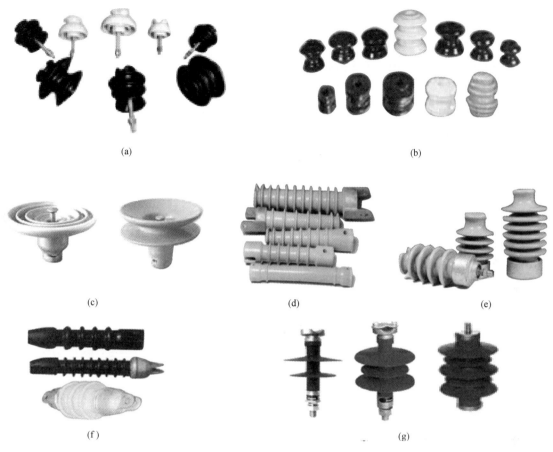

图 4-10 绝缘子外形图

(a) 针式绝缘子；(b) 蝶式绝缘子；(c) 悬式绝缘子；(d) 瓷横担绝缘子；

(e) 支柱式绝缘子；(f) 瓷拉棒绝缘子；(g) 合成绝缘子

2. 蝶式绝缘子

蝶式绝缘子分为高压蝶式绝缘子和低压蝶式绝缘子两种。

各式蝶式绝缘子的型号含义为：E——蝶式绝缘子，D——低压；高压蝶式绝缘子型号中数字表示额定电压，单位为 kV；低压蝶式绝缘子型号中数字表示尺寸大小的代号。

高压蝶式绝缘子的型号有：E-6、E-10。

低压蝶式绝缘子型号有：ED-1、ED-2、ED-3、ED-4。

3. 悬式绝缘子

悬式绝缘子包括新系列瓷质悬式绝缘子、钢化玻璃悬式绝缘子和防污悬式绝缘子等。

悬式绝缘子型号含义为：X——悬式绝缘子，L——钢化玻璃，W——防污型，P——用机电负荷破坏值表示，C——槽型连接；型号中横线前的数字表示设计序号，横线后的数字表示 1h 机电负荷（对 XP、LPX 型绝缘子表示 1h 机电破坏负荷，kN）。

新系列瓷质悬式绝缘子型号有：XP-40、XP-40C、XP-70、XP-70C、XP-110、XP-16 等。

钢化玻璃悬式绝缘子型号有：LPX-45、LPX-45W、LPX-70、LPX-110 四种。

老系列悬式绝缘子型号有：X-3、X-4.5、X-3C、X-4.5、X-7等。

防污悬式绝缘子型号有：XW-4.5、XW-4.5C、XW1-4.5C、XWP-6、XWP-6C等。

4. 瓷横担绝缘子

瓷横担绝缘子用螺栓固定在木横担或铁横担上，可以同时作横担的一部分，全瓷式瓷横担须在固定处上下加上浸油木垫或胶垫。瓷横担较轻，清扫方便，维修工作量少，便于施工、检修和带电作业，在架空配电线路上应用瓷横担尤为广泛。其中型号"S"表示胶装式（实心）瓷横担绝缘子，"SC"表示全瓷式（实心）瓷横担绝缘子。

5. 支柱式绝缘子

支柱式绝缘子的用途与针式绝缘子基本相同，由于支柱式绝缘子是外胶装结构，温度骤变等原因不会使绝缘子内部击穿及爆裂，并且浅槽裙边使得绝缘子自洁性能良好，抗污闪能力要比针式绝缘子强。支柱式绝缘子的型号中"S"表示实心；"P"表示柱式（从针式演变过来）。

6. 瓷拉棒绝缘子

瓷拉棒绝缘子又称棒式绝缘子，它是一个一端或两端装有钢帽的实心瓷体，为外胶装结构。棒式绝缘子的优点是质量轻、长度短、实心结构不会内击穿。棒式绝缘子还具有泄漏距离长、绝缘水平高、自洁能力强、安装方便等优点，它可以代替悬式绝缘子串或蝴蝶型绝缘子用于架空配电线路的承力杆，如耐张杆、终端杆和分支杆等，作为耐张绝缘子使用。型号中"L"表示瓷拉；"S"表示实心。

7. 合成绝缘子

合成绝缘子是用高机械强度的玻璃钢棒作为中间芯棒，棒外裹上合成材料制成的伞裙与护套，两端再配上金具而成。由于硅橡胶合成材料表面呈憎水性，这使合成绝缘子的耐污闪性能大大优于瓷和玻璃绝缘子。合成绝缘子还具有质量轻、耐污性能好、污闪电压高、抗臭氧耐老化、耐各种腐蚀等特点，给运输、安装、维护均带来极大的便利，已逐步被推广使用。

（二）绝缘子的选用

架空配电线路用绝缘子不仅需要有良好的绝缘性能，而且要有足够的机械强度。因此，在选用绝缘子时应考虑绝缘子的爬距和机械强度。绝缘子的选用一般应符合下列要求：

（1）绝缘子的绝缘水平应满足相应的电压等级及绝缘配合要求。

（2）绝缘子的泄漏比距应满足污区分布图的要求，爬电距离不小于3.0cm/kV。若无污区分布图，在空气污秽地区，应根据运行经验增加泄漏比距或采取其他防污措施。如无运行经验，应符合架空线路污秽分级标准所规定的数值进行配置。

绝缘子的组装方式应防止瓷裙积水。

（3）绝缘子机械强度所使用安全系数，根据规程不应小于下列数值：

绝缘子的机械安全系数按下式计算

$$K = T/T_{min} \qquad (4-10)$$

式中　K——安全系数；

　　　T——瓷横担、柱式绝缘子、针式绝缘子的抗弯破坏负荷，kN；

　　　T_{min}——绝缘子最小适用负荷，kN。

常用绝缘子的使用安全系数不应小于表4-17中所列数值。

表 4-17   绝缘子的使用安全系数

绝缘子类型	安全系数	绝缘子类型	安全系数
瓷横担	3.0	悬式绝缘子	2.0
针式绝缘子	2.5	蝴蝶式绝缘子	2.5

六、横担

横担用于支持绝缘子、导线及柱上配电设备，保护导线间有足够的相间距离，因此横担要有一定的强度和长度。常用的横担为角铁横担，应采用热镀锌防腐处理。

规格第一个数字代表角铁的两等边直角边的长度，第二个数字代表厚度，第三个数字代表长度，如∠63×5×1300。常用横担的角铁规格有∠80×8、∠75×5、∠63×5、∠50×5。

七、金具

用于连接、紧固导线的金属器具，具有导电、承载、固定作用的金属构件，统称为金具。按其性能和用途大致可分为悬垂线夹、耐张线夹、连接金具、接续金具、保护金具、绝缘导线金具和拉线金具七类。

1. 悬垂线夹与耐张线夹

悬垂线夹的用途是把导线悬挂、固定在直线杆的悬式绝缘子串上，其型号为 XGU 型，如图 4-11（a）所示。

耐张线夹的用途是把导线固定在耐张、转角、终端杆的悬式绝缘子串上。

导线用的耐张线夹分螺栓型耐张线夹和压接型耐张线夹两种。压接型耐张线夹适用于截面大于 300mm^2 的导线，型号为 NY 型。螺栓型耐张线夹型号为 NL 和 NLL 型，如图 4-11（b）所示，适用于固定截面在 240mm^2 及以下的钢芯铝绞线，安装导线时不需要切断导线，线夹本身只承受机械力而不需导通工作电流。倒装式螺栓型耐张线夹型号为 NLD，具有握着力大、质量较轻和抗震性能好的优点。安装时 U 形螺丝装在跳线端，要注意切不可装反。

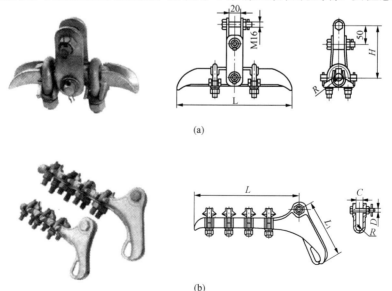

(a)

(b)

图 4-11 悬垂线夹与耐张线夹

（a）XGU 型悬垂线夹；（b）螺栓型耐张线夹

2. 连接金具

连接金具用于导线绝缘子串、避雷线组合金具及导线金具的互相连接，分专用连接金具和通用连接金具两类。各类连接金具外形如图 4-12 所示。

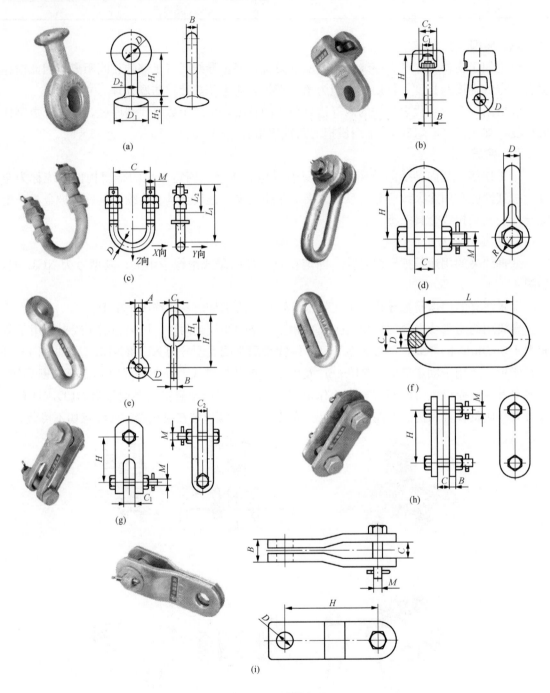

图 4-12　连接金具

（a）球头挂环；（b）碗头挂板；（c）U 形螺栓；（d）U 形挂环；

（e）直角挂环；（f）延长环；（g）直角挂板；（h）平行挂板 P7；（i）平行挂板 PS-7

（1）专用连接金具。用来连接绝缘子的金具有球头挂环和碗头挂板。

1）球头挂环分为 Q 型球头挂环和 QP 型球头挂环两种。Q 型球头挂环的孔眼与 U 形螺栓连接。QP 型球头挂环孔眼为平面与其他金具相连。型号后的数字表示破坏荷重数值，如 Q-7 表示破坏荷重为 70kN，QP-16 表示破坏荷重为 160kN。

2）碗头挂板分单联碗头挂板（W 型）及双联碗头挂板（WS 型）两种，前者适用于耐张串，后者适用于悬垂串。

（2）通用连接金具。用于将绝缘子组装成串，并将绝缘子串与杆塔横担或线夹相连接，也用于将避雷线紧固或悬挂在杆塔上。通用连接金具有：

1）U 形螺栓用于将悬垂绝缘子串连接在杆塔横担上。

2）直角挂环专门用作连接槽形悬式绝缘子；U 形挂环既可单独使用，也可几个组装使用。

3）延长环用于组装双连接耐张绝缘子串，也可用于改善过牵引及大跳线对杆塔横担的间隙。

4）直角挂板是一种转向金具，可按使用要求改变绝缘子串的连接方向，也可直接将绝缘子串固定在横担上及连接双连接绝缘子串的耐张线夹。

5）平行挂板用于单板与单板及单板与双板的连接，也可用于连接槽形绝缘子。

3．接续金具

接续金具用于导线及避雷线终端的连接，非直线杆塔跳线的接续和导线的修补，对其要求是要能够承受一定的拉力，导电性能良好并有良好的接触面。常用的接续金具有钢绞线用的压接管、铝绞线或钢芯绞线用的并沟线夹、钢绞线用的并沟线夹、钢芯铝绞线用的钳接管、铝线钳接管、补修管等。

C 形线夹采用 C 形和楔块的独特结构，与所连接的导线共同构成一个"同呼吸"的能量存储系统。当楔块在外力作用下，将导线压紧在线夹壳体和楔块之间。当导线热胀冷缩时，C 形壳体具有弹性，始终保持线夹与导线之间持久而恒定的接触压力，它随着外界环境及负载条件的变化，而接触压力不变，满足了接续连接的最佳电气性能。它广泛应用于铝线、铜线、钢线及其合金导线的多种组合连接，安装简便、接触电阻小，是一种理想的节能型金具。各类接续金具的外形如图 4-13 所示。

4．保护金具

保护金具分为电气和机械两大类：电气类保护金具是为了防止绝缘子因电压分布不均匀而过早损坏；机械类保护金具是为了防止导线或避雷线因受振动而造成断股，其主要有如下两类：

（1）防振锤用于对导线、避雷线的防振保护，以削弱导线、避雷线的振动。

（2）预绞丝护线条具有弹性的铝金丝，预绞成螺旋状，紧紧包住导线，以提高导线的耐振性能。

5．绝缘导线的金具

（1）耐张线夹用于将架空绝缘铝导线或裸铝导线固定在转角或终端耐张杆的绝缘子上，从而将架空导线固定或拉紧。

（2）带绝缘罩的楔型耐张线夹适用于中低压配电线路中，将导线固定在转角或终端耐张

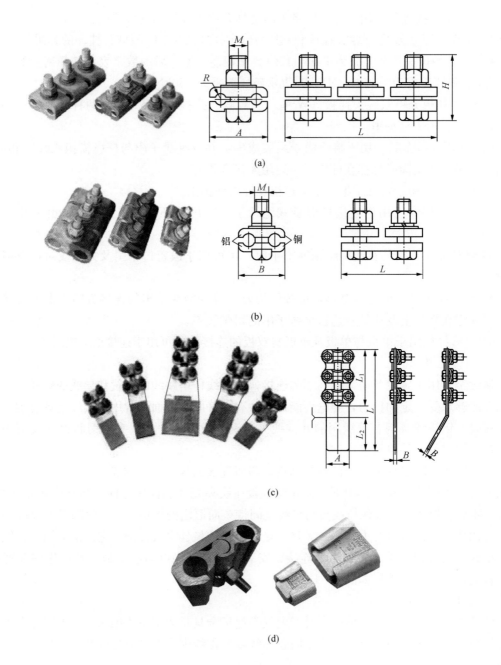

(a)

(b)

(c)

(d)

图 4-13 接续金具
(a) 铝或钢并沟线夹；(b) 铜铝并沟线夹；(c) 设备线夹；(d) C 形线夹

杆的绝缘子上，从而将架空导线固定或拉紧，绝缘罩与耐张线夹配套使用，起绝缘防护作用。

（3）验电接地环及绝缘罩适用于中低压架空绝缘线路停电检修时需要进行验电和挂接地线的连接接口，与绝缘罩配套使用，起绝缘防护作用。

（4）穿刺线夹用于低压绝缘线路中从主线上引出分支线的连接，或用于两个耐张段之间跳线的接续。线夹带有特殊的接触齿片，保证了最佳的接触面。各类绝缘导线金具的外形如图 4-14 所示。

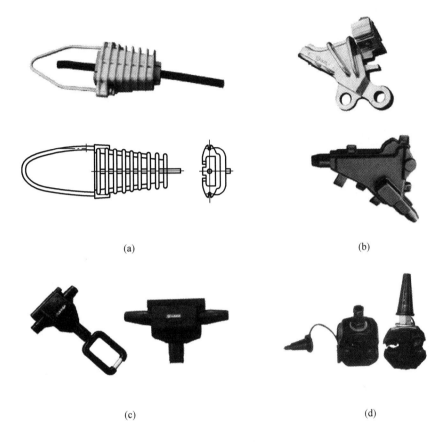

(a)　　　　　　　　　　　　　　　　　(b)

(c)　　　　　　　　　　　　　　　　　(d)

图 4-14　绝缘导线的金具

(a) 普通楔形耐张线夹；(b) 带绝缘罩的楔形耐张线夹；(c) 验电接地环及绝缘罩；(d) 穿刺线夹

6. 拉线金具

拉线金具主要用于固定杆塔的拉线，包括从杆塔顶端引至地面拉线之间的所有零件。各类拉线金具的外形如图 4-15 所示。

(1) 楔形线夹用于拉线上端与杆塔连接，也可用作避雷线耐张线夹。

(2) UT 形线夹用于拉线下端，可以调整拉线的松紧。

(3) 拉线用 U 形环与楔形线夹配套使用，装于杆塔拉线抱箍上。

当前，节能型金具被广泛推广应用，节能金具是在线路通过电流的情况下，不产生电能损耗或损耗非常少（比普通金具）的金具。

以可锻铸铁为主的铁磁材料制成的电力金具，在金具内将产生磁滞损耗和涡流损耗，调查统计表明，由普通金具产生的损耗约占线路输送损耗的 0.01%～0.03%。

采用铝合金制成的节能金具消除了磁性金属材料固有的磁滞损耗，极大地降低了涡流损耗。此外，节能金具在结构上由传统的螺栓型结构改为 C 形结构，C 形线夹不形成闭合磁回路，在电流通过线夹时，无磁滞、涡流损耗，因此具有节能效果，加之楔型线夹是靠楔形块

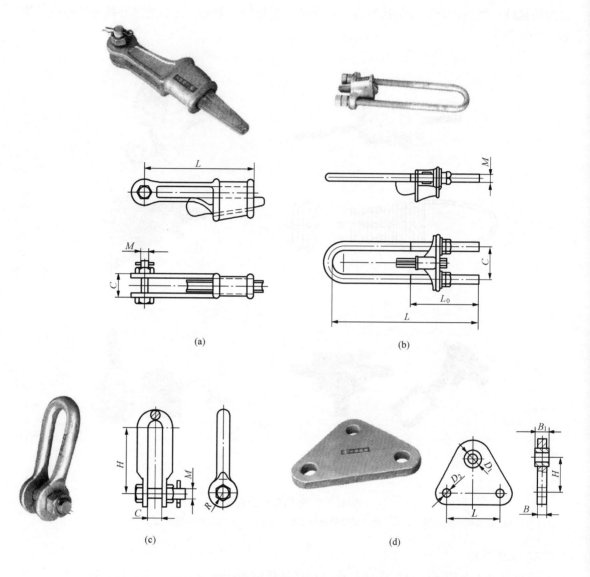

图 4 - 15　拉线金具外形图
(a) 楔形线夹；(b) UT 形线夹；(c) U 形环；(d) 双拉线联板

产生的压力紧固导线的，施工极为方便。

节能型金具有先进、轻巧、连接紧密、安装方便、不易氧化等优越性的结构，在制造、安装、运行中有显著的节能效果，值得推广使用。

八、影响架空配电线路结构的环境因素

1. 温度

由于温度变化造成的热胀冷缩会影响导线的弧垂和应力。当温度升高时，导线伸长，弧垂下降，对地距离减少，这时要保证有足够的对地安全距离及不发生碰线短路事故；当温度降低时，导线收缩，导线的应力及对杆塔的作用力加大，此时要考虑所有线路元件的承受能力。根据运行经验，应以历年最高温检验线路的最大弧垂，以最低温检验架空线路的应力，以平均气温检验应力和防振设计，并保持一定的档距和适当的弧垂。

2. 风速

风速的大小影响导线、杆塔的受力和线间距离。首先，风吹在导线上会增加导线和杆塔上荷载；其次，风会使导线偏离中心位置，减少对横担及电杆的安全距离；此外，导线引起的振动与舞动也会危及线路的安全运行。因此，最大风速主要用于检验导线及杆塔强度的风压荷载。

3. 覆冰厚度

覆冰对架空线路的影响主要表现在以下几方面：一是覆冰增加了导线荷载，引起断线和倒杆事故；二是导线弧垂增大，导线对地距离减少，引起放电闪络事故；三是三相不同时脱冰引起导线跳动，严重时引起线间闪络。覆冰严重时，导线的重量加大，要考虑增大导线的截面和杆塔强度。

4. 污秽等级

污秽等级影响到绝缘子的防污水平，若污秽严重，则绝缘子等裸露设备的爬距需要加大。

5. 交叉跨越

当架空线路与建筑设施、公路、城乡道路、铁路、河流、其他线路交叉跨越时，对各种环境及跨越物要保持一定的最大风偏的水平距离和最大弧垂的垂直距离并满足特殊安全要求，因此要求线路要有适当的高度，杆型、线路绝缘化也应满足一定要求。

6. 周围环境的协调与美观

城市景观对电力架空线路要求越来越高，杆塔高度、杆塔型式、导线排列应一致并与周围环境相协调，为此，架空配电线路必须与周边建筑物、跨越物保持足够的距离。导线与地面、建筑物、树木之间的最小距离要求见表 4-18；导线与铁路、道路、通航河流、管道、索道、人行天桥及各种架空线路交叉或接近的基本要求见表 4-19。

表 4-18　　　　　　　　导线与地面、建筑物、树木之间的最小距离　　　　　　（m）

线路电压（kV）	导线与地面的最小距离			导线与建筑物间的最小距离*		导线与树木间的最小垂直距离	导线与公园、绿化区、防护林间的最小距离	导线与果林、经济作物、绿化灌木间的最小距离	导线与街道行树间的最小距离**
	居民区	非居民区	交通困难地区*	垂直距离	水平距离				
20	6.5	6.0	4.5 (3.5)	3.5	2.0	3.5	3.5	2.0	2.5/2.0
10	6.5	5.5	4.5 (3)	3 (2.5)	1.5 (0.75)	3	3 (1)	1.5	2.0/1.5 (1.0/0.8)
0.4	6	5	4 (3)	2.5 (2)	1 (0.2)	3	3 (1)	1.5	1.0/1.0 (0.5/0.2)

*　导线与地面、建筑物间的最小距离中，括号内为绝缘导线数值。

**　导线与街道行树间的最小距离中，分子为最大风偏情况下的水平距离，分母为最大弧垂情况下的垂直距离。括号内为绝缘导线数值。

表4-19　导线与铁路、公路、城市道路、电车道、通航河流、管道、索道、人行天桥及各种架空线路交叉或接近的基本要求　(m)

项目	铁路 标准轨道	铁路 电气化线路	公路、城市道路 高速、一级	公路、城市道路 二、三、四级	电车道 有轨及无轨	通航河流 主要	通航河流 次要	弱电线路 一级	弱电线路 二级	弱电线路 三级	电力线路(kV) 1以下	6~10	20、35~110	220、330	500	特殊管道	一般管道、索道	人行天桥
导线在跨越档内的接头	不应接头	—	不应接头	—	不应接头	不应接头	—	不应接头	不应接头	—	交叉不应接头					不应接头	—	—
导线固定方式	双固定	—	双固定	—	双固定	双固定	单固定	双固定	双固定	单固定	单固定	双固定	双固定	双固定		双固定	—	—
最小垂直距离(m) 测量部位	至轨顶	接触线或承力索	至路面	至路面	至承力索或接触线/至路面	至5年一遇洪水最高水位/至最高航行水位的最高船桅顶	至5年一遇洪水最高水位/至最高航行水位的最高船桅顶	至被跨越线	至被跨越线	至被跨越线	至导线	至导线	至导线	至导线	至导线	电力线在上面/电力线在下面，至电力线上方的保护设施	电力线在上面	导线边线至天桥边缘
线路电压20kV	7.5		7.0	7.0	3.0/10.0	6.0/2.0		2.5	2.5	2.5	3.0	3.0	4.0	5.0	8.5	3.0	3.0	6.0(5.0)
线路电压10kV	7.5		7.0	7.0	3.0/9.0	6.0/1.5		2.0	2.0	2.0	2.0	3.0	4.0	5.0	8.5	3.0	2.0	5.0(4.0)
线路电压1以下	7.5		6.0	6.0	3.0/9.0	6.0/1.0		1.0	1.0	1.0	1.0	2.0	3.0	4.0	8.5	1.5	1.5	4.0(3.0)
最小水平距离(m) 测量部位	电杆中心至轨道中心 交叉/平行	电杆外缘至电轨道中心 交叉/平行	电杆中心至路基边缘 交叉/平行	电杆中心至路基边缘 交叉/平行	电杆中心至轨道中心 路径受限制/市区内	与拉纤小路平行的线路，边导线至斜坡上缘 最高电杆高度	最高电杆高度	与路径受限制地区，两线路边导线间			与路径受限制地区，两线路边导线间					与路径受限制地区，索道任何部分	与路径受限制地区，索道任何部分	导线边线至天桥边缘
线路电压20kV	交叉5.0/平行杆高加3.0	5.0/杆高加3.0	5.0/杆高加3.0	5.0/杆高加3.0	3.0/0.5	最高电杆高度	最高电杆高度	3.0	3.0	3.0	3.0	3.0	5.0	7.0	9.0/13.0	3.0	3.0	5.0
线路电压10kV	5.0/杆高加3.0	0.5/0.5	0.5/0.5	0.5/0.5	3.0/0.5	最高电杆高度	最高电杆高度	2.0	2.0	2.0	2.5	3.0	5.0	7.0	9.0/13.0	2.0	2.0	4.0
线路电压1以下	5.0/杆高加3.0	0.5/0.5	0.5/0.5	0.5/0.5	3.0/0.5	最高电杆高度	最高电杆高度	1.0	1.0	1.0	2.5	3.0	5.0	7.0	9.0/13.0	1.5	1.5	2.0
备注	山区入地困难时，应协商并签订协议					两平行线路在水平开阔地区的最小水平距离不应小于电杆高度		两平行线路在水平开阔地区水平距离不应小于电杆高度			两平行线路在开阔地区的水平距离不应小于电杆高度					①特殊管道指架设在地面上面上输送易燃、易爆物的管道；②在开阔地区，与管道、索道的水平距离，不应小于电杆高度		括号内为绝缘导线数值

注　表中"—"表示不作限制。

第二节　架空配电线路的测量

一、路径的选择

线路路径选择的目的，就是要在线路起讫点之间选出一个安全可靠、经济合理，又符合国家各项方针政策和设计技术条件的线路路径。因此，路径选择必须建立在对线路沿线进行广泛细致的调查研究的基础上。路径的选择一般分两步进行，即图上选线和实地勘察。

1. 图上选线

从地形图上我们可以明确一个区域内的地形特征和房屋，道路、河流、已有架空线路及其他各种建筑物的分布状况。图上选线时，先将线路的起止点、中间必经点标在图上；然后根据地形图和已有地形、地质、水文等资料逐段分析，分别标出一切可能走线方案的转角点；再沿每个可能方案的走向，将转角点用不同颜色的线分别连接起来，即构成数个路径方案。对这些方案，再结合已有资料作进一步认真分析，淘汰明显不合理的方案，留出 2～3 个较优方案，待现场踏勘后决定取舍，取得必要的资料，作为线路建设的设计施工依据和运行依据。测量成果的质量，直接影响线路的投资和运行的安全，因此也是关系到工程质量的重要一环。选择比较理想的最经济合理的线路路径的条件应当是：

（1）有规划的地区线路走廊应尽量选择在规划道路旁，减少今后迁移改线。

（2）线路的起点与终点之间的距离为最短，因此要求线路转角最少，并力求减小转角的角度。

（3）要便于施工维护，尽量避免架设在通行困难的山区或泥沼水网地区。在能够满足与通信线路交叉或接近的条件下，最好能靠近公路。

（4）不允许线路通过易燃或易爆的危险物堆放地区。

（5）尽可能避免与其他线路、建筑物、道路、树木交叉跨越，不能避免时，应尽量接近垂直交叉，并要符合规程规定的各种交叉跨越的要求。

（6）避免与同一公路或河道线路发生多次交叉，河道尽量在最狭窄处跨越。

（7）杆塔位置要避免在河道边、公路边或土墩上，尽量避免与当地的土地河道整治规划相矛盾。

（8）设置杆位和档距时应考虑方便周边用户接入负荷。

由于地形图的局限性和地形地貌可能变迁，加之图上选线时所掌握的资料未必齐全，因此时图上所选路径还必须到现场进行踏勘核对，并沿线进一步广泛搜集有关资料。

2. 实地勘察

实地勘察是把在地形图上最终选定的初步方案拿到现场，逐条逐项察看落实，确定方案的可行性。在实地勘察的过程中，对施工运输道路、线路所经的跨越物及线路运行后影响的主要线路以及线路所经地带的地质、水文等情况，进行详细的调查。将路径影响到的因素协商落实解决，并又经现场勘察证实路径方案的技术性可行后，此路径方案才能正式确定。此后，根据其进行终勘定线量距、断面测量及杆塔定位等工作。

在图上选线时应认真分析，明确全线地形地质概况，列出线路通道和转角点位置，地形地质条件复杂区域，大河流、铁路、公路、重要通信线等重要交叉跨越点及交通运输存在困难等地段，作为野外踏勘的重点；而对地形地质条件较好，线路通道较开阔的地段可不踏勘。如此可减少野外作业工作量又不影响路径的合理性，从而可缩短设计周期。

二、选定线测量

选定线测量是依据确定的路径方案与杆位，通过测角、量距和高差测量把线路中心线在地面上用一系列的木桩标志出来。量距及高差测量亦称控制测量，配电线路测量时主要测出各桩位间的水平距离，特殊地形时也要测出它们之间的高差。采用经纬仪测量量距和高差的方法在前面已有介绍，量距的长度在平地时，应不超过 400m；在丘陵地带应不超过 600m；在山区应不超过 800m。当透视条件不好时，还应适当减少视距长度或停止观测。

1. 直线定线测量

对线路测量而言，直线定线是在耐张段内的地面上，测定出一系列的直线桩和杆位桩，并使它们都在线路的中心线上。直线定线测量的方法可分为直接定线和间接定线。

（1）直接定线。其测量方法如图 4-16 所示，将经纬仪安置在 Z_1 直线桩上，正镜瞄准线路后方转角桩 J_1，倒转望远镜在线路的前方得 A 点。则 A 桩为 J_1Z_1 直线延长线上的一个直线桩。

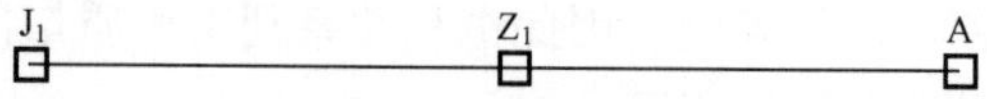

J₁━━━━━━━━━━━Z₁━━━━━━━━━━━A

图 4-16　直接定线测量

（2）间接定线。当望远镜视线通道上遇有较大障碍物时常采用矩形法、三角形法等间接方法延长直线。

用等腰三角形法延长直线的测量方法如图 4-17 所示。直线 AB 的前进视线被阻，若采用等腰三角形法测定出 AB 的延长线，其施测方法及要求与矩形法测定直线的延长线完全相同。等腰三角形法也是逐次将仪器安置在图 4-17 中的 B、C、D 三点上进行观测，要求 $\angle ABC = \angle CDE$，线段 BC = CD，故 $\angle BCD = 2\angle ABC - 180°$。最后，测定出的 DE 即为直线 AB 的延长线。唯一不同点是等腰三角形法中照准部旋转的不是 90° 的直角。

三角分析法测量如图 4-18 所示，A、B 两点间的距离为待测距离。AC 是根据现场地形布设测定的线段，测量中称之为基线。三角分析法测距中的基线很重要，因为要根据它来推算所要测的距离，所以基线应布设在地势比较平坦、便于丈量距离的地方。根据所求边的精度要求，基线与所求边长度之比应不小于 1/50～1/10。

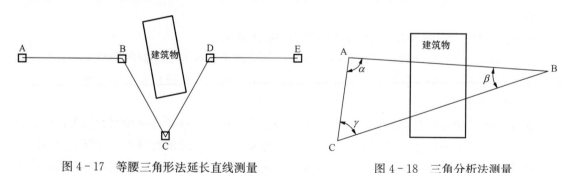

图 4-17　等腰三角形法延长直线测量　　　　　　图 4-18　三角分析法测量

图 4-18 中所布设的三角形 ABC 为任意三角形，根据任意三角形边角关系的正弦定理得

$$AB/\sin\gamma = BC/\sin\alpha = AC/\sin\beta$$

则

$$AB = AC \sin\gamma / \sin\beta$$

或

$$AB^2 = BC^2 + AC^2 - 2 \cdot BC \cdot AC \cdot con\gamma \tag{4-11}$$

这就是三角分析法测量的原理。施测方法是将经纬仪分别安置在图 4-18 中三角形的两个小角顶点 B、C 上，测出水平角 β 和 γ 的角值，然后用公式 $AB = AC \sin\gamma / \sin\beta$ 求出所求边 AB 的距离值。根据上述方法也可反过来求出所需要的角度。

三角分析法计算较复杂，但经纬仪现场安置位置灵活、精度较高，在线路测量中常采用。

2. 测转角

线路的转角含义不是指转角点两侧线路方向之间的水平夹角，而是指在转角点的线路前进方向与原线路的延长线方向之间的水平夹角 α，如图 4-19 所示。转角 α 折向原线路延长线的左边时，称为左转 α 角度；转角 α 角折向原线路延长线的右边时，称为右转 α 角度。线路转角 α 的测量方法是将仪器安置在转角的顶点，如图 4-19 中 J_2 桩上，以线路后视方向的直线桩（如图 4-19 中 Z_1）为依据，用测水平角的一种测回法按转角的设计数据进行观测，测定出自转角点起的线路前进方向。

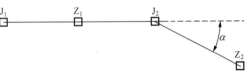

图 4-19　测转角

3. 钉标桩

定线测量中的观测点及观测目标点都须钉桩，一般都是用木桩。直线桩记以"Z"为标志，并从送电侧的第一个直线桩起顺序编号，即为本线路的直线控制桩。有的直线桩位的本身就是杆位桩，则此直线桩仍按直线桩序号编排，而它又按杆位桩顺序排号，如 Z_3 号直线桩位的杆位桩编号为 3 号；转角桩以"J"标记并顺序编号。直线桩应尽量设在便于安置仪器及作平断面测量的位置。杆位桩，尤其是转角桩应牢固钉立在能较长期保存处。

4. 交叉跨越测量

架空配电线路与电力或通信线路、铁路及主要公路、架空管（索）道、通航河流以及其他建筑设施交叉跨越时，都必须测量线路中导线与被跨物交叉点的被跨物标高，以作为线路该档档距初弧垂设计的参考依据。下面以线路穿越输电线路为例，介绍其测量方法，如图 4-20 所示，A、B 为配电线路需穿越的某 110kV 线路的一个档，110kV 线路有两条导线位于最下层，对应测量交叉点两条导线标高进行比较，选择较低的作为穿越控制高度。

其具体施测方法如下：首先将仪器安置在线路中心线上已知其标高的 M 点上，N 点为线路中导线与避雷线交叉点在地面的投影，M、N 之间的平距应不大于 200m。在 N 点立视距尺，用视距测量法测出 M、N 两点间的水平距离 D 值。

然后旋转望远镜，以中丝对准避雷线，用测回法测出仰角 α 值。最后用下式求出避雷线的标高（即相对高程）

$$H' = HM' + D\tan\alpha + I \tag{4-12}$$

式中　HM'——观测点的已知标高，m；

　　　I——仪器高度，m；

α——竖直角观测平均值，($°$)；

D——观测点至交叉点的水平距离，m。

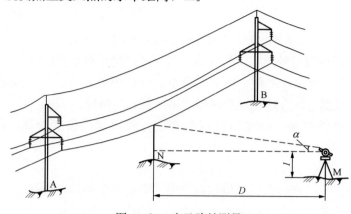

图 4-20　交叉跨越测量

第三节　架空配电线路的施工

一、设计交底与施工管理

施工前应进行工程技术交底、编制施工说明，制订组织措施、技术措施、安全措施（简称"三大措施"）。

（一）设计交底

施工前应要求设计单位进行工程技术交底，交底的内容一般包括：

（1）设计意图和设计特点以及应注意的问题。

（2）设计变更的情况以及相关要求。

（3）新设备、新标准、新技术的采用和对施工技术的特殊要求。

（4）对施工条件和施工中存在问题的意见。

（5）其他施工注意事项。

（二）编写施工说明

较复杂的配电线路施工的三大工序（基础施工、杆塔组立和架线施工）必须编写施工说明，并向施工队进行工程交代后方可施工。

1. 基础施工说明的主要内容

（1）全线杆塔的基础形式、规格数量。

（2）基础分坑方法、施工基面的说明及降基等的规定。

（3）混凝土电杆基础的施工方法（即底盘、拉盘安装）、现浇基础（含钢筋制作、支模地脚螺栓安装等）施工方法、灌注桩的施工方法及有关规定。

（4）质量要求（含拆模、养护规定）及安全措施等。

2. 杆塔组立施工说明的主要内容

（1）工程杆塔形式特性概述。

（2）混凝土电杆排、焊杆的方法及施焊程序要求。

（3）杆、塔整体组立设计（包括吊点位置、扒杆强度及高度的确定、扒杆前移尺寸、倾角的确定、各个拉线的埋设深度、工器具选择及主要工器具表）及平面布置图。

（4）拉线安装方法及说明。

（5）质量安全措施。

3. 架线施工说明的主要内容

（1）架线工程概述。

（2）交叉跨越情况及跨越措施。

（3）临时拉线的说明（含耐张塔临时拉线安装等）。

（4）直线压接方法及规定。

（5）紧线的施工方法及选用工具。

（6）整个架线工序的主要工器具表。

（7）质量及安全注意事项。

（三）配电工程施工的"三大措施"

由于配电设施点多面广，配电工程施工作业较为复杂，在施工作业前，应深入现场勘察，制订严密周全的施工方案，并对所有工作人员全面交底，将工作任务分解到人。把施工安全和工程质量做到可控、在控，是保证施工中人身安全和顺利完成施工作业的前提条件。

对重大的项目或技改项目、施工难度较大的项目，应编写组织措施、技术措施、安全措施等"三大措施"，并严格执行检修工艺标准和质量标准。施工方案应充分考虑安全施工、工程量与人力的投入、改接前后用户的供电方案等因素，尽可能缩小停电范围和停电时间。组织措施应将工程任务分解到每小组甚至每个人，形成完整的组织体系，明确何人、何处、何时、使用何工具、完成何任务。技术措施应体现怎么做，主要技术关键点和技术要求。安全措施包括保证现场施工安全的技术措施、危险点分析与预控。

制订安全措施前均应进行现场勘察，画出作业地段的线路图，标明与运行设备的断开分界、线路高低压跨越、邻近带电设备的情况（距离）。开展危险点分析预控，制订相应的安全措施。现场勘察的主要任务包括：

（1）确定停电范围，标明断开点。

（2）在图纸上明确挂接地线的地点（杆号），从作业地段的各端、可能产生感应电的地点、可能倒送电的方向，到应挂接地线的地点。

（3）制订防止倒杆断线、高空坠落、机械伤害等的安全措施。

（4）其他安全措施。

施工单位在工程开工前，应组织施工班组学习施工图纸内容、任务分解、"三大措施"和工程交代，施工班组在班前会将施工任务和"三大措施"落实分解到每个工作班成员。

（四）作业指导书

为保证电网、设备和人身安全，进一步加强和规范现场标准化作业动态管理，实施对现场作业安全、质量的全过程可控在控，作业指导书被全面推广应用。通过作业指导书规范作业程序和人员行为，规范生产作业人员工作行为和工作程序，可以不断提高实际操作技能，减少习惯性违章，最大限度地避免人为责任事故。

根据不同作业项目，结合现场特点编写应用标准化作业指导书，将作业程序、组织措施、安全措施、技术措施与现场规程、操作规程等融为一体。通过学习应用，使作业人员按照工作程序操作，达到"会干活、干好活"的基本要求，从而保证安全、高效地完成各项作业任务。作业指导书分编写审批和学习应用两个阶段。

1. 编写审批

依据有关规章制度和作业要求，结合作业现场实际编写现场作业指导书。编写作业指导书时，应对作业现场和作业过程中的危险点进行分析，提出完整、规范的组织措施、技术措施、安全措施。

作业指导书应进行审核和审批，并实施动态管理，及时进行检查总结、补充完善。

2. 学习应用

经批准的作业指导书，应组织所有作业人员学习，在开工前领会作业内容、作业要领，全面广泛地推进现场标准化作业，实施对现场作业安全、质量的全过程管理，遵照规程制度，结合作业现场实际认真开展现场标准化作业。

二、施工复测和窄基塔基础分坑测量

施工复测即在线路施工前，施工单位对设计部门已测定线路中线上的各直线桩、杆塔位中心桩及转角塔位桩位置、档距和断面高程，进行全面复核测量，若偏差超过允许范围时，应查明原因并予以纠正。其后，对校测过的杆塔位桩，根据基础类型进行基础坑位测定及坑口放样工作，此即分坑测量。通常把这两步工作统称为复测分坑。这部分工作一般是在工程量较大的新架配电线路才要求做的。

（一）线路杆塔桩复测

1. 复测的作用

线路杆塔位中心桩位置是根据线路断面图、架空线弧垂曲线模拟板，参照地形、地貌、地质及其他有关技术参数比较而设计的，并经过现场实际校核和测定后确定。杆塔桩位一般不会有误，但往往因设计测定钉桩到施工，相隔时间较长，这段时间里难免会发生杆塔桩位偏移或杆塔桩丢失等情况，甚至发生在线路的路径上又增设了新物体的情况。所以，在线路施工之前，必须按照施工图纸和相关标准，复核设计钉立的杆塔位中心桩位置。其目的是避免错用桩位及纠正被移动过的设计桩位。施工复测的施测方法与设计、测量所使用的测量方法完全相同。线路杆塔桩复测内容包括下列几个方面：

（1）核对现场桩位是否与设计图一致。

（2）校核直线与转角度。

（3）校核杆位高差和档距、补钉丢失的杆位桩、补充施工用辅助方向桩。

（4）校核交叉跨越位置和标高。

2. 线位复测的方法及要求

（1）定线复测：定线测量要以中心桩作为测量基点，用重转法或前视法检查直线桩位。若桩位有偏差时，应采用相应的方法恢复原来桩位，有误差时允许以方向桩为基准，横线路方向偏移值不大于50mm。

（2）转角杆塔的角度误差不大于$1'30''$，实测角度与线路设计角度不相符时，应查明原因。

（3）杆塔桩位丢失时，可按设计图纸数据进行补测，这时必须复查前后档距、高差、转

角度数及危险点等是否相符，用经纬仪视距法复核档距，其误差为不大于设计档距的 1%。

（4）对河流、电力线、通信线、铁路、公路的跨越点标高要进行复核测量。

（5）各项复测都要做好记录。

（二）施工基面测量

在地形复杂的山区，如杆塔位于横向斜坡上，为保证基础设计埋深，设计已在纵断面图上标出施工基面及相应的基面降低的数据，测量时将原杆塔桩位移至基面以外，使基面按设计数据降平后再恢复原桩位。其方法是：将仪器安在原塔桩位上用前视法在桩位前后视方向各钉一辅助桩，并量出距离，垂直线路方向亦钉出辅助桩，辅助桩距中心桩 10～50m。根据地形、杆塔根开、土质及基础开挖方法的不同，定出基面位置和开挖范围桩。施工基面铲平后，用经纬仪前视法或测回法恢复原桩位，并作档距和转角复核。施工基面如图 4-21 所示。

图 4-21 施工基面

（三）施工测量定位的简易方法

1. 用花杆与现场地形物配合测量定位直线杆

这种方法适用于地势平坦、转角少、距离较短的配电线路中。其方法是先行目测，如果线路是一条直线，则先在线路一端竖立一支垂直的花杆或利用现场的电杆、烟囱、高大直立树木作为标志；同时在另一端竖起一支花杆使其垂直于地面，观察者站在离花杆 3m 以上距离的位置，指挥其他测量人员在两支花杆间的直线桩位附近左右移动，当三点连成一线时，直线桩位就确定下来，如图 4-22 所示。

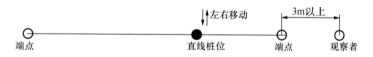

图 4-22 简便测量定位直线杆

2. 用花杆、皮尺配合复测转角杆定位并确定分角位置

简便测量定位转角杆方法如图 4-23 所示。根据前后各两根直线桩，并采用上面介绍的直线桩定位法可以交叉定位出转角桩位。用皮尺配合定出离转角桩等长的 A、B 两个辅助桩位，A、B 桩位离转角桩位的距离越长误差越小，现场可取 10m 以上。再量出 A、B 两点的距离，就可以通过式（4-13）三角公式计算出转角 θ 的角度

$$\cos\theta = \frac{OA^2 + OB^2 - AB^2}{2OA \cdot OB} \qquad (4-13)$$

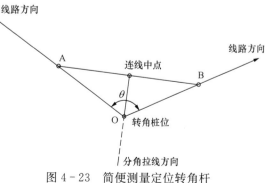

图 4-23 简便测量定位转角杆

再通过 A、B 连线的中心点与转角桩位即可定出分角拉线的位置。

（四）窄基铁塔基础分坑放样

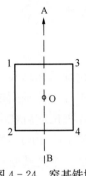

图 4-24 窄基铁塔基础分坑放样图

如图 4-24 所示，在杆位中心 O 点安装仪器，前视或后视钉两辅助桩 A、B，相距 2～3m，供底盘找正用，按分坑尺寸在中心桩前后左右各量好尺寸，画出坑口，并在四周钉桩 1、2、3、4，这就是窄基铁塔四个塔腿的位置。

放样时应以杆位桩为基准，确定杆塔基础坑及拉线坑中心位置。按设计配置的基础底板尺寸和坑深，考虑不同土质的边坡与操作宽度，对每个基坑进行地面放样。线坑与杆位中心基面有高差时，应按拉线对地夹角来计算位移值，并进行调整。不同土质可参考表 4-20 确定基坑坑口放样尺寸。

表 4-20　　　　　　　　　　　　基坑坑口放样尺寸

土壤类别	边坡坡度	操作宽度（m）	坑底宽度	坑口尺寸	备注
坚土、次坚土	1：0.15	0.1～0.2	基础底层尺寸每边加 2 倍操作宽度	坑底宽加 2 倍坑深与边坡坡度的乘积	（1）基坑放样按坑口尺寸； （2）流砂、重油泥土或其他特种作业按相应要求
黏土、黄土	1：0.3	0.1～0.2			
砂质黏土	1：0.5	0.1～0.2			
石块	1：0	0.1～0.2			
淤泥、砂土、砾土	1：0.75	0.3			
饱和砂土	1：0.75	0.3			
砾石	1：0.75	0.3			

三、基础施工

钢筋混凝土电杆基础已基本经形成了由底盘、卡盘、拉盘组成的统一规格的部件，都是将其运到施工现场后再装配，使用较为方便。铁塔基础由于塔型种类较多，底面积较大，必须根据施工现场地形地质条件和设计基础施工方案进行施工。

（一）基础挖掘

除桩式基础及岩石基础外，钢筋混凝土电杆基础、现浇混凝土基础和装配式基础，在安装前都要进行基坑的开挖。基坑开挖的方法随杆塔所处地区的土壤地质情况而异，我国目前除个别钢筋混凝土电杆基础用机械开挖外，多用人力挖掘。人力挖坑应遵守以下规定。

（1）散土：挖出的土一般要堆放在离坑边 0.5m 以上的四周，否则将会影响挖坑工作。

（2）水坑：当挖至一定深度坑内出水时，应在坑的一角挖一小坑（或排水沟），然后用水桶将水排出。

（3）砂坑：如遇流砂或其他松散易塌的土质，可适当增加坑口直径。对于比较难起的散土，可采用双锹来挖，并在至要求深度后立即立杆，以防散土松落影响坑深度。

基坑开挖时，要保护好分坑时所钉的辅助桩，特别是中心桩。如在基坑开挖中原桩位受到干扰，应增钉辅助桩。基坑开挖主要有两种方式：

（1）圆形直挖。主要适用于直线杆插入直埋式杆坑。一般在土质条件较硬，且垂直荷载不大的情况下，只需钢筋混凝土电杆埋深已有足够的稳定性，就不再放置圆底盘或卡盘。杆坑开挖的基本要求是开挖前必须了解和掌握定位是否正确。

该方法一般采用2.8～3.0m长柄铁锹直接挖掘，坑深与坑口直径应根据钢筋混凝土电杆的长度及杆根直径来确定，洞口的大小应根据钢筋混凝土电杆根部直径略放裕度。例如 ϕ190mm×15m 钢筋混凝土电杆，坑深按电杆全长的 1/6 考虑（约 2.3m），坑口开挖约 0.5m。

坑位可以在标桩上，以标桩为中心画一圆坑线，并在通过标桩的线路中心线前后的两点各加副桩。先用短锹沿圆坑线开挖，至 0.6～1m 左右深度时，修此圆洞并开好马槽，再用长 2.5m 的长柄铁锹分层掏，直至符合电杆埋深的要求为止，然后对洞口和洞底进行修正操平，使其上窄下宽，便于调整杆身位置，以满足杆位中心与杆坑中在同一个中心点上。

如需安装圆底基础坑洞，则应根据圆底盘直径略放裕度开挖，符合坑深后将圆底盘吊放至洞底找正中心。

（2）方形基础开挖。主要适用于转角杆、直线杆、耐张终端杆需要安装方底盘、卡盘、拉盘和套筒基础。

开挖时，方坑口的大小应根据方底盘、卡盘、拉盘的不同长度和宽度和一定度略放裕度。坑位应在标桩上，以标桩为中心画一个方坑线，并在通过标桩的线路中心线、分角线、中心线前后的两点（各5m）各加副桩，不保留标桩。先用短锹沿方坑线开挖，对埋深度较深的套筒基础，方底盘还需人员在基坑内挖土，安装的基础采用梯形开挖，坑底与坑口要有一定的坡度。坑土应尽可能抛离坑口 0.5m 以外，以减少坑口四周的压强。如有塌方危险，应在坑壁内做好可跳的防护挡板，并随时检查。挖至规定要求深度时，坑底操平修正。

总之，开挖的注意事项如下：

（1）挖掘基坑前，必须了解和掌握是否有地下管道和电缆设施以及现场实际的位置，应详细交代清楚并加强监护，做好防护措施。在挖掘过程中若发现电缆盖板或管道，应立即停止工作，并报告现场工作负责人。

（2）挖底面积超过 $2m^2$ 时，允许两人同时挖掘，但不得面对面或相互靠近工作。向坑外抛土时，应防止土石块回落伤人，更不允许停留在坑内休息。

（3）水泥路开挖时，掌握凿子或打风枪的人，应戴安全帽、手套与面罩。打锤人应站在扶凿人的侧面，不得戴手套。并应采取有效措施防止行人接近时石块弹起伤人。

（4）在居民区域或城市道路公路旁开挖基坑时，应装设围框或加盖坑盖，夜间必须挂警示灯等提示用品。

（5）挖土打洞的工具应坚实牢固。多人在一起工作时，应保持适当的距离以防止使用的工具脱落伤人。

（二）混凝土基础施工

混凝土基础的施工要求较强的专业知识，一般由土建施工人员施工。混凝土是用水泥、砂、石子加水按规定比例拌和而成的，它的强度用标号表示。混凝土抗压能力很强，是其基本受力特性，所以应按混凝土的单位面积抗压能力，定出混凝土的强度标号，强度标号一般由设计图纸给定。

混凝土的施工要求，应是最终达到规定的强度。即使所用的原材料完全符合要求，但若施工不当，则会降低强度，甚至会严重影响质量以致完全报废。因此，混凝土工程的施工必须严格遵守规定，注意以下几个问题：

（1）使用合格的原材料。所使用的水泥、砂、石、水，都必须符合质量要求。

（2）严格控制水灰比。混凝土单位体积内所含水的重量与水泥重量的比称水灰比，它是决定混凝土强度的主要因素之一。若用同一标号水泥，若水灰比不同，则强度亦不同。在一定范围内，水灰比小的强度高，反之强度低。

（3）正确掌握砂、石配合比。搅拌混凝土所用砂、石、水泥数量，也要根据要求标号和材料规格，经过计算确定其配合比。

（4）合理搅拌与捣实。人工搅拌先将砂子铺在平板一边，倒上水泥，用平头锹反复拌匀，再加水，翻数次，然后倒入石子，翻拌数次，至石子与灰、水全部混合均匀，稠度适合时，立即进行浇灌。同时要加以捣实，减少空隙，尤其是不能在模板内的死角及狭窄处产生蜂窝或沟洞。

（5）浇灌前要再次检查各部尺寸。浇灌前要再次检查各部尺寸，同时严格检查底脚螺栓相对尺寸，浇灌结束还要复测量螺栓间距，看其有无移动。

（6）要有很好的养护（养生）。养护是为了发挥混凝土的凝结作用，在浇灌24h后即须加强洒水养护，通常用麻袋、草包或细纱覆盖，保持经常湿润，至规定养护期天数为止。在一般气温下（15～20℃），普通水泥的基础养护期7天，其他水泥基础为15天，在夏季可适当缩短。

（7）冬季施工问题。一般情况，混凝土不宜在严寒季节施工。因温度降低时，混凝土凝结迟缓，若遇水分冻结，则将使水泥与砂、石之间失去凝结力，致使强度大为降低。为此，若设法使混凝土在气温下降开始结冻前，尽快增大早期强度加速凝结，使受冻时期延迟，就能减小强度损失。故在冬季必须进行施工时，应采取相应的措施，如加入早强剂、减小水灰比、加强振动捣固、妥善遮盖和各种保温养护等。

（三）底、卡、拉盘安装

1. 底、拉盘吊装

底、拉盘的吊装如有条件时可用吊车安装，这样既方便省力，又比较安全。在没有条件时，一般根据底、拉盘的重量采取不同的吊装方法。重量大于300kg及以上的底、拉盘一般采用1000mm×6500mm组合的人字扒杆吊装。300kg以下重量的底、拉盘一般采用人力的简易方法吊装。这种方法首先将底、拉盘移至坑口，两侧用吊绳固定或环套，坑口下方至坑底放置有一定斜度的钢钎或木棍，在指挥人员的统一指挥下，缓缓将底、卡盘下放，到坑底后将钢钎或木棍抽出，解出吊绳再用钢钎调整底、卡盘中心即可。

找正底盘的中心，一般可将坑基两侧副桩的圆钉上用线绳连成一线或根据分坑记录数据找出中心点，再用垂球的尖端来确定中心点是否偏移。如有偏差，则可用钢钎拨动底盘，调整至中心点为正。最后用泥土将底盘四周覆盖并操平夯实。

找正拉盘中心，一般将拉盘拉棒与基坑中心花杆及拉线副桩对准成一条垂线。如拉盘偏差需用钢钎撬正。移正后即在拉棒处按照设计规定的拉线角度挖好马槽，将拉棒放置在马槽后即覆土夯实。

2. 卡盘安装

一般卡盘的安装过程如下：直线杆采用上、下两只卡盘即"士"字形安装。下卡盘紧贴电杆本身根部或靠近底盘处将U形抱箍拧紧固定。上卡盘放置在离地面0.35m或加在地面下 1/3 处同样紧贴电杆本身将 U 形抱箍拧紧。一般来讲，上、下卡盘的方向在电杆受力方向或与线路方向垂直。

如大于 10°及以上的转角杆，一般采用"十"字形安装。卡盘安装于电杆分角线内侧，上、下两侧夹角的放置要求与直线杆相同。

四、电杆组立

电杆组立是配电架空线路施工中的一个最重要的环节，目前大多采用带拉线的单扒杆、人字扒杆组立或用吊车整体起吊组立。杆塔起吊施工时应进行施工设计，设计内容包括：

（1）选择合理的立杆方案。主要根据线路特点沿线地形的情况、杆型及吊车的曲臂情况、施工习惯及现有工器具装备情况进行全面分析，选出最佳的立杆方案。

（2）进行各种组立杆施工方案的受力计算，并在此基础上选出各种既轻便好用又有足够安全系数的施工工具。

（3）编出合理的施工方法、质量标准和安全技术措施。

（4）提出合理的劳动组织计划，明确各类施工方法所需的技工、民工数以及各个岗位人员的职责和注意事项。

（一）排杆焊接

配电线路的电杆长度一般在 15m 及以下，在跨越、高差较大、运输困难的特殊情况下，可采用 $\phi 300mm/6m+6m$，$\phi 300mm/6m+9m$ 等需焊接的电杆。使用这样的电杆，必须在地面预先排正垫平。由于整个杆件较长、较重，排杆后一般就不要再移动。因为排杆工作与立杆有很大的关系，所以在排杆时就必须逐段核对检查后再进行排直。如果焊接后再发现朝向差错，要在现场调头就会比较麻烦。

1. 排杆工艺要求

（1）排杆前应了解掌握立杆的方式和施工现场的要求、排杆方向，电杆位置应与立杆施工相配合。

（2）排杆场地应基本平整。每段杆身下至少在两端各垫一块枕木，使杆身尽量呈水平，枕木与杆身两边用木楔塞紧防止走动。

（3）钢圈的焊口对接处，应上下平直，对口距离保持 2~4mm。

（4）调整杆身，可用击打杆身下所垫的枕木或用木棒撬撤办法调节。

（5）排杆与焊接应合理安排密切配合，尽可能在同一天衔接进行。如当天排杆后，来不及焊接，则次日焊接前必须复查有无走动。

（6）以固定或人字扒杆起吊的混凝土电杆排杆时，尽可能把混凝土电杆置于坑口，杆身的重心部分，要基本上置放于杆坑中心处。

2. 混凝土电杆焊接和质量要求

线路施工中，混凝土电杆通常采用电焊与气焊两种连接方法。焊接前应打磨焊接面使其露出金属光泽，焊缝表面应平滑美观，鳞纹折皱细致均匀，不得有焊接中断、咬边、焊瘤、夹渣、气泡、陷槽和尺寸偏差等缺陷。无法纠正时，应凿去重焊。焊接后的整个混凝土电杆弯曲度不超过杆长的 2/1000，如果超过应割断调直后重新施焊。焊接后应清除焊接面焊瘤、焊渣，再涂防腐漆。

（二）混凝土电杆整体起吊

混凝土电杆在整体起吊中要根据其结构尺寸、重量及重心高度来决定应使用多长的扒杆,确定扒杆、牵引绳、制动绳、侧拉绳设的位置。混凝土电杆的起吊计算,现多用近似计算法,即对混凝土电杆在起吊中的弯曲不予考虑,起吊索具的各分力可以简化为一个合力,杆身各部分重量可简化为作用于合力作用点的计算荷重 G 进行受力计算。单点起吊吊点(大致悬挂位置)如图 4 - 25 所示。

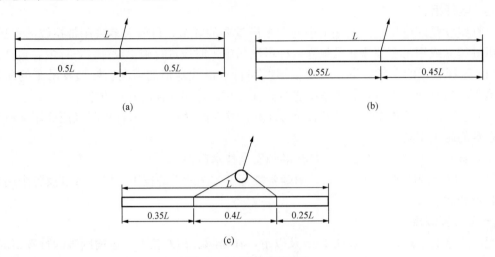

图 4 - 25　单点起吊吊点

(a) 15m 及以下拔梢杆;(b) 15m 及以下等径杆;(c) 15m 以上等径杆

1. 独脚扒杆立杆

独脚扒杆又称固定单扒杆或冲天扒杆。利用独脚扒杆起吊电杆的方法适用于地形较差,场地很小且不能设置倒落式、人字扒杆所需要的牵引设备和制动设备装置的场合。这种起吊方法的特点为:每次只能起吊一根电杆,电杆起吊后还需高空安装横担等构件。该方法只能起吊中等长度且质量较轻的电杆。

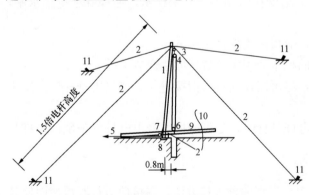

图 4 - 26　独脚扒杆立杆现场布置图

1—扒杆;2—固定拉线;3—衬木(短横木);4—定滑轮;
5—总牵引钢丝绳;6—动滑轮;7—地滑轮;8—垫木;
9—电杆;10—晃风绳;11—钎桩

独脚扒杆立杆现场布置图如图 4 - 26 所示,独脚扒杆 1 的根部垫一块方木 8,以防扒杆下沉;扒杆顶部固定 4 条拉线 2 互成 90°,以保持扒杆不致倾倒;被起吊的电杆 9,按顺线路方向放置,扒杆上部固定一根短横木 3,该横木与定滑轮 4 连接,电杆与动滑轮 6 连接,钢丝绳 5 穿过地滑轮 7 接到牵引设备。一切布置就绪后,利用牵引设备牵动钢绳 5 即可将电杆徐徐起立。

施工时扒杆应设置牢固,扒杆最大倾斜角应不大于 15°,以减少水平力,并充分发挥扒杆的起吊能力。拉线对地

夹角不宜大于 45°。起吊滑轮组起升后的高度必须大于电杆吊点到杆根的高度,以使电杆根部能够离开地面。摆放电杆时,电杆的吊点要处于基坑附近,最好在起吊滑轮组正下方。必

要时可在电杆根部加置临时重荷，使电杆重心下移，以助起吊。对每种杆型，第一次起吊时，必须进行强度验算和试吊。

2. 固定式人字扒杆整体吊立

固定式人字扒杆适用于起吊 18m 及以下的杆塔，此种方法基本上不受地形的限制。

（1）扒杆高度选择：一般可取电杆重心高度加 2～3m，或者根据吊点距离和上下长度、滑车组两滑轮碰头的距离适当增加裕度来考虑。

（2）横风绳：据杆坑中心距离，可取电杆高度的 1.2～1.5 倍。

（3）滑车组的选择：应根据混凝土电杆质量来确定。一般混凝土电杆质量为 500～100kg 时，采用"走一起一"滑车组牵引；混凝土电杆质量为 1000～1500kg 时，采用"走一起二"滑车组牵引；混凝土电杆质量为 1500～2000kg 可选用"走二起二"滑车组牵引。

（4）18m 电杆单点起吊时，由于预应力杆有时吊点处承受弯矩较大，因此必须采取加绑措施来加强吊点处的抗弯强度。

（5）如果土质较差时，扒杆脚需铺垫道木或垫木，以防止扒杆起吊受力后下沉。

（6）拖杆的根开一般根据电杆重量与扒杆高度来确定，计算比较复杂。一般线路起吊立杆实践经验在 2～3m 左右范围内。根开过小，扒杆在起吊过程中不稳定，可能造成倒扒杆；根开过大，下压容易集中在扒杆中部，可能造成扒杆折断。

固定式人字扒杆立电杆属悬吊式立杆，现场布置图如图 4-27 所示。起吊过程中要求缓慢均匀牵引，电杆离地 0.5m 左右时，应停止起吊，全面检查横风绳受力情况以及地锚是否牢固。混凝土电杆竖立进坑时，特别应注意上下的横绳受力情况，并要求缓慢松下牵引绳，切忌突然松放而冲击扒杆。

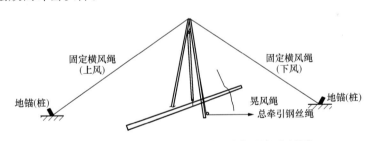

图 4-27 固定式人字扒杆吊立电杆现场布置图

3. 叉杆立杆

使用叉杆立杆，一般只限于木杆和 10m 以下质量较轻的混凝土电杆。具体立杆方法如下：

（1）开好马槽，马槽尽可能开挖至洞底部使电杆起升过程中有一定的坡度保持稳定。

（2）电杆梢部两侧用活结各拴直径 25mm 左右、长度超过杆长 1.5 倍的棕绳或具有足够强度的线绳一条作为拉绳和晃风绳，控制好绳索，防止电杆在起升过程中左右倾斜。在电杆起升高度不大时，两侧拉绳可移至叉杆对面，保持一定角度，用人力牵引电杆帮助起升。

（3）电杆根部移入基坑马槽内，顶住滑板。电杆梢部开始用杠棒缓缓抬起，随即用顶板顶住，可逐渐向前交替移动使杆梢逐步升高。

（4）当电杆梢部升至一定高度时，加入另一副叉杆使叉杆、顶板、扛抬合一交替移动逐步使杆梢升高。到一定高度时，再加入另一副较长的叉杆与拉绳合一用力使电杆再度升起。

一般竖立混凝土电杆需 3～4 副叉杆。

（5）当电杆梢部升到一定高度还未垂直前，左右两侧拉绳移到两侧当作控制晃风绳使电杆不向左右倾斜。在电杆垂直时，将一副叉杆移到竖立方向对面防止电杆过牵引倾倒。

（6）电杆竖正后，有两副叉杆相对支撑住电杆然后检查杆位是否在线路中心，再即覆土分层夯实。

叉杆立杆的现场施工布置图如图 4-28 所示。

4. 吊车立杆

吊车立杆机械化程度高，既安全，效率又高，一般城镇区域在条件允许下均采用这种方法。

立杆时首先将吊车停在适当的位置，放好支腿，若遇有土质松软的地方，支腿下应填以面积较大的厚木板。起吊电杆的钢丝千斤绳一般可拴在电杆重心以上处 0.2～0.5m（拔梢杆的重心在距杆根 2/5 电杆全长加 0.5m 处）。

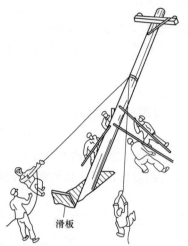

图 4-28 叉杆立杆现场施工布置图

杆顶向下 50cm 处可临时绑 2 根调整绳，每根绳由 1～2 人拉住。如果组装横担后整体起吊，电杆头部较重时，钢丝绳可适当上移。立杆时，应有专人指挥，在立杆范围以内应禁止行人走动，非工作人员须撤离到倒杆距离 1.2 倍范围之外，电杆吊入杆坑后，应进行校正，填土夯实，其后方可松下钢丝绳。拆除过程中应防止钢丝绳弹及面部、手部，并防止坠落伤人。

电杆竖起后，要进行杆身调整，观察人站在相距电杆长度 1.2 倍处，观测电杆根部，指挥调整杆身，使与电杆保持在一直线上，中心偏差不应超过 50mm，电杆的倾斜不应大于 1/2 直径。

五、拉线的制作

配电线路通常采用的拉线的制作方法有采用直径为 4.0mm 的镀锌铁线制作和采用镀锌钢绞线制作两种。

（一）采用镀锌铁线制作

首先将成捆的镀锌铁线放开拉伸，使其挺直。拉伸的方法可使用两只紧线器将铁线两端夹住，分别固定在柱上，用紧线器收紧，使铁线伸直。也可以采用人工拉伸方法，将铁线的两端固定在两根电杆根部上，由 2～3 人手握铁线中部，同时用力拉几次，使铁线充分伸直即可。把拉伸过的铁线按需要的长度剪断，按拉线的股数进行合股，并用细铁丝缠扎以防散股，如图 4-29（a）所示。

拉线的缠绕法有自缠法和另缠法两种。自缠法是利用弯成口鼻后折回的股线进行缠绕〔见图 4-29（b）〕，缠绕应紧密，缠绕的长度为：三股拉线不应小于 80mm，五股拉线不应小于 150mm。另缠法是将弯成口鼻后折回的股线与本线并合，另用一直径不小于 3.2mm 的镀锌铁线进行绑扎〔见图 4-29（c）〕。

（二）采用镀锌钢绞线制作

采用镀锌钢绞线制作拉线的方法有绑扎法和采用拉线专用金具 UT 形线夹及楔形线夹连接法两种。

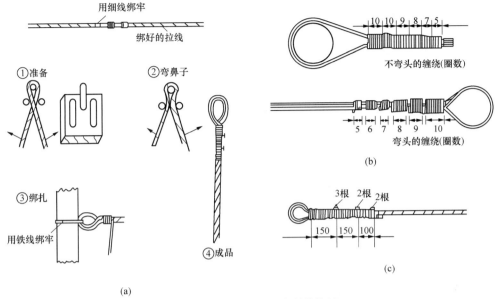

图 4-29　采用镀锌铁线制作拉线

（a）拉线上把制作方法；（b）自缠拉线把；（c）另缠拉线把

1. 绑扎法

拉线截面在 35mm² 及以下的，一般采用绑扎法。拉线的上把环和下把环宜设置心形环。使用的绑扎线宜用直径不小于 3.2mm 的镀锌铁线。上把环的内径应在 16～25mm，中把环的长径不得大于拉线绝缘子长径的 1.5 倍。

上把环镀锌线缠绕长度的最小值为 250mm（25mm² 拉线）、300mm（35mm² 拉线）。

下把环的内径应是拉线棒（底把）直径的 1.5～2.5 倍。具体绑扎法是用镀锌铁线密缠 200～300mm，在相距 250mm 处再密缠 50mm 后拧 3 个花的小辫，余线剪去，如图 4-30 所示。

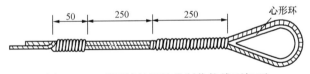

图 4-30　采用镀锌钢绞线制作拉线下把环

2. 采用拉线专用金具 UT 形线夹及楔形线夹连接法

采用拉线专用金具 UT 形线夹及楔形线夹连接法时，上端（拉线抱箍处）用楔形线夹，下端（拉线棒处）用 UT 形线夹，如图 4-31 所示。

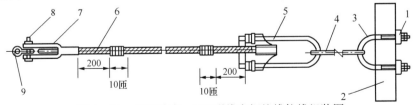

图 4-31　楔形线夹、UT 形线夹钢绞线拉线组装图

1—大方垫；2—拉盘；3—U 形螺丝；4—拉线棒；5—UT 形线夹；

6—钢绞线；7—楔形线夹；8—六角带帽螺丝；9—U 形挂环

金具的各丝扣上应先涂以润滑剂。线夹的舌板与拉线的接触应紧密，线夹的凸肚应在尾线侧，钢绞线端头弯回后距线夹 200mm 处，应用镀锌铁线绑扎 10 圈后拧 3 个花的小辫，余线剪去。

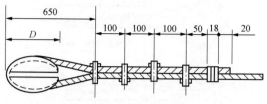

图 4-32　用钢线卡子制作拉线中把环

拉线中把环的制作方法为：在拉线绝缘子长径的 1.5 倍处用 3～4 个钢线卡子，将钢绞线卡紧不得抽动，如图 4-32 所示。

（三）拉线制作注意事项

（1）拉线应使用专用的拉线抱箍，不得用其他抱箍代替。拉线抱箍一般装设在相对应的横担下方，距横担中心线 100mm 处。

（2）拉线的收紧要用紧线器或手扳葫芦进行。收紧拉线时，用紧线器或手扳葫芦的钳头夹紧拉线尾端，将紧线器尾线或手扳葫芦的吊钩缠绕固定在拉线底把环内，转动紧线器或手扳葫芦的手柄，使紧线器或手扳葫芦的尾绳卷绕在线轴上，拉线即被收紧。将收紧后的拉线的尾端穿入拉线底把环内（或花篮螺栓、UT 形线夹内），再折回与本线并合，然后用铁丝绕扎或用钢线卡子做成拉线下把。

（3）为了便于施工，采用绑扎法时绕扎的铁线需事先盘成直径小于 200mm 的小盘，而且不要留过长的线头，这样才能比较顺利地穿过紧线器或手扳葫芦的尾线和钢绞线之间的缝隙扎紧拉线。绕扎时可先在底把上部 200mm 左右绕扎 3～4 圈铁线，然后用锤子或专用工具将这 3～4 圈铁线向下敲打，一直紧靠到口鼻处为止。拉线的收紧及绑扎法施工见图 4-33 所示。

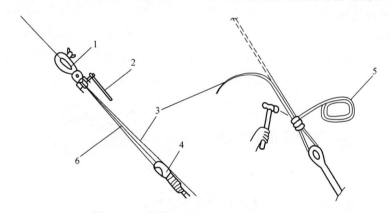

图 4-33　拉线的收紧及绑扎法施工示意
1—紧线器；2—紧线器柄；3—拉线尾端；4—拉线把底；5—绕扎铁线；6—紧线器尾端

六、横担、金具与绝缘子安装

（一）横担组装

横担应牢固装设在电杆上，并与电杆保持垂直，当电杆立起后，使横担处于水平位置。如果是两层以上的横担，各横担应保持平行。

直线横担应装在受电侧，转角、终端、分支杆以及张力不平衡处的横担，均应装在张力的反方向侧。高压线路横担宜装设撑铁；低压线路横担的单侧撑铁应装在面向受电侧的左侧，并且装在 B、C 相的一侧（二、四线横担装垫铁时，可不装撑铁）。横担组装应平整，端部上、下和左、右扭斜不得大于25mm。

组装横担的螺栓，应通过各部件的中心线；螺杆应与构件面垂直；螺栓穿入方向：顺线路者从电源侧穿入，横线路者面向受电侧由左向右穿入，垂直地面者由下向上穿入；螺母紧好后，露出的螺杆不应少于2个螺距。

（二）金具安装

在施工现场为了保证线路安全，在金具安装前必须对金具进行外观质量检查。检查要点如下：

（1）接续金具及耐张线夹的引流板表面应光洁、平整、无凹坑缺陷，接触面应紧密，符合要求，以免接触电阻过大而导致发热烧毁。

（2）金具表面应无气孔、渣眼、砂眼、裂纹等缺陷。

（3）线夹、压板、线槽和喇叭口不应有毛刺、锌刺等，以免划伤导线。

（4）金具的焊接应牢固无裂纹、气孔、夹渣，咬边深度不应大于1.0mm，以保证金具的机械强度。

（5）金具表面的镀锌层不得剥落、缺锌和锈蚀，以保证金具的寿命。

（6）各活动机构应灵活，无卡阻现象。

（7）防振锤的钢绞线不应散股、锈蚀，锤头应进行防腐处理。

（三）绝缘子安装

绝缘子在运输及安装过程中应轻拿轻放，不要投掷，并避免与各类杂件（导线、铁板、工具等）及尖硬物碰撞、摩擦，防止造成损坏。在施工现场为保证绝缘子安全使用，必须对其进行外观检查。检查要点如下：

（1）瓷件表面的瓷釉应光滑均匀，瓷件（或硅橡胶表面）不得有裂纹、损伤等缺陷。合成绝缘子伞套的表面不允许开裂、脱落、破损等现象，芯棒与端部附件不应有明显的歪斜。

（2）瓷件（或合成绝缘子芯棒）与铁帽、铁脚的结合应牢固，胶结的水泥（胶合剂）表面不得有裂纹。

（3）绝缘子的铁帽、钢脚不得有裂纹，镀锌应完好，无脱落、缺锌现象。

（4）绝缘子的弹簧销子表面应无裂纹，弹性良好，以防运行中脱落。

（5）绝缘子的瓷件表面缺陷不应超过表4-21的规定。

表4-21 瓷件表面最大缺陷允许值

瓷件尺寸 $H×D$ (cm×cm)	单个缺陷					外表面缺陷总面积 (mm²)
	斑点、杂质、烧缺、气泡等直径（mm）	粘釉或碰损面积（mm²）	缺釉面积（mm²）		深度或高度（mm）	
			内表面	外表面		
50<$H×D$≤400	3.5	25	100	50	1	100
400<$H×D$≤1000	4.0	35	140	70	2	140

针式绝缘子安装在横担上应垂直固定，并无松动现象，在铁横担上使用针式绝缘子时，应有弹簧垫圈或使用双螺母以防松脱。全瓷横担在铁横担上安装时应加装橡胶垫片，防止因摩擦造成瓷横担表面损伤；铁横担端部应上翘5°～10°，防止导线滑脱。使用悬式绝缘子时，

悬式绝缘子串上的销子一律向下穿。

七、导线架设

导线架设包括架线前准备工作、放线、导线连接、紧线、弧垂观测等工序。在交叉跨越电力线、通信线、铁路、公路、河流等处进行放线时，事先必须与有关单位联系并征得同意配合施工。下面按架线施工的工序进行阐述。

（一）架线前的准备工作

1．调查与分工

工作负责人应会同各专业组组长对沿线情况做周密的调查和分工。为了确保放线工作的顺利进行和人身、设备的安全，应做好组织工作，对下述各工作岗位应指定专人负责，并将具体工作任务交代明确。

（1）每个线盘的看管人员。

（2）每根导线拖线时的负责人员。

（3）每基杆塔的登杆人员。

（4）各重要交叉跨越处或跨越架处的监视人员。

（5）沿线通信负责人员。

（6）沿线检查障碍物的负责人员。

2．线盘的支设

带线盘的导线，采用可调式放线架进行放线，线盘一般支设于耐张杆塔后面，以便在紧线后将余线回卷盘好，也可支设于一盘线刚好放完的地点，这样展放通过的滑轮数量少，较为省力。搁线盘时，出线端应从线盘上面引出，对准拖线方向。

无线盘导线可将导线盘好，来回摆放在地面上，然后再展放。

3．放线滑轮的悬挂

滑轮可用钢绳套或铁丝环挂在横担上，也可挂在绝缘子串下的金具上。滑轮的轮径偏大的较好，这样磨损系数小，导线在滑轮处受的弯曲应力也较小，但过大又增加重量，一般裸导线不小于10倍导线直径，绝缘导线不小于12倍导线直径。

4．跨越架的搭设

当施工的线路经过不能中断运行的公路、铁路、通信线和其他电力线时，应在这些地点搭设跨越架，跨越架必须坚固可靠，保证与被跨越物的垂直距离和水平距离，并有专人看管。

5．通信联络

放线、紧线过程中的通信联络非常重要，若通信中断，可能造成导线拉坏和倒杆事故。通信方式以前采用旗语和口哨，现在普遍采用对讲机。对讲机通信距离不应超过作业范围，并能在恶劣的工况环境下使用。

6．放线牵引力估算

放线牵引力的估算公式为

$$P = \mu WS + Wh \tag{4-14}$$

式中　P——牵引力，kg；

　　　μ——摩擦系数（可取 0.5）；

　　　W——导线单位长度重量，kg/m；

S——放线长度，m；

h——放线段终点与始点间的高差，m。

7. 设置临时拉线

临时拉线的对地夹角一般要求小于30°。临时拉线规格与导线配合关系见表 4 - 22，夏天时拉线的规格可以缩小一级。

表 4 - 22　　　　　　　　　　临时拉线规格与导线配合关系

临时拉线规格		导线型号	
钢绞线截面（mm²）	钢丝绳直径（mm）	LGJ	LGJQ
25	φ7.7	50、70、95	—
35	φ9.3	120、150	150、185
50	φ11.0	185、240	240
70	φ13.0	300	300、400
100	φ15.0	400	500

（二）放线

放线根据牵引动力来分，在实际工作中多采用人力放线和机械放线两种。以放线方式来讲，可分为地面放线、张力放线、线引线放线等。配电线放线路多数采用的是人力拖线及单根牵引并逐杆挂滑车的线引线放线。在带电的平行或临近的线路（包括同杆架设或交叉跨越）放线时，必须满足安全距离的要求，放线架、导线一端必须接地，杆上工作人员与有电线路必须保证足够的安全距离，以免感应电或导线过牵引时弹及有电线路，造成人身触电伤害。

1. 张力放线

张力放线施工方法是为保证在放线过程中导线不落地，在展放中始终承受到一个较低的张力，使导线腾空地面，在空中牵引，以避免损伤农作物，减少劳动用工量，降低成本，提高工效。该种方法施工工艺较复杂，在配电线路施工中较少采用，这里不做详细介绍。

2. 地面放线

地面放线一般都采用人力而不用施工机械设备，就是从放线架上线盘上方将线头牵出，与一根引绳（尼龙绳、白标绳）连接，缠绕好包布，然后顺线路方向地面上拖着展放，此方法较简单可行。采用这种方法，必须强调有很好纪律秩序和组织分工。

放线时，线盘的放置应在线路一端场地环境较宽阔，不影响行人，车辆较少的地方，支好简易三角放线架，用回转操作手柄可使螺旋升降杆上升将线盘支起并调节平衡。当无支架时，可在地面挖一深坑，将线盘放于坑内，用一根钢管穿越线盘轴心在坑口两侧固定调平。然后将线头从线盘上面引出对准前方拖线方向展放。

放线应设专人指挥，统一信号，展放前明确分工，检查线盘放置是否牢固，线轴是否平衡稳定，有专人看护；导线经过的沿线障碍物是否清除或采取措施，在岩石等坚硬地面处，应铺垫稻草、高粱秸以免展放时导线擦伤或钩住。

放线时，拉线人员依次有序地排列在一根引绳施力拉向前方，导线过档距后，回头将引绳穿越滑轮后再依次向前拖放。滑轮槽直径应与导线截面相配合，滑轮转动灵活，导线穿过滑轮后应将活门关好销牢，且可靠地挂在靠近杆身的地方。施放铜线应用铁滑轮，施放铝线和钢芯铝线应用铝滑轮。

放线过程中应设专人护线，防止发生磨伤、断股等情况。如发现上述情况应立即发出信号停止牵引，同时做好记号，缠绕黑包布以便放好线后处理。导线在展放中防止行人横跨导线行走。如果导线被物体挂、卡住，排除人员一定要站在被挂、卡导线角度的外侧，防止脱挂或被卡住时伤人。

放线完成后应及时适度收紧，不能影响行人、铁路、公路交通。在带电的平行或临近的线路（包括同杆架设或交叉跨越）放线时，一定要采取可靠、有效的安全措施，防止放线过程中导线弹跳碰及有电线路。

3. 线引线放线

线引线方式一般有两种：一种是预放牵引线；另一种是利用原线调放新线，这一方法类似张力放线。此方法在配电线路大修调新线时应用广泛，可减少交叉跨越及交通行人繁忙地段施工中的麻烦，有利于放线工作的安全。

（三）紧线

1. 紧线前的准备

（1）应派专人进行现场检查导线有无损伤，所有连接是否符合工艺标准，导线与导线有无交叉混绞，有无障碍物卡住或钩牢等情况。

（2）检查两端耐张的补强拉线或永久拉线是否做好并已调整。

（3）检查牵引设备是否准备就绪。

（4）检查导线是否都置放入滑轮内，滑轮高度是否基本一致。

（5）检查负责紧线操作人员及紧线所必需的工具是否齐全。

（6）通信联系应保持良好状态，全部通信人员和护线人员均应到位，以便随时观察导线的情况，防止导线卡在滑车中被拉断或拉倒杆塔。

（7）观测弧垂人员均应到位并做好准备。

（8）检查所有交叉跨越线路的措施是否都稳定可靠，主要交叉处是否都有专人看管。

2. 紧线操作

紧线前应首先拔紧余线，用人力徐徐将导线拉紧，整个耐张段导线离地 2~3m 左右时，紧线端导线与紧线器连接，用牵引设备牵引钢丝绳来紧线，或用棕绳与导线端用埋线结连接，直接用人力将导线拉紧到导线接近弧垂要求时，杆上工作人员再上紧线器紧线。

紧线时，一边收紧导线，一边观测弧垂，待导线弧垂将要接近规定要求时，指挥人员通知牵引设备的操作人员缓慢牵引收紧导线，以便弧垂观测。观测弧垂时应待导线处于稳定后再进行，因为导线受拉力时会产生跳动，观测时应尽量按规定值使各相导线之间弧垂基本一致减小误差。

紧线的方法比较多，在配电线路施工中，一般采用单线紧线和二线紧线两种方法。

采用单线紧线法即一线一紧法时，一般先紧中相，后紧两边。中相紧线略紧，这样在两边相紧线后可使导线水平弧垂容易一致。两边相紧线时，第一相紧线不能过紧，以免横担拉斜，待第二相紧好后再逐相调节。这种方法的优点是所需设备少，所需的牵引力小，要求紧线人数不多，施工时不致发生混乱，比较容易操作；其缺点是施工的进度慢，紧线时间长。

二线紧线法是同时紧两根架空导线。采用二线紧线时，应将两边相导线同时收紧后再紧中相，待三相全部紧起后再逐相调节，如图 4-34 所示。

无论采用单线紧线法，还是二线紧线法，必须在终端和耐张线夹处留有余线。为了保持和满足导线弧垂规定的数值，一般在耐张线夹安装时要将紧线器再紧一牙以弥补线夹安装后的导线走伸。

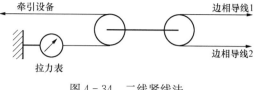

图 4 - 34　二线紧线法

　　3. 紧线注意事项

　　（1）对于耐张段较短和弧立档，紧线时导线拉力较大，因此应严密监视各杆是否有倾斜变形现象，如发现倾斜，应及时调整。

　　（2）导线和紧线器连接时，应防止导线损伤或滑动，尤其是 LJ 型和 JKLYJ、BV 型导线，如有走动，在放置紧线器时，可在导线上绑扎导线或包上一圈包布以增加摩擦系数和握力。

　　（3）当导线离地面后，如导线上挂有杂草、杂物，应立即进行清除；交通繁忙、行人频繁的地段、路口，应派专人监护，采取围红白带、围栏等措施，以免紧线时伤害行人或影响交通甚至造成交通事故。

　　（四）导线弧垂观察与观测

　　导线架放在杆塔上，应当具有符合设计要求的应力，这种应力反映在导线紧线时的弧垂是否符合规定的数值上。若弧垂过小，说明导线承受了过大的张力，降低了安全系数，如遇气温降低时，可能因导线过紧而发生断线事故；若弧垂过大，则导线必然对地面距离减小，气温升高时，对地距离将更小，可能影响安全运行甚至放电，同时导线之间也极易产生碰线故障。弧垂误差不应大于 $+5\%\sim-2.5\%$，三相导线的弧垂应力求一致。通常施工时导线的应力和弛度，均由设计部门提供导线应力和弧垂曲线图表，以供施工人员查用。因此，要求施工时必须正确观察、测量弧垂，使架空线路的导线具有符合设计要求的应力。

　　1. 观测档的选择

　　配电线路中只有一个档的耐张段称为弧立档；有多个档的耐张段称为连续档。为了使连续档中各个档的弧垂达到平衡，须根据连续档的多少决定弧垂观测档的档数。一般的观测档应选在档距较大、悬挂点高差较小的档上或是有跨越物的档。耐张段在 5 档及以下的观测档选在靠近中间的一档；耐张段在 6～12 档时，耐张段的两端各选一档作为观测档；耐张段在 12 档以上的，耐张段的两端和中间各选一档作为观测档；观测档的档数可以增多不能减少。

　　2. 导线弧垂的观测方法

　　完成架线后，导线弧垂的观测方式较多，施工中常用的方法主要有等长法、异长法、角度法和档端观测法等几种。前述施工弧垂曲线，按照不同的观测方法来换算为观测的弧垂或其他数值来进行观察、测量。

　　（1）等长法。等长法又称平行四边形法，比较适用于放线过程中的弧垂观测。其观测弧垂示意图如图 4 - 35 所示。弧垂标尺分别自悬点 A、B 沿杆塔垂直向下量取 f 得 A′、B′ 两点，这时将弧垂板分别安置在 A′、B′ 处。观测人员在杆上目测弧垂板，形成 A′、B′ 的视线，然后收紧或抬放导线，使导线悬点与 A′、B′ 点三点成一条直线。此时停止紧线，导线的弧垂即为观测的弧垂 f（f 一般由查表或曲线取得）。

　　（2）异长法。这种方法适用于悬差较大的档距，同时也适用于紧挂线后的弧垂观测。采用异长法测弧垂比等长法多一步计算手续。如图 4 - 36 所示，A、B 两杆悬挂的弧垂标尺数

值与弧垂 f 值的关系为

$$\sqrt{a} + \sqrt{b} = 2\sqrt{f}$$

上式可以变化为

$$f = (\sqrt{a} + \sqrt{b})^2 / 4 \qquad (4-15)$$

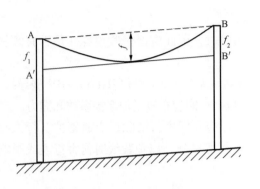
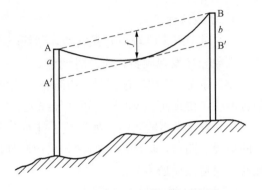

图 4-35　等长法观测弧垂示意图　　　　图 4-36　异长法观测弧垂示意图

在 B 杆挂一弧垂标尺，选择适当的 B 值，目的是使视得切点尽量接近架空线弧垂的底部，根据 f 值要求，即可算出 A 杆弧垂板的 d 值，再用等长法相同的测视方法，调整导线张力，使 A、B 的弧垂标尺与架空导线的最低点部分形成一条直线，此时的弧垂即为要求的 f 值。

用异长法来测量运行中的线路弧垂也比较方便，测量时使 B 杆的 b 值固定，移动 A 杆的弧垂板，使目测弧垂成一条直线，读出 a、b 数值计算出测量时的实际弧垂值。

（3）角度法。角度法观测弧垂主要采用经纬仪来进行，即利用经纬仪测角法，简称角度法。具体测量时，可根据地形情况、弧垂大小，将经纬仪安置在不同的位置（档端、档外、档内和档侧）进行观测。

（4）档端观测法。该观测法等在配电线路中应用不多，这里不做介绍。

3. 导线初伸长

各类新放导线在架设后由于受到拉力使各股单线互相移动挤压，会造成股绞合得更紧，产生弹性伸长，同时也产生塑性伸长，这一塑性伸长就是当绞线初次受拉后在减低拉力时不能恢复至原来状态的永久性伸长，即所谓初伸长。

新架架空线的施工以及线路检修调换导线，若不考虑初伸长，运行一段时间后弧垂将会增长，造成对地距离降低，影响线路的安全运行。因此，新放导线施放后须考虑初伸长的影响，一般应在紧线时使线材按照减小的一定比例计算的弧垂进行，让绞线在架设后初伸长影响增大的弧垂，自行补偿施工时的减小值。

通常使用的弧垂减小比例值：LGJ 型钢芯铝绞线为 12%；TJ 型铜绞线为 7%～8%。

实际的观测弧垂，可根据观测弧垂减去该弧垂乘以减小的比例数进行计算，通常可按下式计算。

钢芯铝绞线

$$f' = (1 - 0.12) f = 0.88f$$

铝绞线

$$f' = (1 - 0.20)f = 0.80f$$

铜绞线

$$f' = (1 - 0.07)f = 0.93f$$

或

$$f' = (1 - 0.08)f = 0.92f \tag{4-16}$$

式中　f'——考虑初伸长的观测档弧垂值，m；

　　　f——不考虑初伸长的观测档弧垂值，m。

另外，也可以采用降温法来补偿初伸长的影响，这一方法与减小弧垂法比较更为合理，直接查用曲线表也较为方便。设计技术规程推荐的降温数值：钢芯铝绞线为 $15\sim20℃$；铝绞线为 $20\sim25℃$；钢绞线为 $10℃$。

4. 安装应力的控制

在电力线路施工中，其弧垂已按设计要求确定，则架空线将受到设计应力 σ（包括因补偿初伸长而提高应力）的影响，这一应力就称为安装应力。但是在拉紧导线时，由于架空线在滑轮上的悬挂点往往低于耐张杆上架空线固定孔一段距离，因此要使架空线挂入指定的固定孔，势必拉得过紧，此时架空线所受的安装应力等称之为过牵引应力 σ'，此应力应小于架空线的瞬时破断强度的 1/2，才能保证紧线工作安全进行。

在过牵引情况下，要保证架空线所受应力不能大于破断强度的 1/2，实际工作中，一般是确定最大允许的过牵引长度

$$\Delta l_{\mathrm{m}} = \left[\frac{l_{\mathrm{np}}^2 g^2}{24} \left(\frac{l}{\sigma_0^2} - \frac{l}{\sigma_{\mathrm{m}}^2} \right) + \frac{\sigma_{\mathrm{m}} - \sigma_0}{E} \right] \sum l \tag{4-17}$$

式中　Δl_{m}——最大允许过牵引长度，m；

　　　l_{np}——耐张段规律档距，$l_{\mathrm{np}} = \sqrt{\dfrac{\sum l^3}{\sum l}}$，m；

　　　l——各档长度，m；

　　　σ_0——设计应力，kgf/mm^2；

　　　σ_{m}——最大允许安装应力 $\sigma_{\mathrm{m}} = \sigma_{\mathrm{p}}/2$，$kgf/mm^2$；

　　　σ_{p}——架空线的瞬时破断强度，kgf/mm^2；

　　　g——导线的比载，$kgf/m \cdot mm^2$；

　　　E——导线的弹性系数，kgf/mm^2。

（五）导线的交叉跨越

配电线路架设时要保证与交叉跨越物的安全距离，架设固定后应测量交叉跨越距离并做好记录。配电线路中，导线与地面、建筑物、树木之间的最小距离要求见表 4-17；导线与铁路、道路、河流、其他电压等级线路交叉或接近的基本要求见表 4-18。

（六）接户线

接户线是将电能输送和分配到用户的最后一部分线路，也是用户用电线路的开端部分。凡从架空配电线路到用户电源进户点的一段导线，无论是沿墙敷设的，还是直接自电杆引下的，均称为接户线。

接户线按电压等级可分为高压接户线和低压接户线。

1. 高压接户线

高压接户线一般适用于较大的工厂、企业和农田排灌动力用电等专用变压器的用户。供电企业与用户的线路分界处，按需要安装跌落式熔断器、隔离开关或柱上开关。对高压接户线的要求如下：

(1) 高压接户线的截面不应小于下列规定：

1) 铜线截面不小于 16mm²；

2) 铝线截面不小于 25mm²。

(2) 高压接户线的档距不应大于 30m，线间距离不应小于 0.6m，对地距离不应小于 4m。

(3) 高压接户线一般不宜跨越道路，如必须跨越道路时，应设高压接户杆。

2. 低压接户线

低压接户线适用于接公用变压器所属低压配电网的小型动力和照明用户。对低压接户线的要求如下。

(1) 低压接户线应采用橡皮绝缘导线或黑护套塑料绝缘导线，导线截面应根据允许载流量选择，但不应小于表 4-23 的规定。

表 4-23　　　　　　　　　　低压接户线的最小截面

接户线架设方式	档距（m）	最小截面（mm²）	
		绝缘铜线	绝缘铝线
自电杆上引下	25 以下	4.0	6.0
沿墙敷设	6 及以下	2.5	4.0

(2) 低压接户线的档距不宜大于 25m，超过 25m 时宜设接户杆，低压接户杆的档距不应超过 40m。

(3) 低压接户线在房檐处引入线对地面的距离不应小于 2.5m，不应高于 6m，不足 2.5m 者应立接户杆升高。接户杆宜采用钢筋混凝土电杆，梢径不应小于 100mm。

(4) 低压接户线在最大弧垂时的对地距离（至路面中心的垂直距离）不应小于下列规定：

1) 跨越车辆通行的街道 6m。

2) 跨越通车困难的街道、人行道 3.5m。

3) 跨越胡同（里、弄、巷）3m。

(5) 低压接户线的固定应符合下列规定：

1) 接户线在杆上的一端，应采用绝缘子固定；用户墙上或房檐处也应用绝缘子固定。

2) 接户线在用户墙上的固定点之前，或是用户墙上的固定点至接户线进户之前应做防水弯，防水弯应有 200mm 的弛度，防止雨水灌入用户墙体。

3) 接户线横担宜采用镀锌角钢制作，角钢截面不应小于 40mm×4mm。

4) 接户线横担宜采用穿透墙壁的螺丝固定，为防止拔出，内端应有垫铁。混凝土结构的墙壁，可不穿透，但应用水泥浇灌牢固，禁止采用木塞固定。

5) 接户线最小线间距离、对地距离不应小于表 4-24 的规定，且支持绝缘子应整齐、美观。

表 4－24	低压接户线的线间距离、对地距离		(m)
架设方式	档距	线间距离	对地距离
自电杆上引下	25 及以下 25 以上	0.15 0.20	2.50
沿墙敷设	4 及以上 6 及以上	0.10 0.15	2.50

6）低压接户线与同杆上的低压接户线交叉、接近时的最小净空距离不应小于 0.1m。不能满足要求时应套上绝缘管。

（6）低压接户线与建筑物有关部分的距离不应小于下列数值：

1）与接户线下方窗户的垂直距离 0.5m；

2）与接户线上方阳台或窗户的垂直距离 0.8m；

3）与窗户或阳台的水平距离 0.75m；

4）与墙壁、构架的距离 0.05m。

（7）低压接户线不得从高压引下线间穿过，亦不应跨越铁路。低压接户线与弱电线路的交叉距离不应小于下列数值：

1）低压接户线在弱电线路上方 0.6m；

2）低压接户线在弱电线路下方 0.3m；

3）如不能满足上述要求，应采取隔离措施。

第四节　架空绝缘导线的应用

架空配电线路采用绝缘导线，有利于改善和提高配电系统的安全性，因此其在城镇配电网的建设中得到广泛应用。架空绝缘导线与传统裸导线架设的线路相比，主要有以下优点：

（1）绝缘性能好。与裸导线相比，架空绝缘导线有着优越的绝缘性能，可减少线路相间距离，降低对线路支持件的绝缘要求，使线路少受树木、飘浮导电物体等外在因素的影响。同时减少了维修工作量，延长了检修周期，大大提高供电可靠性。

（2）减少了树线矛盾，有利于城镇建设和绿化工作，美化城市环境。

（3）节约了线路走廊所占用的空间，便于架空线路在狭小通道内穿越，与传统的架空裸导线相比较，线路走廊可缩小一半。

（4）架空绝缘导线有外绝缘层，比裸导线受氧化腐蚀的程度小，因而延长了导线的使用寿命。

（5）因其线路电抗仅为普通裸导线线路电抗的 1/3，因此明显减少了线路的电压损失。

（6）可有效抵御台风等自然灾害对线路的影响。

一、规划设计应注意的问题

（1）绝缘导线因为有绝缘层，导线的散热相对较差，其载流能力差不多比裸导线低一个档次。因此，设计选型时，绝缘导线截面要选大一档。如果采用铝或铝合金芯绝缘线，则设计最小截面一般是主干线为 150mm²、分支线为 50mm²。

（2）绝缘导线的耐张线夹直接夹在导线绝缘层上，为防止导线拉力过大，使绝缘层产生裂纹或退皮，一般绝缘导线的最大使用应力取约 $41N/mm^2$。

（3）架空绝缘线路的导线排列与裸体导线线路相同，也分为三角、垂直、水平以及多回路同杆架设等几种，相间距离可适当减小。

（4）需设置验电接地点。在联络开关两侧，分支杆、耐张杆接头处及可能反送电的分支线的导线上，应设置验电和接地工作点，即安装验电接地环，而且尽可能设置在非承力的导线上。考虑到感应电的影响和检修方便，一般每隔 400m 左右设置接地点，在配电变压器台架绝缘引下线上也应设置专用验电接地环。

（5）防雷击断线。绝缘导线遭受雷击断线，故障点大多发生在绝缘导线沿线的绝缘薄弱点且在支持点 500mm 以内。绝缘导线的雷击断线故障率明显高于裸导线，主要原因为绝缘层阻碍电弧在其表面滑移，加速了铝芯的熔断。日本采用架设避雷线防雷，其投资费用高。根据我国国情，为防止架空绝缘线的雷击断线故障，多雷地段或市区与郊区线路分界处增加安装保护间隙和避雷器组合的保护器等，可加快雷电流泄放入地，减少过电压持续时间损坏设备的几率；也可适当提高绝缘子的绝缘水平。运行经验表明，瓷横担、柱式绝缘子、悬式绝缘子对于防雷击断线有一定的效果，具体将在第七章详细介绍。

二、施工工艺应注意的问题

（1）架空绝缘导线的架设应选择在干燥的天气进行，尽量避免在湿度较大的天气放线施工。在放线施工前后要用 2500V 绝缘电阻表摇测导线的绝缘电阻，判断绝缘电阻是否达标、绝缘层是否损伤。

（2）绝缘导线的施工架设与架空裸导线不同，在施工中要注意对绝缘层的保护，尽量避免导线绝缘层和地面及杆塔附件的接触摩擦。放线时，绝缘线不得在地面、杆塔、横担、绝缘子或其他物体上拖拉，以防损伤绝缘层。

（3）绝缘层损伤深度在绝缘层厚度的 10％ 及以上时，应进行绝缘修补。可用绝缘自黏带缠绕，补修后绝缘自黏带的厚度应大于绝缘层损伤深度；也可用绝缘护罩将绝缘层损伤部位罩好，并将开口部位用绝缘自黏带缠绕封住。一个档距内，单根绝缘线绝缘层的损伤修补不宜超过 3 处。

（4）绝缘导线需要用专用的剥线钳将绝缘层剥开，不得刻伤导线线芯，以免降低载流量和机械强度。穿刺线夹连接金具不需剥皮，但是因穿刺效应降低了导线的受力，在非承力部位应用较为合适。

（5）绝缘导线的连接。绝缘线应采用专用的线夹、接续管连接，不允许缠绕，同时尽可能不要在档距中央连接，一般可在耐张杆跳线处连接。如果确实要在档距中央连接，在一个档距内，每根导线不能超过一个承接头。接头距导线的固定点，不应小于 0.5m。不同金属、不同规格、不同绞向的绝缘线严禁在档距中央做承力连接。绝缘导线的连接点应使用绝缘罩或自黏绝缘胶带进行包扎。

（6）绝缘导线的弧垂。导线架设后考虑到塑性伸长率对弧垂的影响，应采用减少弧垂法补偿，铝或铝合金心绝缘导线弧垂减少的百分数为 20％。紧线时，绝缘导线不可过牵引，线紧好后，同档内各相导线的弛度应力应求一致。

（7）绝缘导线的固定。绝缘导线与绝缘子的固定采用绝缘扎线。针式或棒式绝缘子的绑扎，直线杆采用顶槽绑扎法，转角杆采用边槽绑扎法，绑扎在线路外角侧槽上。柱式绝缘子绑扎于边槽内，绝缘线与绝缘子接触部分应用绝缘自黏带缠绕。

（8）绝缘导线的耐张线夹是连导线的保护层一起夹紧的，要防止架空绝缘导线因退皮造成导线从耐张线夹滑出，采取措施是在线夹非受力侧加装卡子或绝缘导线在线夹卡住部位剥皮，而后再作防进水处理。

第五节 运行维护与检修

为了掌握线路及其设备的运行情况和状态，及时发现并消除缺陷与安全隐患，必须定期进行巡视与检查，做好日常防护与检修，确保配电线路的安全、可靠、经济运行。下面重点介绍架空配电线路的巡视检查、维护和检查。

一、架空配电线路的巡视检查

巡视也称为巡查或巡线，即指巡线人员较为系统和有序地查看线路及其设备。巡视是线路及其设备管理工作的重要环节和内容，是保证线路及其设备安全运行的最基本工作，目的是为了及时了解和掌握线路健康状况、运行情况、环境情况，检查有无缺陷或安全隐患，同时为线路及其设备的检修、消缺计划提供科学的依据。

（一）巡线人员的职责

巡线人员是线路及其设备的卫士和侦察兵，要有责任心及一定的技术水平。巡线人员要熟悉线路及其设备的施工、检修工艺和质量标准，熟悉安规、运行规程及防护规程，能及时发现存在的设备缺陷及对安全运行有威胁的问题，做好保杆护线工作，保障配电线路的安全运行。其主要职责有以下几点：

（1）负责管辖设备的安全可靠运行，按规程要求及时对线路及其设备进行巡视、检查和测试。

（2）负责管辖设备的缺陷处理，发现缺陷及时做好记录并提出处理意见。发现重大缺陷和危及安全运行的情况时，要及时向班长和部门领导汇报。

（3）负责管辖设备的维修，在班长和部门领导的组织领导下，积极参加故障巡查及故障处理。当线路发生故障时，巡线人员得到寻找与排除故障点的任务时，要迅速投入到故障巡查工作中。

（4）负责管辖设备的绝缘监督、油化监督、负荷监督和防雷防污监督等现场的日常工作等。负责建立健全管辖设备的各项技术资料，做到及时、清楚、准确。

（二）巡视的种类

线路巡视可分为定期巡视、特殊巡视、夜间巡视、故障巡视、监察性巡视和预防性检查等几种。

1. 定期巡视

巡视人员按照规定的周期和要求对线路及其设备巡视检查，查看架空配电线路各类部件的状况、沿线情况以及有无异常等，经常地全面掌握线路及其沿线情况。巡视的周期可根据线路及其设备实际情况、不同季节气候特点以及不同时期负荷情况来确定，但不得少于相关规程规定的周期。

配电线路巡视的季节性较强，各个时期在全面巡视的基础上有不同的侧重点。例如：雷雨季节到来之前，应检查处理绝缘子缺陷，检查并试验安装好防雷装置，检查维护接地装置；高温季节到来之前，应重点检查导线弧垂、交叉跨越距离，必要时进行调整，防止安全距离不足；严冬季节，注意检查弧垂和导线覆冰情况，防止断线；大风季节到来之前，应在线路两侧剪除树枝、清理线路附近杂物等，检查加固杆塔基础及拉线；雨季前，对易受河水冲刷或因挖地动土的杆塔基础进行加固；在易发生污闪事故的季节到来之前，应对线路绝缘子进行测试、清扫，处理缺陷。

2. 特殊巡视

在有保供电等特殊任务或气候骤变、自然灾害等严重影响线路安全运行时所进行线路巡视。特殊巡视不一定要对全线路都进行检查，只是对特殊线路或线路的特殊地段进行检查，以便发现异常现象并采取相应措施。特殊巡视的周期不作规定，可根据实际情况随时进行。大风巡线时应沿线路上风侧前进，以免触及断落的导线。

3. 夜间巡视

在高峰负荷或阴雨天气时，检查导线各种连接点是否存在发热、打火现象、绝缘子有无闪络现象，因为这两种情况的出现，夜间最容易观察到。夜间巡线应沿线路外侧进行。

4. 故障巡视

巡视检查线路发生故障的地点及原因。无论线路断路器重合闸是否成功，均应在故障跳闸或发现接地后立即进行巡视。故障巡线时，应始终认为线路是带电的，即使明知该线路已停电，亦应认为线路随时有恢复送电的可能。巡线人员发现导线断落地面或悬吊空中时，应设法防止行人靠近断线地点 8m 以内，并应迅速报告领导，等候处理。

5. 监察性巡视

由部门领导和线路专责技术人员组成，了解线路和沿线情况，检查巡线员的工作质量，指导巡线员的工作。监察性巡视可结合春、秋季安全大检查或高峰负荷期间进行，可全面巡视也可抽巡。

(三) 巡视管理

为了提高巡视质量和落实巡视维护责任，应设立巡视责任段和对应的责任人由专人负责某个责任段的巡视与维护。

线路及其设备的巡视必须设有巡线卡，巡视完毕后及时做好记录。巡线卡是检查巡视工作质量的重要依据，应由巡线人员认真填写，并由班长和部门领导签名同意。检查出的线路及其设备缺陷应认真记录，分类整理，制订方案，确定时间，及时安排人员消除线路及其设备缺陷。此外，巡线员应有巡线手册（专用记事本），随时记录线路运行状况及发现的设备缺陷。

(四) 巡视的内容

1. 查看沿线情况

查看线路上有无断落悬挂的树枝、风筝、金属物，防护地带内有无堆放的杂草、木材、易燃易爆物等，如果发现，应立即予以清除。查明各种异常现象和正在进行的工程，例如有可能危及线路安全运行的天线、井架、脚手架、机械施工设备等；在线路附近爆破、打靶及可能污染腐蚀线路及其设备的工厂；在防护区内土建施工、开渠挖沟、平整土地、植树造林、堆放建筑材料等；与公路、河流、房屋、弱电线路以及其他电力线路的交叉跨越距离是否符合要求。如有发现，应采取措施予以清除或及时通知有关单位停建、拆除。还应查看线路经过的地方是否存在电力线路与广播线、通信线相互搭挂和交叉跨越情况，是否采取防止强电侵入弱电线路的防范措施，线路下方是否存在线路对树木放电而引起的火烧山隐患。

2. 查看杆塔及部件情况

主要查看杆塔有无歪斜、基础下沉、雨水冲刷、裂纹及露筋情况，检查标示的线路名称及杆号是否清楚正确。杆塔所处的位置是否合理，会否给交通安全、城市景观造成不良影响或行人造成不便。对于个别地区还存在的木杆，则要检查其腐朽程度，桩及接腿是否稳固牢靠。横担主要查看是否锈蚀、变形、松动或严重歪斜。铁横担、金具锈蚀不应起皮和出现严重麻点。

3. 查看绝缘子情况

主要查看绝缘子是否有脏污、闪络，是否有硬伤或裂纹。绝缘子应无裂纹，铁脚无弯曲，铁件无严重锈蚀。查看槽型悬式绝缘子的开口销是否脱出或遗失，大点销是否弯曲或脱出；球型悬式绝缘子的弹簧销是否脱出；针式（或柱式、瓷横担）绝缘子的螺帽、弹簧垫是否松动或短缺，其固定铁脚是否弯曲或严重偏斜；瓷拉棒有否破损、裂纹及松动歪斜等情况。

4. 查看导线情况

查看导线有无断股、松股，弛度是否平衡，三根导线弛度应力求一致。查看导线接续、跳引线触点、线夹处是否存在变色、发热、松动、腐蚀等现象，各类扎线及固定处缠绕的铝包带有无松开、断掉等现象。巡线时一般用肉眼直接进行观察，若看不清楚，可用望远镜对有疑问的地方详细观察，直至得出可靠结论。

5. 查看接户线情况

查看接户线与线路的接续情况。接户线的绝缘层应完整，无剥落、开裂等现象；导线不应松弛、破旧，与主导线连接处应使用同一种金属导线，每根导线接头不应多于 1 个，且应用同一型号导线相连接。接户线的支持构架应牢固，无严重锈蚀、腐朽现象，绝缘子无损坏。其线间距离、对地距离及交叉跨越距离应符合技术规程的规定。三相四线低压接户线，在巡视好相线触点的同时，应特别注意零线触点是否完好。另外，应注意接户线的增减情况。

6. 查看拉线情况

查看拉线有无松弛、锈蚀、断股、张力分配不均等现象，拉线地锚有无松动、缺土及土壤下陷、雨水冲刷等情况，拉线桩、保护桩有无腐蚀损坏等现象，线夹、花篮螺丝、连接杆、抱箍、拉线棒是否存在腐蚀松动等现象。查看穿过引线、导线、接户线的拉线是否装有拉线绝缘子，拉线绝缘子对地距离是否满足要求；拉线所处的位置是否合理，会否给交通安全、城市景观造成不良影响或行人造成不便；水平拉线对通车路面中心的垂直距离是否满足要求；拉线棒应无严重锈蚀、变形、损伤及上拔等现象；拉线基础应牢固，周围土壤有无突起、沉陷、缺土等现象。

7. 查看防雷设备及接地装置情况

主要查看放电间隙距离是否正确或烧坏；避雷器有无破损、裂纹、脏污等现象；防雷设备引线、接地引下线的连接是否牢固可靠。查看接地引下线是否严重腐蚀、断股、断线或丢失；连接卡子螺母是否松动或丢失；接地装置是否外露。

二、架空配电线路的防护

配电线路及设备的防护应认真执行《电力设施保护条例》及《电力设施保护条例实施细则》的有关规定，做好保杆护线宣传工作，发动沿线有关部门和群众进行保杆护线，防止外力破坏，及时发现和消除设备缺陷。对可能威胁线路安全运行的各种施工或活动，应进行劝阻或制止，必要时向有关单位和个人签发防护通知书。对于造成事故或电力设施损坏者，应按情节与后果，提交公安司法机关依法惩处。

配电线路维护人员对下列事项可先行处理，但事后应及时通知有关单位：

（1）修剪超过规定界限的树木。

（2）为处理电力线路事故或防御自然灾害时，修剪林区个别树木。

（3）清除可能影响供电安全的电视机天线、铁烟囱或其他凸出物。

配电线路及其设备应有明显的标志，标志包括运行名称及编号、相序标志、安全警示标志等，它们是防护的工作内容之一。通常，配电线路的每基杆塔和变压器台应有名称和编号标志，每回馈线的出口杆塔、分支杆、转角杆以及装有分段、联络、支线断路器、隔离开关的杆塔应设有相色标志，用黄、绿、红三色分别代表线路的 A、B、C 三相标志。柱上开关、开闭所、配电所（站、室）、箱式变压器、环网单元、分支箱的进出线应有名称、编号、相序标志。此外，配电线路还应设立安全警示标志和安全防护宣传牌，交通路口的杆塔或拉线有反光标志，当线路跨越通航江河时，应采取措施设立标志，防止船桅碰线。

三、架空配电线路的检修

（一）检修内容

架空配电线路检修的内容主要包括清扫绝缘子，正杆、更换电杆、电杆加高（加铁帽子），修换横担、绝缘子、拉线，修换有缺陷的导线、调整弛度、修接户进户线、修变压器台架、变压器试验和更换，修补接地装置（接地线），修剪树木，处理沿线障碍物，处理接点过热及烧损，以及各种开关、避雷器的轮换、试验和更换等。架空配电线路预防性检查维护内容及周期见表 4-25。

表 4-25 　　　　　　　　　　架空配电线路预防性检查维护内容及周期

序号	内　容	周　期
1	木杆腐朽情况检查	至少 1 年 1 次
2	混凝土电杆缺陷情况检查	发现缺陷后定期巡视时检查 1 次
3	铁塔金属基础检查	5 年 1 次
4	铁塔和混凝土电杆钢圈刷油漆	根据油漆脱落情况
5	铁塔紧固螺栓	5 年 1 次
6	导线连接器的测量	根据负荷大小及巡视情况而定
7	线路金具的检查	检修时进行
8	绝缘子绝缘电阻测试	根据需要
9	导线有防振器的检查	检修时进行
10	导线限距的测量（弛度、对地距离、交叉跨越距离）	根据巡视的结果视需要而定，新建线路架设 1 年后需测量 1 次
11	接地装置的接地电阻测量	每 5 年至少 1 次

（二）检修方法

1. 正杆

（1）直线杆位移。直线杆位移正杆可使用吊车，也可悬绑绳索利用人工进行位移，这里只介绍悬绑绳索利用人工进行位移正杆的方法步骤。

1）登杆悬绑绳索。其位置在距杆梢2～3m处，绳索一般使用4根直径不小于16mm的棕绳。拉紧绳索，从4个相对方向将杆塔予以固定。

2）摘除固定在杆上的导线，使其脱离杆塔，然后登杆人员下杆。

3）在需要位移一侧靠杆根处垂直挖下，直到电杆埋设深度。

4）拉动绳索，使杆稍倾向需位移的相反方向，杆根则移向需要位移的方向，直至正确位置后，可将电杆竖直。整个过程中，与受力绳索相对方向的绳索应予以辅助，防止杆塔因受力失控而倾倒（见图4-37）。

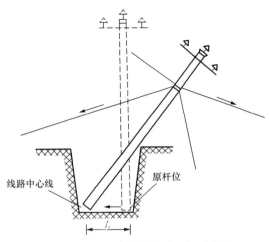

图4-37 人工直线杆位移正杆示意图

5）必要时（例如位移距离较大或土质较松软），可在坑口垫用枕木，以便电杆更好地倾斜移动。

6）电杆移到与线路中心线相一致的正确位置后，校正垂直，即可将杆根土方回填夯实，恢复并固定导线。

（2）直线杆正杆。直线杆正杆方法有使用吊车、使用双钩紧线器和悬绑绳索利用人工进行正杆等三种，无论使用哪种方法，都应在正杆的一侧靠杆根处垂直挖深1m左右，避免在正杆过程中杆身承受过大的折力。

（3）转角杆、终端杆正杆。

1）正杆的方法与直线杆基本相同。如果电杆装设了拉线，在正杆过程中要同时调整并重新做好拉线。

2）若转角杆、终端杆倾斜时导线一并松弛，正杆时可不摘除导线。如果只是电杆倾斜，导线并未松弛，则应先拆除导线，然后正杆。电杆正好后，恢复导线时可在悬挂点补加调节螺栓、U形环、悬式绝缘子等重新调节导线的松弛度，看导线的弧垂是否符合要求。

2．调整拉线

（1）拉线因锈蚀、断股等需要进行修补更换时，必须先将新拉线做好，然后拆除旧拉线；或做好可靠的临时拉线，对杆塔予以固定，然后拆除旧拉线，更换新拉线。

（2）重新更换后的拉线，与地锚拉杆连接处若为花篮螺栓，应用$\phi4.00$mm镀锌铁丝进行锁护；若为UT形调节螺栓，应戴双螺帽，做到紧固牢靠。

（3）由于杆塔倾斜而需要调整拉线，必须先正杆，然后再调整或重做拉线。

3．调整导线弧垂

（1）调整导线弧垂时，其操作人员在耐张杆或终端杆上，利用三角紧线器（也可与双钩紧线器配合使用）调整导线的松紧。若为多档耐张段，卡好紧线器后，即可解开杆塔上导线的扎线，并选择耐张段中部有代表性的档距观察弧垂。若三相导线的弧垂均需调整，则应先同时调整好两个边相，然后调整中相。调整后的三相导线弧垂应一致。

（2）在终端杆上对导线弧垂进行调整时，应在横担两端导线反方向做好临时拉线，以防止横担受力不均而偏转。

4. 更换直线杆横担

（1）杆上作业人员将横担两边导线与绝缘子连接的绑线解掉，在杆顶处悬挂两个放线滑轮，用传递绳将导线系住，杆上、地面人员共同配合，把导线上移到放线滑轮中。

（2）杆上作业人员，把绝缘子与横担连接的螺母卸开，取下绝缘子用传递绳系好后，吊落到地面。

（3）在拆卸开横担与电杆连接螺栓前，使用传递绳把旧横担捆牢固，然后杆上作业人员拧开横担与电杆的固定部件，拆除横担。如果其螺栓及螺母锈死，用扳手无法拧开时，可使用钢锯将其锯开。横担脱离电杆后，地面人员用传递绳控制旧横担，使其慢慢降落到地面。

（4）地面人员将新横担及U形抱箍系于传递绳上，并起吊到杆上组装的位置，杆上作业人员进行新横担的组装。

（5）杆上作业人员用传递绳将已系好的绝缘子吊到杆上，然后把绝缘子从传递绳上解下并安装在横担两端的孔中，绝缘子顶槽方向与导线方向一致。

（6）杆上作业人员用传递绳系好导线，与地面人员配合，把放线滑轮中的导线下移到绝缘子的顶槽中即可，调整直线杆前后档的弧垂，用绑线将导线与绝缘子绑扎牢靠合格。

5. 更换终端杆横担

（1）更换终端杆横担的关键是考虑相邻第一根直线杆所承受的不平衡张力。若横担上有三根导线，首先用紧线器（或紧线用复滑车）将中间的一根导线移到原横担的下方电杆上事先装好的钢丝绳套子上，然后再将两边线也依次移到电杆事先装好的钢丝绳套子上。每根线移动后，耐张线夹与钢丝绳套子之间一定要连接牢固，不可以使紧线器长时间承受导线拉力，防止在更换横担的过程中出现紧线器跑嘴的意外情况发生。

（2）三根导线移好后就可以更换终端横担了，更换横担的步骤与更换直线杆横担基本相同。更换横担前要认真检查拉线及底把是否良好，更换横担后将导线逐一恢复。运行年久的金属横担锈蚀严重，往往会出现螺栓锈蚀、拆卸不了的情况，因此事先应准备铁锯。

（3）安装绝缘子，将钢丝绳套中的导线悬挂在耐张绝缘子上，两边相同步松开紧线器，检查和加固连接跳线。

6. 更换耐张杆绝缘子

（1）登杆人员登上杆塔至合适工作位置，系好安全带，将紧线器的尾线固定在横担上，在导线线夹的前面（以施工者方便施工的位置为宜，一般为0.3～0.5m）卡好卡线器，如图4-38所示。

（2）收紧紧线器，使耐张绝缘子串呈松弛状态，拆取绝缘子串与横担连接的金具，如拆取绝缘子与球头挂环之间的销子。

（3）将绳索系于绝缘子串前导线上，通过悬挂于横担的滑轮，地面人员拉紧绳索，作为后备措施。

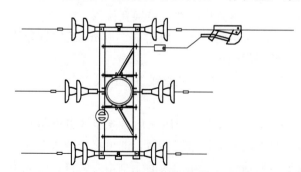

图4-38 利用紧线器拆装耐张杆绝缘子

（4）此时，可更换一片悬式绝缘子，也可更换蝶式绝缘子，还可以同时更换。如更换悬式绝缘子，即可拆旧装新；如更换蝶式绝缘子，就需在拆解蝶式绝缘子中部缠绕导线的绑线后再更换。

（5）在拆卸下旧蝶式绝缘子，安装好新的合格的蝶式绝缘子后，重新绑扎固定导线。

7. 更换耐张线夹

（1）用紧线器先将导线收紧，使其弛度稍小些。待耐张线夹与绝缘子之间的连接螺栓松动后，卸下该螺栓，再卸下线夹的全部 U 形螺栓，然后检查安装线夹部分的铝包带，缠绕应紧密。缠绕时从一端开始向另一端，其方向必须与导线外层线股弹绕方向一致。缠绕长度需露出线夹两端各 10～20mm。

（2）在装设线夹的 U 形螺栓时，要使耐张线夹的线槽紧贴导线的缠绕铝包带部分，装上全部 U 形螺栓及压板，并稍拧紧。在拧紧过程中，要受力均匀，不要使线夹的压板偏斜和卡碰。所有螺栓拧紧后，再逐个检查并复紧一次。

8. 移线与撤线

（1）移线。移线又叫翻线，是更换导线中的一道工序，就是沿着与导线轴向相垂直的方向横向移动导线。

1）各杆上的工作人员要将影响移线的接户线等障碍物临时拆除（移线后恢复）。

2）各杆上人员将工作绳从横担上绕过，工作绳的长度以使绳两头在地面工作人员够得着为宜。

3）地面工作人员将工作绳的一头拴好导线，拴导线时要采用琵琶扣（也叫拴马扣），如图 4-39 所示。拴好扣后，双手拽工作绳的另一头，杆上人员也同时向上提，将导线提升到横担的下方。

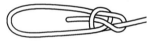

图 4-39　琵琶扣的结法

4）截面超过 TJ-70、LJ-185、LGJ-120 型的导线在跨越中压横担端部时，杆上人员要用肩膀抬过，放到横担上部的放线滑车上。

5）移线的过程中要防止导线互相交叉，要防止被树枝等障碍物挂住。

6）三根导线都移好后就可以紧线了。

7）在移线段内有跨越有电的电力线、电车滑线、通信线时，应采取停电或搭跨越架等安全措施，不可将导线直接落到被跨越物上。在跨越通车道路时，要派专人持红白信号旗看守路口，防止车辆刮走导线，甚至拽断电杆发生伤人事故。杆上作业人员在转位时，不可脱离安全带保护。

（2）撤线。

1）撤线之前要检查导线中间有无接头，尤其是当接头通过滑车时，要派专人看守，看守人持红白旗或无线通信工具，防止接头被滑车或其他障碍物卡住。

2）撤线时，首先将各直线杆上的绝缘子的绑线拆掉，并将导线移到滑车内。

3）将耐张杆上的导线用紧线器（或滑车组、手扳葫芦）和工作绳缓慢松开并落地。

4）用人力（或机械）拽线，使落地导线向线轴方向拽出一档余线，紧接着一部分人往线轴上卷绕，另部分人拽线，直至将这根导线撤完为止。

5）为防止各交叉跨越档内有电线路突然来电或感应电的可能，在邻近线轴的第一杆上的滑车要做好可靠的接地。

6）在主要通车道路要派专人看守。

9．绝缘导线的修补与接续

（1）绝缘层损伤处理。绝缘层损伤深度在 0.5mm 及以上时应进行绝缘修补。可用绝缘自粘带缠绕，每圈绝缘粘带间搭压带宽的 1/2，修补后绝缘自粘带的厚度应大于绝缘层损伤深度，且不少于两层。也可用绝缘护罩将绝缘层损伤部位罩好，并将开口部位用绝缘自粘带缠绕封住。

（2）承力接头的连接和绝缘处理。承力接头的连接采用钳压法和液压法，截面为 240mm² 及以上铝线芯绝缘线承力接头宜采用液压法接续。

1）钳压法。将钳压管的喇叭处理平滑，剥去接头处的绝缘层、半导体层，剥离长度比钳压管长 60～80mm。线芯端头用绑线扎紧，锯齐导线。按规定的压口数和压接顺序压接，压接后按钳压标准矫直钳压管。将要进行绝缘处理的部位清洗干净，在钳压管两端口至绝缘层倒角间用绝缘自粘带缠绕成均匀弧形，然后进行绝缘处理。导线钳压（钳接）的方法、压口数及压口尺寸与同型号的裸导线相同。

2）液压法。剥去接头处的绝缘层、半导体层，将线芯端头用绑线扎紧，锯齐导线。铝绞线接头处的绝缘层、半导体层的剥离长度，每根绝缘线比铝接续管的 1/2 长 20～30mm。钢芯铝绞线接头处的绝缘层、半导体层的剥离长度为：当钢芯对接时，其中一根绝缘线比铝接续管的 1/2 长 20～30mm，另一根绝缘线比钢接续管的 1/2 和铝接续管长度之和长 40～60mm；当钢芯搭接时，其一根绝缘线比钢接续管和铝接续管长度之和的 1/2 长 20～30mm，另一根比钢接续管和铝接续管的长度之和长 40～60mm。按规定的液压部位及操作顺序压接。各种接续管压后压痕应为正六角形，正六角形对边尺寸为接续管外径的 0.866 倍，最大允许误差为（$0.866 \times 0.993D + 0.2$）mm，其中 D 为接续管外径，三个对边只允许有一个达到最大值。接续管不应有扭曲及弯曲现象，校直后不应出现裂缝，应锉掉飞边、毛刺。将需要进行绝缘处理的部位清洗干净后进行绝缘处理。各处接续管的液压部位及操作顺序与同型号的裸导线相同。

在接头处安装辐射交联热收缩管护套或预扩张冷缩绝缘套管（统称绝缘护套），作为承力接头的绝缘处理。绝缘护套直径一般为被处理部位接续管的 1.5～2 倍。中压绝缘使用内外两层绝缘护套，低压绝缘线使用一层绝缘护套进行绝缘处理。有半导体层的绝缘线应在接续管外面先缠绕一层半导体粘带和绝缘线的半导体层连接后再进行绝缘处理。每圈半导体粘带间搭压带宽的 1/2。

3）辐射交联热收缩管护套的安装。加热工具使用丙烷喷枪，火焰呈黄色，避免蓝色火焰。一般不用汽油喷灯，使用时，应注意控制距离，控制温度。将内层热缩护套推入指定位置，保持火焰慢慢接近，从热缩护套一端开始，使火焰螺旋移动，保证热缩护套沿圆周方向充分均匀收缩。收缩完毕的热缩护套应光滑无皱折，显示出其内部结构轮廓。然后在指定位置浇好熔胶，推入外层热缩护套后继续用火焰使之均匀收缩。热缩部位冷却至环境温度之前，不得施加任何机械应力。

4）预扩张冷缩绝缘套管的安装。内外两层冷缩管先后推入指定位置，逆时针旋转退出分瓣开合式芯棒，冷缩管松端开始收缩。采用冷缩管时，其端口不用热熔胶护封。承力接头钳压、铝绞线和钢芯铝绞线液压连接绝缘处理示意图如图4-40～图4-42所示。

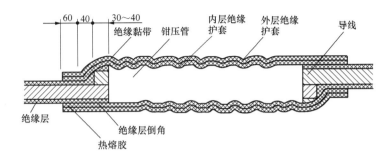

图4-40 承力接头钳压连接绝缘处理示意图

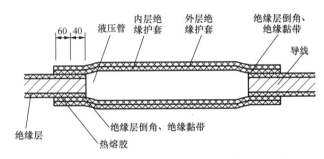

图4-41 承力接头铝绞线液压连接绝缘处理示意图

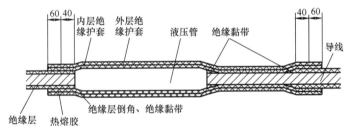

图4-42 承力接头钢芯铝绞线液压连接绝缘处理示意图

5）非承力接头的连接和绝缘处理。使用线夹或接线端子对导线进行接续处理后，需安装专用护罩。

第六节 常见故障及其预防

架空配电线路常见的故障主要有电气性故障和机械性破坏故障两大类。

一、电气性故障及其预防

配电网在运行中经常发生故障，大多数是短路故障，少数是断线故障。

1. 短路的原因及其危害

短路是指相与相之间或相与地之间的连接，它包括三相短路、三相接地短路、两相短路、两相短路接地和单相短路接地。短路的主要原因为相间绝缘或相对地绝缘被损坏，如绝缘击穿、金属连接等。

短路不仅在回路中产生很大的短路电流，产生很大的热效应和电动力效应，从而损坏电气设备，而且短路会引起电力网络中电压降低，靠近短路点越近，电压降得越多，影响用户的正常供电。

（1）单相接地。线路一相的一点对地绝缘损坏，该相电流经由此点流入大地，叫单相接地。单相接地是电气故障中出现机会最多的故障，它的危害主要在于使不接地的配电网三相平衡系统受到破坏，非故障相的电压升高$\sqrt{3}$倍，可能会引起非故障相绝缘的破坏，从而发展成为两相或三相短路接地。

造成单相接地的因素很多，如一相导线的断线落地、树枝碰及导线、跳线因风偏对杆塔放电、支持或固定导线的绝缘子、避雷器的绝缘击穿等。

（2）两相短路。线路的任意两相之间造成直接放电叫两相短路，将使通过导线的电流比正常时增大许多倍，并在放电点形成强烈的电弧，烧坏导线，造成中断供电。两相短路包括两相短路接地，比单相接地情况要严重得多。两相短路的原因有混线、雷击、外力破坏等。

（3）三相短路。在线路同一地点的三相间直接放电叫三相短路。三相短路（包括三相短路接地）是线路上最严重的电气故障，不过它出现的机会较少。三相短路的原因有混线、线路带地线合闸、线路倒杆造成三相短路接地等。

2. 缺相

断线不接地，通常又称缺相运行，将使送电端三相有电压，受电端一相无电压，三相电动机无法运转。造成缺相运行的原因有：保险丝一相烧断，跳线因接头不良过热或烧断等。

3. 电气性故障的预防

根据电气性故障发生的原因，可采取以下相应的预防措施：

（1）单相接地：及时清理线路走廊、修剪过高的树木、拆除危及安全运行的违章建筑，确保安全运行的距离。

（2）混线：调整弧垂、扩大相间距离、缩小档距。

（3）外力破坏：悬挂安全警示标志、加强保杆护线的宣传、加强跟踪线路走廊的异常变化和工地施工的情况。

（4）雷击的预防：加装避雷器、降低接地电阻，降低雷击的损坏程度；启用重合闸功能，提高供电可靠性。

（5）绝缘子击穿：选用合格的绝缘子，在满足绝缘配合的条件下提高电压等级和防污秒等级；加强绝缘子清扫。

二、机械性破坏故障及其预防

架空配电线路上的机械性破坏故障，常见的有倒杆或断杆、导线损伤或断线等。

1. 倒杆、断杆

倒杆是指电杆本身并未折断，但电杆的杆身已从直立状态倾倒，甚至完全倒落地面。断杆是指电杆本身折断，特别是电杆根部折断，杆身倒落地面。倒杆和断杆故障绝大多数会造成供电中断。

线路发生倒杆或断杆的主要原因有电杆埋设深度不够、电杆强度不足、自然灾害如大风或覆冰使杆塔受力增加、基础下沉或被雨水冲刷、防风拉线或承力拉线失去拉力作用、外力如汽车撞击等。

预防的措施为：加强巡视，及时发现并消除缺陷，重点检查电杆缺陷有无裂纹或腐蚀、基础及拉线情况，汛期和严冬要重点检查，对易受外力撞击应加警示标志、及时迁移。

2. 导线损伤或断线

导线损伤的原因包括制造质量问题、外力撞击如炸石等、导线过热、雷击闪络等。预防的措施为：加强质量把关，加强线路走廊的防护，加强线路的巡视。

导线断线的原因包括覆冰拉断、雷击断线、接头发热烧断、导线的振动等。预防的措施为：及时跟踪调整弧垂，采取有效的防雷措施，加强导线接头的跟踪检查，安装防振锤等。

三、故障的抢修

配电事故发生时，应尽快查出事故地点和原因，清除事故根源，防止扩大事故；采取措施防止行人接近故障导线和设备，避免发生人身事故；尽量缩小事故停电范围和减少事故损失；对已停电的用户尽快恢复供电。故障抢修的步骤如下：

（1）馈线发生故障时，运行部门应立即通知抢修班组，并提供有助于查找故障点的相关信息。

（2）抢修班组在接到由用户信息部门或运行部门传递来的故障信息后，应迅速出动，尽快到达故障现场。

（3）抢修现场故障的进一步查找及判断。

（4）故障段隔离及现场故障修复。

（5）故障处理完成后的供电恢复。

运行单位为便于迅速、有效地处理事故，应建立事故抢修组织和有效的联系方式，并做好大面积停电预案及演练。故障发生后，抢修班组应根据故障报修信息做好记录，迅速、准确地作出初步判断和确定查找故障点方案，尽快组织处理故障，对故障信息（故障报修次数、到达现场时间、故障处理时间、客户满意度等）进行统计、分析，不断改进和提高故障处理的速度和水平。

第五章

配 电 电 缆 线 路

电缆线路由电缆本体、电缆中间接头、电缆终端头等组成，同时还包括相应的土建设施，如电缆沟、排管、竖井、隧道等。电缆线路一般敷设在地下，少量也有架空或水下敷设。

第一节　电力电缆及敷设方式

与架空线路相比，电缆线路具有以下主要优点：①不受自然气象条件（如雷电、风雨、盐雾、污秽等）的干扰；②不受沿线树木生长的影响；③有利于城市环境美化；④不占地面走廊，同一地下通道可容纳多回线路；⑤有利于安全用电和防止触电；⑥维护费用小。但也存在以下缺点：①同样的导体截面积，输送电流比架空线的小；②投资建设费用成倍增大，并随电压等级的增高而增大；③故障修复时间也较长。

目前配电线路在下列情况下宜采用电缆线路：①依据城市的规划，繁华地区、重要地段、主要道路、高层建筑区及对市容环境有特殊要求者；②跨越电气化铁路；③架空线路走廊难以解决者；④供电可靠性高或重要负荷用户；⑤重点风景旅游区；⑥沿海地区易受热带风暴侵袭的主要城市的重要供电区域；⑦电网结构或运行安全的需要。

一、电力电缆的结构及分类

1. 电力电缆的结构

电力电缆的基本结构由导体、绝缘层、护层（包括护套和外护层）三部分组成，中压电缆主绝缘包括内半导电屏蔽层、绝缘层、外半导电屏蔽层三层。电缆采用铜或铝做导体；绝缘体包在导体外面起绝缘作用，可分为纸绝缘、橡胶绝缘和塑料绝缘三种；护套起保护绝缘层的作用，可分为铅包、铝包、铜包、不锈钢包和综合护套；外护层一般起承受机械外力或拉力作用，防止电缆受损，主要有钢带和钢丝两种。电力电缆结构如图 5-1 所示。

2. 电力电缆的分类

常用电力电缆的分类方法如下：

（1）按电压等级分类。电力电缆的额定电压以 U_0/U（U_m）表示，其中 U_0 是电缆导体和接地的外屏蔽层（或金属套）之间的额定工频电压（有效值），其值与系统相对地电压有

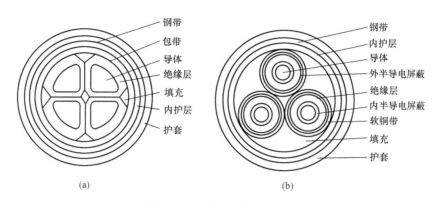

图 5-1 电力电缆结构示意图

(a) 四芯低压电缆；(b) 三芯中压电缆

关，但非相电压；U 是电缆任何两个导体之间的额定工作电压（有效值），即额定线电压；U_m 是设计采用的电缆任何两个导体之间的最高工频电压（有效值），$U_m = 1.15U$。根据 IEC 标准推荐，电缆可按适用的额定电压 U 为序，划分低压、中压、高压和超高压等类别。低压配电网中常用电缆的电压等级有 0.6/1，中压配电网有 6/10、8.7/10、8.7/15、12/20、18/20、18/30 等。

（2）按导体材料分类。分为铜芯电缆和铝芯电缆两种。

（3）按导体标称截面积分类。我国电力电缆的标称截面积系列为：1.5、2.5、4、6、10、16、25、35、50、70、95、120、150、185、240、300、400 等。

（4）按导体芯数分类。电力电缆导体芯数有单芯、二芯、三芯、四芯和五芯共五种，四芯或五芯的零线和保护线可与相线的截面相同或者不同，中压电缆多为三芯。

（5）按绝缘材料分类。分为油浸纸绝缘电缆和塑料挤包绝缘电缆。油浸纸绝缘电力电缆是以纸为主要绝缘体，用绝缘油充分浸渍制成，中低压电缆已基本淘汰了油浸纸绝缘电缆。塑料挤包绝缘电力电缆包括聚氯乙烯绝缘电力电缆、交联聚乙烯绝缘电力电缆、聚乙烯绝缘电力电缆、阻燃电力电缆、耐火电力电缆等。

3. 电力电缆的型号表示方法

电力电缆的型号表示方法如下：

（1）用汉语拼音第一个字母的大写分别表示绝缘种类、导体材料、内护层材料和结构特点，各种代号及其含义见表 5-1。

表 5-1　　　　　　　　　　　　电力电缆型号的代号及其含义

绝缘种类	导体材料	内护层	特　征	铠装层	外被层
V—聚氯乙烯 X—橡胶 Y—聚乙烯 YJ—交联聚乙烯 Z—纸	L—铝 T（省略）—铜	V—聚氯乙烯护套 Y—聚乙烯护套 L—铝护套 Q—铅护套 H—橡胶护套 F—氯丁橡胶护套	D—不滴流 F—分相 CY—充油 P—贫油干绝缘 P—屏蔽 Z—直流	0—无 2—双钢带 3—细钢丝 4—粗钢丝	0—无 1—纤维外被 2—聚氯乙烯护套 3—聚乙烯护套

注　阻燃电缆在代号前加 ZR；耐火电缆在代号前加 NH。

（2）用数字表示外护层构成，有两位数字。第一位数表示铠装，无数字代表无铠装层；第二位数表示外被，无数字代表无外被层。

（3）电缆型号按电缆结构的排列一般依下列次序：绝缘材料—导体材料—内护层—外护层。

（4）电缆产品的标注方法是在型号后再加上说明额定电压、芯数和标称截面积的阿拉伯数字。

型号举例如下：

（1）VV_{42}-10-3×50，表示铜芯、聚氯乙烯绝缘、粗钢线铠装、聚氯乙烯护套、额定电压 10kV、三芯、标称截面积为 50mm² 的电力电缆。

（2）YJV_{32}-1-4×150，表示铜芯、交联聚乙烯绝缘、细钢丝铠装、聚氯乙烯护套、额定电压 1kV、四芯、标称截面积为 150mm² 的电力电缆。

二、电力电缆的敷设方式

电缆的敷设方式应根据电压等级、最终数量、施工条件及初期投资等因素确定，主要的敷设方式有直埋敷设、排管敷设、电缆沟敷设、隧道敷设、桥架敷设、电缆竖井敷设、架空敷设、海底电缆敷设等。

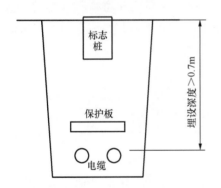

图 5-2 电缆直埋敷设断面图

1. 直埋敷设

直埋敷设是将电缆直接埋设地下 0.7m 深以下的一种敷设方式，如图 5-2 所示。这是最经济简便的敷设方式，适用于电缆线路不太密集和交通不太频繁的城乡地下走廊，如市区人行道、公园绿地及公共建筑间的边缘地带。它的优点是施工时间短、散热条件好、载流量较大；缺点是容易受到机械外力损坏，更换电缆困难，容易受到周围土壤化学或电化学腐蚀。直埋敷设的电缆一般选用铠装电缆，敷设的路径应竖立电缆位置的标志。

2. 排管敷设

排管敷设是将电缆敷设在预先埋设于地下的管子中的一种电缆安装方式，电缆排管施工现场如图 5-3 所示。通常用于交通频繁、城市地下走廊较为拥挤的地段。排管每达到一定

图 5-3 电缆排管施工现场图

长度后以及转弯处应设置一处人孔井，两座人井间的距离决定于敷设电缆时的允许牵引长度和地形。排管敷设的优点是土建工程一次完成，其后在同途径陆续敷设电缆时不必重复开挖道路，检修或更换电缆迅速方便，此外不易受到外力机械损坏；缺点是土建工程投资较大，工期较长，而且如果排管中的电缆损坏，需要更换两相邻人井间的整根电缆。

3. 电缆沟敷设

电缆沟敷设是将电缆敷设在预先砌好的电缆沟中的一种电缆安装方式，如图5-4所示。适用于不能直接埋入地下且无机动车负载的通道，如人行道、工厂内场地等。电缆沟敷设的优点类似于电缆排管敷设，且需要的人井少，减少了投资；缺点是盖板承压强度较差，电缆沟容易积水，电缆的载流量比直埋的低。

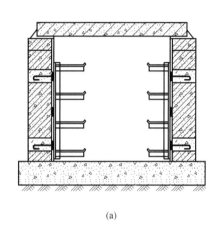

(a)   (b)

图5-4 电缆沟敷设图

(a) 断面图；(b) 现场敷设

4. 隧道敷设

隧道敷设是将电缆敷设在地下隧道内的一种电缆安装方式，如图5-5所示，用于电缆线路较多和电缆线路路径不易开挖的场所（如过江隧道、机场跑道隧道等）。隧道的高度、宽度除了需满足容纳需要敷设电缆的数量外，还需满足施工时必要的场地要求，通常还有照明、排水、通风和防火措施及设备。电缆隧道敷设具有方便施工、巡视、检修和更换电缆等较多优点，其缺点是投资大，隧道施工期长，且要求有严格的防火设施。

图5-5 电缆隧道敷设图

5. 桥架敷设

将电缆敷设在建筑物内预先装设的电缆桥架的一种电缆安装方式，如图5-6所示，主要用在户内变电站、开闭所、配电所（站室）。电缆桥架一般比电缆隧道有更大空间，因此其电缆支架可以不依附于墙壁，并可按需要位置设立多层桥架。桥架四周及桥架之间备有通道，便于施工和运行巡视。由于电缆层的电缆一般都在配电装置下，电缆密集，纵横交叉，在设计及敷设时需要妥当排列整齐，以免影响施工及巡视。

6. 电缆竖井敷设

电缆竖井敷设是将电缆敷设在预先建设的竖井中的一种敷设方式（见图5-7），主要用在高层建筑或电缆隧道出口竖井。

图5-6 电缆桥架敷设图

图5-7 电缆竖井敷设图

7. 架空敷设

架空敷设是将电缆敷设在悬挂的架空钢索上的一种敷设方式，主要用在电缆根数少、地下敷设有困难的场合，或用于短期使用的临时设备。室外架空敷设的电缆应尽量避免太阳直接照射，必要时加遮阳罩。

8. 水底电缆敷设

将电缆敷设在水底的一种敷设方式。主要用在电缆线路跨越内河、大江、海峡等场所。水底电缆敷设不但要满足设计要求，还要根据具体工程选用最佳的敷设方法及相应的装备。

水底电力电缆的整个制造过程同一般电力电缆基本相同，但在电缆机械强度、防腐、防水方面要求上有所特殊（海底电缆结构见图5-8），要求电缆长度尽量延长满足敷设长度而没有接头（出厂制造时软接头成形）；敷设时，要求一次性把一根电缆完全敷设到水底中，因此，制造、运输、施工难度都较大。尤其海底电缆连接岛屿供电，其长度多达数公里，是一项复杂困难的大型工程，具有很多特殊性，下面仅简要介绍海底电缆的敷设。

防腐层　　铜导体
包带　　　导体屏蔽
内垫层　　XLPE绝缘
钢丝铠装　绝缘屏蔽
外被层　　半导电阻水层
填充　　　合金铅套

图5-8 海底电缆结构图

水底电缆敷设主要包括电缆路由勘查清理、电缆敷设和冲埋保护三个阶段。电缆敷设时要使用专用的敷设船，一般是将电缆盘绕于一个储缆盘或回转台上，以备装运到电缆敷设船，由电缆敷设船将电缆运到敷设地区，如图5-9（a）、（b）所示。为了防止电缆在水海底受损，一般都要在敷设电缆时，先开出一条沟，然后把电缆放在沟里，由水流动冲击泥沙将其掩埋起来。开挖水底电缆沟的方法，有的采用高压水枪喷射出一条沟，有的是采用电缆犁犁出一条沟来，如图 5-9 所示（c）。

(a)

(b)

(c)

(d)

(e)

图 5-9　海底电缆的敷设

（a）电缆敷设专用船；（b）储缆盘；（c）电缆犁；（d）海底敷设；（e）浅滩敷设

电缆必须一次性完全敷设到海底，敷设中通过控制敷设船的航行速度、电缆释放速度来控制电缆的入水角度以及敷设张力，避免由于弯曲半径过小或张力过大而损伤电缆。深海段敷设时，电缆敷设船使用水下监视器、水下遥控车不断地进行监视和调整，控制敷设船的前进速度、方向和敷设电缆的速度，以绕开凹凸不平的地方和岩石避免损伤电缆，如图 5-9（d）所示。在浅滩段敷设时，电缆需绑浮包保护，如图 5-9（e）所示，通过岸上的牵引机牵引，将放置在浮包上的电缆牵引上岸，电缆上岸后拆除浮包，使电缆下沉至海底。

如果路由上有岩石，还要采取防护措施，防止电缆磨损。在浅海采用埋设，而在深海则采用敷设。水力喷射式埋设是主要的埋设方法。埋设设备的底部有几排喷水孔，平行分布于两侧，作业时，每个孔同时向海底喷射出高压水柱，将海底泥沙冲开，形成海缆沟；设备上部有一导缆孔，用来引导电缆（光缆）到海缆沟底部，由潮流将冲沟自动填平。埋设设备由施工船拖曳前进，并通过工作电缆作出各种指令。敷缆机一般没有水下埋设设备，靠海缆自重敷设在海底表面。

在施工的最后阶段，主要是对海底电缆进行深埋保护，减小复杂的海洋环境对海底电缆的影响，保证运行安全。在沙地及淤泥区，用高压冲水产生一条约 2m 深的沟槽，将电缆埋入其中，旁边的沙土将其覆盖；在珊瑚礁及黏土区，用切割机切割一条 0.6～1.2m 深的沟槽，把电缆埋入沟槽，自然回填形成保护；在坚硬沿区，需在电缆上覆盖水泥盖板等硬质物体实施保护。

第二节　电缆线路的施工

电缆安装工程包括敷设、接头制作和试验三大工序。电缆敷设的现场管理工作比较复杂，涉及面很广，需要各方面协调配合，是电缆线路施工的关键工序。为了确保电缆线路工程的质量，必须以严格的现场管理贯穿于电缆施工的全过程。同时，要努力提高敷设工程的机械化程度，降低劳动强度，实现文明施工。

一、电缆的施工步骤

1. 敷设前的准备工作

（1）现场勘察，确认电缆路径图。依据设计施工图纸，现场勘察电缆路径及施工作业环境。

1）查看电缆线路所经地方的地形、有无障碍物、有无其他管线交叉，避开比较容易遭受机械外力损伤和周围环境的化学或电化学腐蚀的场所，发现存在问题可及时修正。

2）电缆敷设路径具备施工条件，需要对局部开挖、电缆沟清淤修补、电缆排管疏通的部位进行记录，以便办理开挖手续。

3）现场作业环境勘察，确定电缆施工器具、电缆盘放置地点、拖放方向。

（2）制订施工方案。根据施工任务和现场勘察结果，编制施工计划、作业指导书。作业指导书要体现施工方案、技术措施、安全措施以及人员、材料的组织。

（3）管沟的检查与整改。对电缆敷设路径进行全线检查，清理电缆管沟积水和积淤，修补破损管沟、盖板，对有尖锐突出物或毛刺的进行整治，进行局部路径的开挖并办理相关开挖手续。

（4）电缆及施工器具的检查和准备。

1）核实电缆的规格型号是否与设计要求相符，度量电缆长度（注意应考虑附加长度，可参考表5-2），合理安排每盘电缆长度和减少电缆接头。

表5-2 电缆敷设度量时的附加长度

序号	项 目		附加长度（m）
1	电缆终端头的制作		0.5
2	电缆中间接头的制作		0.5
3	检修电缆终端用的预留量		1
4	检修电缆中间接头用的预留量		1
5	由地坪引至各设备的终端头处	电动机（按接线盒对地坪的实际高度）	0.5~1
		配电屏	1
		车间动力箱	1.5
		控制屏或保护屏	2
		厂用变压器	3
		主变压器	5
6	由厂区引入建筑物时		1.5
7	直埋电缆考虑上下左右的转弯		全长的1%
8	进入沟内或吊架引上、引下的余量		1
9	进入隧道中引上、引下的余量		2

2）检查电缆外表面应无损伤，测量电缆的绝缘电阻良好。

3）准备合适的电缆盘架、直线和转角滚轮、牵引网套、拖动机械、钢丝绳索等施工工具。

2. 施放电缆

电缆和施工器具就位，根据电缆的敷设方法和作业指导书的要求敷设电缆，将电缆施放至所要求的位置。电缆拖放过程要专人指挥、速度缓慢，电缆线头专人监护跟随，每隔50m左右和有电缆井、转弯处设专人看管监护，电缆沟和电缆井安装直线和转角滚轮（所有转角必须安装），防止过度牵引或异物卡塞而损伤电缆。

电缆施放后应再测量绝缘电阻，符合要求后将电缆整理整齐有序后固定在支架上，最后锯断电缆。没有紧接着做中间接头或终端头的，应将电缆两端密封防潮。

电缆敷设完毕后及时恢复盖板、井盖，直埋段的覆土填平、埋设电缆走向标志，清理施工现场和多余材料。

3. 安装电缆终端和中间接头

根据施工图纸安装终端和中间接头，安装完毕后进行电缆交接试验，主要试验内容包括绝缘电阻试验、交流耐压试验和相位的检查核对，最后根据相位核对结果连接电缆端头与设备。雨天或潮湿天气不宜安装电缆终端和中间接头。

至此，电缆敷设的现场工作已基本完成，最后在电缆线路上装设标志牌以及警示标志，在需要防火的地段完成防火防爆设施。

4. 竣工资料整理及报验

竣工资料包括敷设路径图、各段的敷设断面图、电缆规格型号、起止地点及长度、电缆附件型号、电缆头安装位置及安装记录、电缆施工记录、试验报告。施工单位自检、技术资料整理完成，即可向电缆管理单位申报验收。

二、电缆的敷设

（一）施工准备

1. 设备及材料要求

（1）所有材料规格型号及电压等级应符合设计要求，并有产品合格证。

（2）每轴电缆上应标明电缆规格、型号、电压等级、长度及出厂日期。电缆轴应完好无损。

（3）电缆外观完好无损，铠装无锈蚀、无机械损伤，无明显皱折和扭曲现象。橡套及塑料电缆外皮及绝缘层无老化及裂纹。

（4）各种支撑和固定用的金属型钢不应有明显锈蚀，管内无毛刺，所有紧固螺栓，均应采用镀锌件。

（5）其他附属材料：电缆盖板、电缆标示桩、电缆标志牌等均应符合要求。

2. 主要机具

（1）电动机具、敷设电缆用的支架及轴、电缆滚轮、转向导轮、吊链、滑轮、钢丝绳、大麻绳、千斤顶、电缆牵引网套。

（2）绝缘摇表、皮尺、钢锯、手锤、扳手、电（气）焊工具、电工工具。

（3）无线电对讲机（或简易电话）、手持扩音喇叭（有条件可采用多功能扩大机作通信联络）。

3. 作业条件

（1）土建工程应具备下列条件：

1）预留孔洞、预埋件符合设计要求、预埋件安装牢固，强度合格。

2）电缆沟、隧道、竖井及人孔等处的地坪及抹面工作结束，电缆沟排水畅通，无积水、积淤。

3）电缆沿线模板等设施拆除完毕。场地清理干净、道路畅通，沟盖板齐备。

4）架电缆用的轴辊、支架及敷设用电缆托架准备完毕，且符合电缆敷设，可用无线电对讲机作为定向联系，简易电话作为全线联系，手持扩音喇叭指挥（或采用多功能扩大机，它是指挥放电缆的专用设备）。

5）在桥架或支架上多根电缆敷设时，应根据现场实际情况，事先将电缆的排列用表或图的方式划出来，以防电缆的交叉和混乱。

（2）电缆的搬运及支架架设。

1）电缆短距离搬运，一般采用滚动电缆轴的方法，滚动时应按电缆轴上箭头指示方向滚动。如无箭头时，可按电缆缠绕方向滚动，切不可反缠绕方向滚运，以免电缆松弛。

2）电缆支架的架设地点应选好，以敷设方便为准，一般应在电缆起止点附近为宜。架设时，应注意电缆轴的转动方向，电缆引出端应在电缆的上方。

（二）敷设方式

1. 直埋电缆敷设

（1）挖沟整平，清除沟内杂物，铺完底沙或细土。

（2）电缆敷设。

1）电缆敷设可用人力拉引或机械牵引。采用机械牵引可用电动绞磨或托撬。电缆敷设时，应注意电缆弯曲半径应符合规范要求。

2）电缆在沟内敷设应有适量的蛇型弯，电缆的两端、中间接头、电缆井内、垂直位差处均应留有适当的余度。

3）铺砂盖砖等保护板。

4）电缆敷设完毕，应设明显方位标桩。直线段应适当加设标桩，标桩以露出地面15cm为宜。

5）电缆进入电缆沟、竖井、物以及穿入管子时，出入口应封闭，管口应密封。

6）有麻皮保护层的电缆，进入室内部分，应将麻皮剥掉，并涂防腐漆。

2．电缆沿支架、桥架敷设

（1）水平敷设。

1）敷设方法可用人力或机械牵引。

2）电缆沿桥架或托盘敷设时，应单层敷设，排列整齐。不得有交叉，拐弯处应以最大截面电缆允许弯曲半径为准。

3）不同等级电压的电缆应分层敷设，高压电缆应敷设在上层。

4）同等级电压的电缆沿支架敷设时，水平净距不得小于35mm。

（2）垂直敷设。

1）进行垂直敷设时，有条件的最好采用自上而下的方法敷设。土建未拆吊车前，利用吊车将电缆吊至楼层顶部。敷设时，同截面电缆应先敷设低层，后敷设高层，要特别注意，在电缆轴附近和部分楼层应采取防滑措施。

2）自下而上敷设时，低层小截面电缆可用滑轮大绳人力牵引敷设。高层、大截面电缆宜用机械牵引敷设。

3）沿支架敷设时，支架距离不得大于1.5m，沿桥架或托盘敷设时，每层最少加装两道卡固支架。敷设时，应放一根立即卡固一根。

4）电缆穿过楼板时，应装套管，敷设完后应将套管用防火材料封堵严密。

3．挂标志牌

（1）标志牌规格应一致，并有防腐性能，挂装应牢固。

（2）标志牌上应注明电缆编号、规格、型号及电压等级。

（3）直埋电缆进出构筑物、电缆井及电缆终端头、电缆中间接头处端应挂标志牌。

（4）沿支架桥架敷设电缆在其首端、末端、分支处应挂标志牌。

（三）电缆敷设注意事项

电缆本体的质量包括各组成部分的材料、绝缘层的强度、同心度等，质量较差的主要表现在铜芯纯度低、截面不足，绝缘层、护套层的厚度不均匀、不足，通过入库检测均可以发现排除，比较直观易控。值得一提的是，库存的电缆两端应密封处理，防止进水或受潮，使用前再次检查、测试绝缘电阻，若发现进水或受潮，应先行处理。

保护电缆的物理特性是施工质量的控制目标。敷设过程中要采取措施保护电缆外皮不受损伤，弯曲半径不得超过允许值，对电缆的性能不产生影响。电缆敷设时应避开支架棱角或尖刺，电缆转弯要有滑车过渡，进出保护管要有光滑的喇叭口，保护管内壁必须光滑，拖动要缓慢且平稳，强行拖放电缆将会损伤外皮甚至主绝缘，妥善采取保护措施即可完全避免。

过小的弯曲半径将挤压或拉伸电缆的缆芯、绝缘层或护层，因此，在电缆敷设施工中，必须对电缆弯曲半径进行控制。电缆最小允许弯曲半径与电缆外径、电缆绝缘材料和护层结构有关，通常规定以电缆外径的倍数表示的最小允许半径，中低压交联聚乙烯绝缘电缆的弯曲半径不小于电缆外径的 10 倍（单芯为 12 倍），交联聚氯乙烯绝缘电缆不小于 10 倍。

为了保证电缆的敷设质量，必须以严格的现场管理贯穿于电缆敷设的全过程。电缆敷设时的要求如下：

（1）电缆敷设时不应损坏电缆管沟、电缆隧道、电缆井、人孔井及防水层，沟道、隧道内的排水应畅通、无积淤。

（2）电缆敷设时，电缆应从电缆盘的上端引出。

（3）用机械敷设电缆时，应有专人指挥，使前后密切配合、行动一致，以防电缆受力过大或过牵引。电缆敷设拖放的速度不宜超过 15m/min，以免侧压力过大损伤电缆以及拉力过大超过允许强度。在复杂或弯曲的路径上敷设电缆时，其速度应适当放慢。

（4）电缆要经过隧道、竖井、沟道、人孔井转弯处等复杂路径时，要有专人监护检查，避免电缆敷设出现差错，防止电缆遭受压扁、电缆绞拧、护层折裂、绝缘破损等机械损伤。

（5）电缆切断时应考虑附加长度。电缆切断后应将端头密封，以免水分浸入电缆内部而受潮，影响施工质量和使用寿命。

（6）并列敷设的电缆，有接头时应将接头错开。电缆接头应有防止机械损伤的保护盒及防火涂料（或防火包带、防火防爆盒）。

（7）电缆敷设后，应及时整理固定，做到横平竖直、排列整齐美观，避免交叉重叠，及时在电缆终端、中间接头、电缆拐弯处、夹层内、隧道及竖井的两端等地方装设电缆线路名称标志牌和路径走向标志，标志牌上标明电缆线路名称、规格型号、起止地点、施工单位、施工日期。

（8）电力电缆除进行交接试验和预防性试验外，在施工过程中还应进行绝缘试验，以鉴别检查施工各环节的电缆质量和工艺质量。敷设前在电缆盘上进行试验以鉴别电缆好坏；敷设完成并固定后进行试验，以鉴别敷设中电缆有无损坏；电缆头施工完毕后进行试验，以鉴别电缆头的质量。

三、电缆接头的制作

电缆终端和中间接头应与电缆本体绝缘具有相容性，采取加强绝缘、密封防潮、机械保护等措施，制作工艺也有严格的要求。电缆中间接头制作这一关键工艺推行持证上岗，严格遵守制作程序和工艺，施工过程进行全程拍摄，加强制作工艺的监督和签证记录，保障电缆附件的施工质量；依据故障或不合格次数对安装人员和承建单位注册扣分，记分结果作为招标或证书的动态进退机制。

电缆终端头应有绝缘管作为附加绝缘和密封，雨裙根据悬挂方式的套装顺序来防进水，要有相色标志。低压和中压电缆终端头的结构如图 5 - 10 （a）、（b）所示。户内或户外中压电缆终端头应装设短路故障指示器，方便故障区段的查找。

电缆中间接头在电缆线路中承担着电缆连接的功能，用于制造长度不足或者故障剪断修

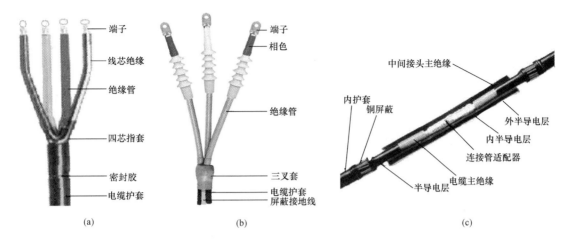

图 5-10　电缆终端和中间接头结构图

（a）低压四芯电缆头；（b）中压电缆终端头；（c）冷缩中压电缆中间接头剖面

复的对接，是电缆线路的重要附件设施，也是最为薄弱的节点。电缆附件要有良好的电气性能和机械性能，电气性能对材质和内部结构有相当高的要求，稍有偏差都将出现气隙、吸潮或进水，影响绝缘性能，造成电场分布的改变，导致局部放电绝缘击穿。中压电缆中间接头先后出现了绕包式、热缩式、预制推入式和冷缩式，冷缩式以其方便快捷的安装和优异的电气性能成为主流产品。冷缩中压电缆中间接头的结构如图 5-10（c）所示，中间接头主绝缘安装完毕后，铜屏蔽层也逐相独立对接，钢带（丝）铠装层用配套的接地线对接，最后安装恢复外护套的装甲带。

（一）冷缩电缆终端头的制作

冷缩电缆头的工艺原理：利用冷缩管的收缩性，使冷缩管与电缆完全紧贴，同时用半导体自粘带密封端口，使其具有良好的绝缘和防水防潮效果。冷缩电缆头，现场施工简单方便，其冷缩管具有弹性，只要抽出内芯尼龙支撑条，即可紧紧贴附在电缆上，不需要使用加热工具，避免了热缩材料在电缆运行时，因热胀冷缩在热缩材料与电缆本体之间产生间隙。

冷缩电缆终端头的制作方法（下列有关尺寸具体依据产品说明书）如下：剥外护套、钢铠和内衬层—固定钢铠地线—缠填充胶—固定铜屏蔽地线—固定冷缩指套、冷缩管—端子压接—固定冷缩终端—密封端口—测试。

1. 剥外护套、钢铠和内衬层

将电缆校直、擦净、剥去从安装位置到接线端子的外护套，留钢铠 30mm、内衬套10mm，并用扎丝或 PVC 带缠绕钢铠以防松散。铜屏蔽端头用 PVC 带缠紧，以防松散和划伤冷缩管。

2. 固定钢铠地线

将三角垫锥用力塞入电缆分岔处，除去钢铠上的油漆、铁锈，用大恒力弹簧将钢铠地线固定在钢铠上。为固定牢固，地线应预留 10～20mm，恒力弹簧缠绕一圈后，把预留部分反折，再用恒力弹簧缠绕。固定铜屏蔽地线也是如此。

3. 缠填充胶

自断口以下 50mm 至整个恒力弹簧、钢铠及内护层，用填充胶缠绕两层，三岔口处多缠一层，这样做出的冷缩指套饱满充实。

4. 固定铜屏蔽地线

将一端分成三股的地线分别用三个小恒力弹簧固定在三相铜屏蔽上，缠好后尽量把弹簧往里推。将钢铠地线与铜屏蔽地线分开，不要短接。

5. 固定冷缩指套、冷缩管

在填充胶及小恒力弹簧外缠一层黑色自粘带，使冷缩指套内的塑料条易于抽出。将指端的三个小支撑管略微拽出一点（从里看和指根对齐），再将指套套入尽量下压，逆时针将端塑料条抽出。

清洁屏蔽层后，在指套端头往上 100mm 之内缠绕 PVC 带，将冷缩管套至指套根部，逆时针抽出塑料条，抽时用手扶着冷缩管末端，定位后松开，不要一直攥着未收缩的冷缩管，根据冷缩管端头到接线端子的距离切除或加长冷缩管或切除多余的线芯。

6. 端子压接

距冷缩管 15mm 处剥去铜屏蔽层，距铜屏蔽层 15mm 处剥去外半导体屏蔽层，按接线端子的深度切除各相绝缘层。将外半导体及绝缘体末端用刀具倒角，按原相色缠绕相色条，将端子插上并压接，按照冷缩终端的长度缠绕安装限位线。

用砂纸仔细打磨绝缘层表面，使其光滑无刀痕，无半导体残留点。并用清洁纸清洁，清洁时，从端头撸到外半导层，切不可来回擦拭。

7. 固定冷缩终端

锉除压接毛刺、棱角，并清洗干净，用填充胶将端子压接部位的间隙和压痕缠平。将冷缩管终端套入电缆线芯并和限位线对齐，轻轻拉动支撑条，使冷缩管收缩（如开始收缩时发现终端和限位线错位，可用手将其纠正过来）。

8. 密封端口

分别在收缩后各相冷缩管和冷缩指套的端口处包绕半导体自粘带，这样既能使冷缩管外半导体层与电缆外半导体屏蔽层良好接触，又能起到轴向防水防潮的作用。

包绕自粘带，是冷缩接头防潮密封的关键环节，要以半重叠法从接头一端起向另一端包绕，然后再反向包绕至起始端。每层包绕后，应用双手依次紧握，使之更好地黏合。包绕时应拉力适当，做到包绕紧密无缝隙。

9. 测试

为保证制作电缆终端头万无一失，须进行绝缘电阻测试和耐压试验等。

（二）电缆中间接头的制作

电缆中间接头的制作工艺要比终端头复杂，具体可参考电缆附件产品说明书。采用热缩或冷缩技术后，电缆终端头运行情况更为稳定，而电缆中间接头对工艺质量的要求很严格，控制和管理不当致使故障率较高。电缆中间接头只占了电缆线路的极小部分，却是最薄弱环节和故障频发处，如果选用不当或者存在制作缺陷，其带来的损失远远高于附件自身价值。因此，应严格把握技术标准，选用运行经验良好的品牌产品，正确施工控制质量，电缆中间接头的故障完全可以避免和减少的。结合生产运行实践和故障原因，中压电缆冷缩中间接头的故障原因及预防措施见表5-3。

表5-3　　　　　　　　　　中压电缆冷缩中间接头的故障原因及预防措施

故障特征	故障原因	预防措施
（1）内部存在气隙。局部放电并蔓延扩大恶化，导致绝缘击穿	附件内部界面不光滑	外观检查是否光滑和平整，有毛刺、气孔、突异物或错层即不能应用
	握紧力不足致使结合不紧密	选择扩张率较高的产品，其回弹收缩和握紧性能较好，与电缆本体"同呼吸"
	内部杂质、粉末、颗粒、棱角尖刺	做好清洁工作，涂上硅脂填充补强
	刻伤主绝缘或半导体层	磨平并清洁，涂上硅脂填充补强
	绝缘填充剂变质固化形成粉末或颗粒	选用品质优良的绝缘填充剂如硅脂
	搬动变形	外部装设装甲带作机械保护，移动时采取保护措施
（2）吸潮或进水。水分或潮气的呼吸效应和电泳效应渗入中间接头的内部，界面电阻急剧下降，激发沿面放电	材质疏水性差、密封结构设计缺陷	选用疏水性和密封好的硅橡胶材料附件，密封材料也应选用防水性能好的产品
	握紧力不足致使潮气侵入	选用扩张率高的附件，规格与电缆截面相称，电缆本体相同的"呼吸"和热胀冷缩形变特性
	电缆进水未处理	电缆中间连接或制作终端头前，应检查有无潮气或水分，若有应先处理
	气候潮湿或雨天制作	潮湿或雨天不得制作中间接头或终端头
（3）尺寸匹配错误。绝缘强度不足或电场分布改变，导致局部放电或爬电击穿	导体连接压接部位错误，载流量持续不足过热	按照导体压接顺序和模数压接，压接完后须对接管表面进行打磨处理，以保证接管表面没有毛刺尖角
	主绝缘开剥长度错误	按照附件施工安装图尺寸严格控制
	应力锥尺寸匹配错误，改变电场分布	
（4）绝缘强度降低或老化。呈树枝状放电炭化，导致爬电击穿	材质绝缘强度低，早期老化	选用运行经验良好的产品、高介电常数的绝缘材料
	绝缘材料过渡不均匀，电场过于集中	采用高介电常数应力控制管或应力锥控制电应力，改善电场分布，绝缘表面电场发散均匀
	尺寸匹配错误	见本表中（3）

四、电力电缆的试验与验收投运

（一）电力电缆试验

电缆线路的薄弱环节是终端和中间接头，这往往由于设计不良或制作工艺、材料不当带来了缺陷。有的缺陷在施工过程和验收试验中检出，更多的是在运行电压下受电场、热、化学的长期作用而逐渐发展、劣化直至暴露。除电缆头外，电缆本身也会发生一些故障，如机械损伤、铅包腐蚀、过热老化及偶尔有制造缺陷等。所以新敷设电缆时，要在敷设过程中配合试验；在制作终端头或中间头之前应进行试验，电缆竣工时应做交接试验。

电力电缆的主要试验项目有测量绝缘电阻、交流耐压试验及泄漏电流测量、电缆核相等。

1. 测量主绝缘电阻

绝缘介质在直流电压作用下的电流包含充电电流、吸收电流和电导电流，如图5-11所示。

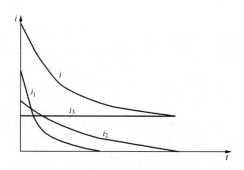

图 5-11　绝缘介质在直流电压作用下各电流
与时间的关系

i_1—充电电流；i_2—吸收电流；i_3—电导电流；i—总电流

充电电流 i_1 决定于被试绝缘的几何尺寸、形状和材料，这部分电流开始最大，但在 $10^{-15} \sim 10^{-2}$ s 之内下降至可略去地步。

吸收电流 i_2 主要是不均匀介质内部较为缓慢的极化形成的，极化时间从 10^{-2} s 至几十分钟甚至几小时以上，这部分电流随着时间逐渐减小，通常在 1min 之内可降至可略去地步。

电导电流 i_3 又可分为两部分。一是绝缘表面的泄漏电流，其大小与绝缘表面的脏污、受潮程度有关；二是绝缘内部的电导电流，与绝缘内部杂质的含量、是否分层或开裂有关，其电流不随时间而降低。

由此可见，总电流 i 是随时间衰减的，因此试品实际的绝缘电阻随着时间的增加而逐渐上升，并趋向稳定。这一过程可用吸收比 R_∞ / R_0 来表示

$$\frac{R_\infty}{R_0} = 1 + \frac{i_1 + i_2}{i_3} \tag{5-1}$$

式中　R_0——加压瞬间的绝缘电阻，$M\Omega$；

$\quad\quad R_\infty$——测量过程终了时的绝缘电阻，$M\Omega$；

$\quad\quad i_1$——充电电流，μA；

$\quad\quad i_2$——吸收电流，μA；

$\quad\quad i_3$——电导电流，μA。

电缆绝缘受潮时或有贯穿性的缺陷，电导电流 i_3 较大，则 R_∞ / R_0 的比值就小，由于总的电流衰减过程很长，实际上要测出 R_∞ / R_0 是有困难的，因此现场均采用 R_{60s} / R_{15s} 的比值，并称吸收比。应用这一原理，测量电缆绝缘电阻及吸收比，可初步判断电缆绝缘是否受潮、老化、并可检查耐压后的绝缘是否损伤。所以，耐压前后均应测量绝缘电阻。测量时，额定电压为 1kV 及以上的电缆应使用 2500V 绝缘电阻表进行。测量电缆绝缘电阻的步骤及注意事项如下：

（1）拆除对外联线，并用清洁干燥的布擦净电缆头，然后将被试相缆芯与铅皮一同接地，逐相测量。试验前电缆要充分放电并接地，方法是将电缆导体及电缆金属护套接地。

（2）根据被试电缆额定电压选择适当绝缘电阻表。

（3）若使用手摇式绝缘电阻表，应将绝缘电阻表放置在平稳的地方，不接线空测，在额定转速下指针应指到"∞"；再慢摇绝缘电阻表，将绝缘电阻表 L、E 端用引线短接，绝缘电阻表指针应指零。这样说明绝缘电阻表工作正常。

（4）绝缘电阻表有三个接线端子：接地端 E、线路端子 L、屏蔽端子 G。为了测得准确，应在缆芯端部绝缘上或套管部装屏蔽环并接于绝缘电阻表的屏蔽端子 G，如图 5-12 所示。应注意线路 L 端子上引线处于高压状态，应悬空，不可拖放在地上。

（5）手摇并用清洁干燥的布擦净电缆头，然后将被试相缆芯与铅皮一同接地，到达额定

转速后（120r/min），再搭接到被测导体上。由于电缆电容很大，操作时绝缘电阻表的摇动速度要均匀，如果转速不衡定，会使绝缘电阻表指针摆动不定，带来测量误差。测量完毕，应先断开火线再停止摇动，以免电容电流对摇表反充电，每次测量都要充分放电，操作均应采用绝缘工具，防止电击。

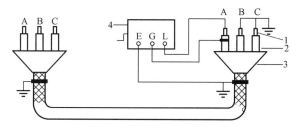

图 5-12　测量电缆绝缘电阻接线图
1—导体；2—套管或绕包绝缘；
3—电缆终端头；4—绝缘电阻表

（6）当电缆较长充电电流较大时，绝缘电阻表开始时指示数值很小，应继续摇动。一般测量绝缘电阻的同时测定吸收比，故应读取 15s 和 60s 时的绝缘电阻值。并逐相测量。

（7）每次测完绝缘电阻后都要将电缆放电、接地。电缆线路越长，电容越大，则接地时间越长，一般不少于 1min。

运行中的电缆，其绝缘电阻应从各次试验数值的变化规律及相间的相互比较来综合判断，其相间不平衡系数一般不大于 2～2.5。电缆绝缘电阻的数值随电缆温度和长度而变化。为便于比较，应换算为 20℃时每千米长的数值。

$$R_{i20} = R_{it}KL \qquad (5-2)$$

式中　R_{i20}——20℃时每千米长电缆的绝缘电阻，MΩ/km；

R_{it}——电缆长度为 L，t℃时的绝缘电阻 R_{i20}，MΩ；

L——电缆长度，km；

K——温度换算系数，见表 5-4。

表 5-4　　　　　　　　　　　　电缆绝缘的温度换算系数 K

温度（℃）	0	5	10	15	20	25	30	35	40
K	0.48	0.57	0.70	0.85	1.0	1.13	1.41	1.66	1.92

停止时间较长的地下电缆可用土壤温度为准，运行不久的应测量导体直流电阻计算缆芯温度。良好电缆的绝缘电阻通常很高，其最低数值可按制造厂规定。

对 0.6/1kV 电缆用 1000V 绝缘电阻表；0.6/1kV 以上电缆用 2500V 绝缘电阻表；其中 6/6kV 及以上电缆可用 5000V 绝缘电阻表。对重要电缆，其试验周期为 1 年；对一般电缆，3.6/6kV 及以上者为 3 年，3.6/6kV 以下者 5 年，要求值自行规定。

2. 测量外护套绝缘电阻

本项目只适应于三芯电缆的外护套，进行测试时，采用 500V 绝缘电阻表，电压加在金属护套与外护层表面的石墨导电层之间，当每千米的绝缘电阻低于 0.5MΩ 时，应采用下述方法判断外护套是否进水。

直埋橡塑电缆的外护套，特别是聚氯乙烯外护套，受地下水的长期浸泡吸水后，或者受到外力破坏而又未完全破损时，其绝缘电阻均有可能下降至规定值以下，因此不能仅根据绝缘电阻值降低来判断外护套破损进水。为此，提出了根据不同金属在电解质中形成原电池原理进行判断的方法。

橡塑电缆的金属层、铠装层及其涂层用的材料有铜、铅、铁、锌和铝等。这些金属的电极电位见表5-5。

表5-5　　　　　　　　　　　　　金属的电极电位

金属种类	铜 Cu	铅 Pb	铁 Fe	锌 Zn	铝 Al
电位（V）	+0.334	-0.122	-0.44	-0.76	-1.33

当橡塑电缆的外护套破损并进水后，由于地下水是电解质，在铠装层的镀锌钢带上会产生对地-0.76V的电位，如内衬层也破损进水后，在镀锌钢带与铜屏蔽层之间形成原电池，会产生$0.334-(-0.76)\approx1.1V$的电位差，当进水很多时，测到的电位差会变小。在原电池中铜为"正"极，镀锌钢带为"负"极。

当外护套或内衬层破损进水后，用绝缘电阻表测量时，每千米绝缘电阻值低于$0.5M\Omega$时，用万用表的"正"、"负"表笔轮换测量铠装层对地或铠装层对铜屏蔽层的绝缘电阻，此时在测量回路内由于形成的原电池与万用表内干电池相串联，当极性组合使电压相加时，测得的电阻值较小；反之，测得的电阻值较大。因此，上述两次测得的绝缘电阻值相差较大时，表明已形成原电池，就可判断外护套和内衬层已破损进水。

外护套破损不一定要立即修理，但内衬层破损进水后，水分直接与电缆芯接触并可能会腐蚀铜屏蔽层，一般应尽快检修。

对单芯电缆，由于其金属层（电缆金属套和金属屏蔽的总称）采用交叉互联接地方法，所以应按交叉互联系统试验方法进行试验。

3. 测量内衬层绝缘电阻

测量内衬层绝缘电阻时，电压加在铜屏蔽与金属护套之间，周期及要求值同外护套。

4. 铜屏蔽层电阻和导体电阻比

在电缆投运前、重做终端或接头后、内衬层破损进水后，应在相同温度下测量铜屏蔽电阻和导体电阻比。可用电桥法测量，也可用压降法测量。测量一相电缆导体的直流电阻时，可用其他两相电缆导体作为另一端被试相导体的引线。铜屏蔽电阻试验接线如图5-13所示，导体电阻试验接线如图5-14所示。当前者与后者之比与投运前相比增加时，表明铜屏蔽层的直流电阻增大，铜屏蔽层有可能被腐蚀；当该比值与投运前相比减小时，表明附件中的导体连接点的接触电阻有增大的可能。

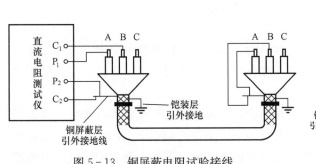

图5-13　铜屏蔽电阻试验接线

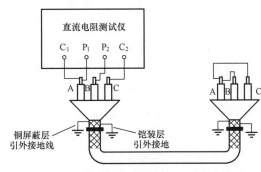

图5-14　导体电阻试验接线

为了实现上述项目的测量，电缆附件中金属层的接地应按以下方法接地。

（1）终端。终端的铠装层和铜屏蔽层应分别用带绝缘的绞合导线单独接地。铜屏蔽层接地线的截面不得小于 $25mm^2$；铠装层接地线的截面不应小于 $10mm^2$。

（2）中间接头。中间接头内铜屏蔽层的接地线不得和铠装层连在一起，对接头两侧的铠装层必须用另一根接地线相连，而且还必须与铜屏蔽层绝缘。如果接头的原结构中无内衬层，则应在铜屏蔽层外部增加内衬层，且与电缆本体的内衬层搭接处的密封必须良好，即必须保证电缆的完整性和延续性。连接铠装层的地线外部必须有外护套，且须具有与电缆外护套相同的绝缘和密封性能，即必须确保电缆外护套的完整性和延续性。

5. 交流耐压试验

（1）传统的直流耐压试验存在的主要问题。

电力电缆在运行中，主绝缘要承受长期的额定电压，还要承受大气过电压、操作过电压、谐振过电压、工频过电压。因此电力电缆安装竣工后，投入运行前必需检验耐受电压水平，只有在规定的试验电压和持续时间下，绝缘不放电、不击穿，才能保证投入后的安全运行。

由于电缆线路的电容很大，若采用工频电压试验，必须有大容量的工频试验变压器，现场很难实现；所以传统的耐压试验方法是采用直流耐压试验。因为电缆的绝缘电阻很大（一般在 $10G\Omega$ 以上），所以在作直流耐压是充电电流极小，具备试验设备容量小、重量轻、可移动性好等优点；但直流耐压试验方法对于 XLPE 交联电缆，无论从理论还是实践上却存在很多缺点。主要体现在以下几点。

1）试验等效性差。高压试验技术的一个通用原则是试品上施加的试验电压场强应模拟高压电器的运行工况。高压试验得出的通过的结论，要代表高压电器中薄弱点是否对今后的运行带来危害，这就意味着试验中的故障机理应与电器运行中的机理应该相同的物理过程。以研究和运行单位的试验数据为例，见表 5 - 6。

表 5 - 6　　　　　　　　　　　　　击穿电压试验等效性比较结果

缺陷类型　　　　试验电压类型（U_X）	等效性 $K = U_X/U_{ac}$			
	直流	工频	0.1Hz	振荡波
针尖缺陷	4.3	1	1.5	1.5
切痕缺陷	2.8	1	2.6	1.1
金具尖端缺陷	3.9	1	2.2	1.6
进潮和水树枝缺陷	2.6	1	1.2	1.4

从表 5 - 6 可以看出：针对不同缺陷，直流耐压的击穿电压的分散性非常大，从 2.6 倍到 4.3 倍不等。因此无法作为判断电缆绝缘好坏的依据。

2）直流和交流下的电场分布不同。直流电压下，电缆绝缘的电场分布取决于材料的体积电阻率，而交流电压下的电场分布取决于各介质的介电常数，特别是在电缆终端头等电缆附件中的直流电场强度的分布和交流电场强度的分布完全不同，而且直流电压下绝缘老化的机理和交流电压下的老化机理不相同。因此，直流耐压试验不能模拟 XLPE 电缆的运行工况。

3）放电难以完全。XLPE电缆在直流电压下会产生"记忆"效应，存储积累性残余电荷。一旦有了由于直流耐压试验引起的"记忆性"，需要很长时间才能将这种直流偏压释放。电缆如果在直流残余电荷未完全释放之前投入运行，直流偏压便会叠加在工频电压峰值上，使得电缆上电压值远远超过其额定电压，可能导致电缆绝缘击穿。

4）会造成击穿的连锁反应。直流耐压时，会有电子注入聚合物质内部，形成空间电荷，使该处的电场强度降低，从而易于发生击穿，XLPE电缆的半导体凸出处和污秽点等处容易产生空间电荷。但如果在试验时电缆终端头发生表面闪络或电缆附件击穿，会造成电缆芯线上产生波振荡，在已积聚空间电荷的地点，由于振荡电压极性迅速改变为异极性，使该处电场强度显著增大，可能损坏绝缘，造成多点击穿。

5）对水树枝的发展影响巨大。XLPE电缆致命的一个弱点是绝缘易产生水树枝，一旦产生水树枝，在直流电压下会迅速转变为电树枝，并形成放电，加速了绝缘老化，以至于运行后在工频电压下形成击穿。而单纯的水树枝在交流工作电压下还能保持相当的耐压值，并能保持一段时间。

实践也证明，直流耐压试验不能有效发现交流电压作用下的某些缺陷，如电缆附件内绝缘的机械损伤或应力锥放错等。在交流电压下绝缘最易发生击穿的地点，在直流电压下往往不能击穿。直流电压下绝缘击穿处，往往发生在交流工作条件下绝缘平时不发生击穿的地点。

综上所述，应尽量不再采用直流耐压试验作为交联聚乙烯电缆的试验，而改用交流耐压试验。

（2）交流耐压试验装置。

既然直流耐压试验不能模拟XLPE电缆的运行场强状态，不能达到我们所期望的检验效果，自然就应该转向用交流耐压试验来考核交联电缆的敷设和附件的安装质量。但是，采用工频或接近工频的交流耐压试验作为挤包绝缘电缆线路竣工试验存在的最大困难是长线路需要很大容量的试验设备。目前主要采用0.1Hz作为试验电源和变频串联谐振试验电源。

1）用0.1Hz作为试验电源，理论上可以将试验变压器的容量降低到1/500，试验变压器的重量可大大降低，可以较容易地移动到现场进行试验，目前此种方法主要应用于中低压电缆的试验，因其试验条件的真实性毕竟不如近工频交流电压（30～300Hz）。

2）变频串联谐振试验电源，主要通过改变试验电源的输出频率，使回路中固定电感量的电抗器L与被试品C_X发生谐振（谐振频率30～300Hz），使被试品承受合适的高电压。其具有以下优点：调频、调幅电源采用电力电子设备控制，省去了用于调压的调压器，使系统体积小、重量轻，适合于现场使用；产品磁路无需调节、噪声小、结构简单；电源输出为正弦波，谐振时波形失真度极小；试品试验电流受系统谐振条件的制约，因此当试品击穿或发生短路时，系统的谐振条件被破坏，试验电压迅速降低，短路电流很小，只有试品电流的1/10以下，因此即使试品被击穿，也不会对试验装置和试品造成危害；电抗器为固定电感，不需要调节机构，便于运输到现场安装；电抗器虽为固定电感，但通过串联、并联，还是可以改变的，这样就大大增加了试品的容量范围，对于电缆试品来说可达到400倍之多。

经过试验方法的对比，普遍采用变频串联谐振交流耐压试验装置。

（3）交流耐压试验原理。

电缆交流耐压试验装置通常有三种形式：工频串联谐振电源、变频串联谐振电源、0.1Hz电源，以下就通常使用的变频串联谐振交流耐压试验装置进行介绍。变频串联谐振交流耐压试验装置由变频电源、励磁变压器、避雷器、串联电抗器、调谐电容或电缆自身电容和用于高压测量的电容分压器组成。电力电缆变频串联谐振交流耐压试验原理接线如图 5-15 所示，其对应的等值电路如图 5-16 所示。

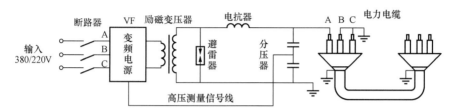

图 5-15　电力电缆变频串联谐振交流耐压试验原理接线

如图 5-16 所示，串联回路总阻抗为

$$Z=\sqrt{R^2+(X_L-X_C)^2} \tag{5-3}$$

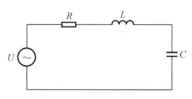

式中　R——为电抗器 L 的内阻，Ω；

X_L——感抗，$X_L=2\pi fL$（L 为电感大小，H），Ω；

X_C——容抗，$X_C=\dfrac{1}{\omega C}=\dfrac{1}{2\pi fC}$（$C$ 为电容大小，F），Ω。

图 5-16　变频串联谐振交流
耐压试验等值电路

则串联回路电流为

$$I=\frac{U}{Z}=\frac{U}{\sqrt{R^2+(X_L-X_C)^2}} \tag{5-4}$$

电容上的电压为

$$U_C=I_X X_C$$

当 $X_L=2\pi fL=X_C=\dfrac{1}{2\pi fC}$ 时，回路发生串联谐振，此时阻抗有最小值：$Z=R$。

由 $2\pi fL=\dfrac{1}{2\pi fC}$，得谐振固有频率

$$f=\frac{1}{2\pi\sqrt{LC}} \tag{5-5}$$

当电路处于谐振状态时，电缆上电容的电压为

$$U_C=I_X X_C=\frac{UX_C}{\sqrt{R^2+(X_L-X_C)^2}}=U\frac{X_C}{R}=U\frac{X_L}{R}=QU \tag{5-6}$$

其中

$$Q=\frac{X_C}{R}=\frac{X_L}{R}$$

式中　Q——品质因素。

由式（5-6）可以看出在电容上的电压 U_C 高于电源输入电压 U 的 Q 倍，在工程应用中，电抗器品质因素 Q 一般取几十到几百。

当串联回路在谐振状态时，$Z=\sqrt{R^2+(X_L-X_C)^2}=R$，回路成阻性，电感上的电流 I_L

和电容上电流 I_C 方向相反，大小相等，相互抵消。

（4）变频高压交流耐压装置的选择。

变频高压交流电源容量的选择，要根据系统最长电缆的型号、试验电压、长度和截面，估算试验电压下的电容电流，计算出变频高压交流电源容量。

1）电缆的电容参数。电缆不同型号、不同截面在 1km 长度下的电容值见表 5-7。

表 5-7　　　　　　　　长度 1km 的电缆不同型号、不同截面的电容值

电缆导体截面面积（mm²）	电容（μF/km）				
	YJV、YJLV-6/6kV、6/10kV	YJV、YJLV-8.7/10kV、8.7/15kV	YJV、YJLV-12/35kV	YJV、YJLV-21/35kV	YJV、YJLV-26/35kV
1×35	0.212	0.173	0.152		
1×50	0.237	0.192	0.166	0.118	0.144
1×70	0.270	0.217	0.187	0.131	0.125
1×95	0.301	0.240	0.206	0.143	0.135
1×120	0.327	0.261	0.223	0.153	0.143
1×150	0.358	0.284	0.241	0.164	0.153
1×185	0.388	0.307	0.267	0.180	0.163
1×240	0.430	0.339	0.291	0.194	0.176
1×300	0.472	0.370	0.319	0.211	0.190
1×400	0.531	0.418	0.352	0.231	0.209
3×35	0.212	0.173	0.152		
3×50	0.237	0.192	0.166	0.118	0.144
3×70	0.270	0.217	0.187	0.131	0.125
3×95	0.301	0.240	0.206	0.143	0.135
3×120	0.327	0.261	0.223	0.153	0.143
3×150	0.358	0.284	0.241	0.164	0.153
3×185	0.388	0.307	0.267	0.180	0.163
3×240	0.430	0.339	0.291	0.194	0.176
3×300	0.472	0.370	0.319	0.211	0.190
3×400	0.531	0.418	0.352	0.231	0.209

2）交联电缆的试验电压。35kV 及以下电压等级交联电缆 30～300Hz 谐振耐压试验电压如表 5-8。

表 5-8　　　　35kV 及以下电压等级交联绝缘电缆 30～300Hz 谐振耐压试验电压

试验类型	试验电压	时间
交接试验	$2U_0$	5min
预防性试验	$1.6U_0$	5min

（5）试验步骤和注意事项。

1）被试电缆已安装到位，达到验收条件。运行中电缆的预防性试验应把电缆与其他设备的连接解开。

2）交流耐压试验属于高压工作，要根据有关安全规定做好安全准备工作。在试验地点周围要采取安全措施，防止与试验无关的人员靠近。

3）应逐相试验，非被试相应连同被试相屏蔽层一起接地。

4）电缆屏蔽层过电压保护器应短接，并使这一端电缆屏蔽或金属层临时接地。

5）交联绝缘电缆不同电压等级的交流试验时，根据试验电压调节过电压保护值。

6）根据试验电压和估算的输出电流，选择适当的电抗器，通常试验装置配有三个电抗器，可通过串联或并联来满足试验电压或试验容量的要求。

7）为交流耐压试验有较好的等效性，应尽量把谐振频率控制在 40～60Hz，这可以通过调节附加电容的电容量来实现。尤其是短电缆电容量小，所需的谐振频率高，甚至超过试验装置最高的谐振频率，使之无法调谐，这时必须附加并联电容。

8）试验接线完毕应经检查，确认无误，方可升压试验。

9）试验完毕应通过 80kΩ 限流电阻反复放电几次直至无火花，才允许直接接地。

10）不同厂家生产的试验装置操作步骤有所差别，具体操作步骤应按试验装置的使用说明书进行。

（6）试验周期。交接时、新安装投运后 1 年内、新做终端或接头后、运行中 35kV 及以下 3 年或必要时应进行交流耐压试验。

（7）试验结果判断。交联电缆交流耐压中，绝缘不发生闪络、击穿，交流耐压后测量绝缘电阻与交流耐压之前比较无明显变化，说明没造成绝缘损伤，试验合格。

6. 电缆相序试验

（1）同条电缆同相的核对。采用一侧的电缆两相短接或者一相与屏蔽层短接，另一侧摇测绝缘电阻，电阻为零的证明与另一侧对应，交叉测试后即可判定两侧的电缆各相一一对应，并在电缆两侧的每相作记号标示。当然，也可采用万用表代替绝缘摇表进行测定。工作中要注意作业人员应戴绝缘手套，每次测定均需对电缆放电，防止电容电压伤人。

（2）电缆与电源系统的相位。应采用专用核相仪器进行核相并调整至与系统相符，最后在电缆头分别标示相色带。

（二）电缆投入运行前的检查

电力电缆运行前应对整个电缆线路工程进行检查，并审查试验记录，确认工程全部竣工、符合设计要求、施工质量达到有关规定后，电缆线路才能投入试运行。

检查的主要内容如下：

（1）电缆应排列整齐，电缆的固定和弯曲半径应符合设计图纸和有关规定，电缆应无机械损伤，标志牌应装设齐全、正确、清晰。油浸纸绝缘电缆及充油电缆的终端、中间接头应无渗漏油现象。

（2）电缆沟及隧道内应无杂物，电缆沟的盖板齐全，隧道内的照明、通风、排水等设施符合设计要求。

（3）直埋电缆的标志桩与实际路径相符，间距符合要求。标志清晰、牢固、耐用。

（4）水底电缆线路两岸、禁锚区内的标志和夜间照明装置符合设计要求。

（5）电缆的防火设施符合设计要求，施工质量合格。

（6）电缆线路的试验项目齐全，试验结果符合要求。

电缆线路竣工后，在交接验收时应提交下列技术资料：

（1）设计图纸资料、电缆清册、变更设计的证明文件和竣工图。

（2）电缆线路路径协议文件。

（3）电缆线路的敷设路径图和剖面图，路径图的比例尺一般为 1：500，地下管线密集的地段不应小于 1：100，管线稀少且地形简单的地段可为 1：1000。平行敷设的电缆线路，可合用一张图纸，但必须标明各条线路的相对位置，并有标明地下管线的剖面图。

（4）制造厂提供的产品说明书、试验记录、合格证件及安装图纸等技术文件。

（5）电缆敷设及终端、中间接头的施工记录：如电缆的规格、型号、实际敷设长度，弯曲半径，终端和中间接头的形式、厂家、施工日期、制作人员签字记录，温度、天气情况等。

（6）电缆线路的交接试验记录。

第三节　电缆线路的运行维护

电缆线路运行维护着重要做好负荷监视、电缆金属套腐蚀监视和绝缘监督三个方面工作，保持电缆设备始终在良好的状态和防止电缆突发事故。主要项目包括建立电缆线路技术资料，进行电缆线路巡视检查、电缆预防性试验、防止电缆外力破坏等。

一、电缆线路的巡视检查

为提高电缆线路的安全可靠性，运行人员对管辖范围内的电缆线路按照有关现场运行规程的规定进行的经常性巡视检查。电缆线路的巡视检查由专人负责，并根据具体情况制订巡视检查的项目和周期。穿越河道、铁路的电缆线路，以及安装在杆塔上、桥梁上和敷设在水底的电缆，都较容易受到外力损伤，巡视检查周期需相应缩短。

巡视检查的主要内容如下：

（1）对于敷设在地下的电缆，应查看路面是否正常，路径附近有无挖掘，查看电缆标志牌和标志桩是否完整无缺等。电缆线路上不应堆置瓦砾、矿渣、建筑材料、笨重物件及酸碱性排泄物等。

（2）对于排管敷设的电缆，备用排管应该用专用工具疏通，检查其有无断裂现象。人井内电缆铅包在排管口及挂钩处不应有磨损现象，需检查衬铅是否失落。对于通过桥梁的电缆，应检查桥墩两端电缆是否拖拉过紧，保护管或保护槽有无脱开或锈烂现象。

（3）对于电缆沟、隧道内敷设的电缆，要检查电缆位置是否正常，接头有无变形，支架是否牢固，有无腐蚀或电缆自支架上滑落等现象，电缆沟盖板是否完整或损坏，有无积水。隧道内的电缆，要检查通风、照明、排水等设施是否完整。特别要注意防火设施是否完善。

（4）户外与架空线相连的电缆终端头引出线的接点有无发热现象，靠近地面一段电缆是否被车辆碰撞等。

（5）对于施工中挖出的电缆本体和电缆接头，运行人员要设法加以保护，并在其附近设立警告标志，提醒施工人员注意和防止外人误伤电缆。

（6）巡视检查中所发现的缺陷，运行人员要立即向主管部门报告，以便采取对策，及时处理并做好记录，归入该条电缆线路专项档案内。

二、电缆线路的运行管理

1. 负荷监视

一般电缆线路根据电缆导体的截面积、绝缘种类等规定了最大电流值，利用各种仪表测量电缆线路的负荷电流或电缆的外皮温度等，作为主要负荷监视措施，防止电缆绝缘超过允许最高温度而缩短电缆寿命。

电缆正常运行时的长期允许载流量，应根据电缆导体的工作温度，电缆各部分的损耗和热阻、敷设方式、并列条数、环境温度以及散热条件等加以计算确定。电缆原则上不允许过负荷，即使在处理事故时出现的过负荷，也应迅速恢复其正常电流。

2. 温度监视

测量电缆的温度，应在夏季或电缆最大负荷时进行。测量直埋电缆温度时，应测量同地段无其他热源的土壤温度。电缆同地下热力管交叉或接近敷设时，电缆周围的土壤温度，在任何情况下不应超过本地段其他地方同样深度的土壤温度10℃以上。检查电缆的温度，应选择电缆排列最密处或散热最差处或有外面热源影响处。电缆导体的长期允许工作温度，不应超过表5-9中所列的数值（若与制造厂规定有出入时，应以制造厂规定为准）。

表5-9	正常运行时电缆的允许温度			（℃）
电缆种类 ＼ 额定电压	3kV 及以下	6kV	10kV	20～35kV
天然橡皮绝缘	65	65	—	—
聚氯乙烯绝缘	65	65	—	—
聚乙烯绝缘	—	70	70	—
交联聚乙烯绝缘	90	90	90	80

3. 腐蚀监视

以专用仪表测量邻近电缆线路的周围土壤，如果属于阳极区，则应采取相应措施，以防止电缆金属套的电解腐蚀。若电缆线路周围为润湿的土壤或以生活垃圾填覆的土壤，电缆金属套会常发生化学腐蚀和微生物腐蚀，但最严重的是杂散电流所造成的电解性腐蚀。应根据测得阳极区的电压值，选择合适的阴极保护措施或排流装置。

4. 绝缘监督

对每条电缆线路按其重要性，编制预防性试验计划，及时发现电缆线路中的薄弱环节，消除可能发生电缆事故的缺陷。金属套对地有绝缘要求的电缆线路，一般在预防性试验后还需对外护层分别另作交流电压试验，以及时发现和消除外护层的缺陷。

5. 运行其他注意事项

（1）电缆线路馈线开关保护不应投入重合闸。电缆线路的故障多为永久性故障，若重合闸动作，则必然会扩大事故，威胁电网的稳定运行。

（2）电缆线路的馈线开关跳闸后，不要忽视电缆的检查。重点检查电缆路径有无挖掘、电缆有无损伤，必要时应通过试验进一步检查判断。

（3）直埋电缆运行检查时要特别注意：电缆路径附近地面不能随便挖掘；电缆路径附近地面不准堆放重物、腐蚀性物质、临时建筑；电缆路径标志桩和保护设施不能随便移动、拆除。

（4）电缆线路停用后恢复运行时，必须重新试验才能投入使用。停电超过一星期但不满一个月的电缆，重新投入运行前，应摇测绝缘电阻，与上次试验记录相比不得降低30％，否则应做耐压试验；停电超过一个月但不满一年的，则必须做耐压试验，试验电压可为预防性试验电压的一半；停电时间超过试验周期的，必须做预防性试验。

三、电缆线路外力破坏的防护

电缆线路遭外力损坏的原因有机械挖掘、人力挖伤、接地打桩、塌方或地沉、埋设太浅压伤、车辆碰伤（对架空敷设电缆）、邻近水管爆炸、煤气管漏气或火险等，其中以机械挖掘为最频繁。为了防止电缆的外力破坏，除了要加强线路的巡视检查和防护工作外，还要及时采取对策和制订防范措施；同时还要进行广泛的宣传教育工作，在市郊挖土频繁地段的电缆线路，要设置明显的警告标志。

电缆外破是电缆线路安全运行的最大克星，损害了供电企业和广大用户的权益，具有公用性质的电力设施保护，需要供电企业和公众共同参与保护。一是采取措施提高电缆线路的机械强度。危险地段的电缆宜采用铜芯铠装，直埋电缆施工时应覆盖防护板，采用排管敷设方式不仅维修方便还有助于保护电缆。二是及时做好电缆线路的防护。电缆线路隐蔽于地下，要健全路径走向的图纸台账和路径标志、警示标志，地下施工作业场所增加巡查监测次数，对相关人员提供技术咨询帮助（交代管线情况）和防护教育，督促地下作业人员采取措施保护电缆。三是采取强有力的法律来惩罚肇事者。地下施工作业必须履行地面开挖行政审批程序、管线咨询交底、开挖保护管线措施。

电缆运行人员要经常督促各建设单位和公用单位遵守执行部门颁发的有关保护地下管线的管理办法，并与这些单位建立经常性的联系，及时了解各地段挖土施工情况，以便派人配合保护电缆。在电缆线路附近进行机械挖掘土方时，必须采取有效的保护措施，可先用人力将电缆挖出并加以保护后，再根据操作机械设备及人员的条件，在保证安全距离的情况下进行施工。施工过程中露出的电缆，在进行覆土前，电缆运行人员要仔细检查电缆是否受到损伤。

在水底电缆线路防护区内，发现危及水底电缆安全的情况时，要求及时通知对方和水域管辖的有关部门，并尽可能采取有效措施，以避免损坏水底电缆。

四、电缆线路的防火

电缆线路的防火是指防止电缆线路由于外部失火或内部故障而起火引燃电缆和防止电缆起火后火势蔓延的措施。对易受外部影响着火的电缆密集场所或可能着火蔓延而酿成严重事故的电缆回路，必须按设计要求的防火阻燃措施施工。电缆的防火阻燃措施如下：

（1）在电缆穿过竖井、墙壁、楼板或进入配电盘、柜的孔洞处，用防火堵料密实封堵。

（2）在重要的电缆沟和隧道中，按要求分段或用软质耐火材料设置阻火墙。

（3）对重要回路的电缆，可单独敷设于专门的沟道中或耐火封闭槽盒内，或对其施加防火涂料、防火包带。

（4）在电力电缆接头两侧及相邻电缆 2～3m 长的区段施加防火涂料或防火包带，电缆中间接头（除直埋敷设外）应装设防火防爆设施，引入建筑物的电缆应有防火隔离封堵措施。

（5）采用耐火或阻燃型电缆。

（6）电缆排管应采用难燃型塑料制品或金属钢制品。

电缆防火的方法有两种：

（1）常用阻燃料做电缆绝缘或护层，如耐火电缆，阻燃电缆。

（2）采取防火涂料、防火槽隔断火苗的措施，限制火灾范围，防止火焰扩大，如防火墙、封堵泥等。

五、电缆线路的标示

（一）电缆的标示

通常，在电缆线路的下列地点应设标志牌：①电缆线路的首尾端；②电缆线路改变方向的地点；③电缆从一平面跨越到另一平面的地点；④电缆隧道、电缆沟、混凝土隧道管、地下室和建筑物等处的电缆出入口；⑤电缆敷设在室内隧道和沟道内时，每隔 30m 左右的地点；⑥电缆头装设地点和电缆接头处；⑦电缆穿过楼板、墙和间壁的两侧；⑧隐蔽敷设的电缆标记处。

制作标志牌时，规格应统一，其上应注明线路编号，电缆型号、芯数、截面和电压，起讫点和安装日期；并联使用的电缆应有顺序号。标志牌的字迹应清晰不易脱落。标志牌应能防腐，挂装应牢固。

电缆路径标志桩主要用于电缆线路在绿化带、农田、灌木丛、郊区等设置电缆路径标志块不明显的地方。可单独用于一根电缆的走向标示，也可用于几根电缆并行的电缆通道走向标志。直线段宜每间隔 100m 左右设置 1 处，一般设置在各类电缆井处。直线段较长时，在两座工作井之间加设标志桩。

电缆线路根据起止点的设备名称来命名，如："××开闭所××开关至××开闭所××开关电缆"，"××开闭所××开关至××线路××杆电缆"，"××开闭所××开关至××分支箱电缆"；由变电站引出的电缆至开闭所，其电缆名称与变电站内所对应的开关间隔名称相同；由开闭所、户外环网站等引出分支线接至架空线路的，则命名为"××支线"。若相同的电缆名称有两条电缆并列连接，应在电缆线路名称后面冠以"♯1"或"♯2"，如："××开闭所××开关至××开闭所××开关♯1 电缆线""××开闭所××开关至××开闭所××开关♯2 电缆线"。

（二）电缆管沟的名称与编号

电缆管沟名称与工井编号：电缆管沟的名称一般与道路名称相同，道路两侧均有管沟时冠以主次区分（一般是电力主干线以东西走向道路的北侧和南北走向道路的东侧，另一侧为次），起止点为道路交叉路口的对角线；若无道路名称，则依据电缆管沟的用途来命名。电缆管沟的人孔井和检查井均应编号，其编号顺序与街道门牌号的升序同或依次从 1 号往下连续依次编号，若无门牌号，则以东、南侧方向为 1 号往下连续依次编号。

现场的电缆井编号方法根据当地情况确定，如采用预制塑料板白底黑字，嵌入式置入盖板预留的凹槽中。

电缆管沟无论其规格大小，均采用矩阵形式来表示管沟可容纳电缆的空间编号，面向电缆井的大号侧，从下到上、从左到右分别采用矩阵（如 11、12、13；21、22、23）等表示排列，字母 G 表示沟道，字母 P 表示排管。如 P12，表示面向大号侧由下往上数第一排、由左向右数第二列所对应的排管。断面符号采用圆圈表示可容纳电缆的位置，空心圆圈表示未穿入电缆，空心圆圈内加"×"表示已穿入电缆。管沟资源数量发生变化的应在路径图上与走向垂直的虚线分开。电缆管沟资源断面示意图如图 5 - 17 所示。电缆管沟的双重名称为"电缆管沟名称＋工井编号＋排列号"，如"××街♯5 工井 G14（电缆）"。

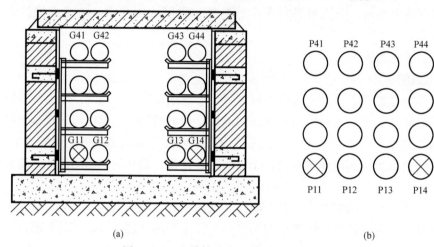

(a)   (b)

图 5 - 17　电缆管沟资源断面排列编号

(a) 电缆沟资源断面示意图；(b) 电缆排管资源断面示意图

六、健全技术资料

建立电缆线路技术资料是电缆线路运行维护的重要措施之一。每条电缆线路的技术资料通常包括原始资料、施工资料和运行资料三类，此外还有与各条电缆线路都有关的共同性资料。原始资料包括计划任务书、电缆线路设计图纸、线路路径许可证、电缆线路出厂报告、沿线有关单位的协议书等。施工资料指敷设电缆和安装电缆附件的现场书面记录和图纸，包括路径图、电缆接头和终端的装配图及安装工艺、施工日期、竣工资料报告等。

运行资料包括电缆线路总图、电缆敷设断面图、电缆接头和终端的装配图以及有关土建工程的结构图（排管、人井、隧道布置图），巡视与缺陷记录，预防性试验报告，电缆故障修理记录等。

第四节　电缆线路的故障探测

一、电缆故障产生的原因

电缆的故障原因可大致归纳为如下几种。

（1）机械损伤。这类损伤的主要原因包括敷设安装时损伤、直接受外力作用造成的损坏、自然力造成的损坏等。

（2）绝缘受潮。造成电缆受潮的主要原因包括中间接头或终端头结构不密封或安装质量不良、电缆制造时金属护套有小空隙或裂缝、金属护套被外物刺伤或腐蚀穿孔等。

（3）绝缘老化变质。电缆绝缘长期在电的作用下工作，要受到伴随而来的热、化学、机械作用，从而使绝缘介质发生物理及化学变化，使介质的绝缘水平下降。

（4）过电压击穿。大气过电压与内部过电压使电缆绝缘层击穿，形成故障。

（5）护层的腐蚀。由于地下酸碱腐蚀、杂散电流的影响，电缆铅包外皮受腐蚀出现麻点、开裂或穿孔，造成故障。

（6）中间接头和终端头的设计和制作工艺问题。中间接头和终端头的设计不周密，材料选用不当、电场分布考虑不合理，机械强度不够，是主要的薄弱点，工艺不良、不按规程要求制作等容易造成电缆头故障。

（7）材料缺陷。主要表现在电缆制造的问题、电缆附件制造上的缺陷、绝缘材料的维护管理不善三个方面。

二、电缆故障性质分类

根据电缆故障电阻与线芯通断情况，电缆的故障性质可分为以下四类。

（1）低阻（短路）故障。指电缆导体一芯（或数芯）对地绝缘电阻或导体芯与芯之间的绝缘电阻低于 $10Z_0$（约 200Ω），而导体连续性良好。Z_0 为电缆的特性波阻抗。一般常见的故障有单相、两相或三相短路或接地。

（2）高阻故障。指电缆导体有一芯（或数芯）对地绝缘电阻或导体与导体芯与芯之间的绝缘电阻大大低于正常值但高于 200Ω，而导体连续性良好。一般常见的有单相接地、两相或三相高阻短路并接地。

（3）开路（断线）故障。指电缆导体有一芯（或数芯）不连续。在实际测量中发现，除电缆的全长开路外，开路故障一般同时伴随着高阻或低阻接地现象，单纯开路而不接地的现象几乎没有。

（4）闪络性故障。这类故障绝缘电阻很高，用绝缘电阻表不能被发现，大多数在预防性耐压试验时发生，并多出现于电缆中间接头或终端头内，有时在接近所要求的试验电压时击穿，然后又恢复，有时会连续击穿，间隔时间数秒至数分钟不等。

在故障探测过程中，上述四类故障会相互转化，特别是闪络性故障，是最不稳定的。另外，高阻和低阻之分并非绝对固定，它主要决定于试验设备和被测试电缆导体电阻的大小。200Ω 分界点是以用低压脉冲法测试时，在故障点处有没有肉眼能分辨出的波形反射为判据，而在 20 世纪 80 年代以前，则是以用电桥法能不能测试为判据的，当时高低阻的分界点约为 $100k\Omega$。

三、电缆故障探测

电缆发生故障后，一般需经过诊断、测距、定点三个大的基本探测步骤，其详细步骤如下：

（1）了解电缆情况。了解电缆全长、电压等级、绝缘性质、电缆路径、多芯电缆还是单芯电缆、有无金属护层、运行中发生的故障还是试验时发现的故障等。同时巡查电缆路径上有无施工动土现象与两个终端头及其相关设备情况，了解中间接头数量及大致位置、两个终端头的位置，哪端有电源，哪端更便于测试等。实际查找时发现，一半以上的电缆故障是由外力破坏引起的，另一重要因素为接头出现故障，如果能知道接头的具体位置，对故障的查找会非常有利。

对于小电流接地系统的配电电缆线路，如在运行时发生故障，电缆受破坏的程度一般比较严重，通常表现为开放性的故障，加高压击穿故障点时，放电声音较大，易于故障的精确定位，且挖出电缆时，故障点肉眼可见。

（2）诊断故障性质。对于经路径巡查不能发现的电缆故障，需把电缆从系统中拆除，使电缆彻底独立出来，两终端不要连接任何其他设备，用测试仪器探测故障点。首先进行故障性质诊断，确定故障性质。

故障性质诊断需用的设备主要有绝缘电阻表、万用表及耐压试验设备。通过这些设备对电缆进行导通试验、绝缘电阻测量、耐压试验后，诊断电缆是否发生了开路、低阻短路、高阻或闪络性故障，确定故障性质。

（3）选择探测方法。故障性质不同，故障探测方法亦不相同，一般依表 5－10 进行选择。

表 5－10 电缆故障探测方法选择

故障性质	测距方法	精确定点方法
开路断线	低压脉冲反射法	这类故障一般同时伴随经电阻接地现象存在，所以精确定点时一般选用声磁同步法与声测法
低阻短路	低压脉冲反射法	这类故障一般先选用声磁同步法与声测法进行精确定位，在电缆确实发生了用声磁同步法与声测法无法找到的金属性短路或死接地时，再选用音频信号感应法或跨步电压法进行精确定位
高阻故障	高压闪络法（含脉冲电压法、脉冲电流法）或二次脉冲	声磁同步法与声测法
闪络性故障	高压闪络法（含脉冲电压法、脉冲电流法）或二次脉冲法	声磁同步法与声测法

（4）故障测距。又叫粗测，个别技术人员称之为预定位，是指在电缆的一端使用故障测距仪器测量故障距离的过程。如表 5－10 所示，电力电缆主绝缘故障的测距方法主要为低压脉冲反射法、脉冲电流法、脉冲电压法与二次脉冲法等行波反射法，其中脉冲电压法由于存在安全隐患，已逐渐不再使用。

（5）路径探测。对于路径不明的电缆，需要先探测电缆的路径，再进行故障精确定点。常用的路径探测方法一般有音频信号感应法、脉冲磁场方向法与脉冲磁场幅值法三种，市场上单独的电缆路径仪，包括金属管线探测仪，都是选用音频信号感应法，而脉冲磁场方向法与脉冲磁场幅值法探测电缆路径的设备，一般是和故障定点仪组合在一起的。

实际工作时，电缆的路径探测是一个相对独立的过程，可以在故障测距后进行，也可以提前到与了解电缆情况的步骤同时进行，这样会节省探测时间。

（6）故障精确定点。在测得电缆的故障距离后，根据电缆的路径走向，判断出故障点的大致方位，然后通过故障定点仪器到该方位处精确探测故障点的具体位置。故障定点首选声磁同步法，这种方法的可靠性与精度是目前最高的，在出现用声磁同步法确实探测不到的金属性短路或接地故障时，再选用音频信号感应法或跨步电压法等其他故障定点方法。

上述过程只是一般的探测步骤，实际探测时，可根据具体情况省略一些步骤。例如，电缆敷设路径较准确时可不必探测路径，对于非直埋电缆，在粗测到的故障距离与接头距离相近时，可直接到该接头处查看。

四、电缆故障测距方法

故障测距是测量从电缆的测试端到故障点的电缆线路长度，目前的测试方法主要有阻抗法与行波反射法两大类。在实际测试中，首选用行波反射法测试故障距离，对于用行波法无测试回波的特殊的主绝缘故障和护层故障，可以考虑用阻抗法测距。下面对几种主要的测距方法进行详细介绍。

（一）阻抗法

如图 5-18 所示，凡是通过设备测量电缆 AF 两点间的电阻大小或 AF/AB 百分比等来计算出故障距离的各种方法，都称为阻抗法。阻抗法分为直流电桥法、压降比较法与直流电阻法三种。

在故障性质诊断时测得的绝缘电阻在 100kΩ 以下时，即可选用阻抗法进行故障测距，但必须有至少一相为完好相。

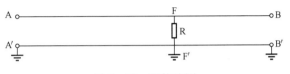

图 5-18　阻抗法图

注：线 AB 为电缆的全长。

1. 直流电桥法

直流电桥法是一种传统的电桥测试法。测试线路的连接如图 5-19（a）所示，将被测电缆故障相终端与另一完好相终端短接，电桥两臂分别接故障相与非故障相，其等效电路图如图 5-19（b）所示。仔细调节 R_2 数值，总可以使电桥平衡，即 CD 间的电位差为 0，无电流流过检流计，此时根据电桥平衡原理可得

$$R_3/R_4 = R_1/R_2$$

式中　R_1、R_2——已知电阻。

设 $R_1/R_2 = K$，则 $R_3/R_4 = K$。

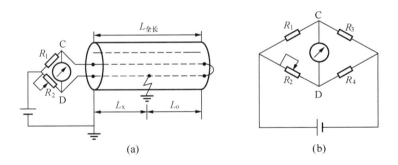

图 5-19　直流电桥法测试图

（a）直流电桥接线图；（b）直流电桥等效电路图

由于电缆直流电阻与长度成正比，设电缆导体电阻率为 R_0，$L_{全长}$ 代表电缆全长，L_X、L_0 分别为电缆故障点到测量端及末端的距离，则 R_2 可用 $(L_{全长} + L_0)R_0$ 代替，根据公式 $R_3/R_4 = R_1/R_2$ 可推出

$$L_{全长} + L_0 = KL_X$$

而

$$L_0 = L_{全长} - L_X$$

所以

$$L_X = 2L_{全长}/(K+1) \qquad (5-7)$$

2. 压降比较法

压降比较法原理接线图如图5-20所示，用导线在电缆远端将电缆故障相与电缆另一完

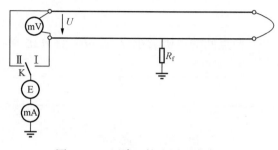

好相连接在一起，将开关K调到"Ⅰ"的位置，调节直流电源E，使电流微安表有一定的指示值，测出电缆完好相与故障相之间电压U_1；而后再将电键开关K调到"Ⅱ"的位置，再调节直流电源E，使电流微安表的指示值和刚才的值相同，测得电缆完好相与故障相之间电压U_2，由此得到故障点距离

图5-20 压降比较法原理接线图

$$L_X = 2L_{全长}U_1/(U_1+U_2) \qquad (5-8)$$

3. 直流电阻法

如图5-21所示，用导线在电缆远端将电缆故障芯线与良好芯线连接在一起。用直流电源E在故障相与大地之间注入电流I，测得故障芯线与非故障芯线之间的直流电压为U_1。从故障点开始，到电缆远端，再到完好电缆测量端部分的电路无电流流过，处于等电位状态，电压U_1也就是故障芯线从电源端到故障点之间的压降，因此，可以得到测量点与故障点之间的电阻

$$R_1 = U_1/I$$

假定电缆芯线单位长度的电阻值为R_0，求出故障距离

$$L_X = R_1/R_0 \qquad (5-9)$$

如果不知道确切的电缆单位长度的电阻，可以通过现场测量的方法获得。具体做法与前面测量故障点距离的电阻法类似，不过要选另一个完好的电缆芯线代替故障电缆芯线，将被测电缆的远端直接接地，如图5-22所示，这时测量到的电阻是电缆芯线全长电阻，除以电缆全长即可得到电缆芯线单位长度的电阻值。

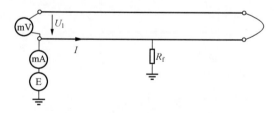

图5-21 直流电阻法原理接线图

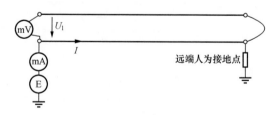

图5-22 测量全长电阻图

随着技术的发展与制作工艺的改进，目前选用阻抗法作为测量原理的仪器设备水平得到了很大的提高，部分设备已不再需要人工调整电压、电流与检流计归零等，也不再需要人工计算故障距离。

（二）行波反射法

行波反射法又称脉冲法，主要有低压脉冲法、脉冲电压法、脉冲电流法与二次脉冲法四

种测距方法组成。

1. 低压脉冲法

（1）基本原理。低压脉冲法又称雷达法，主要用于测量电缆的开路、短路和低阻故障的故障距离，同时还可用于测量电缆的长度、波速度和识别定位电缆的中间头、T形接头与终端头等。

在测试时，从测试端向电缆中输入一个低压脉冲信号，该脉冲信号沿着电缆传播，当遇到电缆中的阻抗不匹配点（如开路点、短路点、低阻故障点和接头点等），会产生折反射，反射波传播回测试端，被仪器记录下来，如图 5-23 所示。

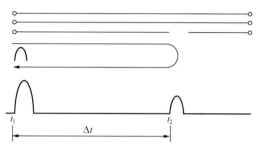

图 5-23　低压脉冲反射原理图

从仪器发射出发射脉冲到仪器接受到反射脉冲的时间差 $\Delta t = t_2 - t_1$，即脉冲信号从测试端到阻抗不匹配点往返一次的时间为 Δt，假设脉冲电磁波在电缆中传播的速度（波速度）为 V，根据公式 $L = V \cdot \Delta t / 2$ 可计算出阻抗不匹配点距测量端的距离。

理论分析表明，波速度 V 只与电缆的绝缘介质的材质有关，而与电缆芯线的线径、芯线的材料以及绝缘厚度等无关，不管线径是多少、线芯是铜芯的还是铝芯的，只要电缆的绝缘介质一样，波速度就一样。现在大部分电缆都是交联聚乙烯或油浸纸电缆，油浸纸电缆的波速一般为 $160\mathrm{m}/\mu s$，而对于交联电缆，由于交联度、所含杂质等有所差别，其波速度也不太一样，一般在 $170 \sim 172\mathrm{m}/\mu s$ 之间。如果知道电缆的全长，可以测得电缆的波速度。

（2）反射波的方向与故障距离测量。假设前行电压波为 U_{1q}，正常电缆的波阻抗为 Z_1，故障点的等效波阻抗为 Z_2，行波从 Z_1 向 Z_2 传播，反射电压波为 U_{1f}，由行波反射理论可知

$$U_{1f} = (Z_2 - Z_1)U_{1q}/(Z_2 + Z_1) = \beta U_{1q}$$
$$\beta = (Z_2 - Z_1)/(Z_2 + Z_1)$$

式中　β——电压反射系数。

显然，当电缆开路时，Z_2 趋向于无穷，β 趋近于 1，波形发生正全反射，入射波与反射波同方向。如果仪器向电缆中发射的脉冲为正脉冲，其开路反射脉冲则也是正脉冲，波形如图 5-24 所示。

当电缆发生低阻短路或低阻接地故障时，由于 $Z_2 < Z_1$，反射系数 β 将小于零，这时，

图 5-24　开路波形

入射波将与反射波方向相反，并且反射波的绝对值小于入射波的绝对值。显然，如果仪器向电缆中发射的脉冲为正脉冲，其短路反射脉冲则是负脉冲，如图 5-25所示。

图 5-26 所示为低压脉冲法的一个实测波形。在测试仪器的屏幕上有两个光标：一个是实光标，一般把它放在屏幕的最左边（测试端）——设定为零点；另一个是虚光标，把它放在阻抗不匹配点反射脉冲的起始点处，这样在屏幕的右上角，就会自动显示出该阻抗不匹配

点离测试端的距离。

图 5-25 短路或低阻波形

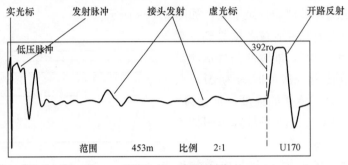

图 5-26 实测波形

一般的低压脉冲反射仪器，依靠操作人员移动标尺或电子光标来测量故障距离。由于每个故障点反射脉冲波形的陡度不同，有的波形比较平滑，实际测试时，人们往往因不能准确地标定反射脉冲的起始点，而增加了故障测距的误差，所以准确地标定反射脉冲的起始点非常重要。

在测试时，应选波形上反射脉冲造成的拐点作为反射脉冲的起始点，如图 5-27（a）虚线所标定处，也可从反射脉冲前沿作一切线，与波形水平线相交点，可作为反射脉冲起始点，如图 5-27（b）所示。

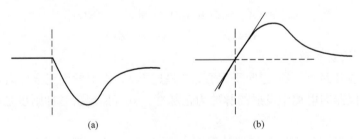

图 5-27 反射脉冲起始点的标定

在实际测量时，电缆线路结构可能比较复杂，存在着接头点、分支点或低阻故障点等；特别是低阻故障点的电阻相对较大时，反射波形比较平滑，其大小可能还不如接头反射，更使得脉冲反射波形不太容易理解，波形起始点不好标定。对于这种情况，可以采用低压脉冲比较测量法测试，将良好导体测得的低压脉冲波形与通过故障导体测得的低压脉冲反射波形进行比较，波形不一样的地方即为故障点的反射。

2. 脉冲电流法

（1）基本原理。实际电缆故障中，断线开路与低阻短路故障很少，绝大部分故障都是高阻的或闪络性的单相接地、多相接地或相间故障。而对于高阻或闪络性故障，由于故障点处的波阻抗变化太小，低压脉冲在此位置的没有反射或反射很小，无法识别，所以低压脉冲法不能测试高阻或闪络性故障。对于这类故障，一般选用把故障点用高电压击穿的闪络法测试。

根据向电缆中加高电压的方式不同，闪络法被分为直流闪络测试法（简称直闪法）与冲击闪络测试法（简称冲闪法），向电缆中施加直流高电压的则为直闪法，施加脉冲高电压的则为冲闪法。同时，闪络法又根据采集行波的不同被划分：高压闪络时采集电压行波称为脉冲电压法，采集电流行波称为脉冲电流。因用脉冲电压法测试有一定的安全隐患，目前社会上大都选择用脉冲电流法测试高阻或闪络性故障，其基本原理如下。

图 5-28 所示为脉冲电流冲闪法的测试原理接法图，T1 为调压器、T2 为高压试验变压器，容量一般在 $0.5\sim2.5$kVA，输出电压在 $30\sim60$kV；C 为储能电容器；G 为球形间隙；L 为线性电流耦合器。线性电流耦合器 L 的输出经屏蔽电缆接测距仪器的输入端子，应注意一般线性电流耦合器 L 的正面标有放置方向，应将电流耦合器按标示的方向放置，否则，输出波形的极性会不正确。

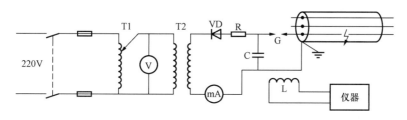

图 5-28　脉冲电流冲闪法测试接线图

测试时，通过调节调压升压器对电容 C 充电，当电容 C 上电压足够高时，球形间隙 G 击穿，电容 C 对电缆放电，这一过程相当于把直流电源电压突然加到电缆上去。如果电压足够高，故障点就会击穿放电，其放电产生的高压脉冲电流行波信号就会在故障点和测试端往返循环传播，直到弧光熄灭或信号被衰减掉；其高压电流行波信号往返传播一次，线性电流耦合器就耦合一次，这样通过测量故障点放电产生的电流行波信号在测试端和故障点往返一次的时间 Δt，根据公式 $L=V\cdot\Delta t/2$ 就能计算出故障点距离，如图 5-29 所示。

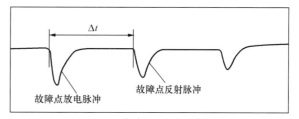

图 5-29　脉冲电流法测试波形图

直闪法与冲闪法接线方式的不同点就在于储能电容 C 与电缆之间串入的球形间隙 G，直闪法没有球间隙，是直接对电缆进行直流耐压的。显然，直闪法只能测试闪络性故障，而冲闪法则是高阻的、闪络性的都能测试，实际上对于加高压脉冲能放电的低阻故障，冲闪法也可以测试。如果用直闪法测试高阻故障，由于故障点的泄漏太大，电压根本升不上去，高压变压器输出的电压都加在了自己的内阻上，这样非常容易烧坏变压器，测试时一定要注意。

（2）故障距离测量。如图 5-29 所示，把故障点放电脉冲波形的起始点定为零点（实光标），那么它到故障点反射脉冲波形的起始点（虚光标）的距离就是故障距离。

图 5 - 30 所示为一个比较常见的典型实测脉冲电流冲闪波形。如图中标示：1 是高压信号发生器的放电脉冲，也就是球间隙的击穿脉冲，球间隙被击穿后，高压才被突然加到电缆中，电容中电荷也随之向电缆中释放；3 是故障点的放电脉冲，这个脉冲会在故障点与电容端往返传播；5 是故障点放电脉冲的一次反射波；7 是故障点放电脉冲的二次反射波；从故障点的放电脉冲到一次反射波或者从一次反射波到二次反射波之间都是故障距离。测试时，把零点实光标（2 指示的）放在故障点放电脉冲波形的下降沿（起始拐点处），虚光标（4 指示的）放在一次反射波形的上升沿，6 所显示的数字 380m 就是故障距离。

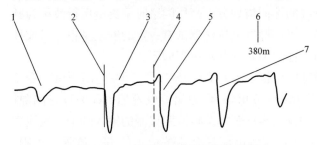

图 5 - 30　典型脉冲电流冲闪波形图

图 5 - 30 所示为典型的脉冲电流冲闪波形，实际测试时，脉冲电流的波形是比较复杂的，不同电缆、不同故障得到的脉冲电流波形是不同的，正确识别和分析测试所得的波形是比较困难的，需要一定的技术与经验。

3. 二次脉冲法

二次脉冲法其实是故障点在高压放电电弧存在状态时的低压脉冲比较法，有时技术人员也把它命名为三次脉冲法或多次脉冲法。主要用来测试高阻故障和闪络性故障。

在施加高压脉冲使高阻或闪络性故障点击穿时，一般都会产生放电电弧，这个电弧的存在时间很短，只有几毫秒，但电弧的电阻很小，只有几欧姆。在电弧存在期间，本来高阻的故障就变成了低阻甚至短路故障，如果这时用低压脉冲法测试，故障点就会产生低阻短路反射波形。

如图 5 - 31 所示，先用高压信号发生器 T2 使电缆的高阻故障击穿放电，在高压电弧产生的同时，通过耦合器向故障电缆中注入低压脉冲信号，获得并记录下脉冲反射波形，此波形称为带电弧低压脉冲反射波形。

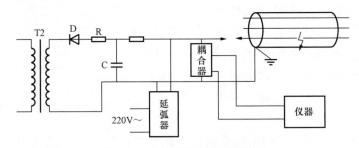

图 5 - 31　二次脉冲原理接线图

图 5 - 31 中的延弧器，是一大电容小电压的储能设备，目的是在故障点放电后向故障电缆中注入一持续的、比较大的能量，用来延长电弧存在的时间，以便于获得带电弧低压脉冲反射波形。

五、电缆路径的探测

明确知道电缆的路径是非常重要的，一是在电缆发生故障后需要沿路径巡查，二是在测得电缆的故障距离后，需要根据电缆的路径，判断故障点的大体范围和地点，范围越小，精确定点就会越快越容易。但由于有些电缆是直埋的或埋设在电缆沟里的，在图纸资料不齐全的情况下，很难明确判断出电缆路径，需要用仪器测量电缆的敷设路径。目前，电缆路径探测的方法大致有音频电流信号感应法、脉冲磁场方向法与脉冲磁场幅值法三种。

（一）音频电流信号感应法

如图 5-32 所示，用音频信号发生器向电缆中注入一特定频率的音频电流信号，该电流信号在电缆周围就会产生音频磁场，通过传感器线圈接收这一特定频率的音频磁场，经磁声或磁电转换为人们容易识别的声音信号或其他可视信号，即可探测出电缆的路径。常见注入音频信号的频率为：512、1k、8k、10k、15k、66k、88kHz 等多种。之所以选择这么多种频率，是为了防止干扰，当一种频率受干扰时，就换另外一种频率。

图 5-32 所示为通过相和金属护层之间注入信号的接线方式，此外还有通过金属护层和大地之间、相和大地之间、两相之间和经互感器耦合等几种注入信号的接线方式，其中耦合方式可用于探测带电运行电缆的路径。需要说明的是，无论哪种接线方式，都

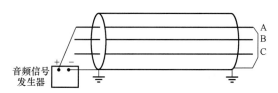

图 5-32 音频法路径探测相铠间接线示意图

需要有电流信号经过大地传播，例如经互感器耦合的接线方式中，电缆金属护层的两端必须接地良好，否则电缆周围就没有音频磁场，在后面的篇幅中有关这点的理论说明。

用音频感应法探测电缆路径时，根据传感器感应线圈放置的方向不同，又分为音谷法与音峰法。

如图 5-33 所示，向电缆中注入音频电流信号后，在传感器感应线圈轴线垂直于地面时，电缆的正上方线圈中穿过的磁力线最少，线圈中感应电动势最小；线圈往电缆左右方向移动时，音频声音增强，当移动到某一距离时，响声最大，再往远处移动，响声又逐渐减弱。在电缆附近，磁场强度与其位置关系形成一马鞍形曲线，曲线谷点所对应的线圈位置就是电缆的正上方，这种方法就是音谷法。

如图 5-34 所示，而当感应线圈轴线平行于地面时（要垂直于电缆走向），在电缆的正上方线圈中穿过的磁力线最多，线圈中感应电动势也最大，线圈往电缆左右方向移动时，音频声音逐渐减弱，磁场最强的正下方就是电缆，这种方法就是音峰法。实际测量时，音峰法是最常用的测试方法。

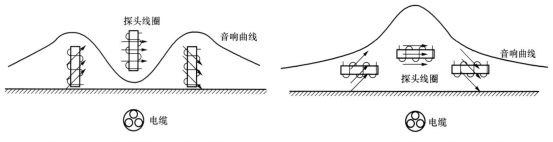

图 5-33 音谷法测量时的音响曲线　　　　图 5-34 音峰法测量时的音响曲线

（二）脉冲磁场方向法与脉冲磁场幅值法

如图5-35所示，用直流高压信号发生器向电缆中施加高压脉冲信号，故障点击穿放电时的放电电流是一暂态脉冲电流，如同音频电流一样，该脉冲电流会在电缆周围产生脉冲磁场，用感应线圈接收这个磁场，即可找到电缆的路径。

如果脉冲电流的方向是如图5-36所示的从平面中出来的方向，根据右手螺旋法则，其在电缆周围产生的磁场方向就如该图中所示。

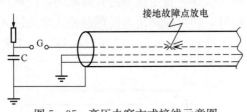

图5-35 高压击穿方式接线示意图

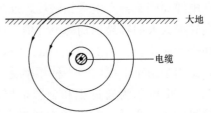

图5-36 脉冲电流在电缆周围产生的脉冲磁场

1. 脉冲磁场方向法

如图5-37所示，把感应线圈以其轴心垂直于大地的方向分别放置于电缆的左右两侧，在左侧磁力线是从上方进入并穿过线圈的，在右侧磁力线则是从下面进入并穿过线圈中的。如果在左侧感应线圈感应到的电动势是正电动势，在右侧感应到的必是负电动势。可用波形把感应线圈感应到的电动势表示出来，如图5-37（a）所示，左侧为正电动势，波形初始方向朝上，称为正磁场。如图5-37（b）所示，右侧为负电动势，波形初始波形朝下，称为负磁场。电缆的左右两侧磁场的方向是不同的，在磁场方向交替的正下方就是电缆，利用这个特点可以找到电缆的位置，多点连线就是电缆的路径。

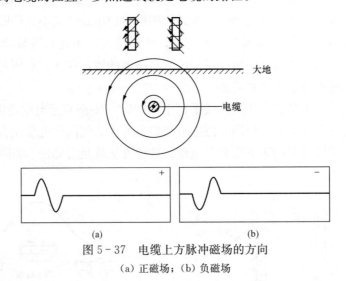

图5-37 电缆上方脉冲磁场的方向

（a）正磁场；（b）负磁场

2. 脉冲磁场幅值法

如图5-38所示，同音频电流信号感应法一样，如果把感应线圈平行于地面（垂直于电缆），在电缆的正上方线圈中穿过的磁力线最多，线圈中感应电动势也最大，往电缆的两侧会越来越小，用指针式电压表或其他方式显示感应电动势的大小，电动势最大的下方就是电缆，利用这种方法可以查找电缆的路径。

实际测试时，用脉冲磁场的方向法与幅值法探测路径，一般是和故障的精确定位一起进行的，主要目的是使故障精确定位的人员不偏离电缆路径，而市场上的路径仪一般都是选用音频电流信号感应法进行路径探测的。

无论选用上述哪种路径探测的方法，都需感应线圈能接收到音频电流或脉冲电流在电缆周围产生的磁场信号，上述电流能否在电缆周围产生较强磁场信号是路径探测成功的关键。如果向电缆中注入的音频电流或脉冲电流不能在电缆周围产生磁场信号或产生的磁场太弱，都可能会导致路径探测或者故障精确定点的失败。

电流流经金属导体时，就会产生相应的磁场。图 5-39 所示的是向线芯与金属护层之间注入电流信号的接线等效电路图，从图中可知，电流从线芯进入，经金属护层与大地返回。线芯与金属护层都是金属导体，通过电流时都会产生相应的磁场，但线芯与金属护层中的电流方向是相反的，其产生的磁场方向也必是相反的，如果两者中的电流值相等，磁场就会相互抵消，在电缆周围就不会有相应的磁场。所以，如想使电流信号在电缆周围产生磁场，流经线芯与金属护层的电流值就不能相等，必须有一部分电流从其他导体分流，这里的其他导体就是大地，从大地中分流的电流 I' 是路径探测的关键，I' 越大，电缆周围的磁场就越大。

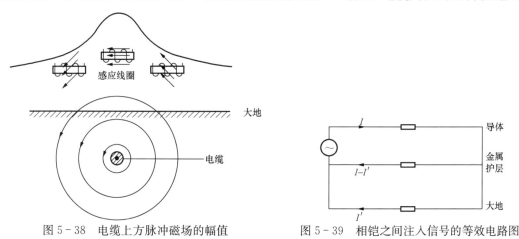

图 5-38 电缆上方脉冲磁场的幅值　　　图 5-39 相铠之间注入信号的等效电路图

实际路径探测过程时，无论选用什么路径探测的方法，一定要让大地参与到电流回路中。例如向电缆中注入高压脉冲信号时，尽量加在线芯与金属护层之间，金属护层两端特别是测试端一定要接地良好。

六、电缆故障的精确定点

常见的电缆故障精确定点的方法主要有声测法、声磁同步法、音频电流信号感应法与跨步电压法。

(一) 声测法与声磁同步法

如图 5-35 所示，经高压信号发生器向故障电缆中施加高压脉冲信号后，一般故障点会产生放电声音信号。声测法与声磁同步法都是通过获得故障点放电的声音信号探测故障点的。

1. 声测法

测试人员用耳朵监听故障点放电的声音信号或者用眼睛看故障点放电的声音信号所转换

的可视信号，通过判断故障点放电声音的大小找到故障点的方法称为声测法。

对于直埋的电缆，故障点放电时产生的机械振动传到地面，通过振动传感器和声电转换器，在耳机中便会听到"啪、啪"的放电声音；对于通过沟槽架设的电缆，把盖板掀开后，用人耳直接就可以听到放电声。

很显然声测法比较容易理解与掌握，可信性也较高。但用声测法探测电缆故障，也有其一定的缺点：

（1）受外界环境的影响较大。实际测试中，外界环境噪声的干扰很大，使人很难辨认出真正的故障点放电声音，有时为了排除外界噪声干扰，需要夜深人静时才能测试。

（2）受人的经验和测试心态的影响较大。因为声测法需要用人的耳朵去听放电声音，测试人员的经验和测试人员的耳朵分辨声音的灵敏度成为能否找到故障点的关键。实际测试时，操作人员远离高压放电设备后，往往因长时间听不到故障点的放电声音，心情浮躁，会怀疑高压设备已停止工作或怀疑自己已经偏移了电缆路径而使故障定点工作不能继续进行。

目前，对于加高压后能产生放电声音的故障，最先进的定点方法是声磁同步法。

2. 声磁同步法

如图 5-36 所示，经高压信号发生器向故障电缆加脉冲高压信号使故障点放电时，故障点处除了发出放电声音信号，同时放电电流会在电缆周围产生脉冲磁场信号。由于磁场信号是电磁波，传播速度极快，一般从故障点传播到仪器探头放置处所用的时间可忽略不计，而声波的传播速度则相对慢得多，传播时间为毫秒级，这样同一个放电脉冲产生的声音信号和磁场信号传到探头时就会有一个时间差，可称其为声磁时间差。

用传感器同步接收故障点放电产生的脉冲磁场信号与声音信号，测量出两个信号传播到传感器的声磁时间差，通过判断声磁时间差的大小来探测故障点精确位置的方法叫声磁同步接收定点法，简称声磁同步法。

声磁时间差的大小就能代表故障点距离的远近，找到时间差最小的点，就是故障点的正上方，换句话说，此时传感器所对应的下方就是故障点。应注意，由于周围填埋物不同与埋设的松软程度不同等原因，很难知道声音在电缆周围介质中的传播速度，所以不太容易根据磁、声信号的时间差，准确地知道故障点与探头之间的距离。

同声测法一样，声磁同步法可以测试除金属性短路以外的所有加脉冲高压后，故障点能发出放电声音的故障。所不同的是，用声磁同步法定点时，除了接收放电的声音信号外，还需接收放电电流产生的脉冲磁场信号。

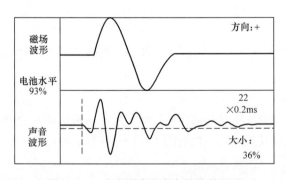

图 5-40 声磁同步法定点的液晶显示

通过感应线圈和振动传感器，用现代微电子技术可以把脉冲磁场信号和声音信号记录下来，并可把声音信号波形和磁场信号波形显示在同一屏幕上。图 5-40 所示的就是声磁同步法查找故障点的屏幕显示，屏幕上半部分显示磁场波形，下半部分显示声音波形，通过磁场波形的正负查找电缆的路径，使测试人员定点时不至于偏离电缆。由于在接收到脉冲磁场后和接受到放电声音前的这段时间内，外界是相对安静的，这段时间内的声音波形近似为直线，直线的长度就代表时间差的长短。如图5-40所示，放电声音波形前面的（虚线光标左边的）直线部分代表声磁时间差，通过比较这段直线的长短就可以查找到故障点；这段直线最短时，探头所在位置的正下方就是故障点。

图5-41为把传感器放置在两个不同位置时的仪器屏幕的显示，其中图5-41（a）所示的磁场波形为负，图5-41（b）所示的磁场波形为正，说明这两次传感器放置的位置分别在电缆的不同侧。同时可以看出，图5-41（a）所示的声音波形前的直线段较长，说明图5-41（a）所对应的传感器比图5-41（b）所对应的传感器离故障点远一些。

声磁同步法定点的精度与可靠性很高，定点误差可达0.1m以内。但用这种方法定点时，高压信号发生器的接线一定要注意：高压应加在故障相与金属护层之间，金属护层两端接地，对于发生相间故障没有金属护层的电缆，要把其中一相两端接地，当作金属护层用，否则定点时，可能会没有磁场。

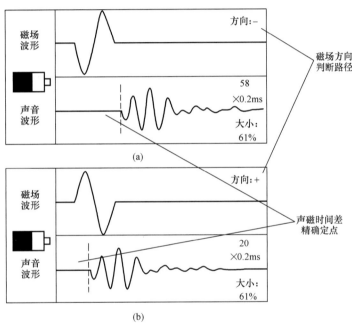

图5-41 声磁同步定点时磁场正负与声磁时间差的显示
（a）负磁场离故障点较远；（b）正磁场离故障点较近

（二）音频电流感应法

1. 应用范围

音频电流感应法一般用于探测故障电阻小于10Ω的低阻故障。这类故障，加高压脉冲后放电声音微弱，用声测法与声磁同步法定点比较困难，特别是发生金属性短路故障的故障点根本无放电声音。

2. 定点方法

音频电流感应法定点的基本原理与用音频感应法探测地埋电缆路径的原理一样。探测时，用1kHz或其他频率的音频电流信号发生器向待测电缆中加入音频电流信号，在电缆周围就会产生同频率的音频磁场信号，接收并经磁电转换后送入耳机或指示仪表，根据耳机音频信号的强弱或指示仪表指示值的大小，即可找到故障点的精确位置。

（1）电缆相间短路（两相或三相短路）故障的定点方法。如图 5-42 所示，用音频感应法探测相间短路（两相或三相短路）故障的故障点位置时，向两短路线芯之间注入音频电流

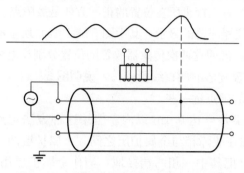

图 5-42 用音频感应法探测电缆相间短路故障原理示意图

信号，在地面上将接收线圈垂直或平行放置接收该音频信号（垂直于电缆），并将其送入接收机进行放大。向短路的两相之间加入音频电流时，地面上的磁场主要是两个通电导体的电流产生的，并随着电缆的扭绞而变化；因此，在故障点前，感应线圈沿着电缆的路径移动时，会听到声响较弱但有规则变化的音频信号，当感应线圈位于故障点上方时，音频信号突然增强，再从故障点继续向后移动，音频信号即明显变弱甚至是中断，音频声响明显增强的点即是故障点。

除低压电缆外，纯相间短路的故障很少，一般都伴随接地故障同时出现。无金属护层的低压电缆发生金属性短路故障时，一般也会是开放性的对大地泄漏的故障；对有金属护层的电缆两相之间发生金属性短路时，如果在相间加入音频信号，收到的音频磁场的强度可能很小，测试时一定要细心。

（2）单相接地故障的定点方法。如图 5-43 所示，用音频感应法探测低阻接地故障的精确位置时，向接地芯线和金属护层之间加入音频电流，并拆开金属护层对端的接地线。这时，地面上的磁场主要是电流 I' 产生的（见图 5-37，在路径探测一节中已经论述），I' 是电缆金属护层对大地的泄漏电流、故障点处带电芯线与大地的回路电流和金属护层通过接地点与大地之间的回路电流共同组成的。当感应线圈在故障点前沿着电缆的路径移动时，会接收到有规律的强度相等的音频声音，当感应线圈移动到故障点上方时，声音会突然增强数倍，再从故障点继续向前移动时，音频声音又会明显变弱，音频声音信号明显增强或中断的点即是故障点。

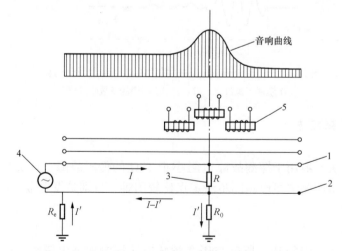

图 5-43 用音频感应法探测低阻接地故障原理示意图
1—电缆线芯；2—护层（铠装）；3—故障点；4—音频信号发生器；5—探头

用音频信号法实际探测低阻故障点时，由于干扰和故障点后可能存在金属护层外的绝缘护层破损，往往在故障点处没有上述所说的信号变化特征，所以用音频信号法进行低阻故障精确定位的可靠性不是很高。

3. 跨步电压法

跨步电压法可用于直埋电缆故障点处护层破损的开放性故障与单芯电缆护层故障的精确定点，其工作原理如下：

如图5-44所示，假设该直埋电缆发生开放性接地故障，AB是芯线，A′B′是金属护层，故障点F′处已经裸漏于大地中。把护层A′和B′两点接地线解开，从A端向电缆线芯和大地之间加入高压脉冲信号，在F′点的大地表面上就会出现喇叭形的电位分布，用高灵敏度的电压表在大地表面测两点间的电压，在故障点附近就会产生如图5-45所示的电压变化。在插到地表上的探针前后位置不变的情况下，在故障点前后电压表指针的摆动方向是不同的，以此就可以找到故障点的位置。

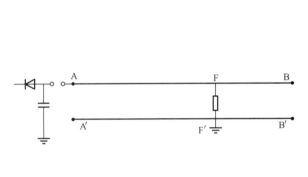

图5-44　跨步电压法故障定点的接线图　　　图5-45　地面电位分布图

用跨步电压法对电缆故障精确定点时，要注意以下几点：

(1) 跨步电压法只能测试直埋电缆的开放性接地故障，不能用于探测非开放性的和其他敷设方式的电缆故障。

(2) 是在故障相和大地之间加脉冲高压的，护层两端的接地线一定要解开。

(3) 加高压时金属护层是瞬间带高压的，护层表面其他被破坏的地方也可能会在地表上产生跨步电压分布，所以用跨步电压法进行故障定点时，一定要参照测得的故障距离，否则找到的地方将可能不是真正的故障点。

(4) 根据跨步电压原理，生产出了许多形式的仪表，其中以能显示故障点方向的为最佳。但不管何种表现形式，测试时插到地表上电压表的探针前后位置不能有变化，测试时一定要注意这一点。

七、电缆检修的相关注意事项

电力电缆作为电力线路的一部分，因其故障几率低、安全可靠、出线灵活而得到广泛应用，但是一旦出故障，检修难度较大，危险性也大，因此在检修、试验时应特别加以注意。

1. 工作前的准备工作

电力电缆停电工作应填用第一种工作票，不需停电的工作应填用第二种工作票。工作前应详细查阅有关的路径图、排列图及隐蔽工程的图纸资料，必须详细核对电缆名称、标志牌是否与工作票所写的相符，在安全措施正确可靠后方可开始工作。

2．工作中的注意事项

工作时必须确认需检修的电缆。需检修的电缆可分为 2 种：

（1）终端头故障及电缆体表面有明显故障点的电缆。这类故障电缆，故障迹象较明显，容易确认。

（2）电缆表面没有暴露出故障点的电缆。对于这类故障电缆，除查对资料、核实电缆名称外，还必须用电缆识别仪进行识别，使其与其他运行中的带电电缆区别开来，尤其是在同一断面内有众多电缆时，严格区分需检修的电缆与其他带电的电缆尤为重要。同时这也可以有效地防止由于电缆标志牌挂错而认错电缆，导致误断带电电缆事故的发生。

锯断电缆必须有可靠的安全保护措施。锯断电缆前，必须证实确是需要切断的电缆且该电缆无电，然后，用接地的带木柄（最好用环氧树脂柄）的铁钎钉入锯断处的电缆芯（称电缆打钉）后，方可工作。打钉时，扶木柄的人应戴绝缘手套并站在绝缘垫上，应特别注意保证铁钎接地的良好。为了提高作业人员的安全性，电缆打钉已开始采用遥控装置，避免打钉时人员靠近而发生意外的触电或短路电弧烧伤危险。工作中如需移动电缆，则应小心，切忌蛮干，严防损伤其他运行中的电缆。电缆头务必按工艺要求安装，确保质量，不留事故隐患。

电缆修复后，应认真核对电缆两端的相位，先去掉原先的相色标志，再套上正确的相色标志，以防新旧相色混淆。

3．高压试验时的注意事项

电缆高压试验应严格遵守有关安全工作规程。即使在现场工作条件较差的情况下，对安全的要求也不能有丝毫降低。分工必须明确，安全注意事项应详细布置。试验现场应装设封闭式的遮栏或围栏，向外悬挂"止步，高压危险"标志牌，并派人看守。尤其是电缆的另一端也必须派人看守，并保持通信畅通，以防发生突发事件。试验装置、接线应符合安全要求，操作必须规范。试验时注意力应集中，操作人员应站在绝缘垫上。变更接线或试验结束时，应先断开试验电源，放电，并将高压设备的高压部分短路接地，最后拆除测量仪表。高压直流试验时，每告一段落或试验结束时均应将电缆对地放电数次并短路接地，之后方可接触电缆。

4．其他注意事项

打开电缆井或电缆沟盖板时，应做好防止交通事故的措施。井的四周应布置好围栏，做好明显的警告标志，并且设置阻挡车辆误入的障碍。夜间，电缆井应有照明，防止行人或车辆落入井内。进入电缆沟或电缆井前，应排除沟内或井内浊气。井内工作人员应戴安全帽，并做好防火、防水及防高空落物等措施，井口应有专人看守。

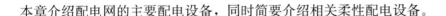

第六章

配 电 装 置

本章介绍配电网的主要配电设备，同时简要介绍相关柔性配电设备。

第一节　配 电 变 压 器

一、配电变压器的基本知识

（一）配电变压器的基本结构

变压器主要部件是铁芯（器身）和绕组。铁芯是变压器的磁路，绕组是变压器的电路，二者构成变压器的核心即电磁部分。除了电磁部分，还有油箱、冷却装置、绝缘套管、调压和保护装置等部件。

1. 铁芯

铁芯由芯柱和铁轭两部分组成，芯柱上套装绕组，铁轭使整个磁路成为闭合磁路。按照铁芯结构，变压器可分为芯式和壳式两类。由于芯式结构比较简单，绕组的装配、绝缘亦较容易，因此电力变压器一般均采用芯式结构。

为了减少铁芯中的磁滞和涡流损耗，铁芯一般用 $0.35\sim0.5\mathrm{mm}$ 厚的热轧或冷轧硅钢片叠成，片间涂以 $0.01\sim0.013\mathrm{mm}$ 厚的涂膜绝缘隔开，以避免片间短路。非晶合金变压器铁芯由非晶合金带材卷制而成，空载损耗比 S9 型变压器降低 80% 左右，比 JB/T 10318 规定值低 25% 左右。

为了减少叠片接缝间隙以降低励磁电流，一般叠片时均采用交错式叠装，即上层和下层叠片接缝错开。而目前已成熟采用卷制而成的卷铁芯结构。

2. 绕组

绕组一般用绝缘扁铜（或铝）线或圆铜（或铝）线在绕线模上绕制而成，每相的一、二次绕组套装在同一根铁芯柱上，低压绕组在内层，高压绕组套装在低压绕组的外层，以便于绝缘。由于铜导体的机械强度比铝高、电阻率比铝低，因此，变压器的绕组多数采用铜导体，绕组框架层间、绕组间使用绝缘材料隔离。

从高、低压绕组之间的相对位置来看，变压器的绕组可分为同心式和交叠式两类。同心式绕组又可分为圆筒式、螺旋式和连续式等几种基本型式。

3. 油箱和其他附件

油浸变压器将铁芯和绕组器身装在充满变压器油的箱体内。变压器油是一种矿物油，具有很好的绝缘性能。它有两个作用：①在变压器绕组与绕组、绕组与铁芯及油箱之间起绝缘作用。②变压器油受热后产生对流，对变压器铁芯和绕组起散热作用。

散热器由变压器油箱四周的散热油管或散热片组成。变压器运行中，当上层油温与下层油温产生温度差时，通过散热器促成油的循环对流，使变压器铁芯周围的高温油通过散热器冷却后再回到油箱内，起到了降低变压器运行温度的作用。

为使变压器油能较长久保持良好状态，一般在变压器油箱上面装置圆筒形的储油柜（也称为油枕）。储油柜通过连通管与油箱相通，柜内油面高度随着变压器油的热胀冷缩而变动。变压器运行时产生热量，使变压器油膨胀，并流进储油柜中。此外，油浸变压器通常还有呼吸器、油标等辅助设备，大型配电变压器还有气体保护和压力释放阀等装置。

全密封式油浸变压器取消了储油柜，采用管状散热器油箱、片式散热器油箱、波纹油箱等几种全密封结构。

4. 高低压绝缘套管

高低压绝缘套管是变压器绕组的对地（外壳和铁芯）绝缘，大部分采用瓷质绝缘套管，将变压器的一、二次绕组引出线从油箱内部引到箱外，并且还是固定引线与外电路连接的主要部件。干式变压器的绝缘套管一般采用树脂浇注成型。

5. 分接开关

分接开关用于改变一次绕组的匝数，从而调整电压比，改变二次侧的输出电压。双绕组变压器的一次绕组上一般都有 3～5 挡分接头位置，相邻相差 2.5% 或 5%。

分接开关分无载分接开关和有载分接开关两种，后者可以在带负荷的情况下进行切换。油浸变压器分接开关的操作部分装于变压器油箱的顶部，经传动杆伸入变压器油箱内。

（二）配电变压器的连接组别

变压器的联结组别是指变压器一、二次绕组按一定接线方式连接时，一次侧的电压、电流与二次侧的电压、电流之间的相位关系。三相变压器的联结组别，不仅与绕组的极性有关，且和三相绕组的连接方法有关。极性是由变压器一、二次绕组的绕向和端头标志决定的，分为同名端和异名端。配电变压器的连接方法通常有以下两种：

（1）星形连接，亦称 Y 连接，即三相绕组的末端 X、Y、Z 接成一点，形成中点 O，将首端 A、B、C 引出来作为输入或输出端，如图 6-1（a）所示。若将 Y 接的中点 O 引出接地，则称 Y_N 接法。

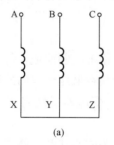 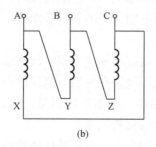 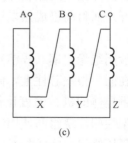

图 6-1　三相变压器绕组的接法

(a) 星形连接；(b)、(c) 三角形连接

（2）三角形连接，亦称 D 连接，有以下两种形式：

连接次序为 A—Y、B—Z、C—X，并将 A、B、C 引出作为出线，如图 6-1（b）所示。

连接次序为 A—Z、B—X、C—Y，并将 A、B、C 引出作为出线，如图 6-1（c）所示。

将一、二次绕组分别按 Y、D 不同接法进行组合，可形成多种连接方法。

变压器的联结组别，就是用时针的表示方法来说明一、二次绕组线电压（或线电流）的相量关系。将一次绕组线电压的相量作长针，固定在 12 点钟位置，以二次线电压的相量作短针，其所指的点数，即为该组别的标号。

配电变压器的常用联结组别有 Yyn0 接线和 Dyn11 接线等，二次侧中性点直接接地。下面来介绍这两种接线方式。

（1）Yyn0 接线（见图 6-2）。这种接线的优点是：一、二次绕组的机械强度大；正常运行方式下每相对地电压只有线电压的 $1/\sqrt{3}$，工艺简单、材料节约。缺点是：高压侧电网可能会出现三次谐波零序电压；对二次绕组侵入的雷电流可能在一次绕组中产生危险的过电压，因此不宜用在多雷区；二次侧绕组的中性线断线或三相不平衡会引起较大的中性点电位偏移。

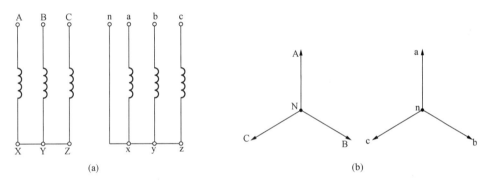

图 6-2　Yyn0 接线方式及相量图

（a）绕组的接线方式；（b）相量图

（2）Dyn11 接线（见图 6-3）。该种接法的优点是：没有中性点不稳定的弱点；三次谐波电流在绕组中环流，高压侧电网不会出现三次谐波零序电压；一次绕组中的循环电流能抵消二次绕组的雷电流，对二次绕组侵入的雷电过电压抵抗能力较强。缺点是：机械强度较差，工艺较复杂。

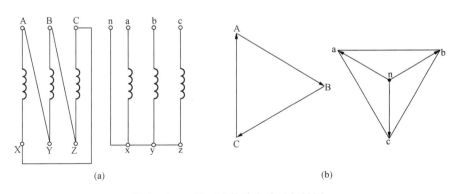

图 6-3　Dyn11 接线方式及相量图

（a）绕组的接线方式；（b）相量图

（三）变压器的技术参数

要合理使用变压器，首先必须掌握和理解变压器铭牌上的技术参数。变压器铭牌一般标有产品型号、额定电压、额定电流、额定容量、额定频率、阻抗电压、使用条件、允许温升、极性和接线组别、分接开关位置及分接头电压、重量、产品代号、标准代号、出厂序号、制造厂家、制造年月等。

（1）额定电压 U_{1N}/U_{2N}：额定电压是指变压器在空载状态时，变压器一、二次绕组允许长期运行的最合理电压，单位为 kV 或者 V，三相变压器均代表线电压。U_{1N} 为正常运行时一次侧应加的电压，U_{2N} 为一次侧加额定电压时二次侧处于空载状态时的电压。变压器额定电压比，指空载状态时一次侧额定电压与二次侧额定电压之比。

（2）额定电流 I_{1N}/I_{2N}：额定电流是指变压器正常运行时一、二绕组允许长期通过的电流，以有效值表示，单位为 A，在三相变压器中均代表线电流。

（3）额定容量 S_N：变压器额定容量是指变压器在额定工作条件下，能保证输出视在功率的有效值，单位为 kVA。

对于三相

$$S_N = \sqrt{3} U_N I_N \tag{6-1}$$

对于单相

$$S_N = U_N I_N \tag{6-2}$$

（4）额定频率 f_N：我国规定的额定频率采用 50Hz。

（5）短路电压 $U_{k1n}\%$：短路电压是指将变压器二次侧短路，一次侧施加电压使二次侧电流达到额定值时，一次侧所施加的电压值与额定电压之比的百分数，它的大小等于阻抗电压。一般变压器容量越大，其短路电压也越大；6~20kV 电压等级配电变压器的阻抗电压约为 4%~5.5%。

（6）空载电流 I_0 与空载损耗 ΔP_0：空载电流是指变压器二次侧开路、一次侧施加额定电压时一次侧绕组所通过的电流，有时也称为变压器的励磁电流，常用占额定电流的百分数表示。空载电流的大小决定于变压器的容量、磁路结构、铁芯质量等。

因变压器正常工作时空载损耗基本不变，所以空载损耗又称为固定损耗。变压器空载时，一次侧铜损非常小，可忽略不计，所以空载损耗近似等于铁损，它可通过空载试验测出。对配电变压器而言，铁损即铁芯的磁滞和涡流，约占额定功率的 0.5%~1.5%。空载损耗的大小与硅钢片的性质、厚度和制造工艺有关，与变压器的容量、电压高低有关，而与负载的大小无关。

（7）短路损耗 ΔP_{t0}：短路损耗是指将变压器二次绕组短路，在一次绕组额定分接头上施加额定电流时，变压器所消耗的功率。变压器短路试验时，外施电压很低，铁芯磁通密度很小，铁损可忽略不计，因此短路损耗近似等于铜损，它可通过短路试验测出。由于铜损是一、二次绕组中流过的电流产生的，一、二次电流与负载大小有关，负载变化时铜损也要相应的变化，因此短路损耗又称为可变损耗。

（8）温升：油浸变压器的温升是指变压器上层油面温度与周围空气温度之差；干式变压器的温升是指变压绕组表面温度与周围环境温度之差。

（四）配电变压器的分类与型号

配电变压器可以按相数、绕组数、冷却方式等特征分类。按相数分为单相变压器和三相变压器；按绕组数分为双绕组变压器和自耦变压器；按冷却方式分为干式变压器和油浸变压器；按照调压方式分为有载调压变压器和无载调压变压器。

配电变压器的型号是用汉语拼音字母和数字组成，表示方法为：

$$\boxed{1}\ \boxed{2}-\boxed{3}-\boxed{4}/\boxed{5}$$

$\boxed{1}$——基本代号，以一组汉语拼音字母表示，对于配电变压器，每个字母依次分别代表相数、绕组外绝缘介质、冷却方式、绕组材料和调压方式。

（1）相数：D代表单相，S代表三相。

（2）绕组外绝缘介质：C代表绕组成型浇注固体绝缘，G代表非包封绕组空气绝缘，省略时代表油浸式。

（3）冷却方式：F代表风冷，省略时代表油循环或自冷。

（4）绕组材料：L代表铝绕组，省略时代表铜绕组。

（5）调压方式：Z代表有载自动调压，省略时代表无载调压。

$\boxed{2}$——设计序号，以数字表示。

$\boxed{3}$——密封式波纹油箱，省略时代表普通变压器。

$\boxed{4}$——额定容量，以数字表示，单位为kVA。常用的容量有：10、20、30、50、80、100、160、200、250、315、400、500、630、800、1000kVA等。

$\boxed{5}$——高压绕组电压等级，以数字表示，单位为kV，通常为10kV或20kV。

例如，S11-M-250/10即代表三相、设计序列号为11、密封式、容量为250kVA的10kV油浸铜芯双绕组变压器；SG10-500/10代表三相、非包封线圈空气绝缘、设计序列号为10、容量为500kVA的10kV干式铜芯双绕组变压器。

（五）几种典型的配电变压器

1. 普通油浸式配电变压器

油浸变压器是将铁芯和绕组组成变压器的器身装在油箱内，油箱内充满变压器油，除此之外，还有散热器、油箱、吸湿器、油标和安全气道，如图6-4（a）所示。变压器油具有优良的绝缘性能、抗氧化性能和冷却性能，通常按低温性能分为10号、25号、45号三种标号，由于变压器油必须经常跟踪检测油位、酸值、闪点、介质损耗、水分因素，因而维护量较大、耐火性差。

2. 密封式油浸变压器

密封式油浸变压器采用真空注油法，在上桶箱盖装有压力释放阀，当变压器内部压力达到一定值时，压力释放阀动作，可排除油箱内的过压。密封型变压器的油箱，采用波纹式油箱，可以满足变压器运行中油的热胀冷缩的需要，如图6-4（b）所示。对于户外使用的配电变压器，全密封型结构能实现少维修，逐步取代普通型的油浸式配电变压器。

3. 干式变压器

干式变压器根据绕组外绝缘形式分为环氧树脂浇注固体绝缘和非包封空气绝缘两种，如

图 6－4（c）和图 6－4（d）所示。

　　环氧树脂浇注固体绝缘是采用环氧树脂浇注而成的固体包封绕组，具有结构简单、维护方便、防火阻燃、防尘等优点，可免去日常维护工作，被广泛应用于对消防有较高要求的场合。为保证变压器绕组有良好的散热性能，需要配备自动控制的风机进行强迫风冷却。

　　非包封空气绝缘是绕组外绝缘介质为空气的非包封结构，具有防火、防爆、无燃烧危险，绝缘性能好，防潮性能好，运行可靠性高，维修简单等优点。为保证变压器绕组有良好的散热性能，一般采用片式散热器进行自然风冷却，并适当增大箱体的散热面积。

　　干式变压器外壳通常安装不锈钢或铝合金防护罩，如图 6－4（e）所示，用于运行现场的安全防护，能有效地防止小动物进入罩内而引起的短路运行事故，保护人身安全并起一定的电磁屏蔽作用。防护罩应设置观察窗供巡视、测温及检查接头有无发热时使用；柜门有开门报警（跳闸）和带电磁安全闭锁功能，防止人员带电打开柜门而误碰带电部位。

图 6－4　典型配电变压器外形图

（a）普通油浸式配电变压器；（b）密封式油浸变压器；（c）环氧树脂浇注固体绝缘干式变压器；
（d）非包封空气绝缘干式变压器；（e）干式变压器防护罩

4．箱式变压器

箱式变压器是一种将变压器、高低压开关按照一定的结构和接线方式组合起来的预装式配电装置，详细内容将在本章后面内容中介绍。

5．节能型配电变压器

（1）卷铁芯变压器和非晶合金铁芯变压器。卷铁芯由硅钢片不间断连续卷制而成，与叠铁芯变压器相比外形结构没有变化，但卷铁芯的工艺使得封闭的铁芯框是光滑的，没有叠铁芯的角部所特有的空气气隙，磁阻减小，变压器空载电流降低。因此，与传统的叠片式铁芯变压器相比，具有重量轻、体积小、空载损耗小、噪声低，机械和电气性能优越的特点。S11 系列采用卷铁芯工艺，其空载损耗比 S9 系列（叠铁芯）变压器下降 30％，比叠铁芯节约材料 5％以上，因而已全面推广使用。

非晶合金材料是将熔化的铁、硼、硅钢水喷铸在高速旋转的低温滚筒上，由于采用超急冷技术，熔化的金属凝固速度比结晶速度快，形成玻璃状非晶体排列的金属薄带。由于非晶合金材料具有磁导率高、矫顽力低、电阻率高、磁滞伸缩性大的特点，是理想的生产低损耗变压器铁芯的材料。因而，采用非晶合金材料作为铁芯材料的变压器，具有磁滞损耗、涡流损耗低及噪声小的优点。据实测，非晶合金变压器的空载损耗仅为 S9 型配电变压器的 25％左右，节能效果明显，已被逐步推广应用。但它也存在厚度薄、硬度高、应力敏感等缺点，因而制造工艺需要有相应的技术措施。

卷铁芯变压器和非晶合金变压器的外观与其他类型的变压器相同。

（2）平面铁芯与立体三角形铁芯变压器。在三相变压器中，平面卷铁芯的三个芯柱侧面看呈倒"日"字型（见图 6-5），三相磁路中 A-C 相之间的耦合磁路，显然要比 A-B 相、B-C 相的磁路长，使得 A-C 相的磁阻较大，A、C 的相电压会稍微降低，影响三相电压的平衡。

随着卷铁芯技术工艺的不断成熟，考虑三相等长磁路的几何方框特点，把平面形卷铁芯的内外框改成窗口尺寸与内框相同的三只相同框，每框的截面仍为半圆形的，三框成 60°拼合在一起，俯视呈"品"字形排列成对称的立体三角形卷铁芯结构（见图 6-6）。三角形卷铁芯 A-C 相间磁路在铁轭部分较平面形铁芯缩短，达到与 A-B 相、B-C 相等长且最短布置，实现了三相磁路的完全对称，保证三相电压平衡，铁芯材料的节约 10％，空载损耗下降约 30％，已逐步被采用。

图 6-5　平面铁芯

图 6-6　立体三角形铁芯

二、配电变压器的安装

（一）基本要求

（1）配电变压器的选址应遵循"小容量、多布点、短半径"的原则，并靠近负荷中心；高、低压进出线施工及维护方便；避开易燃、易爆场所，如油库、草房、火药库等；躲开冶炼、化工、粉尘等污秽地区；避开易被雨水和洪涝积水冲刷地区、低洼地带。

（2）配电变压器安装前应经过交接试验合格，对变压器的外观进行检查，检查并核实变压器的铭牌、出厂合格证书、说明书、试验合格报告书。外观检查的内容包括：高低压套管表面是否光洁、有无裂纹和放电痕迹，顶盖和套管各部螺丝是否紧固；分接开关调整是否灵活，接触是否良好、有无卡阻现象；油浸变压器有无漏油和渗油，油位、油色是否正常，油标有无堵塞、破裂现象；安装前后还应进行摇测绝缘电阻、判断是否合格。

（3）配电变压器应装设高压熔断器或断路器作为变压器内部故障的保护，并作为二次侧短路的后备保护，也便于变压器检修时进行投退操作。变压器容量在 1000kVA 以上时，采用断路器来保护；100kVA 及以下的可采用熔断器作为保护。变压器容量在 100kVA 及以下的变压器，一次侧熔丝按照额定电流的 2～3 倍选择，容量在 100kVA 以上的变压器，一次侧熔丝按照额定电流的 1.5～2 倍选择。

（4）配电变压器应装设低压熔断器或配电箱（柜），以防止二次侧短路或过载而损坏变压器，二次侧的熔丝或配电箱（柜）的保护定值按照额定电流及负荷特点选择配置。

（5）配电变压器外壳、低压侧中性点、避雷器（有装设时）的接地端必须连在一起，通过接地引下线接地，接地电阻符合要求。容量 100kVA 及以上配电变压器的接地电阻不大于 4Ω，容量 100kVA 以下配电变压器的接地电阻不大于 10Ω。

（二）变压器的安装方式

变压器的安装方式主要有柱上变压器安装、落地式变压器安装、室内变压器安装和箱式变压器安装。

1. 柱上变压器安装

柱上变压器安装是将变压器安装在由线路电杆组成的变压器台架（简称变台）上，它可分为单杆式变台和双杆式变台。柱上变压器具有施工安装、运行维护简单方便的优点，因此在配电网中最为常见，变压器容量一般控制在 400kVA（20kV 宜 500kVA）及以下。

变压器台架应尽量避开车辆、行人较多的场所，便于变压器的运行与检修，在下列电杆不宜装设变台：①转角、分支电杆，装有线路开关的电杆，装有高压接户线或高压电缆头的电杆；②交叉路口的电杆；③低压接户线较多的电杆。

（1）双杆变台。将变压器安装于由线路的两根电杆组装成的变台为双杆变台，如图 6-7（a）所示。它通常在距离高压杆 2～3m 远处再另立一根电杆，组成 H 型变台，在离地 2.5～3m 高处用两根槽钢搭成安放变压器的水平架子，杆上还装有横担，以便安装户外高压跌落式熔断器、高压避雷器和高低压引线。

（2）单杆变台。将变压器安装于由一根线路电杆组装成的变台为单杆变台，如图 6-7（b）所示，适用于容量较小的变压器。通常在离地面 2.5～3m 的高度处，装设 100mm×100mm 双木横担或角铁横担作为变压器的台架，在距台架 1.7～1.8m 处装设横担，以便装设高压绝缘子、跌落式熔断器及避雷器。

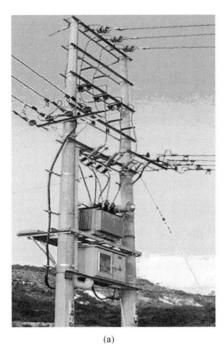

(a)   (b)

图 6-7 配电变压器台架

(a) 双杆变台；(b) 单杆变台

（3）柱上变压器安装的一般要求。

1）变压器台架应牢固可靠，台架距地面高度不小于 2.5m，坡度不大于 1‰，变压器应固定于变台上。

2）变压器的高低压引下线及母线可采用多股绝缘线，高低压套管应加装绝缘防护罩。高压引线铜芯不得小于 16mm²，铝芯不得小于 25 mm²；低压引线参考变压器低压侧的额定电流选定。高压引下线、高压母线以及跌落式熔断器等之间的相间距离不得小于 500mm；高低压引下线间的距离不得小于 300mm。

3）变压器高低压侧应分别装设高压避雷器和低压避雷器，高压避雷器应尽量靠近变压器。

4）配电变压器台架应设置变压器名称及运行编号的标志以及安全警示标志。

2. 落地式变压器安装

落地式变压器安装是将变压器安装于用砖或石块加混凝土砌成的地台上，高压线路的终端杆可以兼作低压线路的始端杆。地台的高度和顶部的面积根据变压器的大小决定，为了防止水浸和安全，地台顶面应高出地面且不低于洪涝水位，在其周围装设固定围栏、安全警示标志以及变压器名称及运行编号的标志，固定围栏与带电部分应保持 0.2m 以上的安全距离，向上延伸距地面 2.5m 处。

3. 室内变压器安装

室内变压器安装是将配电变压器安装在专用的配电室内，通常采用电缆或穿墙套管进出线。受市容、地形、周围污秽腐蚀严重的环境等安装条件限制，通常采用室内变压器安装，如城区、工业区、商住区和景观特别要求的场所或容量超过 400kVA（20kV 宜 500kVA）的变压器常采用此种方式安装。

室内变压器安装的要求如下：

（1）变压器室必须是耐火的，等级为Ⅰ级；房体建筑、门窗的材料必须由难燃性材料构成，变压器室门应朝外开。主体建筑物内的变压器室，变压器的选型及站房布置应满足防火的有关要求。

（2）应有良好的自然通风条件，且能防止小动物及雨水的浸入。变压器室门设置变压器名称、运行编号的标志以及安全警示标志。

（3）变压器的油枕或低压侧应尽量朝门，高压侧禁止朝向门、窗侧。变压器外廓对门、墙壁应保持足够的安全距离，参考表 6-1。

表 6-1　　　　　　　　　　　变压器与室内四壁的最小净距　　　　　　　　　　　（mm）

项目	10kV 配电变压器			20kV 配电变压器		
	1000kVA 及以下油浸式变压器	1250kVA 及以上油浸式变压器	非封闭式干式变压器	2000kVA 及以下油浸式变压器	2500kVA 及以上油浸式变压器	非封闭式干式变压器
变压器外廓与后壁、侧壁之间	600	800	600	800	1000	800
变压器外廓与门之间	800	1000	600	1000	1200	800
变压器之间	—	—	1000	—	—	1200

注　全封闭式干式变压器，不受上述条件限制，但应满足巡视维护要求。

（4）装有气体继电器的油浸变压器，除制造厂规定不需安装坡度者外，安装时应使顶盖沿气体继电器方向有 $1\% \sim 1.5\%$ 的升高坡度。

（5）母排应采取绝缘热缩或固定密封于母线槽内，不得直接裸露。变压器应有围栏及警示标志，防止人员触碰带电部位。

三、配电变压器的运行与维护

（一）变压器运行的基本要求

1. 保护、冷却、测量装置的要求

变压器应按有关标准的规定装设保护和测量装置。油浸式变压器本体的安全保护装置、冷却装置、温度测量装置和油箱及附件等符合相关规程规定要求。干式变压器的安全保护装置、冷却装置、温度测量装置符合相应的技术要求。变压器用熔断器保护时，熔断器性能必须满足系统短路容量、灵敏度和选择性的要求。

2. 变压器的要求

（1）变压器应有铭牌，投入运行前应检查出厂试验合格证，并经交接试验和外观检查符合要求。试验项目包括油质试验、直流电阻试验、绝缘电阻试验、工频耐压试验、空载损耗、变比试验、接地电阻试验等。外观检查项目包括高低压套管及引线是否完整，安全距离是否足够，连接是否紧固；防雷保护是否齐全；高低压熔丝是否合适；油浸变压器的油位是否正常，有无渗油、漏油。

（2）变压器台架（或室）应有醒目的运行编号、运行名称、相序、安全警示标志。柱上变压器台架对地安全距离应大于 2.5m，并悬挂变压器的名称、运行编号、"高压危险，禁止攀登"的安全警示牌；室内变压器的门应采用阻燃或不燃材料，门应采用向外开并应上锁，门上应标明变压器的名称、运行编号，门外应挂"止步，高压危险"安全警示牌。

（3）室内安装的变压器应有足够的通风，避免变压器温度过高。安装在地震烈度为七级及以上地区的变压器，应考虑防震措施，如：将变压器底盘固定于轨道上；变压器套管与软导线连接时，应适当放松；与硬导线连接时应将过渡软连件适当加长；柱上变压器的底盘应与台架槽钢架固定等。

3. 应建立的技术资料

（1）安装竣工后需提交的资料：制造厂提供说明书、图纸及出厂试验报告，本体、冷却装置及各附件的交接试验报告，备品备件清单。

（2）检修竣工后需提交的资料：变压器及附属设备的检修原因及检修全过程记录，变压器及附属设备的预防性试验记录，变压器的干燥记录，变压器的油质化验、色谱分析、油处理记录。

（3）变压器需要建立的技术档案：变压器安装地点的履历资料，安装竣工后所移交的全部文件，检修后移交的文件，预防性试验记录，变压器保护和测量装置的校验记录，油处理及加油记录，其他试验记录及检查记录，变压器事故及异常运行记录等。

（二）变压器的运行方式

1. 一般运行条件

变压器在额定的冷却条件下可按铭牌规范运行。

（1）运行电压。相关规程规定，变压器外加的一次电压不应高于额定电压的 105%。对于特殊使用情况，允许在不超过 110% 的额定电压下运行，对电流与电压的相互关系如无特殊要求，当负载电流为额定电流的 K（$K \leqslant 1$）倍时，按式（6-3）对电压 U 加以限制

$$U(\%) = 110 - 5K^2 \qquad (6-3)$$

（2）允许的温度与温升。变压器运行中铁芯和绕组产生的损耗转化为热量，引起变压器各部位温度升高，绕组温度最高，其次是铁芯，绝缘油等外部绝缘质的温度最低。变压器的允许温度主要取决于绕组的绝缘材料，而变压器的使用年限主要决定于绕组的运行温度。当变压器绝缘的工作温度超过允许值，绝缘油和绕组的绝缘材料的老化过程加快，变压器的寿命将缩短。使用年限的减少一般可按"八度规则"计算，即温度每升高 8℃，使用年限将减少一半。因此，变压器必须在允许的温度范围内运行，以保证变压器合理的寿命。

当变压器的温度升高时，绕组的电阻会加大，使铜损增加。因此，对变压器额定负荷时各部分的温升作出规定，不能超过所允许的温升。油浸式变压器运行中的允许温度应按油面温升来检查，油面温升的允许值应遵守制造厂的规定，但变压器的上层油温最高不超过90℃，为了防止变压器油老化过热，上层油温不宜经常超过 85℃。

（3）三相负载及其不平衡度。变压器的负载是按照各部件所能承受的长期允许电流设计制造的，当超过允许值时，不但会使通流导体及其各连接点严重发热而损坏部件，还会引起设备绝缘老化加速。当三相负载不平衡时，会引起中性线电流过大，线损增加；而且使中性点位移，从而使三相电压不对称。负载最大的一相的端电压最低，运行中应调整、监视最大

一相的电流。对于 Yyn0 和 Yzn11 的配电变压器，变压器三相负载不平衡一般不能超过 25％和 40％。不平衡度可按式（6-4）计算

$$b = I_{max}/I_p \times 100\% \qquad (6-4)$$

式中　b——不对称度；

　　I_{max}——三相电流中最大一相电流值，A；

　　I_p——三相平均电流，A。

2. 变压器的允许过负荷能力

变压器的过负荷能力是指变压器在短时间内所能输出的最大容量，在不损害变压器绝缘和降低变压器使用寿命的条件下，它可能大于变压器的额定容量。它可分为正常情况下的过负荷能力和事故情况下的过负荷能力，变压器的事故过负荷能力是以牺牲变压器的寿命为代价的，变压器存在较大的缺陷（例如冷却系统不正常，严重漏油等）时不准过负荷运行。

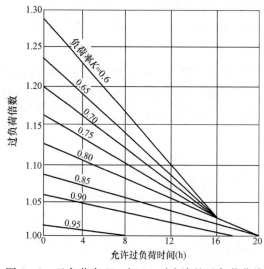

图 6-8　日负荷率 K_p 小于 1 时允许的过负荷曲线

（1）正常过负荷运行。变压器在日负荷率 K_p 小于 1 时允许的过负荷能力如图 6-8 所示。

油浸式变压器正常过负荷运行，参照以下规定：①全天满负荷运行的变压器，不宜过负荷运行；②变压器日平均负荷率小于 1 时，允许在负荷高峰时过负荷运行，过负荷运行时，应密切监视变压器运行温度，当油浸自冷式变压器上层油温达到 95℃时，应立即减负荷；③变压器负荷达到额定容量的 130％时，即便运行温度未达到最高温度限值时，亦应立即减负荷；④变压器过负荷运行，必须在冷却系统工作正常时，才可进行。

干式变压器的正常过负荷运行条件应遵照制造厂的规定。

（2）事故过负荷运行。变压器事故过负荷的能力和时间，应遵照制造厂的规定执行，按照不同的冷却方式和环境温度掌握。油浸自然循环式变压器及干式变压器事故过负荷允许值，如无制造厂资料时，可参照表 6-2 所列的数值。

表 6-2　　　　　油浸自然循环式变压器及干式变压器允许的过负荷能力

自然冷却油浸式变压器	过负荷倍数	1.3	1.45	1.6	1.75	2
	允许持续时间（min）	120	80	45	20	10
干式变压器	过负荷倍数	1.2	1.3	1.4	1.5	1.6
	允许持续时间（min）	60	45	32	18	5

3. 变压器的运行效率与经济运行

变压器的输出功率 P_2 与输入功率 P_1 的比值称为变压器的效率，即

$$\eta = P_2/P_1 \times 100\% \qquad (6-5)$$

变压器的输出功率与输入功率之差称为变压器的功率损失，也就是铜损和铁损之和。用数学分析的方法证明，当铜损和铁损相等时，变压器的效率最高。一般变压器的效率最高时，其负荷系数 β 为 $0.5\sim0.6$。

然而，变压器并非在额定功率时最经济，一般变压器的最佳经济运行区为：$\dfrac{1.333P_0}{\Delta P_{t0}}S_N\sim$ $0.75S_N$，运行在该区间的变压器效率最高、运行最经济。因而，常通过有效地调整低压台区的负荷分布、投退并列运行的变压器等方法，使运行变压器负荷处于最佳经济运行区或其附近，来获得最佳的经济运行方式。

4. 变压器的并列运行

(1) 变压器并列运行的目的。

1) 提高变压器运行的经济性。当负荷增加到一台变压器的容量不够时，则可并列投入第二台变压器，而当负荷减少到不需要两台变压器同时供电时，可将一台变压器退出运行。这样，可尽量减少变压器本身的损耗，达到经济运行的目的。

2) 提高供电可靠性。当并列运行的变压器中有一台故障时，只要迅速地将其从电网中切除，其他变压器仍可正常供电。检修某台变压器停电时，可先将变压器并列运行后再将需检修的变压器停役，做到用户不停电，减少了故障和检修时的停电时间。

(2) 变压器并列运行的条件。

1) 额定电压及变比相同。若变压比不相等时，两台变压器构成的回路内将产生环流，环流的大小决定于两台变压器变比差异。为了避免因变比相差过大产生循环电流过大而影响并列变压器正常工作的情况，变比相差不宜大于 0.5%。

2) 阻抗电压相等。短路电压不同的变压器并列运行，会使两台变压器的负载分配不同，变压器的综合效率得不到充分发挥。如果相差不超过 $\pm10\%$，可以允许并列运行。

3) 联结组别必须相同。当并列变压器联结组不同时，二次侧对应相的线电压之间会有相位差（至少相差 $30°$），相位差形成的电压作用于变压器绕组会产生高于额定电流几倍的环流，以致烧毁变压器。

除了满足以上三个条件外，为了避免因容量相差、短路阻抗随之相差而使负荷分配不合理，对于并列运行的变压器的容量之比一般不宜超过 $3:1$，使并列运行变压器的容量均能充分利用。

(三) 变压器的巡视与维护

1. 变压器的运行状态

根据变压器运行状态的不同分为正常运行状态、异常状态和事故状态。

(1) 变压器的正常运行状态。变压器运行时，产生铁芯和绕组的损耗而发热，使变压器内部各部件和油温升高；同时还会引起铁芯、附件的振动而发出均匀的电磁及机械方面的声响。正常运行状态表现为：变压器运行时发出连续而均匀的电磁"嗡嗡"声，变压器一、二次绕组的三相电流、电压、温升等运行参数均在其铭牌或规程允许的范围内，各相电气参数基本平衡，各类保护装置均应处于正常运行状态，变压器油的主要性能指标符合标准。

(2) 变压器的异常状态。变压器的异常状态主要表现为：变压器内部有异常声响，外部有异常放电或火花现象，套管或绝缘件有裂纹或严重破损，高、低压引线柱过热，油浸变压器严重渗漏油、油枕内看不到油位或油位过低、油位和油温不正常升高、变压器油炭化。变压器运行中的异常状态是事故状态的前奏，如果处理方法不当或不及时就可能会转化为事故状态。

（3）变压器的事故状态。当发现变压器有下列情况之一者，即为变压器的事故状态，应立即检查低压线路后投入备用变压器，并将事故变压器停运处理：变压器内部有异常声响很大、不均匀或有爆裂声；套管有严重的破损和放电现象；变压器冒烟、着火；保护装置动作；油浸变压器严重漏油，油位和油温不正常并不断升高，油色变化大或油炭化、油枕或安全气道喷油等。

2. 变压器的日常巡视检查

变压器运行中应定期进行巡视检查，及时了解和掌握变压器的运行情况，以利于及时发现和消除设备缺陷。在巡视检查中，除了依靠各种感官去观察、监听变压器的外观、运行环境、运行声响外，还可通过仪表、保护装置及各种指示装置等设备了解变压器的运行情况。巡视检查的项目及要求如下：

（1）声音是否正常。变压器正常运行时，由于交流电流和磁通的变化，铁芯和绕组会产生振动而发出均匀的"嗡嗡"声。若变压器内部有缺陷或外电路发生故障时，都会引起异常声响：声音比平常沉重，说明变压器过负荷；声音尖锐，说明电源电压过高；变压器内部结构松动时，会出现嘈杂声音；出现爆裂声时，表示绕组或铁芯绝缘有击穿现象。户外高压跌落式熔断器触头接触不牢、调压开关触头的位置没对正或接触不良，以及其他外部电路上的故障，也会引起变压器声响的变化。变压器内部的声音可借助令克棒等辅助传音工具接触变压器进行监听。

（2）温度是否超过规定。影响变压器运行温度的因素主要是负荷的变化和环境温度的变化等。变压器正常运行时，上层油温不应超过规定值。变压器温度太高的原因，除制造的不良外，可能是因为变压器过负荷、散热不良或内部故障所引起。变压器在运行中超过了额定电流就是处于过负荷状态。变压器长期过负荷运行也会使温度增高，绝缘老化，减少变压器的使用寿命。

（3）油色和油面高度有无变化。观察油色，正常时油色为透明微黄色，若油色变化较快较深，应对油进行简化分析。正常运行的油位应在油面计的正常范围之内，吸湿器通畅，吸湿剂饱和度变色不应超过 2/3。

（4）套管、引线的连接是否完好。检查正常运行中的套管有无裂纹、破损和放电痕迹，引线和导电杆的连接螺栓是否紧固无变色，还要注意是否有树枝、杂草或其他杂物搭在套管上。引线和导电杆连接螺栓如果有变色或烧损，则说明螺栓接触不良。

（5）保护装置是否正常。检查高、低压熔丝是否正常：熔丝安装是否正确，接触是否良好，熔丝的规格选择是否得当，高压熔丝有无熔断或跌落；检查断路器保护有无动作，是否出现告警信号。

（6）接地装置是否完好。正常运行变压器外壳的接地线、中性点接地线和防雷装置的接地线都紧密连接在一起，并且完好接地。如果发现锈烂、断股等情况，要及时进行处理。

（7）运行环境是否良好。检查安全防护栏、安全警示标志、设备名称与编号等运行标志是否齐全；变压器是否有易燃、易爆物品，是否符合防火要求；对于室外变压器应注意检查台架基础有无严重下沉现象，对于室内变压器应检查门、窗是否完整，防小动物短路措施是否完备，照明装置是否正常。

3. 变压器的特殊巡视检查

为了保证变压器的安全运行，遇有大风、大雪、大雾、雷雨及气温突然变化等情况，应对变压器进行特殊巡视检查。检查项目及要求如下：

（1）大风天气时，特别注意检查变压器引线的摆动情况和周围有无其他异物刮到变压器上，接头处有无松脱或晃动，并应及时清理变压器搭挂物。

（2）冰雪天气时，观察引线连接处是否积冰雪及溶化情况，有无发热问题存在，并及时处理积冰和积雪。

（3）大雾天气时，重点监视有无电晕闪络及放电现象。

（4）雷雨天气过后，应详细检查套管有无破损或放电痕迹，熔丝是否完好，变压器各侧避雷器是否完好无损；室内变压器还应检查配电室是否积水或漏水。

4. 变压器的维护测试

（1）测量绝缘电阻。运行中的变压器应定期测量绝缘电阻，测量时应在较好的天气情况下进行，使用 2500V 缘绝电阻表。测量前应先将变压器停役，拆开变压器的一、二次侧引线，清扫瓷套管及其附属设备，将变压器套管清洁擦拭干净。测量时，二次侧引线柱与外壳一起接地，摇测一次绕组对地的绝缘电阻；再将一次侧引线柱与外壳一起接地，摇测二次绕组对地的绝缘电阻；最后摇测一次侧对二次侧的绝缘电阻。为了减少因套管受潮产生泄漏电流而引起的误差，应将"屏蔽"或标有"G"的端子接屏蔽线，将套管屏蔽。

由于变压器的温度与绝缘电阻有密切的关系，测量时应同时测量变压器的温度，通过换算后判断绝缘电阻是否符合要求。

（2）测量接地电阻。接地电阻应在干燥天气下定期测量，一般采用接地电阻测量仪进行测量，测量时应结合检查接地装置。接地电阻的测量，可在设备不停电的状态下进行，但一般要求设备和地线应解开，不能用手直接解开地线接头或接触对已和设备断开的地线接头。

（3）测量负荷与端电压。变压器的负荷应定期进行测量，同时结合测量其端电压与末端电压、连接点的温度，及时掌握变压器的电气运行情况，对于采集测量的数据进行记录与分析。负荷测量选择最大负荷时进行，负荷高峰期或超、满载的变压器缩短测量周期。运行中对于三相负荷严重不平衡、过负荷应及时调整负荷或增容；对电压质量不符合要求的应调整分接头或采取其他措施，提高电压合格率，达到安全经济运行的目的。

对于有固定安装的电流表、电压表或自动采集的负荷监测终端，可利用仪表检查测量；对于无固定安装仪表的，可采用钳形电流表测量低压侧 A、B、C 三相和中性线的最大负荷以及代表性负荷。

5. 变压器的调压与补加油

（1）变压器的调压。配电变压器的电压调整是低压网调压的最主要手段，也是保证客户端电压质量的措施之一，它通过改变一次侧绕组的分接开关来改变变压器的变比，从而改变二次侧的电压。分接开关一般分为Ⅰ、Ⅱ、Ⅲ等几个挡位，当低压电网电压高于额定电压时应往高挡位（Ⅰ挡最高）调，当低压电网电压低于额定电压时应往低挡位（Ⅲ挡最低）调，从而保证输出的电压满足客户要求。

无载调压分接开关变换挡位的步骤如下：先将变压器停役，测量一次绕组的直流电阻并做好记录；打开分接开关罩，检查分接开关的挡位，扭动分接开关把手至所需的调整的挡位；测量分接开关变挡后一次绕组的直流电阻并做好记录，对比两次的测量结果并检查回路的完整性和三相电阻的均一性，检查判断分接开关位置的正确性后并锁紧，记录分接开关变换情况，合格后恢复供电并测量变压器低压侧电压。无载调压分接开关变换挡位时应作多次转动，以便清除触头上的氧化膜和油污。

有载调压分接开关变换挡位时应逐级一次变换，同时监视分接位置及电压、电流的变化，核对系统电压与分接额定电压间的差值，使其符合规定。

（2）油浸变压器的补加油。变压器的正常油位应在油面计的中间位置，日晒雨淋、触点发热等原因会造成密封垫圈老化、套管破损等，从而引起变压器渗漏油，变压器缺油将导致绕组受潮、绝缘降低、散热效果差等，严重时会造成变压器烧损，因此变压器补加油是日常维护的重要工作内容。加油应在较好的天气进行，加油时，拧开油枕上部的螺丝后插入漏斗，将试验合格的变压器油缓缓倒入油枕内，按照当时温度使油面在油标的 $1/4\sim3/4$ 高度处，绝不能将油枕充满，以免温度升高时油外溢。为了防止变压器底部的污秽进入变压器内，严禁从变压器下的放油阀门处进行加油。

（四）常见异常与处理

变压器在运行中的故障，一般可以通过变压器的运行温度、声音、电压与电流的变化和保护装置的动作情况来判别处理，以下简述变压器的常见异常运行现象及其处理方法。

1. 温度异常

变压器的温度随着周围环境、负荷电流的变化而变化，负荷电流基本不变而温度不断上升，则说明变压器运行不正常，主要原因及处理方法如下：

（1）分接开关接触不良。变换分接开关位置或变压器过负荷，容易引起分接开关接触不良而发热。它可通过油样化验、测量绕组的各相直流电阻、轻瓦斯动作情况来判别，处理的方法是检查处理分接开关。

（2）绕组层间或匝间短路。可通过监听运行中变压器的声音进行粗略判断，也可以取变压器油样进行化验判断，有气体保护的可检查保护有无动作。若需进一步判别故障相，可观察运行中变压器的三相电流有无不平衡或某相电流过大的现象，还可以将变压器停电后，测量绕组的各相直流电阻精确判断，电流过大或直流电阻偏低的相为故障相。绕组层间或匝间短路属于变压器的内部故障，应停止运行并送到检修车间或厂家进行吊芯修复。

（3）铁芯硅钢片绝缘损坏。铁芯硅钢片绝缘损坏会使涡流增大而造成局部发热，它可参照前两种判别方法加以判断，若绕组的直流电阻基本相同，即可断定为铁芯硅钢片绝缘损坏的故障。处理方法是停止运行并送到检修车间或厂家进行吊芯修复。

2. 声音异常

当变压器有大的负荷变动或运行出现异常以及发生故障时，将产生异常声音。变压器不同的异常声音可根据下列情况进行消除处理。

当变压器内部发出的"嗡嗡"声音有变化、但无杂音时，是由于负荷可能有大的变化；当发出"哇哇"的声音时，是由于大的动力设备启动或带有电弧炉、可控硅整流器等负荷；

当变压器内部发出很高且沉重的"嗡嗡"声音时，是由于变压器过负荷；当变压器内部发出很大的杂音时，是由于短路或接地故障而通过大电流；当变压器内部发出激烈的噪声时，是铁芯穿心螺丝等个别零件松动；当变压器发出"噼叭"放电声时，是由于内部接触不良或有绝缘击穿；当变压器内部发出粗细不均匀的噪声，是由于铁磁谐振引起。

3. 油位异常

变压器应根据使用地点的环境温度和油位标志判断是否需要放油或加油。如果油温的变化是正常的而油标管内油面不变化或变化异常，则说明是"假油位"，运行中出现假油面可能是油标管堵塞、呼吸器堵塞、防爆管通气孔堵塞等，应及时加以排除。

渗漏油是油浸变压器油位不足的主要原因，渗漏油主要为密封圈和耐油垫圈老化或接头发热引起的，还有极少数是由于散热管、放油阀损坏引起的。出现渗漏油应查明原因并修复，修复时应先将油放完或至维修点之下。

变压器油箱油枕喷油、压力释放阀或气体保护动作是变压器内部故障或低压侧严重短路的主要征兆。出现这种现象时，应立即将变压器停运，对变压器进行绕组检查、预防性试验以及油质化验或更换变压器油。

4. 变压器熔丝熔断

（1）高压一相熔丝熔断：常因熔丝规格小、安装不当、机械强度不够引起的，多数无明显的弧光痕迹；当高压侧的系统出现铁磁谐振过电压时也可能造成高压一相熔丝熔断。主要现象表现为：

1）单相变压器的低压侧没有电压；

2）三相 Dyn 接线变压器的低压侧一相电压正常，其他两相电压降一半；

3）三相 Yyn 接线的变压器低压侧一相断电，其他两相的电压正常。

（2）高压两相或三相熔丝熔断：故障时变压器的低压侧全部没有电压，多数是由于变压器内部故障、雷击或低压设备短路造成的。

（3）低压熔丝熔断的故障原因：因过负荷引起的，大部分在熔丝的中间部位熔断，一般无烧伤痕迹；因低压侧短路引起，熔丝有烧伤痕迹且有熔渣；因熔丝的固定松动产生电弧引起的，熔丝多在固定处烧断，并有不规则的痕迹。

（4）高低压熔丝同时烧断：多数是由于低压设备短路引起的，也有因高低压熔丝的配合不合理当低压过负荷时引起的，此时在熔丝管上及瓷托上留有痕迹与熔丝的熔渣。

5. 气体保护动作

对于装设气体保护的配电变压器（容量一般在 800kVA 及以上），当发现气体保护信号动作跳闸后，应立即检查变压器，是否积聚空气、油位降低、二次回路故障或是变压器内部故障。如气体继电器内有气体，则应记录气量，观察气体的颜色及试验是否可燃，并取气样及油样做色谱分析，可根据有关规程和导则判断变压器的故障性质。若气体继电器内的气体为无色、无臭且不可燃，色谱分析判断为空气，则变压器可继续运行，并及时消除进气缺陷。若气体是可燃的或油中溶解气体分析结果异常，应综合判断确定变压器是否停运。

第二节　柱　上　开　关

柱上开关主要类型有断路器、负荷开关、重合器、分段器四种。断路器用来开断、关合短路电流；负荷开关仅用来切断、关合额定负荷电流，但不能开断短路电流；重合器具有重合闸和记忆智能功能，与分段器配合构成架空线路的馈线自动化系统。

一、柱上开关的结构与分类

柱上开关的结构很多，形式各样，但基本上均由导电主回路、绝缘支撑件、灭弧室和操动机构、控制器等组成，因而通常有以下几种分类方法。

按灭弧介质可分为压缩空气、磁吹、产气材料、多油、真空、SF_6 等，柱上开关常用的是真空、SF_6 两种。按操动机构可分为手动操作机构、电动操动机构以及手动/电动操作机构等。

重合器是一种自具控制及保护功能的高压开关设备，能够按照预定的开断和重合顺序实现自动开断和重合操作，并在其后进行自动复位和闭锁。它根据不同的检测和控制原理分为电压型重合器和电流型重合器。检测到线路失压后即跳闸、来电后延时重合的称为电压型重合器；检测到短路故障电流后跳闸后再自动重合闸的称为电流型重合器。

分段器是一种能记录故障电流次数并当次数达到预设值后自动分闸（在无电压无电流时）并闭锁的开关，它不能开断、关合短路电流，通常与电流型重合器配合使用。

柱上开关型号规格的一般表示方法如下：

$$\boxed{1}\quad\boxed{2}\quad\boxed{3}-\boxed{4}/\boxed{5}-\boxed{6}$$

$\boxed{1}$——灭弧介质，D 为多油，Z 为真空，L 为 SF_6；

$\boxed{2}$——使用环境，N 为户内，W 为户外；

$\boxed{3}$——产品系列号；

$\boxed{4}$——额定电压，kV；

$\boxed{5}$——额定电流，A；

$\boxed{6}$——开断电流，kA，无此参数时代表负荷开关。

例如，ZW32-12/630-20 代表户外真空断路器，产品系列号为 32，额定电压 12kV，额定电流 630A，开断电流 20kA。

二、真空开关

真空开关的灭弧介质为真空（0.0133～0.000 133Pa），外绝缘型式有油浸绝缘、空气绝缘、填充 SF_6 绝缘、填充或浇注固体绝缘材料绝缘。

（1）油浸式绝缘结构，即将真空灭弧室浸入绝缘油的铁箱内，以提高可能凝露时内绝缘部位的耐受电压能力，但绝缘油维护量较大。

（2）空气绝缘（干式）结构，即将真空灭弧室置于铁箱内，真空灭弧室和铁箱之间用绝缘固体隔离，箱内导电连接机构用空气绝缘。但空气绝缘通常采取加大相间距离来提高绝缘水平，容易因气候变化而凝露积秽。

（3）SF_6 绝缘结构，即将真空灭弧室置于充接近零表压的 SF_6 气体铁箱内，由于接近零表压，在工艺上很容易实现对 SF_6 气体的密封，同时又解决了真空开关导电机构的防凝露问题。

（4）填充或浇注固体绝缘材料结构，即将真空灭弧室和导电连接机构一体化浇注，做到全绝缘、全密封，体积小，箱内绝缘达到凝露和三级污秽要求。

真空断路器是指触头采用真空灭弧来开断电路的开关，其具有如下特点：

（1）真空灭弧室采用陶瓷或玻璃外壳，杯状纵磁场触头机构，铜铬触头材料，具有优良的开断和关合短路电流能力。

（2）体积小、重量轻、外形美观。真空灭弧室和绝缘支持套管结构紧凑，出线导电杆外注硅橡胶，能适应恶劣的气候条件和污秽环境。

由于真空具有很高的绝缘强度，对熄灭电弧相当有利，能进行频繁操作，开断电容电流性能好，并且运行维护简单，因而被普遍采用。ZW8 - 12 型真空断路器，采用空气绝缘，如图 6 - 9 （a）所示；ZW32 - 12 型真空断路器，采用柱式绝缘与灭弧室一体化浇注，如图 6 - 9 （b）所示。

（a）　　　　　　　　　　　　　　　　　　（b）

图 6 - 9　真空断路器

（a）ZW8 真空断路器；（b）ZW32 型真空断路器

三、SF₆ 开关

1. SF₆ 气体的特性

（1）在 150℃ 以下时，SF₆ 气体有良好的化学惰性，在大功率电弧引起的高温下分解成各种不同成分，电弧熄灭后的极短时间内又会重新合成。

（2）SF₆ 气体的介质强度很高，且随压力的增高而增强。

（3）SF₆ 气体灭弧性能好。

2. 六氟化硫开关的结构特点

六氟化硫开关是以 SF₆ 气体为灭弧和绝缘介质，三相触头封闭在 3～5 个大气压的金属容器内，灭弧室采用旋弧原理，具有开断短路电流大、开断次数多的优点。静触头一般采用梅花触头，动触头端部焊有铜钨触头，可延长使用寿命和改善开断性能。开关和操动机构为整体结构，具有结构简单、灭弧和绝缘性能可靠、额定参数高、电寿命长等显著优点。

SF₆ 断路器是指触头采用 SF₆ 气体灭弧来开断电路的开关，如 LW3 型 SF₆ 断路器，如图 6 - 10 所示。

图 6 - 10　LW3 型 SF₆ 断路器

四、柱上开关的操动机构

为了确保柱上开关能正常地分闸、合闸时电弧的快速熄灭，开关的操作机构必须具备一定的分、合闸速度；同时在无合闸或分闸的操作命令，操动机构应能使开关保持在正常状态。常用的操作机构有手动操作机构、弹簧储能操作机构和永磁操作机构，其中弹簧储能操作机构又有手动和电动两种。

1. 手动操动机构

手动操动机构采用绝缘令克棒或绝缘绳拉开关的操作杆而进行分合闸操作，其优点是结构简单、价格低廉，但开断、关合电流能力低，不具备遥控功能，已很少使用。

2. 弹簧操动机构

弹簧操动机构采用手动操动储能手柄或交直流电动机对压缩弹簧或卷心弹簧预先储能，利用弹簧力来实现快速分闸或合闸操作，分合闸也可手动操作手柄，也可按合闸按钮实现电动操作。其优点是速度快，具有手动和电动操作功能，开断、关合电流在12kA及以上且可以实现遥控功能；缺点是弹簧操动机构的结构比较复杂，联动机构零件数量多。

3. 永磁操动机构

永磁操动机构主要由动铁芯、静铁芯、永久磁铁、合闸线圈、分闸线圈以及电子控制元件组成。合闸时，合闸线圈的电磁场与永久磁铁的磁场正向叠加，驱动动衔铁到达合闸终端位置，完成合闸触头弹簧和分断弹簧的储能，永久磁铁的磁场吸合力代替传统繁杂的机械锁扣装置实现稳态保持；分闸时，分闸线圈的电磁场与永久磁铁的磁场反向叠加，使合闸保持力骤降，在反向电动力、已储能的分闸弹簧和触头弹簧共同作用下，驱动动衔铁到达分闸终端位置，依靠永久磁铁的磁场吸合力稳态保持动衔铁在分闸位置。

由于采用电子控制的电磁操动机构，实现了永磁、保持以及电磁合、分闸，和传统的弹簧操动机构相比，工作时主要运动部件只有一个，无需机构脱、锁扣装置，具有较高的机构可靠性，因而逐步被推广使用。

五、柱上开关在配网中的应用

1. 使用原则

（1）柱上开关在配网中起着联络、分段、支路三种不同的作用，应根据负荷大小和线路长短经济合理地安排和选择分段点及开关设备。

（2）根据安装地点选定额定电流、开断和关合短路电流能力以及动、热稳定电流。短路容量一般选用16kA及以上，才能适应电网容量不断提高的要求。

（3）根据使用功能及网络接线配备不同的保护装置，正确整定其保护动作值进行配合，如跳闸电流、重合次数、分段器的次数预设、延时时间特性等。以电流型重合器的配合为例，应充分利用其快、慢的"双时"时间特性曲线，位于电源侧的重合器应至少1次的快速操作，其后的重合器有相同或更多的快速动作；而电压型重合器的延时时间整定应一级比一级延长 T（一般设置 7s 级），环网供电中环网点的时间应大于每侧延时的时间之和。

2. 柱上开关在馈线自动化中的应用

馈线自动化即自动实现故障区段的定位、故障的隔离、非故障区段的供电恢复。柱上开关配上相应的操动机构、控制器、检测装置等，在配电馈线分段点中起不同的作用，根据不同的运行与控制方式可实现馈线自动化。其原理和应用将在第九章"配电自动化"中做详细介绍。

六、柱上开关的安装要求

柱上开关安装如图 6-11 所示，安装要求如下：

（1）柱上开关装前应进行外观检查及电气试验，保护整定参数符合要求。

（2）经机械转动检查，进行分合操作正常，开关分合指示正确。

（3）柱上开关支架安装牢固，水平倾斜不大于支架长度的 1‰，分合指示器应安装于面向公路等便于巡视的位置。

（4）柱上开关对地距离不少于 4.5m，各引线相间距离及相间不少于 300mm（20kV 不小于 500mm）。

（5）柱上开关、隔离开关及线路之间连接宜采用绝缘线，连接点用专用线夹或连接头，连接可靠。

（6）应装设避雷器以防止过电压损坏设备，常开的联络开关两侧都应装设，避雷器及开关本体应可靠接地，接地电阻不超过 10Ω。

（7）为了保证开关断开时线路有可靠明显断口，通常在来电侧加装隔离开关。

（8）搬运、吊装时不允许用六只套管作为承力部分。

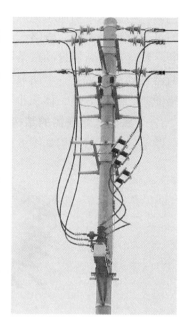

图 6-11　柱上开关安装图

七、柱上开关的运行维护

柱上开关设备的巡视、清扫周期与线路的周期相同，结合线路巡视或停电检修进行，巡视检查的主要内容如下：

（1）外壳有无渗、漏油和锈蚀现象，各种指示是否正常。

（2）套管有无破损、裂纹、严重脏污和闪络放电的痕迹。

（3）开关的固定是否牢固；防雷与接地装置是否完好，接地电阻是否符合要求。

（4）接头是否良好，有无过热现象（如接头变色等），连接线夹弹簧垫是否齐全，螺帽是否紧固。

（5）过（跳）引线有无损伤、断股、歪扭，与杆塔、构件及其他引线间距离是否符合规定。

（6）开关的分、合位置指示是否正确、清晰。

（7）装有远方监控功能的柱上开关，其"远方、就地"开关按钮切换是否灵活准确，柱上监控设备是否正常工作。

（8）停电时，还应检查开关的储能机构、操作机构是否灵活，必要时在传动机构加润滑油。

第三节 跌落式熔断器与隔离开关

一、跌落式熔断器

高压跌落式熔断器用于高压配电线路、配电变压器、电压互感器、电力电容器等电气设备的过载及短路保护。跌落式熔断器的作用是当下一级线路设备短路故障或过负荷时,熔丝熔断、跌落式熔断器自动跌落断开电路,确保上一级线路仍能正常供电。熔丝熔断、跌落式熔断器自动跌落后有一个明显的断开点,以便查找故障和检修设备。熔断器具有结构简单、价格便宜、维护方便、体积小巧等优点,在配电网中广泛应用。

(一) 跌落式熔断器的结构

跌落式熔断器结构如图 6 – 12 所示。

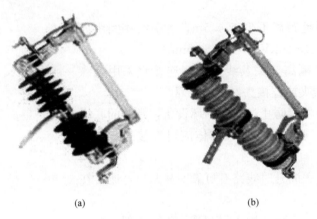

(a)   (b)

图 6 – 12　跌落式熔断器

(a) HRW11 – 10 型;(b) RW11 – 10 型

跌落式熔断器的型号意义如下:

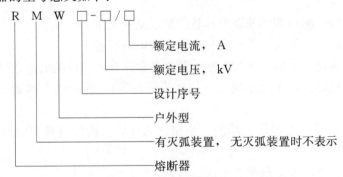

(1) 导电部分。上、下接线端子用以串联接于被保护电路中;上静触头、下静触头用来分别与熔丝管的上、下动触头相接触,下静触头与轴架组装在一起。

(2) 熔丝管部分。由熔管、熔丝、管帽、操作环、上动触头、下动触头、短轴等组成。熔管外层为酚纸管或环氧玻璃布管,管内壁套为消弧管,它的作用是灭弧和防止熔丝熔断时产生的高温电弧烧坏熔管。

熔管在丝具支座上的安装：短轴可嵌入下静触头部分的轴架内，使熔丝管可绕轴自由转动。操作环用来进行分、合闸操作。

熔丝是指在熔体的两端压接上的多股软铜线制的软引线，熔丝中间为熔体。熔丝的熔断特性为反时限特性，电流时间（安秒）特性曲线如图 6-13 所示，熔丝的选择应根据熔丝的安秒特性进行配置安装。

（3）绝缘部分。采用瓷质绝缘或硅橡胶绝缘材料浇注而成的棒式绝缘，利用它将导电的动、静触头分开。

（4）固定部分。在棒式绝缘体的腰部有固定安装板，以安装固定在横担上。

（二）跌落式熔断器的工作原理

跌落式熔断器在线路上安装时，熔丝管的轴线与垂直轴线成 20°～30°倾斜角，当被保护线路发生故障，故障电流使熔丝熔断时，形成电弧，消弧管在电弧高温作用下分解出大量气体，使管内

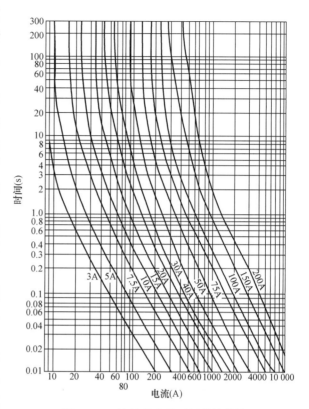

图 6-13 熔丝的电流时间特性曲线

压力急剧增大，气体向外高速喷出，对电弧形成强有力的纵向吹弧，使电弧迅速拉长熄灭。与此同时，由于熔丝熔断，熔丝的拉力消失，使锁紧机构释放，熔丝管在上静触头的弹力及其自重的作用下，绕下轴翻转跌落，形成有一定距离的明显断开点，故障被隔离。

（三）跌落式熔断器的选择

跌落式熔断器的选择一般可根据使用环境、额定电压、额定电流、开断能力和熔丝元件的安秒特性等技术条件进行选择。

1. 使用环境

跌落式熔断器的使用环境应考虑环境温度、海拔高度、风速因素，严禁在有异常污染、腐蚀、易燃、易爆的场所中使用。

2. 额定电流的选择

（1）跌落式熔断器的额定电流必须大于或等于熔丝元件的额定电流，熔丝元件一般按以下原则进行选择：

1）配电变压器。当配电变压器容量在 100kVA 及以下时，按变压器额定电流的 2～3 倍选择元件；当变压器容量在 100kVA 以上时，按变压器额定电流的 1.5～2.5 倍选择元件。

2）电力电容器。容量在 30kvar 以下的柱上电力电容器一般采用跌落式熔断器保护。熔丝元件一般按电力电容器额定电流的 2～2.5 倍选择。

3）中压用户进线。熔丝元件一般不小于用户最大负荷电流的 1.5 倍，用户配电变压器

（或其他高压设备）一次侧熔断器的熔丝元件应按进线处跌落式熔断器熔丝元件小一级考虑。

4）分支线路。分支线路安装跌落式熔断器，熔丝元件一般不小于所带负荷电流的 1.5 倍，并且至少应比分支线路所带配电变压器一次侧熔丝元件大一级。

3．遮断容量的选择

跌落式熔断器安装地点的短路容量必须小于跌落式熔断器额定遮断容量的上限，确保设备不损坏；但又需大于熔丝元件额定遮断容量的下限，确保短路故障时熔丝能熔断。

4．动作的选择性

熔断器的动作应具有选择性，熔断器的熔丝元件在满足可靠性的前提下，首先必须满足前后两级熔断器之间或熔丝元件与继电保护动作时间之间的选择，上、下级必须配合。

熔断器的熔断时间必须尽可能地短，当本段保护范围内发生短路故障时，熔断器应在最短的时间内切除故障设备，以防止熔断时间过长而加剧保护设备的损坏程度。

（四）跌落式熔断器的安装

跌落式熔断器应安装在横担上（见图 6 - 14），横担应有足够的强度，还要保证三相相间距离及对地距离要求。跌落式熔断器进出线应用绝缘子固定并保持相间及对地距离，连接应用专用设备线夹等，接触牢固。

熔丝的安装方法为：将熔丝穿入熔管内，两端拧紧，并使熔丝位于熔管中间偏上的地方，熔丝拉紧后将两端分别和上下动触头螺丝连接并拧紧，熔丝预留的长度应严禁其塞入熔管中，以免影响产气效果和灭弧。将安装好熔丝的熔管下动触头挂在下静触头支架上，转动熔管并使上动触头卡在上静触头上。

跌落式熔断器安装前后的检查内容包括：

图 6 - 14　跌落式熔断器安装图

（1）熔管内部清洁无异物，熔丝选择符合要求，配件齐全紧固，转动部分灵活。

（2）熔管上下动触头之间的距离应调节恰当。距离过长，操作时合不上，并且熔丝易断；距离短，容易跌落，且接触不良。

（3）安装熔丝应拉紧，否则会减少动静触头之间的接触压力，造成接触打火或误跌落。

（4）安装时瓷座中心线与垂直线成 20°～30°夹角，便于熔管跌落。

（五）跌落式熔断器的运行维护

跌落式熔断器的巡视、清扫周期与线路的周期相同，结合线路巡视或停电检修进行。跌落式熔断器的一般缺陷可在现场维修与调整，当有支持绝缘子裂纹、闪络、烧伤、接点坏等现场无法修复的缺陷，则应进行更换。巡视检查的主要内容如下：

（1）支持绝缘子有无破损、裂纹、严重脏污和闪络放电的痕迹。

（2）安装固定是否牢固，角度是否合适，弹力是否合适，各部活动轴是否灵活，熔丝管长度与固定元件位置是否配合等。

（3）接头是否良好、有无过热现象（如接头变色等），连接线夹弹簧垫是否齐全，螺帽是否紧固。

（4）过（跳）引线有无损伤、断股、歪扭，与杆塔、构件及其他引线间距离是否符合规定。

（5）检查熔丝有无熔断，配置是否合理。当熔丝熔断时，应对被保护的线路及其设备进行巡视检查，完好后方可试送电。

二、柱上隔离开关

隔离开关无灭弧能力，不允许带负荷拉开和合上，但它断开时可以形成可见的明显开断点和安全距离，保证停电检修工作的人身安全，因此俗称隔离刀闸，主要装在高压配电线路的出线杆、联络点、分段处、不同单位维护的线路的分界点处。配电用的隔离开关按电压等级分为高压和低压两种。

（一）隔离开关的型号

隔离开关的型号表示如下：

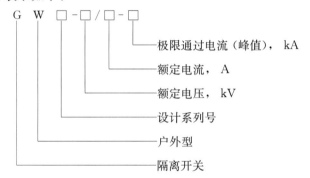

（二）隔离开关的结构

隔离开关由导电部分、绝缘部分、底座部分组成，见图6-15。

(a)　　　　　　　　　　　　(b)

图6-15　柱上隔离开关

(a) 瓷绝缘支柱隔离开关；(b) 硅橡胶绝缘支柱隔离开关

（1）导电部分。由一条弯成直角的铜板构成静触头，其有孔的一端可通过螺钉与母线相连接，叫连接板；另一端较短，合闸时它与动刀片（动触头）相接触。两条铜板组成接触头，又称动触头。

（2）绝缘部分。为了使动、静触头与金属接地的部分绝缘，采用瓷质绝缘或硅橡胶绝缘材料浇铸作为绝缘支柱。

（3）底座部分。由钢架组成，每个单相底座上固定两个支柱绝缘子，支柱绝缘子以及传动主轴都固定在底座上。

柱上负荷隔离开关构造与隔离开关相似，只是加装了简单的灭弧装置。该种隔离开关由灭弧装置、刀闸、支持绝缘子、操动机构等部分构成，具有一个明显的断开点，操作方式一般为以操作绳或操作连杆对操作把加力，通过机械传动机构将动触头断开或合上。它既可以开断一定数值的负荷电流，又能关合短路电流，但不具有开断短路电流的能力。

（三）柱上隔离开关的安装

隔离开关应安装在操作方便的位置，并保证断开时刀片不带电、刀口带电，因此静触头安装在电源侧，动触头安装在负荷侧。引线端子应采用设备线夹或铜铝端子，相间距离不小于 500mm。隔离开关安装时一般固定在横担上，操作动触头水平向下或垂直方向成 30°～45°。操动机构、转动部分应调整好，使分合闸操作能正常进行，无卡死现象；处于合闸位置时，动触头要有足够切入深度，以保证接触面符合要求，但又不能合过头，要求动触头距静触头底部有 3～5mm 空隙。处于拉开位置时，动静触头间要有足够拉开距离，以便有效隔离带电部分，刀闸断开后刀片应保证对其他相和接地部分至少保持 200mm（20kV 为 400mm）的距离。

安装前后应检查支柱绝缘子完好无破损，动静触头配件齐全，合闸无扭动偏斜现象，动触头与静触头压力正常，动触头合闸锁扣灵活无卡死现象。

（四）柱上隔离开关的运行维护

柱上隔离开关的巡视、清扫周期与线路的周期相同，结合线路巡视或停电检修进行。巡视检查的主要内容如下：

（1）绝缘支柱有无破损、裂纹、严重脏污和闪络放电的痕迹。

（2）定期测试刀闸连接处及其引线的温度，查看接头是否良好、有无过热现象（如接头变色等），连接线夹弹簧垫是否齐全，螺帽是否紧固。

（3）过（跳）引线有无损伤、断股、歪扭，与杆塔、构件及其他引线间距离是否符合规定。

（4）停电时，还应检查操作机构是否灵活、导电回路连接是否紧密，必要时在传动机构加润滑油或更换。

第四节　中低压开关柜

一、开关柜简介

开关柜俗称配电盘，是以开关为主的电气设备，将中低压电器（包括控制电器、保护电器、测量电器）以及母线、载流导体、绝缘子等装配在封闭的或敞开的金属柜体内，作为接受和分配电能的配电装置，又称成套开关柜或成套配电装置。

1. 柜体的功能单元

一般有主母线室（布置按"品"字形或"一"字形两种结构），断路器室，电缆室，继电器和仪表室，柜顶小母线室，二次端子室等。

2. 柜内电器元件

（1）柜内常用一次电器元件主要有高低压断路器或负荷开关、接触器、熔断器、隔离开关、接地开关、电流互感器（简称 TA）、电压互感器（简称 TV）、避雷器、带电显示器、绝缘件（如触头盒、绝缘子、绝缘护套）、主母线和分支母线等。随着电气设备技术和制造工艺的不断进步，一次电器元件向无油化、小型化、智能化、一体化方向发展。

（2）柜内常用的主要二次元件又称二次设备或辅助设备，主要有电流表、电压表等仪表和继电器、熔断器、空气开关、转换开关、信号灯、按钮等自动控制、保护装置等。随着一体化和集成化技术发展，二次元件大幅度简化，逐步由微机保护装置等集成数控设备所代替，并根据需要可实现遥信、遥测、遥控等功能。

3. 开关柜的主要技术参数

开关柜的主要技术参数包括额定电压、额定电流、额定短路开断电流、额定短路关合电流、额定动稳定电流、额定热稳定电流、额定热稳定时间、防护等级、操作方式等，可根据安装地点和使用场合进行校验和匹配应用。

4. 中压开关柜的安全防护

（1）开关柜的柜体起着安全屏护并将有电部分进行隔离的作用，可打开的高压室、电缆室的前（后）门应有有电闭锁装置，防止运行检修人员打开柜门误碰带电部位。

（2）开关柜的密封性能应具有一定的安全防护措施，防止小动物进入引起故障，裸露母线可采取绝缘热缩；潮湿地区还要求有防潮措施。

（3）气体绝缘的开关柜应有泄压装置，防止短路故障时高温高压的气体泄漏伤害运行操作人员。

（4）开关柜应具备"五防"功能，高压开关柜联锁原则要求为：防止误分误合断路器、防止带电分合隔离开关、防止带电合接地开关、防止带接地分合断路器、防止误入带电间隔。"五防"装置一般分为机械、电气、综合三类。高压开关柜的联锁是保证电力网安全运行、确保设备和人身安全、防止误操作的重要措施。

总之，开关柜正不断地朝着无油化、小型化、全工况、免维护的方向发展，特别是当代信息技术、传感技术在开关柜上的应用，大大地推进了开关柜智能化的发展。

二、中压开关柜

（一）中压开关柜的分类

1. 按安装场所

按安装场所可分为户内式和户外式，户外式开关柜的技术要求是能适应恶劣环境，采用封闭式、防水、防渗漏、防尘等措施。

2. 按照功能

按照功能可分为进线柜、馈线柜、联络柜、TV 柜、计量柜等。为了实现不同的功能需要，柜内的一次设备及二次设备有所不同，其结构也有所差异。

3. 按断路器安装方式

按断路器安装方式分为移开式（手车式）和固定式。移开式或手车式用 Y 表示，柜内的主要电器元件（如断路器或负荷开关、电压互感器、避雷器等）安装在可抽出的手车上的，小车中的电器与柜内电路通过插入式触头连接，手车柜有很好的互换性，根据手车的结构型式还分为落地式（如 JYN2）和中置式（如 KYN28A）；固定式用 G 表示，柜内所有的电器元件（如断路器或负荷开关等）均为固定式安装的，固定式开关柜较为简单经济，如 GG‑1A、GGX2 、XGN2‑10 等。

4. 按柜内绝缘介质

按柜内绝缘介质可分为大气绝缘高压开关柜和气体绝缘高压开关柜。以大气绝缘的金属封闭开关设备由于受到大气绝缘性能的限制，占地面积和空间都较大。另外，柜内各种电器暴露在大气中，绝缘性能受环境的影响很大。

气体绝缘的是采用绝缘性能优良的 SF_6 气体代替大气作为绝缘的全封闭式金属封闭开关设备。其中，$12\sim40.5kV$ 的 SF_6 气体绝缘金属封闭开关设备采用柜形箱式结构，称为箱式气体绝缘金属封闭开关柜，简称为充气式开关柜。充气式开关柜的一次电器元件封闭在充有较低压力气体的壳体内，其最大特点是不受外界环境条件的影响，可用在环境恶劣的场所。另外，由于使用性能优良的 SF_6 绝缘，大大缩小了柜体的外形尺寸。

（二）常用的中压开关柜

1. GGX2 开关柜

GGX2 开关柜为箱形固定式金属封闭开关设备，所有带电体均被封闭在柜内，并按功能划分为母线室、断路器室、电缆室，室间以金属防护板分隔，如图 6-16 所示。断路器及电磁操动机构或弹簧操动机构为一整体车式结构，推入柜内后用螺栓固定。断路器室与主母线室之间安装上隔离开关，与电缆室之间安装下隔离开关。断路器室的后壁安装电流互感器，右侧设有上下隔离开关及其接地开关的操动机构，本室内如产生过高压力，可经后上方的释压窗排出。采用旋转式附有接地开关的新型隔离开关。上、下隔离开关附有接地刀，柜内所有隔离开关、接地开关的操作均按程序由同一个主轴旋转操作，实现完全机械闭锁功能。

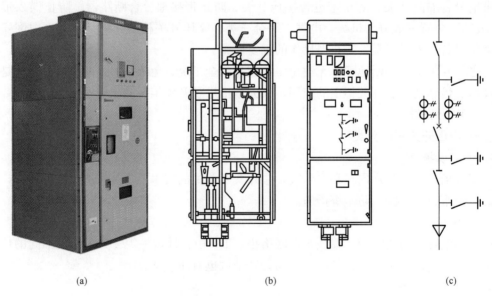

(a)   (b)   (c)

图 6-16　GGX2 馈线柜

(a) 外形图；(b) 结构图；(c) 电气接线图

2. JYN 开关柜

JYN 开关柜又叫落地式手车柜，是间隔移开式金属封闭式开关设备。整个柜由固定的柜体和装有滚轮的落地式手车两部分组成，如图 6-17 所示。落地式开关柜的手车本身落地，底部有四只滚轮，能沿水平方向移动在地面上推入或拉出，还装有接地触头、导向装置、脚踏锁定机构及手车杠杆推进机构和扣攀。

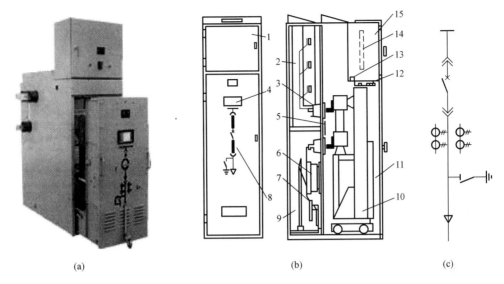

图 6-17 JYN2 馈线柜

(a) 外形图；(b) 结构图；(c) 电气接线图

1—仪表板；2—母线室；3—触头绝缘套管；4—指示面板；5—隔板；6—电流互感器；7—接地开关；8—接线方式图；
9—电缆室；10—手车；11—操作机构；12—二次插头座；13—联锁机构；14—保护仪表装置；15—继电仪表室

柜体有手车室、母线室、继电仪表室、电流互感器电缆室 4 部分组成，其中继电仪表室可单独装配接线，通过减震器和柜体连接，可装设指示仪表、操作开关、信号继电器、信号灯和带电显示装置。下门内为手车室，柜的后面有上下两块可拆卸的封板，门上装有观察窗，可观察电流互感器电缆室的运行情况。柜的后上部分是主母线室，下部分是电流互感器电缆室。

柜内主要电器元件（如断路器、电压互感器、避雷器等）安装在可移开的小车上，小车中的电器与柜内电路通过插入式触头连接。移开式开关柜由拒体和可移开部件（简称小车）两部分组成，根据小车所配置的主电器的不同，小车可分为断路器小车、电压互感器小车、隔离小车和计量小车等。

移开式开关柜具有检修方便、恢复供电时间短的优点。当小车上的电器元件（如断路器）出现严重故障或损坏时，可方便地将小车拉出柜体进行检修，也可换上备用的小车，推入柜体内继续替代运行，大大缩短了故障检修的停电时间。

3. KYN 开关柜

KYN 开关柜又称中置式手车柜，是铠装金属封闭式开关设备。由固定的柜体和手车两大部分组成，柜体的外壳和各功能单元的隔板均采用螺栓连接，如图 6-18 所示。开关柜外壳防护等级为 IP4X，断路器室门打开时的防护等级为 IP2X，各单元之间用金属板隔开成为全封闭型的结构，所有操作均在柜门关闭状态下进行；防护等级高，可防止杂物和虫害侵入。

中置式小车装于柜子中部，小车的装卸需要专用装载车。与落地式开关柜相比，中置式开关柜具有更多的优点。由于中置式小车的装卸在装载车上进行，小车在轨道上推拉，这样

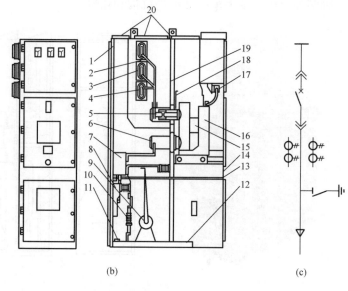

图 6-18 KYN28 馈线柜

(a) 外形图；(b) 结构图；(c) 电气接线图

1—外壳；2—分支小母线；3—穿墙套管；4—主母线；5—静触头；6—静触头盒；
7—电流互感器；8—接地开关；9—电缆；10—避雷器；11—接地主母线；12—底板；
13—接地开关操动机械；14—可移出式水平隔板；15—加热装置；16—断路器手车；
17—二次插头；18—活门；19—装卸式隔板；20—泄压装置

就避免了地面平整质量对小车推拉的影响。中置式小车的推拉是在柜门封闭的情况下进行的，给操作人员以安全感。中置柜的柜体下部分空间较大，电缆的安装与检修很方便。因此，移开式高压开关柜大都采用中置式小车。

开关设备主要电气元件都有其独立的隔室，即断路器手车室、母线室、电缆室、继电器仪表室。除继电器室外，其他三隔室都分别有其泄压通道。

开关柜具有可靠的联锁装置，为操作人员与维护人员提供可靠的安全保护，主要有：

(1) 手车从工作位置移至隔离、试验位置后，活动帘板将静触头盒隔开，防止误入带电隔室。检修时，可用挂锁将活动帘板锁定。

(2) 断路器处于合闸状态时，手车不能从工作位置拉出或从隔离、试验位置推至工作位置；断路器的手车已充分锁定试验位置或工作位置才能被操作。

(3) 接地开关仅在手车处于隔离、试验位置及柜外时才能被操作，当接地开关处于合闸状态时，手车不能从隔离、试验位置退至工作位置。

(4) 手车在工作位置时，二次插头被锁定不能拔开。

(5) 压力释放装置。在手车室，母线室和电缆室的上方均设有压力释放装置，当断路器或母线发生内部故障电弧时，顶部装配的压力释放金属板将被自动打开释放压力和排泄气体，以确保操作人员和开关柜的安全。

(6) 二次插头与手车的位置联锁。开关柜上的二次线与手车的二次线的联络是通过二次插头来实现的。二次插头的动触头通过一个尼龙波纹管与手车相连，二次静触头座装设在开关柜断路器隔室的右上方。手车只有在试验、隔离位置时，才能插上或解除二次插头，手车处于工作位置时，由于机械联锁作用，二次插头被锁定，不能解除。断路器手车在二次插头未接通之前仅能进行分闸，这是由于断路器手车的合闸机构被电磁锁定，所以无法使其合闸。

4. 气体绝缘开关柜（C-GIS）

C-GIS 是柜式气体绝缘金属封闭开关设备，国际上简称 C-GIS，俗称充气柜。它把 GIS 的 SF_6 的绝缘技术、密封技术与空气绝缘的金属封闭开关设备制造技术有机地结合，将各高压元件设置在箱形密封容器内，充入较低压力的绝缘气体。

充气式全绝缘高压开关柜三相共箱式用 SF_6 气体绝缘，模块化设计，不锈钢隔室用激光焊接。如图 6-19 所示，将母线、隔离开关、断路器以及 TV 等一次带电设备密封在低压的 SF_6 气室内，而二次及开关操作控制机构设置于气室外，电缆进出线采用全绝缘全密封式终端头，从而构成了充气式全绝缘高压开关柜。开关柜由母线室气箱、断路器室气箱、控制间隔和进出电缆间隔组成。母线气箱包括母线和三工位的隔离开关，断路器室气箱包括断路器、TA、TV，把高压部件密封在气箱内，不与外界接触。操动机构在气室外部、柜前部，极柱与机构间的拉杆通过复合密封管连接，与三工位隔离开关配合可实现接地功能。三工位隔离开关与断路器串联连接，具有合闸、断开、接地三种位置状态的转换功能，与断路器实现相互联锁，防止误操作。作为二次控制和保护单元，采用多功能综合保护及控制单元，还可以对断路器及三工位隔离开关进行程序操作，满足现代智能配电网的需要，是实现控制、保护、测量、监视、通信等功能的新型开关设备。

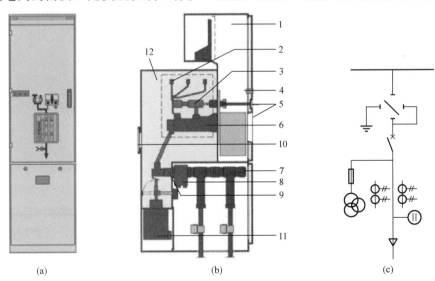

（a）　　　　　　　　　　　（b）　　　　　　　　　　　（c）

图 6-19　充气式绝缘高压开关柜

（a）外形图；（b）结构图；（c）电气接线图

1—二次室；2—母线；3—三工位隔离开关；4—电容式带电显示器；5—控制机构；

6—断路器；7—电缆终端设备；8—电流互感器；9—锥形电缆插座；

10—压力释放板；11—带隔离开关的电压互感器；12—SF_6 气室

中压 C-GIS 具有以下的优点：①由于采用先进的绝缘结构及 SF_6 气体作绝缘介质，高压元件尺寸得以缩小，在箱形容器内排列方便、集装程度高，使得设备小型化。②提高了可靠性、安全性。因主回路的导电部分密封于绝缘气体中，不受外界环境的影响，如凝露、污秽、海拔高度、化学物质、小动物等的影响，因而 C - GIS 可使用在环境恶劣的场所，使设备长期安全运行，具有高可靠性。③维护简单。因各高压元件或用气体密封或以金属封闭，零部件无腐蚀、生锈现象，也没有由此造成的操作方面、导电方面的影响，需维修的工作量很少。采用真空断路器或 SF_6 断路器电寿命长、性能稳定，也可免维护或少维护。④应用、布置方便。中压 C - GIS 将各高压元件组成若干标准模块，通过组合可以满足各种主接线的要求，满足各种不同使用场合的需要，可很方便地通过预留的电缆插座来增加进出线电缆的数量进行扩容，或增加柜子向柜体的一边或两边进行扩展。

三、低压开关柜

低压开关柜是由刀开关、自动空气断路器（或称自动空气开关）、熔断器、接触器、避雷器和监测用各种交流电表及控制电路等组成，并根据需求数量组合装配在箱式配电柜体内的配电装置。

（一）低压开关柜的分类

1. 按照结构

按照结构的不同，低压开关柜可分为固定式低压开关柜和抽屉式低压开关柜两种。

固定式低压开关柜的特点是，开关柜内的所有部件都经过安装，可靠的固定在确定的位置。柜型主要有 PGL 和 GGD 两种。

抽屉式低压柜柜体和抽屉单元为组合装配式结构，抽屉单元尺寸精度高，互换性好，能安装回路数多。抽屉式低压开关柜要求移动部件入位可靠、抽屉可换、柜体稳固，所以制造成本较高。常用型号有 GCK、GCL、GCS 等。

2. 按功能

按开关柜的功能不同，低压开关柜可分为进线开关柜、馈线开关柜、联络开关柜、计量柜、无功补偿柜等。为了实现不同的功能需要，柜内的一次设备及二次设备有所不同，其结构也有所差异。

（二）常用低压开关柜

1. GGD 系列

GGD 型交流低压开关柜的柜体采用通用柜形式，构架用冷弯型钢局部焊接组装而成，HD13BX 和 HS13BX 型旋转操作式刀开关是为满足 GGD 柜独特结构的需要而设计的专用主回路元件。如图 6 - 20 所示，在柜体上下两端均有不同数量的散热槽孔，使密封的柜体自下而上形成一个自然通风道，达到散热的目的。装有电器元件的仪表门用多股软铜线与框架相连。柜内的安装件与框架间用滚花螺钉连接，整柜构成完整的接地保护电路。柜体的顶盖在需要时可拆除，便于现场主母线的装配和调整。

2. GCK 系列

GCK 低压抽出式开关柜由动力配电中心柜和电动机控制中心柜两部分组成。整柜采用拼装式组合结构，开关柜的顶部根据受电需要可装母线桥。柜体上部为母线室，前部为电器室，后部为电缆进出线室，各室间有钢板或绝缘板作隔离，如图 6 - 21 所示。控制中心柜抽屉小室的门与断路器或隔离开关的操作手柄设有机械联锁，只有手柄在分断位置时门才能开启。受电开关、联络开关及控制中心柜的抽屉具有接通、试验、断开三个位置。

图 6-20　GGD 开关柜

图 6-21　GCK 开关柜

3. GCS 系列

GCS 型低压抽屉式开关柜框架采用 C 型开口型钢，框架的侧框装配形式设计为两种，全组装式结构和部分（侧框和横梁）焊接式结构。开关柜的各功能室相互隔离，其隔室分为功能单元室、母线室和电缆室，各室的作用相对独立，如图 6-22 所示。水平母线采用柜后平置式排列方式，电缆隔室的设计使电缆上、下进出十分方便。抽屉面板具有分合试验、抽出等位置的明显标志，抽屉单元设有机械联锁装置，抽屉单元为主体，同时具有抽屉式和固定式，可以混合组合，相同功能单元的抽屉具有良好的互换性。

图 6-22　GCS 开关柜

4. MNS 系列

MNS 型低压开关柜框架为组合式结构，基本骨架由 C 型钢材组装而成，如图 6-23 所示。开关柜的每一个柜体分隔为三个室，即水平母线室（在柜后部）、抽屉小室（在柜前部）、电缆室（在柜下部或柜前右边），室与室之间用钢板或高强度阻燃塑料功能板相互隔开，上下层抽屉之间用带通风孔的金属板隔离，以有效防止开关元件因故障引起的飞弧或母线与其他线路短路造成的事故。各种大小抽屉的机械联锁机构符合标准规定，有连接、试验、分离三个明显的位置。采用标准模块设计，设计紧凑，以较小的空间容纳较多的功能单元，分别可组成保护、操作、转换、控制、调节、测定、指示等标准单元，可以根据要求任意组装。

MNS 型低压开关柜的结构设计可满足各种进出线方案要求：上进上出、上进下出、下进上出、下进下出。

5. MCS 系列

MCS 智能型低压抽出式开关柜是融合了其他低压产品的优点而开发的高级型产品。开关柜的基本框架采用 C 型开口型钢组装而成，柜内元件可根据不同需求配置各种型号的开关，如图 6-24 所示。装置可预留自动化接口，也可把智能模块安装在开关柜上，实现遥信、遥测、遥控等"三遥"功能。

图 6-23　MNS 开关柜

图 6-24　MCS 开关柜

抽屉功能单元可分为 MCC I、MCC II、MCC III 三种。每个抽屉上均装有一专门设计的操作机构，用于分断和闭合开关，并具备机械联锁等多种防误操作功能，MCC I 型抽屉有一套断开、试验、工作、移出四个位置的定位装置，抽屉为摇进结构，MCC II 型、MCC III 型抽屉单元为推拉式，设置有定位装置，并有防误操作功能，当开关处于分断时，抽屉才能抽出或插入，为防止未经允许的操作，操作机构能使挂锁将开关锁定在分断位置上。

（三）各种型号开关柜优缺点及选用

大体而言，抽屉式柜占用空间少，维护方便，出线回路多，但造价高；而固定式的相对出线回路少，占地较多。

GGD 开关柜为固定柜，具有机构合理、安装维护方便、防护性能好、分断能力高等优点；缺点是回路少、单元之间不能任意组合且占地面积大，智能化低。GGD 开关柜是对供电可靠性要求不高场所的理想选择。

GCK 开关柜具有分断能力高、动热稳定性好、结构先进合理、电气方案灵活，系列性、通用性强，各种方案单元任意组合，一台柜体，容纳的回路数较多，节省占地面积，防护等级高，安全可靠，维修方便等优点。缺点是水平母线设在柜顶垂直母线没有阻燃型塑料功能板，智能化低。GCS 低压抽屉式开关柜具有较高技术性能指标，根据安全、经济、合理、可靠的原则设计的新型低压抽屉式开关柜，还具有分断接通能力高、动热稳定性好、电气方案灵活、组合方便、系列性实用性强、防护等级高等优点。

MNS 开关柜设计紧凑，以较小的空间能合纳较多的功能单元；结构通用性强，组装灵活，防护等级及使用环境的要求；采用标准模块设计，可根据需要任意选用组装。

MCS 型抽屉互换性好，可容纳更多的功能单元，柜内元件可根据不同需求配置各种型号的开关；缺点是造价高。

GCS、MNS 均为抽屉式开关柜，每个出线回路均可独立隔离、更换，维修方便，可靠性高；出线回路数多，占用空间少，适用于出线开关操作频繁、开关及附件需经常维护的场所，如电机控制等，需经常维修接触器。而 GCK 的抽屉结构过于简单，无位置指示，可靠性相对较差。

总之，低压开关柜的结构件模块化、标准化优化的结构设计配合专业化生产模式是该行业的发展方向，现场总线及工业以太网技术的应用给低压开关设备带来了革命性的变化，低压配电成套装置的智能化、高防护、紧凑型、高可靠性、模块化等是技术发展方向。

第五节 开闭所与配电所

开闭所是变电站 10kV（20kV）母线的延伸，担负着接受和重新分配 10kV（20kV）出线，减少高压变电站的 10kV（20kV）出线间隔和出线走廊的作用。配电所（站、室）则起着变换电压和分配电能，并直接就近向低压用户供电的作用。

开闭所由高压开关柜、母线、控制和保护装置等电气设备及其辅助设施按一定的接线方案组合排列而成，如图 6-25 所示。通常为户内布置，但也有采用户外型开关设备组成为户外箱式结构。开闭所也称作开关站。

(a)

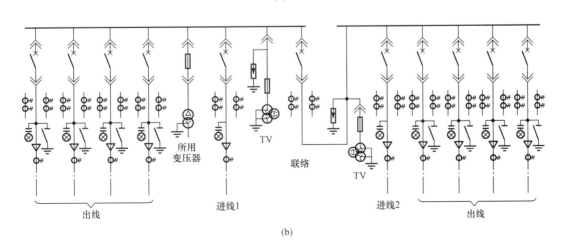

(b)

图 6-25 开闭所示意图

（a）外观排列图；（b）开闭所典型电气接线图

配电所（站、室）由变压器、高压开关柜、低压开关柜、母线及其辅助设备按一定的接线方案组合排列而成，它起着变换电压和分配电能并直接就近向低压用户供电的作用，如图 6-26 所示。为了节约占地，可将配电所（站、室）与开闭所合建。

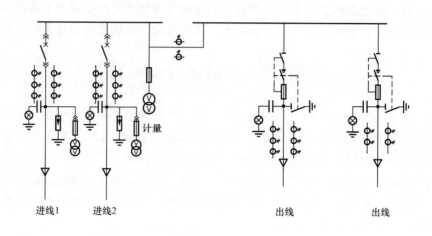

(a)

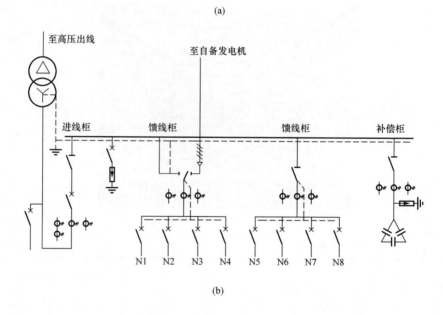

(b)

图 6-26　配电所（站、室）电气接线图
（a）高压电气接线图；（b）低压电气接线图

一、安装与投运

（一）电气安装的基本要求

根据运行可靠、维护方便、技术先进、经济合理的原则，要求电气设备具有良好的电气性能和绝缘性能，工作可靠性高。在电气设备过负荷或短路时，应能承受大电流所产生的机械应力和高温的作用，即能满足动稳定和热稳定的要求。此外，电气设备应能保证设备操作、维护和检修的方便，以及保证操作人员的人身安全。因此，对电气设备的

要求如下：

（1）变压器室、配电室、电容器室等应设置防止雨、雪和蛇、鼠类小动物从采光窗、通风窗、门、电缆沟等进入室内的设施。设备安装调试完毕后，建筑物中的预留孔洞及电缆管口，做好封堵。

（2）变压器室、电容器室应有良好的自然通风，当自然通风不能满足排热要求时，应增加机械排风。

（3）变配电站房的尺寸大小应根据电气设备的排列及通道要求确定，并设置相应的围栏。

（4）电缆夹层、电缆沟或电缆室应采取防火、防水、排水措施。

（二）验收与投运

新建、扩建、改建、检修的配电站房一、二次设备必须经过验收合格，手续完备交付使用，方可投入运行。在施工工程中，设备安装检修，需要中间验收的内容，配电站房运行维护管理单位派员与施工单位配合参加，施工中的隐蔽工程部分应符合实际情况并合格。

1. 竣工验收的基本条件

（1）完成工程内容所要求规定的各项工作内容，工程质量符合施工项目相应的施工及验收规范标准，中间检查合格，项目竣工自检合格。

（2）提供由承接单位盖章的开（竣）工报告、中间检查资料、竣工图纸、自检报告等工程技术资料。

（3）提供由承接单位盖章的调试、试验报告包括变压器、开关、电缆等交接试验以及继电保护定值调试报告等。

2. 投入运行应具备的条件

（1）配电站房及其设备经验收合格，与配电网的连接符合要求，主要设备的交接试验、调试合格，相序核对正确。

（2）配电站房的环境符合要求，无关的器材、杂物全部清除，干净整洁。

（3）安全工器具、操作工具齐全，配备必要的常用易损的备品备件。

（4）设备投运前应具有双重名称，盘柜、变压器室应喷涂设备名称与编号的标志，设备运行标志和安全警告牌齐全，严禁无名称和编号的设备投运。

（5）备齐现场运行规程、制度、资料及运行记录，制作相应的电气主接线模拟图板，并放置现场。

（6）设备运行维护管理人员现场熟悉配电站房及其设备，熟悉相连接配电网的电气接线情况，熟悉现场运行规程。

3. 现场运行规程

现场运行规程是用来指导开闭所、配电所（站）内所有一、二次设备运行操作和事故处理的准则，投入运行前应制定现场运行规程，并组织学习。开闭所、配电所（站）现场运行规程包括以下内容。

（1）设备概况：包括一、二次主要设备的型号、电源系统、监视系统、保护系统的选型及整定数据。

（2）调度范围和运行方式：规定正常运行方式和可能运行方式下设备分、合闸位置及相应的保护和自动装置的状态。

（3）典型操作步骤：电源进线、主变压器、出线等设备运行状态转换的典型操作步骤。

（4）运行操作和事故处理注意事项，一、二次主要设备运行方式转换和事故处理中的技术处理要点和方法。

（5）安全操作要点。

4．运行前的检查

送电前应进行下列检查和试验：

（1）检查一、二次配线是否符合图纸要求，电气元件的型号和规格是否与图纸相符。

（2）对高、低压电气装置进行耐压试验和绝缘电阻测量，核对定相是否正确，检查接地装置是否符合要求。

（3）检查继电保护装置的动作是否正常，熔断器的熔丝配置是否符合规定，直流系统是否可靠。

（4）检查触点的接触情况是否良好，各种开关的接通和断开动作是否正确。各继电器、信号和指示仪表的动作是否正确，指示装置的显示是否正确。

（5）检查柜内是否清洁，检查所有电气元件安装是否牢固，接线有无脱落及二次接线端头有无编号，所有紧固螺钉和销钉有无松动。

（6）检查操动机构是否灵活，联锁机构是否正确、可靠。

（7）安全用具和消防器材是否安全。

二、运行维护

运行中必须定期进行配电设备巡视检查，巡视检查的事项主要有：

（1）开关柜中各电气元件在运行中有无异常气味和声响，绝缘子、绝缘套管、穿墙套管等绝缘是否清洁，有无破损裂纹及放电痕迹。运行中要特别注意柜中的电气开断元件等是否有温升过高或过烫、冒气、异常的响声及放电等不正常现象。

（2）开关和母线连接处接触是否良好，有无过热，支架是否坚固。

（3）投运电气设备应配备合格可靠的"五防"装置。检查开关操动机构是否完整良好，开关和隔离开关的机械联锁、电气闭锁是否灵活可靠。如采用电磁联锁装置，则需要通电检查电磁锁动作是否灵活，开闭是否准确。原有电气设备无联锁装置的要立即加装电气或机械联锁装置。

（4）仪表、信号、指示灯等指示是否正确，继电保护压板位置是否正确，继电器及直流设备运行是否良好，二次回路辅助开关的切换点是否正确。

（5）接地系统是否完整良好，接地网连接是否牢固，接地线、接地体、接地母排连接是否符合标准，接地电阻是否合格；接地和接零装置有无腐蚀、松脱、断线，接触是否良好。

（6）直流装置是否正常，操作电源、保护电源电压是否正常；自动化装置是否正常。

（7）低压电容投切是否正确，三相电流是否平衡，低压电容器是否有冒烟、接头发热或鼓胀等现象，控制熔丝是否熔断。

（8）维护通道、操作通道和室外通道是否堆放杂物，通风、照明及安全防火装置是否正常。

（9）设备运行名称、编号是否清晰完整，警示标志是否齐全，围栏是否符合要求。

（10）站房门窗是否完好关闭。防水、防潮、防小动物措施是否完备。开关柜（箱）门是否紧闭，锁具是否完好。

第六节 户外箱式配电装置

户外环网单元、电缆分支箱和箱式变电站，户外布置且占用空间小，在城市配电网中得到广泛的应用。

一、户外环网单元

户外环网单元，又称环网站，它是由两路以上的开关共箱组成的预装式组合电力设备，如图 6-27 所示。它由 3～5 路的负荷开关、负荷开关与熔断器组合电器、断路器组合，与硬母线密闭在同一个不锈钢金属外壳内，采用 SF_6 作为灭弧介质和绝缘介质，开关的出线套管及终端头采用也全绝缘、全密封。由于这种特殊的排列和构造，户外环网单元具有如下特点：

（1）户外型、能适应各种恶劣环境。

（2）体积小、结构轻、结构紧凑，占地小。

（3）安装简单，操作方便，安全可靠、免维护。

（4）具有电动和手动操动机构，配 FTU 后即可实现馈线自动化功能。

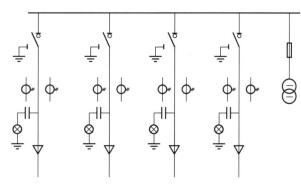

(a)　　　　　　　　　　　　　　　　　　　　(b)

图 6-27　户外环网单元

(a) 外观图；(b) 电气接线图

二、电缆分支箱

电缆分支箱用于连接两个以上电缆终端的封闭箱，以分配电缆线路的分支路的电力设备的，终端头采用封闭式的肘型头或 T 型头，如图 6-28 所示。它常用于电缆分支线，不宜用于主干线。它由 2～8 路的进出线及其连接母线、电缆终端接头组成，能满足多种接线要求。其连接方式简单、扩展性强，具有耐腐蚀、免维护、安全可靠等特点，适应户内外各种运行环境。

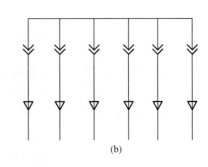

（a）　　　　　　　　　　　　　　　　　　　　　（b）

图 6-28　电缆分支箱

（a）外观图；（b）电气接线图

三、箱式变压器

箱式变压器是一种将电力变压器和高、低压配电装置等组合在一个或几个柜体组成的整体，可以吊装运输的箱式电力设备。由于它结构紧凑、外观整洁、移动安装方便、维护量小等的特点，在城市电网建设中被大量采用。

箱式变压器的总体结构主要分为高压开关设备、变压器及低压配电装置三大部分。根据系统需要，高压开关可选用 SF_6 或真空断路器、环网开关、负荷开关（带熔断器的组合电器），还可在高压侧加装计量装置；低压侧一般安装有总开关及分路馈线开关，也有的只安装馈线开关，向低压终端用户直接馈电，还可装补偿电容器、计量装置等；配电变压器一般选用油浸式或干式变压器。高压开关设备所在的室一般称为高压室，变压器所在的室一般称为变压器室，低压配电装置所在的室称为低压室，这三个室在箱式站中可有"目"字形布置和"品"字形布置。箱式变电站是因由多件单独设备根据用户需要组合，因此有各种形式和功能，根据其结构的不同可分为美式箱式变压器和欧式箱式变压器，如图 6-29（a）和图 6-29（b）所示。

美式箱式变压器是将变压器、负荷开关、保护用熔断器等设备统一设计，变压器的绕组和铁芯、高压负荷开关及保护用熔断器都在同一充满油的箱体内，没有相对独立的高低压开关柜。箱体为全密封结构，采用隐蔽式高强度螺栓及硅胶来密封箱盖；而低压室另外独立设置于油箱外。美式箱式变分为前、后两个部分，前面为高、低压操作间隔，操作间隔内包括有高低压套管、负荷开关、无载调压分接开关、插入式熔断器、压力释放阀、温度计、油位计、注油孔、放油阀等；后部为变压器本体及散热片。

欧式箱式变（预装式变电站）是将高压开关设备、配电变压器和低压配电装置放置在三个不同的隔室内，通过电缆或母线来实现电气连接的设备。高低压开关柜相对独立紧凑组合并与变压器预装在可以吊装运输的箱体内，变压器室、高压室及低压室都装有独立的门，因而其体积比美式箱式变压器大。

地埋式变压器是一种将变压器、高压负荷开关和保护用熔断器等安装在油箱之中的紧凑型组合式全密封的配电设施，如图 6-29（c）所示，安装时置于地坑之中。它具有不占用地面空间、可以在一定时间内浸没在水中运行、免维护等特点，有利于节约城市配电设施占地面积，因此在城网改造和建设中有广泛的应用前景。

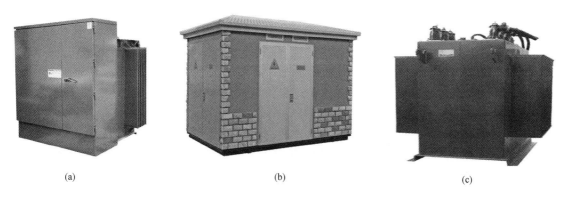

(a)   (b)   (c)

图 6-29 户外箱式变压器
(a) 美式箱式变压器；(b) 欧式箱式变压器；(c) 地埋式变压器

四、运行与维护

（一）运行的基本要求

（1）箱式设备放置的地坪应选择在较高处，不能放在低洼处，以免雨水灌入箱内或洪涝进水影响运行。浇制混凝土平台时要留有空挡，便于电缆进出线的敷设。开挖地基时，如遇垃圾或腐蚀土堆而成的地面，必须挖到实土，然后回填较好的土质并夯实后，再填上三合土或道碴，确保基础稳固。

（2）箱体与接地网必须有两处可靠的连接，箱式变压器接地和接零可共用一接地网，接地网一般在基础的下方打接地桩，然后焊接连成一体。

（3）箱式设备周围不能违章堆物，确保电气设备的通风及运行巡视需要，箱式变压器以自然风循环冷却为主，通风排气孔不应堵塞。

（4）高压配电装置中的开关、变压器、避雷器等设备应定期巡视维护，发现缺陷及时整修，定期进行绝缘预防性试验。

（5）更换无开断能力的高压熔断器，必须将变压器停电，操作时要正确解除机械联锁，并使用绝缘操作棒。

（6）设备投运前应具有双重名称，盘柜、变压器室应喷涂设备名称与编号的标志，设备运行标志和安全警告牌齐全，严禁无名称和编号的设备投运。

（二）巡视维护

户外环网单元、电缆分支箱、箱式变压器应根据巡视维护周期进行定期巡视，测试电缆终端头连接处的温度，检查设备运行情况，必要时进行试验。一般巡视项目如下：

（1）基础是否牢固，孔洞是否封堵，柜体有无潮气。

（2）接地装置是否完备、连接是否良好，接地电阻是否符合要求。

（3）设备运行标志和安全警示标志是否齐全。

（4）户外环境有无变化，有无影响交通和行人的安全。

（5）进出线、母线是否密封完好，载流元件是否有过热现象。

（6）户外环网单元、箱式变压器还应检查各路馈线负荷情况，三相负荷是否平衡或过负荷现象，开关分合位置、仪表指示是否正确，直流电源、控制装置是否正常工作。

第七节 柔性配电设备

柔性配电设备包括动态电压恢复器、静止同步补偿器、静态无功补偿装置、固态开关和故障电流限制器等，这些是现代新型配电设备，仅在配电网中少量应用，其技术处于不断发展成熟中。

一、动态电压恢复器

动态电压恢复器由直流储能电路、功率逆变器和串接在供电线路中的变压器组成，英文缩写为DVR，其构成原理图如图6-30所示。DVR在测出电压瞬时降低后，立即由直流电源逆变出交流电压信号，与系统电源电压相加（串联），使负载上的电压维持在合格的范围内，直至系统电压恢复到正常值。DVR输出波形能够维持一段时间，可以补偿系统电压的瞬时下降，防止电压骤降给一些敏感负荷带来危害。这种补偿方式仅补偿电压的差值，需要的补偿容量小，且具有补偿效果与系统阻抗、负荷功率因数无关等优点。

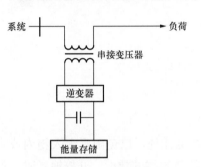

图6-30 DVR构成原理图

二、静止同步补偿器

静止同步补偿器又称静止无功发生装置，是一个基于脉宽调制技术的无功功率发生器，通过自动调节注入系统中去的无功电流，实现对瞬时无功功率控制，从而达到抑制电压波动、闪变与谐波的目的，其英文缩写STATCOM。STATCOM特别适用于冲击性负荷的无功补偿，用于风电场的无功补偿时，能够很好抑制风力发电机并网或切机瞬间引起的电压波动，并且在系统故障时，能够提高机端电压恢复速度，维持风机在故障期间继续平稳运行，为系统提供功率支撑。

STATCOM在国内外都有一定的应用。我国已开发出±50Mvar的STATCOM并投入实际系统运行。不足之处是控制复杂，造价较高，这在一定程度上限制了它的推广应用。

三、静态无功补偿装置

包括晶闸管控制的电抗器与电容器两种装置，其英文缩写SVC。实际应用中，也可将两者结合使用，称为混合式SVC。SVC通过控制晶闸管的导通时刻来改变流过电抗器或电容器的电流，从而调节从系统中吸取或向系统注入的无功电流。常规的无功功率补偿装置采用机械开关投切电容器，响应速度慢，且不能满足对波动较频繁的无功负荷进行连续补偿的要求，而SVC可以平滑、无级地调节容性或感性无功功率，且具有较好的动态响应特性。

SVC广泛用于抑制轧钢机、电弧炉等冲击性负荷引起的电压闪变；用于电气化铁路等场合，补偿不对称负载引起的电压不平衡；用于自动消弧线圈接地装置，动态补偿中性点非有效接地系统的接地电容电流；用于风力发电并网控制，为风电场提供快速、连续的无功补偿。

四、固态开关

固态开关是应用电力电子器件构成的开关设备，分为固态转换开关（SSTS）与固态断路器（SSCB）两种。它们利用电力电子器件导通与截止速度快的特点，解决了传统机械开关动作时间长（达数个周波）带来的问题。

SSTS是由晶闸管构成的负荷开关，可在接到控制命令后数个微秒内接（导）通，在半个周波内关断（截止）。用于双电源供电回路的切换，可避免采用机械开关倒闸操作引起的较长时间供电中断，使敏感负荷的供电不受影响。图6－31所示的双电源供电回路在正常运行时，固态转换开关A接通，开关B关断，敏感负荷由电源A供电，电源B处于备用状态。控制系统检测到电源A停电时，在半个周波内将开关A关断，开关B接通，负荷在一个周波内转为电源B供电，实现供电回路的"无缝"转换。

SSCB由门极可关断晶闸管（GTO）回路和晶闸管（SCR）加限流电抗器（或电阻器）回路两部分并联而成，如图6－32所示。正常运行时，电流流经GTO支路。电力系统故障时，流经GTO支路的电流迅速超过限额，GTO在半个周波之内关断，故障随之流经SCR和限流电抗器支路，达到限制故障电流的目的。然后SCR关断，完全切断故障电流。

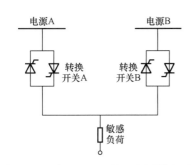

图6－31　应用SSTS的双电源供电回路　　　　图6－32　固态断路器构成原理图

目前，SSTS已有商业化的产品，而SSCB还处在低压、小电流断路器的试用阶段。

五、故障电流限制器

故障电流限制器（FCL）是一种串接在线路中的电气设备，分为被动型与主动型两种。被动型FCL在正常运行与故障状态下，均增加系统阻抗；而主动型FCL只是在故障状态下快速增加系统阻抗。被动型FCL构成简单，易于实现，但在正常运行状态下会产生电压降，增加系统损耗。目前在系统中获得广泛应用的FCL是串联电抗器，它是一种传统的被动型FCL。

主动型FCL既有限流作用，又不影响系统的正常运行，是理想的限流设备。目前应用或正在研发的主动型FCL有高压限流熔丝、可控串补装置、超导型故障电流限制器等。受原理、造价和其他一些因素等原因影响，其应用尚受限制。随着电力电子技术与新材料技术的发展，主动型FCL技术会更加成熟、性能进一步改进、成本也会逐渐降低，将成为主流的FCL。

下面介绍几种主要的FCL及其在配电网中的应用。

1. 谐振FCL

谐振FCL分串联谐振与并联谐振两种类型。

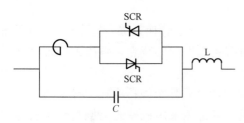

图 6-33 串联谐振 FCL 构成原理图

串联谐振 FCL 利用电力电子器件，使正常工作时处于串联谐振（阻抗接近零）状态下的电路在出现短路故障时脱谐，使阻抗增大而达到限制短路电流的目的。图 6-33 给出了串联谐振 FCL 构成原理图，正常运行时 SCR 不导通，电感 L 与电容 C 发生串联谐振，装置阻抗为零。在系统出现短路时，SCR 导通，电抗器串入电路起到限流作用。串联谐振 FCL 简单、可靠，已在中压配电网中获得应用。

并联谐振 FCL 在电力电子器件控制下正常工作时处于非谐振状态，阻抗较小，而在系统出现短路故障时进入并联谐振（阻抗）状态，使线路阻抗增大而限制短路电流。这种 FCL 容量有限，实际系统中应用较小。

2. 超导 FCL

超导 FCL 简称 SFCL，其工作原理为利用超导体在由超导转换为正常状态后阻抗增大，来限制故障电流。它有多种实现方式。

电阻型 SFCL 由高温超导（HTS）线圈与并联的普通线圈构成。正常运行时，线路电流全部通过处于超导状态的 HTS。在出现短路故障时，HTS 线圈因流过它的电流超过临界值而呈现高电阻，电流被转移到普通线圈上去，达到限流目的。

桥路型 SFCL 构成如图 6-34 所示，它由二极管 $VD_1 \sim VD_4$、HTS 线圈和直流偏压源 V_b 组成。调节 V_b 使流过 HTS 线圈的电流大于线路额定电流峰值。正常运行时，桥路始终导通，HTS 线圈两端电压为零。一旦发生短路故障，HTS 线圈失超转变为高阻状态串入线路中限流。

变压器型 SFCL 由通过线路电流的原边常规绕组、副边短接的高温超导线圈和铁芯组成。正常运行时，超导线圈阻抗为零，变压器因副边被短接而呈现低阻抗。故障时，超导线圈因变压器副边电流很快超过临界值而失超，副边电阻瞬间变大，导致变压器原边的等效阻抗很快增大，从而限制故障电流的增加。

饱和型 SFCL 是一种非失超型的限流器，由铁芯、一次交流绕组、二次直流 HTS 绕组及直流偏置电源等组成，如图 6-35 所示。当额定交流电流通过一次绕组时，选择合适的直流偏置电源使两个铁芯均处于深度饱和状态。而当出现故障时，瞬间增大的电流使交流线圈在铁芯中产生的磁动势接近于直流磁动势，使两个铁芯分别在正负半波退出饱和，系统呈现高阻抗，起到限流的作用。

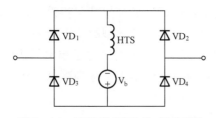

图 6-34 桥路型 SFCL 构成原理图

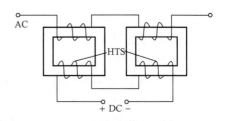

图 6-35 饱和型 SFCL

磁屏蔽型 SFCL 由外层的铜线圈、中间的 HTS 线圈和内侧的铁芯或空心电抗器组成，铜线圈接入线路。正常运行时，HTS 线圈感应磁通可抵消（屏蔽）铜线圈产生的磁通，整个装置呈现很小的电抗值。当电流超过一定值后，HTS 线圈失超，磁屏蔽作用消失，SFCL 呈现较大阻抗而限流。

SFCL 能在较高电压下运行，可在极短时间（百微秒级）内有效地限制故障电流，是 FCL 发展的重要方向。目前 SFCL 技术尚不够成熟，还需要解决电流整定困难、失超后的散热维护等问题。由于 SFCL 失超后恢复时间过长，不适于需要快速重合闸的场合。

3. 热敏电阻 FCL

热敏电阻（PTC）是一种非线性电阻，室温时电阻值非常低，当故障电流流过时，材料发热升温，在温度升高到一定值时，电阻值在微秒时间内提高 8～10 个数量级，从而起到限制故障电流的作用。热敏电阻 FCL 已在低压（380V）系统中获得应用。但由于存在单个 PTC 元件的电压与电流额定值不高，且存在电阻受外界因素影响大、电阻恢复时间长等缺点，限制了其在高压系统中的应用。

4. 固态 FCL

固态 FCL 由半导体器件构成，能够在峰值电流到达之前的电流上升阶段就中断故障电流。图 6-36 给出了一种固态 FCL 的结构。正常工作时，半导体开关（GTO1 与 GTO2）导通流过负荷电流，对系统运行无影响。当检测到故障电流后，半导体开关被关断，电流转移到电抗器上，从而限制了故障电流。

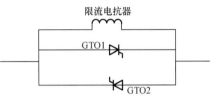

图 6-36　固态限流器原理图

固态 FCL 已在中低压配电设备中获得应用，随着电力电子技术的发展，固态 FCL 技术将愈来愈成熟。

第七章

配电网的防雷与接地

第一节　常见过电压及其危害

配电设备在运行中承受正常的工作电压，但是由于某种原因，如雷电侵入或电网内部的操作、故障等常会产生异常的电压升高，这种电压升高称为过电压。雷电引起的过电压称为大气过电压；电力系统内部操作或故障引起的过电压称为内部过电压。

一、大气过电压

（一）雷电危害及主要参数

1. 雷电的危害

雷电放电过程中，呈现出的电磁效应、热效应以及机械效应，对建筑物和电气设备有很大的危害性。

（1）雷电的电磁效应：雷云对地放电时，在雷击点主放电的过程中，位于雷击点附近的导线将产生感应过电压。过电压幅值一般可达几十万伏，它会使电气设备绝缘发生闪络而造成击穿，甚至引起火灾和爆炸，造成人身伤亡。

（2）雷电的热效应：雷电流通过导体时，会产生很大的热量。实践证明，在雷电流的作用下，导体将会熔化。

（3）雷电的机械效应：雷云对地放电时，强大的雷电流的机械效应表现为击毁杆塔和建筑物，劈裂电力线路的电杆和横担等。

此外，遭受直击雷的金属体（包括接闪器、接地引下线和接地体），在引导强大的雷电流流入大地时，在它的引下线、接地体以及与它们相连接的金属导体上会产生高达数万伏的电压，这一电压对与大地连接的其他金属物体发生闪络的现象称为反击。当雷击到树上时，树木上的高电压与它附近的房屋、金属物体之间也会发生反击。

为了防止雷电带来的危害，对电气设备和建筑物采取必要的防雷保护措施。

2. 雷电的主要参数

雷电的主要参数有幅值、波头、波长、雷电日、雷电小时和雷击密度。

幅值是指脉冲电流所达到的最高值；波头是指电流上升到幅值的时间，雷电流波头通常只有 $1\sim5\mu s$；波长是指脉冲电流的持续时间，平均约为 $50\mu s$。幅值和波头又决定了雷电流的上升陡度，即电流随时间的变化率。

雷电日是指该地区一年四季中有雷闪放电的天数之和（在 1 天中有 1 次及以上闪电，即统计为 1 个雷电日）。雷电小时是指该地区一年四季有雷闪放电的小时数（在 1h 内有 1 次及以上闪电，即统计为 1 个雷电小时）。

实用上，一般将全国范围内的各地区的平均雷电日绘制成雷电日分布图（即雷击密度），以供防雷设计时参考。在我国全年有 30～40 个雷电日的地区称为有中等雷电活动强度的地区，如长江流域和华北某些地区。在华南某些地区、广东雷州半岛一带，雷电日可高达 100～130 个雷电日；而新疆仅有 3～4 个雷电日。

（二）直击雷过电压

直击雷过电压是雷电直击中房屋、避雷针、杆塔、树木等物体时，强大雷电流在该物体的阻抗及接地电阻上的电压降。

装设避雷针、避雷线是防止直击雷的有效方法。避雷针、避雷线可用来保护户外变配电装置和电力线路，也可用来保护建筑物和构筑物。就其本质而言，避雷针、避雷线不是避雷，而是利用其高耸空中的位置条件，把雷电引向自身，承受雷击，把雷电流泄入大地，从而保护其他设备不受雷击。

（三）感应雷过电压

在发生雷击先导放电的过程中，在附近的杆塔和架空线上，会由于静电感应而积聚大量与雷云极性相反的束缚电荷。当先导放电发展到主放电阶段而对地放电时，线路上的束缚电荷被释放而形成自由电荷，开始以光速向线路两侧移动传播，形成很高的电压，称为感应过电压，其幅值可能达到 300～500kV。这对供电系统的危害是很大的，尤其对配电线路，由于本身绝缘水平较低容易被击穿损坏。此外，变电站除了要防止直击雷保护之外，还应有防止感应雷的保护。

二、内部过电压

（一）操作过电压

在中压配电网中，操作过电压主要包括开关开断电容器组产生的操作过电压和开关关合和开断旋转电机、变压器、电抗器等感性负载产生的操作过电压。下面详细叙述这两种过电压的产生与采取的限制措施。

1. 开关开断电容器组产生的操作过电压

开关在开断电容器组这种容性负载时，总有一相率先过零熄弧（假设为 A 相），此时会有一个接近幅值的相电压残留在电容器端。由于 B、C 相的存在，中性点出现位移，10ms 后开关 A 相触头的恢复电压可达 $2.5U_{xgm}$（U_{xgm} 为最高运行相电压幅值），而此时可能出现 B、C 相不能开断的情况。如果 C 相不能开断，恢复电压最大可达 $4.1U_{xgm}$，若此时开关触头发生重燃，相当于一次合闸，使电容器组重新获得能量。电压波产生振荡，在电容器端部、极间和中性点上都会出现较高的过电压，过电压幅值会随着重燃次数增加而递增。这种过电压具有明显的随机性，与诸多因素有关，符合正态分布规律。但是，只要开关不发生重燃，这种过电压将不会超过关合时的过电压。

2. 真空开关在关合和开断感性负载产生的操作过电压

感性负载包括高压电动机、发电机、变压器、电抗器等，真空开关在关合和开断感性负载时，会产生操作过电压。

(1) 真空开关"开断"感性负载时产生的操作过电压。

真空开关具有较强的熄弧能力，不需要等待电流过零熄弧，而是在电流过零之前几安培或者 10～20A 就可以将电流突然截断，强制熄弧。而这一截流现象，却引发了截流过电压的产生，甚至继而引发多次重燃过电压和三相同时开断过电压。

(2) 真空开关在"关合"感性负载时产生的操作过电压。

真空开关在"关合"时出会会出现类似"开断"过程的过电压，主要原因是开关在关合过程中有"弹跳"现象，触头接通后又分开，多次的"弹跳"相当于经历了多次的开断。有统计表明，关合过电压出现的次数要大于开断过电压出现的次数。由此，有些配电带电作业项目因绝缘防护低于内部过电压的最大值，需要将开关的重合闸退出，防止重合闸操作产生过电压，保证作业人员的安全。

(二) 单相接地过电压

在中性点不接地的中压配电网中，当发生单相接地时，会使中性点产生位移，健全相上出现较高的工频过电压，其幅值与中性点接地方式有关，最大幅值可达到 $\sqrt{3}$ 倍。单相接地引起的工频电压升高，虽然幅值不算太高，但它容易诱发其他操作过电压，会使操作过电压的幅值提高。

在中性点不接地中压系统中，发生单相接地时流过故障点的电流为电容电流。因为电容电流的相角超前电源电压 $90°$，当电容电流过零时，故障点的电弧熄灭，而此时故障点的电压正好为最大值，如果接地电容电流较大，有可能使故障点刚刚自熄的电弧又重新点燃，线路上的电荷重新分配，对地电压再次发生聚变。经验表明，当中压网络的电容电流超过 10A 时，接地电弧不易自行熄灭，常形成过零熄弧，接着又重燃，即出现交替再熄再燃的间歇性电弧，因而导致电磁能的强烈震荡，故障相、非故障相和中性点都将产生过电压。这种过电压一般不超过 $3.0U_{xg}$（U_{xg} 为最高运行相电压），一般低于设备绝缘的耐受水平，但它持续时间长、能量大，非故障相绝缘薄弱点容易击穿，从而发展成为相间故障，有时造成断路器的异相开断，有时对绝缘较弱的旋转电机构成威胁，有时会使无串联间隙的金属氧化物避雷器损坏。

(三) 谐振过电压

电网中的电感、电容元件，在一定电源的作用下，并受到操作或故障的激发，使得某一自由振荡频率与外加强迫频率相等，形成周期性或准周期性的剧烈振荡，出现谐振现象，电压幅值急剧上升，即产生谐振过电压。

(1) 线性谐振是指参与谐振的各电气量均为线性，电感参数为常数，不随电压或电流的变化而变化。电感元件为不带铁芯或带有气隙的铁芯，并与电容元件组成串联谐振回路。谐振一般发生在电网自振频率与电源频率相等或相近时。对于中压配电网，这种线性谐振较多发生在消弧线圈补偿网络，或表现为某些传递过电压的谐振等。

消弧线圈网络在全补偿运行状态（脱谐度 $V=0$），当发生单相接地网络中出现零序电压时，便发生消弧线圈与导线对地电容的串联线性谐振，这种谐振将会使中性点位移达 $0.5U_{xg}$。

(2) 非线性谐振一般指由带铁芯的电感元件（如空载变压器、电压互感器）和系统的电容元件组成谐振回路，因铁芯电感元件的饱和现象，电感参数不再为常数，而是随着电流或磁通的变化而变化。在一定的情况下可自激产生，但大多数需要外部激发条件，它可突然产生或消失，当激发消除后常能自保持。

激发条件主要有：电网断线、断路器非全相动作，熔断器一相或两相熔断等原因造成非全相运行，更多的是在中性点不接地系统中。电压互感器突然合闸使一相或两相绕组出现涌流，线路单相弧光接地出现暂态涌流等原因，使电磁式电压互感器三相电感不同程度地产生严重饱和，形成三相或单相共振回路，激发各次谐波谐振过电压。

谐振过电压时间长、能量大，可使电网中性点位移，绝缘闪络，电压互感器熔断器熔断，电压互感器过热爆炸或避雷器、阻容吸收器损坏。

当高压系统中发生不对称接地故障或断路器不同期操作时，可能出现明显的零序工频电压分量，通过静电和电磁耦合在变压器低压侧产生工频电压传递现象，从而危及低压侧电气绝缘的安全，若与接在电源中性点的消弧线圈或电压互感器等铁磁元件组成谐振回路，还可能产生线性谐振或铁磁谐振传递过电压。传递过电压的大小见式（7-1）。

$$U_2 = U_0 \frac{C_{12}}{C_{12} + 3C_0} \qquad (7-1)$$

式中　U_0——高压侧出的零序电压，kV；

　　　C_{12}——高低压绕组间电容，μF；

　　　C_0——低压侧相对地电容，μF。

（四）限制内部过电压的措施

1. 操作过电压的限制措施

为限制合闸引起的操作过电压，通常开关中增加一个并联电阻和一对辅助触头，使合闸过程分为两个阶段。这样，使每一个阶段过渡过程的起始值和稳态值之差减小，从而减小了自由分量的幅值；又由于电阻的阻尼作用，加速了振荡过程的衰减，使过电压幅值受到有效的限制。

除采用开关的并联电阻作为限制操作过电压的重要措施外，避雷器也是很重要的保护设备。避雷器限制操作过电压是以其操作波放电电压（磁吹阀型避雷器）和操作冲击残压表示其保护水平，这些数值的选取决定于系统的情况和避雷器元件的性能。设备的操作冲击绝缘水平是由避雷器的操作冲击残压决定的，但是由于采用了带并联电阻的开关，只是在并联电阻失灵或其他意外情况出现较高幅值的操作过电压时，避雷器才动作，既改善了避雷器的工作条件，又将过电压限制在允许的范围内，使系统得到可靠的保护。

2. 避免间歇性弧光接地过电压的措施

间歇性弧光接地过电压波及面广、能量大、持续时间长且危害性很大，目前尚没有专门的设备能够有效制约该种过电压。对保护设备而言，例如避雷器，要么避开它，在这种过电压出现时避雷器不动作（加串联间隙）；要么允许在这种过电压出现时使避雷器击穿损坏。所以，目前最好的办法是避免间歇性弧光接地过电压发生，因此，若中压配电网电容电流超过10A时，则其中性点可采用以下方式：

（1）采用消弧线圈接地方式。补偿后接地点残余电流小于10A。

（2）采用电阻接地方式。在接地故障点加注阻性电流，使故障点成为以阻性电流为主的阻容性电流。其相角超前电压小于 $45°$，在电流过零熄灭时，故障点间隙的恢复电压不高，不足以使间隙再复燃。

3. 避免谐振过电压的措施

要尽量避免发生谐振过电压，可采取以下措施：

（1）采用消弧线圈接地方式，跟踪过程中要偏离谐振点，保证脱谐度 $V\neq0$。

（2）变压器的高压侧不采用熔断器，选用同期性能较好的开关，避免产生零序过电压，防止变压器传递过电压和铁磁谐振过电压。

（3）选用励磁特性较好、饱和点高的电磁式电压互感器。避免使用铁芯导磁率低，铁芯截面小的产品。

（4）在电压互感器开口三角形绕组上装设灯泡（中压配电网接 200W 灯泡）或者专用消谐器。

（5）在电压互感器一次绕组的中性点上装设专用消谐器。

（6）在电网中装设四极式自控式阻容吸收器，当其动作时，在零序回路中突然接入电阻和电容，对破坏谐振条件、阻尼谐振有一定的作用。

第二节 避 雷 器

一、避雷器的用途

雷电过电压和内部过电压对运行中配电线路及设备所造成的危害，单纯依靠提高设备绝缘水平来承受这两种过电压，不但在经济上不合理，而且在技术上往往亦是不可能的。积极的办法是采用专门限制过电压的电器，设备电压等级越高，降低绝缘水平所带来的经济效益越显著。将过电压限制在一个合理的水平，然后按此选用相应的设备绝缘水平，使电力系统的过电压与绝缘合理配合。

避雷器是一种能释放过电压能量，限制过电压幅值的保护设备。避雷器应装在被保护设备近旁，跨接于其端子之间，如图 7-1 所示。过电压由线路传到避雷器，当其值达到避雷器动作电压时，避雷器动作，将过电压限制到某一定水平（称为保护水平）。之后，避雷器又迅速恢复截止状态，电力系统恢复正常状态。

避雷器的保护特性是被保护设备绝缘配合的基础，改善避雷器的保护特性，可以提高被保护设备的运行安全可靠性，也可以降低设备的绝缘水平，从而降低造价。避雷器应符合下列基本要求：

（1）能长期承受系统的持续运行电压，并可短时承受可能经常出现的暂时过电压；

（2）在过电压作用下，其保护水平满足绝缘水平的要求；

（3）能承受过电压作用下产生的能量；

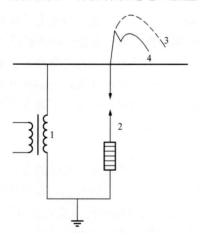

图 7-1 避雷器保护被保护设备示意图

1—被保护变压器；2—阀式避雷器；

3—未被避雷器限制的过电压波；

4—被避雷器限制的过电压波

（4）过电压过去之后能迅速恢复正常工作状态。

二、避雷器的分类与型号

（一）避雷器的分类

避雷器按其工作元件的材料分为碳化硅阀式避雷器、金属氧化物避雷器。碳化硅阀式避雷器按照结构又分为普通阀式避雷器、磁吹阀式避雷器；金属氧化物避雷器按照结构分为无间隙金属氧化物避雷器、有串联间隙金属氧化物避雷器、有并联间隙金属氧化物避雷器；按外壳材料可分为瓷壳型、有机壳型、铁壳型；按使用环境条件可分为正常使用条件型、高原型、污秽型、热带型；按用途又分为通用型、特殊应用，通用型适用于配电所（站、室）、发电厂、配电网、旋转电机、电气化铁路的过电压保护，特殊应用型适用于阻波器、电容器组、电缆护层的过电压保护。

（二）避雷器的型号与参数

1. 避雷器的型号

避雷器的型号由拼音字母和数字组成：

$$\boxed{1}\ \boxed{2}\ \boxed{3}\ \boxed{4}\ \boxed{5}-\boxed{6}/\boxed{7}$$

$\boxed{1}$——绝缘外套：H 为复合有机绝缘外套，无表示为瓷外套

$\boxed{2}$——间隙材料：F 为阀式，Y 为金属氧化物

$\boxed{3}$——设计序号：用数字表示

$\boxed{4}$——间隙类型：W 为无间隙，C 为串联间隙

$\boxed{5}$——适用范围：S 为变配电所，Z 为变配电站，W 为户外

$\boxed{6}$——额定电压，kV

$\boxed{7}$——标称放电电流下最大残压，kV

2. 避雷器的电气性能

（1）保护性：限制过电压，保护电气设备绝缘不至于受到过电压而损坏。

（2）灭弧性：过电压引起避雷器内部火花间隙击穿，而火花间隙能够迅速熄灭电弧而不中断电力系统正常供电。

（3）通流能力：避雷器动作过程中，可能耐受通过它的各种电流而不致损坏。

3. 避雷器的主要电气参数

（1）灭弧电压（U_{mh}）：在保证灭弧（切断工频续流）的条件下，允许加在避雷器上的最高工频电压。

（2）额定电压（U_N）：指避雷器长期正常工作的工频电压，其额定电压与装设地点的电网额定电压一致。

（3）工频放电电压（U_{gf}）：避雷器的通流能力有限，一般允许内部过电压的情况不动作。但是，同倍过电压能量较大，避雷器在发生内部过电压时可能会引起爆炸，为此规定了这个电压数值，一般规定不小于系统最大相电压的 3～3.5 倍。

（4）通流容量：避雷器的通流容量是表示阀片耐受雷电电流、工频续流和操作冲击电流

的耐力。

（5）冲击放电电压（U_{chf}）；指时间 $1.5\sim40\mu s$ 标准波预放电，时间为 $1.5\sim20\mu s$ 的冲击放电电压。

（6）残压（U_c）：指雷电流通过避雷器时，在避雷器两端的电压降，避雷器残压愈小说明阀性电阻片的通流能力愈好。

（7）保护比：指避雷器的残压与灭弧电压（峰值）之比，比值越小说明避雷器的性能愈好。

避雷器的基本技术参数是根据工频过电压选择的，带有串联间隙的避雷器，其间隙灭弧电压不得低于其值，无间隙的金属氧化物避雷器，其额定电压（或称其为动作起始电压）和持续运行电压也由此确定。当避雷器的这些参数选择不当时，避雷器的损坏率便会大幅增加。

（三）阀式避雷器

1. 阀式避雷器的构造与原理

阀式避雷器的构造主要由瓷质绝缘套管、火花间隙和阀片电阻等元件组成，如图 7-2 所示。

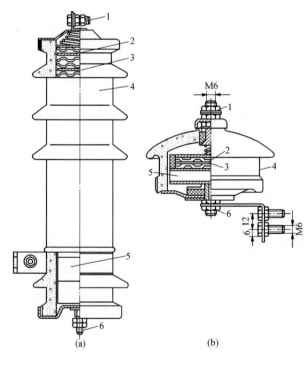

图 7-2　阀式避雷器

（a）FS4-10 型中压避雷器；（b）FS-0.38 型低压避雷器

1—接线螺丝；2—火花间隙；3—云母垫圈；

4—瓷质绝缘套管；5—阀片电阻；6—接地螺丝

其主要元件及其作用分别为：

（1）火花间隙：由多个单元间隙串联而成，每个间隙是由两个冲压成的黄铜片电极，其间用 $0.5\sim1mm$ 的云母垫圈隔开构成。每个单元间隙形成均匀的电场，在冲击电压作用下的伏秒特性平斜，能与被保护设备绝缘达到配合。在正常情况下，火花间隙使阀片电阻及黄铜片电极与电力系统隔开，而在受过电压击穿后半个周波（0.01s）内，能将工频续流电弧熄灭。

（2）阀片电阻：是由金刚砂和水玻璃等混合后经模型压薄成饼状。它具有良好的伏安特性，当电流通过阀片电阻时，其电阻甚小，产生的残压（火花间隙放电以后，雷电流通过阀片电阻泄入大地，并在阀片电阻上产生一定的电压降）不会超过被保护设备的绝缘水平。当雷电流以通过后，其电阻自动变大，将工频续流峰值限制在 80A 以下，以保证火花间隙可靠灭弧。

总之，阀式避雷器的工作原理是，当线路正常运行时，避雷器的火花间隙将线路与地隔开，当线路出现危险的过电压时，火花间隙即被击穿，雷电流通过阀片电阻泄入大地，从而起到了保护电气设备的目的。

避雷器接在导线和大地之间。正常情况下，阀片电阻值很大，火花间隙有足够的绝缘强度，不会被电路的正常工频电压击穿。当线路遭受雷击过电压时，阀片电阻值降低，火花间隙很快被击穿，使雷电流通过接地装置泄入大地，随后阀片电阻值立刻升高，在半个周波的时间内，切断电网的工频持续短路电流（简称续流），起到防雷保护的作用。

2. 阀式避雷器的分类

配电线路常用的阀式避雷器有 FS 型和 FZ 型两种，如 FS3 - 10 和 FZ2 - 10 等。

FS 型阀式避雷器由火花间隙和阀片电阻串联组成，装在密封的瓷套中。阀片是由金刚砂和结合剂（如方解石、水玻璃或瓷泥等）在一定的温度下烧结而成的、直径为 55～100mm 的圆饼。阀片的两面涂有铝粉，以使阀片之间接触良好，其侧面涂有无机绝缘涂料，以防沿面闪络。阀片是多孔性的，容易受潮变质，故需装在密封的瓷套中。火花间隙采用多间隙串联结构，每个火花间隙由两个黄铜电极及一个云母垫圈（厚为 0.5～1mm）组成，如图 7 - 3 所示。

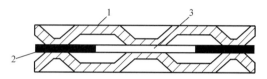

图 7 - 3　单个平板型火花间隙
1—黄铜电极；2—云母垫圈；3—火花间隙

FS 型阀式避雷器其结构较简单，保护性稍差，用于 10kV 及以下变配电装置配电网络的防雷保护，如电力变压器、柱上开关、隔离开关，配电线路、电缆终端头等电气设备。

FZ 型阀式避雷器的结构与 FS 型阀式避雷器非常相近，不同的是在火花间隙上并联分路电阻，保护性能较好，主要用于保护中等容量和大容量电机和变配电装置。

（四）金属氧化物避雷器

1. 工作原理

金属氧化物避雷器（MOA）是采用金属氧化物非线性电阻（MOV，俗称氧化锌阀片）作为唯一工作元件的避雷器，外形如图 7 - 4 所示。MOV 的非线性伏安特性非常好，其电流变化 6 个数量级时，而电压只变动 50%～60%。在过电压情况下，流过 MOA 极大的电流，而保持较低的符合要求的残压值。过电压过去后，在系统工作电压作用下，MOV 呈高阻属性，将工频电流限制到数十微安以内，相当于绝缘状态可以持续运行，故能完全取消间隙。MOA 没有间隙，对任何电压均起反应，在雷电过电压、操作过电压、暂时过电压和长期的工频电压作用下，都有相应的电流流过 MOA。这就要求 MOA 除起保护作用外，还必须耐受上述多种电压而本身不受损伤和保持特性稳定。

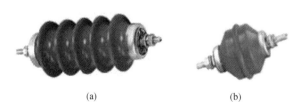

(a)　　　　　　　(b)

图 7 - 4　氧化锌避雷器
(a) 中压避雷器；(b) 低压避雷器

MOA 动作后能否继续正常运行取决于它的热平衡。MOA 在低电压区具有负的电阻温度系数，过电压时输入的能量，使 MOV 温度升高，电阻值降低，在随后的工频电压下电流增大，输入能量随之进一步增大。MOA 的热量散逸能力必须大于工频电压下输入的能量，使 MOV 的温度逐渐下降，最后达到正常运行状态。反之，若输入的能量大于 MOA 的散逸能量，温度不断上升，而温度上升又使输入能量增大，由于此恶性循环作用，MOV 温度将

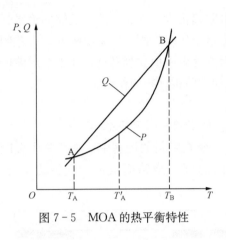

图 7-5 MOA 的热平衡特性

超过其允许限度而损坏，这过程称为热崩溃。MOA 的热平衡特性如图 7-5 所示。

MOV 发热曲线 P 与 MOA 散热曲线 Q 有两个交点 A 和 B。A 为稳定平衡点，即 MOA 在正常工作电压下的工作点，B 为不稳定平衡点，当 MOA 吸收过电压能量时，MOV 温度超过该点时就产生热崩溃。发热与散热的配合应满足以下两个条件：

（1）工频电压作用下，稳定平衡点一般不大于 60℃；

（2）阀片吸收过电压能量后其最大温升不大于 $T_B \sim T_A$。

2. 优点

金属氧化物避雷器与阀式避雷器相比具有如下优点：

（1）无间隙、结构简单、体积小、质量轻。

（2）对大气过电压和操作过电压都能起保护作用，没有传统避雷器那样的放电特性，它的主要参数是允许长期工作电压、残压、冲击通流容量和方波通流容量。

（3）在大气过电压动作后，没有工频电流流过避雷器，能耐受多重雷击过电压、多重内部过电压。

（4）通流能力大，使用寿命长，工作稳定，保护可靠，不受污秽、高海拔等自然条件影响。氧化锌避雷器则由于具有无间隙、动作电压低、非线性系数小、残压值低，通流容量大，在限制操作过电压时保护范围大等优点，而得到日益广泛的应用。

随着金属氧化物避雷器应用技术的不断发展和完善，其电气性能也得到提高。

合成绝缘金属氧化物避雷器是由高非线性特性、大通流容量的氧化锌电阻和有机聚合物外套组合而成的。聚合物外套所采用的材料主要有硅橡胶、聚烯烃（乙丙胶）、环氧、高密度聚乙烯，其中最为常用的材料是硅橡胶。合成绝缘金属氧化物避雷器的主要优点是：

（1）绝缘性能优良。有机聚合物在常温及高、低温下电阻率高，性能稳定。抗臭氧、抗紫外线能力强。对昼夜、四季温差以及不同材料产生的机械应力作用具有较好的机械强度，性能稳定。

（2）耐污性能强。聚合物绝缘表面具有憎水性，水分在聚合物的表面不会形成水珠，不会散开形成水膜。因此，它的耐污性能远优于瓷绝缘。

（3）合成材料成型性好，外套容易实现可靠的密封，内部没有气隙，可以消除金属氧化物避雷器的受潮隐患。

（4）合成绝缘材料具有较好的弹性，可降低避雷器爆炸成碎片的可能性，对工作人员、行人和其他设备不会构成危害。

（5）运行可靠，不易破损，平时无需维护。由于合成绝缘外套具有优异的耐污性能，合成绝缘避雷器不需要清扫维护。

（6）具有金属氧化物避雷器电气性能的优点，并且可制成支柱型结构，可以简化配电线路结构和减小配电线路装置尺寸。

三、避雷器的安装和维护

（一）避雷器的外观检查

避雷器安装前应进行外观检查，检查的主要项目有：

（1）避雷器额定电压与线路电压是否相同；试验是否合格，有无试验合格证。

（2）表面有无裂纹、破损、脱釉和闪络痕迹；胶合及密封情况是否良好。

（3）向不同方向轻轻摇动，避雷器内部应无响声。

（二）避雷器的安装

避雷器的安装要求如下：

（1）避雷器应尽量靠近被保护设备，一般不宜大于 5m。

（2）避雷器上下引线截面不应小于：铜线 $16mm^2$（3～20kV）或 $4mm^2$（380/320V）；铝线 $25mm^2$（3～20kV）或 $6mm^2$（380～220V）。

（3）避雷器的引线与导线连接要牢固、紧密，接头长度不应小于 100mm（3～20kV）或 50mm（380～220kV）。3～20kV 避雷器引线要用两块垫片压在接线螺栓中间，且要压紧，在接线时不要用力过猛。

（4）避雷器必须垂直安装，倾斜角不应大于 15°，排列要整齐。避雷器底座对地面距离不应小于 2.5m。

（5）避雷器与抱箍之间要加衬垫，以免损伤外套。

（6）避雷器与接地装置相连接的接地引下线应短而直，不要迂回弯曲。

（三）避雷器的维护检查

运行中的避雷器应结合线路检修时进行维护检查，维护检查的主要内容有：

（1）表面有无破损、裂纹和闪络烧伤痕迹，表面污秽是否严重。

（2）与避雷器连接的导线和接地引下线连接有无松动，有无烧伤或烧断，接地线夹螺栓有无丢失，接触是否良好。

（3）定期试验是否合格，主要是测量绝缘电阻和工频放电电压。

第三节　配电网的防雷保护

一、架空配电线路防雷措施

架空线路上产生雷电过电压有两种，一种是雷直击线路引起的直击雷过电压，另一种是雷击线路附近由于电磁感应所引起的感应雷电过电压。配电线路遭受雷击时，雷电冲击波就以光速向导线两端流动传播，这种流动的冲击波又称作进行波。根据有关统计，配电线路遭受的雷击中约 80% 是感应雷，这其中 95% 以上感应雷的放电电流小于 1000A；20% 是直击雷，直击雷的电流大于 20kA 的概率超过 50%。为了保护与线路连接电气设备免受进行波的冲击，在中低压配电系统中主要依靠加装避雷器作为防雷措施。

（一）架空裸导线

对于中压裸导线线路，采用避雷线进行防雷保护的成本高、施工不方便，目前主要是在一些雷电活动频繁的线段安装避雷器，同时按照要求做好杆塔的接地。为了防止雷击引起绝缘子击穿，造成导线相间短路甚至烧断导线，可采取适当提高绝缘等级的办法，并定期进行清扫维护，保持其耐压水平，防止和减少绝缘子击穿事故。

(二) 架空绝缘线路

1. 绝缘线路雷击断线的原因

雷击绝缘导线和雷击裸导线时的电弧发展过程有明显不同。裸线路被雷击闪络后，工频续流电弧因电动力作用将向导线的负荷方向侧移动，电弧的弧根固定在导线上运动，弧腹在随同弧根向前运动的同时，受热效应的作用不断向空中飘浮，根据电弧的温度分布特性，弧根的温度最高，对导体的烧损最严重，弧腹则温度较低，一般不会烧损导体。在上述过程中，电弧的弧根是沿导线运动的，所以不会集中烧伤导线，引起导线断线的概率较小。

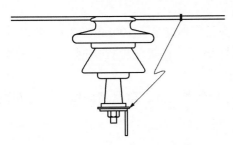

对于中压架空绝缘线路，由于遭受雷击时，绝缘导线的绝缘被雷击闪络而击穿，绝缘导线与绝缘子金属部分或横担闪络，被击穿的导线绝缘层呈针孔状，持续的工频短路电流电弧受周围绝缘层的阻碍，不能移动，弧根只能固定在针孔处燃烧，强大的电弧不易滑动，工频电弧续流（几千安培）被集中固定在绝缘导线绝缘击穿针孔处稳定燃烧直至电弧熄灭，可以致使雷击使绝缘线放电点熔断。绝缘导线雷击后，断线故障点大多发生在绝缘导线沿线的绝缘薄弱点且在支持点 500mm 以内（见图 7-6），因此，绝缘导线的雷击断线故障率明显高于裸导线。

图 7-6　绝缘导线雷击电弧示意图

2. 防止雷击断线的措施

根据架空绝缘导线雷击断线的机理分析，及时切断雷电流引起的工频续流是防止架空绝缘导线断线的基本方法，采用的基本措施如下：

（1）沿线安装架空地线。在空旷地区对配电线路设置接地避雷线进行屏蔽，导线上的感应过电压大幅度降低，采用架空地线限制感应过电压的作用较明显，在日本已普遍采用。但是，由于中压配电线路的绝缘水平较低，雷击架空地线后极易造成反击闪络，因而仍然会发生工频续流烧断绝缘导线。同时，架设避雷线防雷，投资费用高。因此只有在直击雷频繁区域架设地线以防直击雷，并作为防止感应雷电过电压雷击断线的辅助手段。

（2）安装避雷器。在配电线路上安装避雷器是国内外广为采用的一种方法，其限制配电线路雷电过电压的作用大致有两个方面：一是限制感应过电压幅值，二是雷击闪络后吸收放电能量，限制工频续流，从而达到保护导线的目的。

雷击断线分析可以看出，持续在击穿点的工频续流是导致绝缘线烧断的根本原因，限制工频续流能有效地减少雷击断线故障。

对避雷器的选择应综合考虑。为了降低避雷器的故障率、延长避雷器的使用寿命，避免因加装的避雷器缺陷引起线路故障，宜采用有间隙的氧化锌避雷器，其只在雷电过电压及工频续流时才动作。氧化锌避雷器价格比较高，因此要研究合适的地点，每隔多少距离安装一组，既要安装得最少，又能够保护全线。氧化锌避雷器的保护范围与雷电特性、氧化锌避雷器参数、氧化锌避雷器接地装置的接地电阻数值和线路绝缘水平有关。

（3）安装穿刺式带间隙金属氧化物避雷器。穿刺式带间隙金属氧化物避雷器由避雷器本体、空气间隙和固定在绝缘导线上的穿刺电极三部分组成，如图7-7所示。在电网正常运行时，间隙隔离工频电压，避雷器本体几乎不承受电压；在直击雷或感应雷产生的雷电过电压作用下，空气间隙被击穿，穿刺电极对避雷器本体顶端半球电极放电，避雷器本体呈现低阻抗，将雷电流泄放入地；雷电冲击过后，工频电压加在间隙和避雷器本体上，避雷器本体的电阻瞬间变大，通过的电流即电弧电流被抑制在较低数值，空气间隙弧压降增大，空气间隙的绝缘迅速恢复，电弧在极短时间内自然熄灭，工频续流被完全遮断。在避雷器本体已损坏的情况下，如果此时线路遭受直击雷或感应雷过电压，在雷电冲击过后，工频续流得不到抑制，将稳定燃烧。因为有穿刺电极，相当于加固了绝缘导线击穿点的金属部分，燃弧点由导线转到电极上，从而避免了导线的断线。

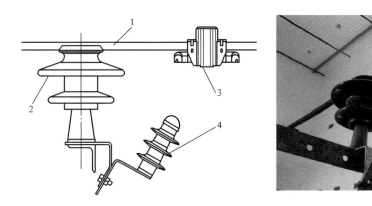

图7-7　穿刺式带间隙金属氧化物避雷器安装图
1—导线；2—绝缘子；3—穿刺电极；4—避雷器

（4）增长闪络路径。通过增长闪络路径、降低工频建弧率，是防止雷击断线的另一种措施。其方法是采用局部加强绝缘，即在针式绝缘子绑扎导线部位，采用1.5m长的加强绝缘层，提高此段绝缘强度，放电只能从加强绝缘的边沿处击穿导线，产生沿面闪络，当雷电流通过后，击穿点距横担至接地点之间，闪络路径长，不足以建弧形成工频续流，从而达到保护绝缘导线的目的。

（5）安装环形电极带间隙金属氧化物避雷器。环形电极带间隙金属氧化物避雷器（以下简称避雷器）由避雷器本体和空气间隙两部分构成，如图7-8所示。在电网正常运行时，空气间隙隔离工频电压，避雷器本体几乎不承受电压；在直击雷或感应雷产生的雷电过电压作用下，空气间隙击穿放电，避雷器本体呈现低阻抗，将雷电流泄放入地；雷电冲击过后，工频电压加在间隙和避雷器本体上，避雷器本体的电阻瞬间变大，通过的电流（即电弧电流）被抑制在较低数值，空气间隙弧压降增大，空气间隙的绝缘迅速恢复，电弧在极短时间内自然熄灭，工频续流被完全遮断。

（6）提高线路绝缘耐压水平。适当提高线路绝缘子耐压水平或加大绝缘子的爬距，也可有效防止雷击断线。运行经验表明，瓷横担、柱式绝缘子、悬式绝缘子对于防雷击断线有一定的效果，设计杆型和材料时可以多应用。

将针式绝缘子更换为合成绝缘子，提高线路的冲击耐压水平，确保只在特别高的雷电感

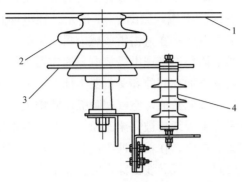

图 7-8　环形电极带间隙金属氧化物避雷器安装图

1—导线；2—绝缘子；3—环形电极；4—避雷器

应过电压作用下闪络，工频续流时因放电爬距大无法建弧而熄灭。

1）采用玻璃钢绝缘横担。雷击闪络取决于过电压值和线路绝缘水平，研究表明，雷击引起的电弧严重程度是随着沿闪络路径的电场梯度的降低而降低的，因此提高绝缘子的绝缘水平就可使雷击闪络率大为降低，即使发生雷击闪络，其电弧强度也将大为降低。然而由于技术经济原因，要大幅度提高绝缘子的绝缘水平较为困难。有的地区大量使用的玻璃钢绝缘横担具有机械强度高、绝缘性能好等优点，则可显著增加闪络路径，从而大幅度提高线路的耐雷水平，减低线路的建弧率，从而基本避免了雷击断线事故的发生。

2）采用保护型绝缘间隙横担。玻璃钢绝缘横担的应用固然可减少线路的雷击跳闸和雷击断线问题，但其过强的绝缘可能会将雷电流引向其他设备，造成其他设备的损坏事故，为使线路在遭受高强度雷击时雷电流有一个释放通道，在线路中采用了保护型绝缘间隙横担。

保护型绝缘间隙横担主要由火花放电间隙、非线性电阻限流元件组成。火花放电间隙限制了雷电过电压幅值，通过调整放电间隙可控制架空线绝缘闪络的位置。限流元件能够在瞬间截断工频续流，可有效地保护架空绝缘导线。玻璃钢绝缘横担则可在限流元件难以承受高强度雷击作用时，给线路提供一个长闪络距离的避雷保护，从而抑制工频续流的产生。

3）采用保护型金具柱式绝缘子。保护型金具柱式绝缘子防止雷击断线的主要作用在于：①提高绝缘子的放电距离来减少线路的雷击闪络率；②通过保护型金具将导线围绕起来形成厚实的部件，以防止短路电弧根部的燃烧效应。闪络时，电弧在保护型金具的厚实部分之间燃烧，而使导线免受损伤。

目前我国配电线路全面推广绝缘导线，有效地解决了裸导线难以解决的走廊和安全问题，与地下电缆相比具有投资省、建设快的优点。虽然 10kV 架空线路雷击跳闸不可避免，但通过防雷措施的综合应用，绝缘导线的雷击断线问题是可以有效降低的。

（三）柱上开关设备

配电线路上的柱上开关设备，由于其绝缘水平不高，相间距离较小，应防止受雷击时引起闪络或短路故障。通常在开关设备的一侧（联络开关的两侧）装设阀式避雷器或金属氧化物避雷器进行保护，其接地线与被保护设备的金属外壳相连接，接地电阻值不大于 10Ω。

（四）低压架空线路

低压架空线路分布较广，多数是直接引入室内。低压架空线路绝缘水平较低，人身接触的机会又多,遭受雷击时,雷电冲击波可能沿线路侵入室内,引起人身和设备事故。为了降低雷电波的幅值,一般可采用以下保护措施:

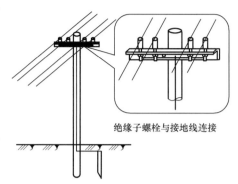

绝缘子螺栓与接地线连接

图 7 - 9　绝缘子螺栓与接地连接图

(1)配电变压器采用 Yyn0 接线时,宜在低压侧装设一组阀式避雷器或金属氧化物避雷器。

(2)对多雷地区的低压架空配电线路,宜在线路进户前 50m 处安装一组低压避雷器,入户后再装一组低压避雷器。

(3)在进户线每一支持物或进户杆上的绝缘子螺杆(铁脚)及铁横担应一并接地(见图 7 - 9),接地电阻不超过 30Ω。

(4)为防止雷击损坏事故,架空线路接用的直入式电能表,应装设一组低压避雷器作为防雷保护。

二、配电变压器的防雷措施

配电变压器的防雷保护接线如图 7 - 10 所示。具体要求如下:

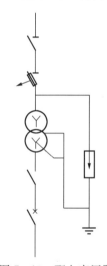

图 7 - 10　配电变压器
防雷保护接线

(1)一般要求避雷器安装在跌落式熔断器和变压器之间,避雷器要求尽量靠近变压器安装,距离越近越好。

(2)避雷器的接地线应与变压器低压绕组中性点及变压器金属外壳连接在一起共同接地,亦称作"三位一体"的接地方式,这种接法的目的是保证当变压器高压侧受雷击经避雷器放电时,变压器主绝缘所承受的电压仅是避雷器的残压,而接地装置上的电压降并不作用在变压器主绝缘上,使避雷器与变压器得到较好的绝缘配合,能减少高、低压绕组间和高压绕组对变压器外壳之间发生绝缘击穿的危险。

(3)为防止配电变压器低压侧引出的 0.4kV 架空线路遭雷击造成绝缘击穿事故,要求在配电变压器低压出线上安装一组低压阀式避雷器,这样不仅可以保护变压器的低压绕组,同时还能防止当雷电波从低压绕组传递到高压绕组时,使高压绕组绝缘损坏。

三、配电所(站、室)的防雷措施

开闭所、配电所(站、室)为防止侵入雷电波,应在每一路进(出)线及每段母线上安装阀式避雷器或金属氧化物避雷器。具体接线要求如下:具有电缆进(出)线段的架空线路,应在架空线路与电缆终端接续处,装设避雷器并做集中接地装置。避雷器的接地线还应和电缆头(电缆)金属外皮相连,电缆另一端的终端金属外皮盒与变电所的接地网相连。这种连接法的目的是,一旦线路落雷时,避雷器放电,雷电流经集中接地体流入大地的同时,有一部分雷电流沿电缆金属外皮流入变电所内接地网,这样在电缆外皮产生螺旋磁场,相当于增加电缆的电感使波阻抗加大,因此,经电缆芯线侵入变电所的截断雷电波很快衰减,使波幅和陡度都有所减小,有利于保护变压器的安全。

综上所述，雷电过电压对配电线路危害大，应该采取有效的防护措施来保护配电线路及其设备的安全，将损害降到最低。

四、电缆线路的防雷措施

（1）与架空线路相连的电缆，通常安装户外型避雷器作为防雷。

（2）与电缆分支箱连接的，可选用带避雷器的电缆分支箱，后接式肘型避雷器直接安装在可触摸型前/后接头上，为电气设备提供过电压保护。

（3）与户外环网单元或者户内开关柜连接的电缆，环网单元或者户内开关柜设置带有过电压保护间隙的 TV 柜，作为防雷和过电压保护。

第四节　接地与接地装置

一、接地的基本知识

（一）电气接地

当电气设备发生接地故障时，接地短路电流通过接地装置以半球面形状向地中流散，距接地体越近处，由于半球面半径小，流散面积小，故电阻大，接地电流产生的电压降大，因此电位就高。相反，远离接地体的地方，由于半球面大，故电阻小，电位低。实验证明，在离开短路接地故障点 20m 以外的地方，电位趋近于零，我们把这零电位的地方称为电气上的"地"。

为了保证电气设备的可靠运行和人身安全，不论在发电、供（输）电、变电、配电、用电等电气装置都需要有符合规定的接地。所谓电气接地就是将供用电设备、防雷装置等的某一部分通过金属导体组成接地装置与大地的任何一点进行良好的连接。

（二）接触电压和跨步电压

1. 接触电压

人站在漏电设备附近，手触及漏电设备的外壳，则人所接触的两点（手与脚）之间的电位差称为接触电压 U_{jc}。如图 7-11 所示，接触电压的大小与人距离接地短路点有关，人距离接地短路点愈远，接触电压愈大；人距离接地短路点愈近，接触电压愈小。

2. 跨步电压

人体站在有接地短路电流流过的大地上，加于两脚之间的电位差称为跨步电压 U_k，如图 7-11 所示。人体愈接近接地故障点（短路接地点），跨步电压就愈大，人距离接地故障点愈远，跨步电压愈小。

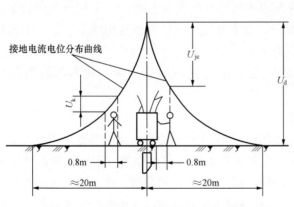

图 7-11　跨步电压和接触电压示意图

跨步电势和接触电势的允许值的计算公式见式（7-2）～式（7-6）。

（1）在大电流接地系统中。通过人体的电流允许值 I 与触电时间 t 的关系（适用于 t 为

$0.03\sim 3s$）为

$$I=165/\sqrt{t}\quad (\text{mA})\qquad\qquad (7-2)$$

跨步电势为

$$E_k=\frac{1500+6\rho_b}{1000}\times 165/\sqrt{t}\approx (250+\rho_b)/\sqrt{t}\quad (\text{V})\qquad (7-3)$$

接触电势为

$$E_j=\frac{1500+1.5\rho_b}{1000}\times 165/\sqrt{t}\approx (250+0.25\rho_b)/\sqrt{t}\quad (\text{V})\qquad (7-4)$$

式中　t——接地短路的持续时间，s；

　　1000——由毫安换算为安的换算系数；

　　1500——人体电阻，Ω；

　　ρ_b——人脚所站地面的表层土壤电阻率，$\Omega\cdot m$。

（2）在小电流接地系统中。

跨步电势为

$$E_k=50+0.2\rho_b\quad (\text{V})\qquad\qquad (7-5)$$

接触电势为

$$E_j=50+0.05\rho_b\quad (\text{V})\qquad\qquad (7-6)$$

这相当于人体电阻为 $1000\sim 1500\Omega$，电击时间为 $10\sim 25s$ 的情况，且符合一般安全电压的标准（50V）。

（三）接地装置、接地电阻和接地电流

接地装置是指电气设备接地的接地体与接地线的总称。通过接地装置使电气设备接地部分与大地有良好的金属连接。接地装置示意图如图 7-12 所示。

接地体又称为接地极，指埋入地中直接与大地接触的金属导体或金属导体组，是接地电流流向大地的散流件。接地体分为水平接地体和垂直接地体。接地体可利用地下金属构件、管道建筑物的钢筋基础等称自然接地体；按设计规范要求进行人工埋设的金属接地极称为人工接地体。

接地线指电气设备及需要接地的部位用金属导体与接地体相连的部分，是接地电流由接地部位传导至大地的途径。

接地装置的接地电阻是指接地体电阻、接地体与土壤之间的过渡电阻和土壤流散电阻的总和。

工频接地电阻指工频电流从接地体向周围的大地流散时，土壤呈现的电阻称工频接地电阻。接地电阻的数值等于接地体的电位与通过接地体流入地中电流的比

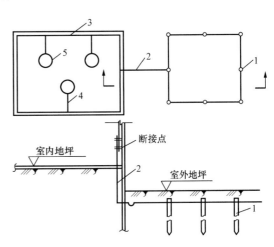

图 7-12　接地装置示意图

1—接地体；2、3、4—接地引下线；5—被保护电气设备

值，即

$$R_{jd} = U_{jd}/I_{jd} \qquad (7-7)$$

式中 R_{jd}——工频接地电阻，Ω；

　　　 U_{jd}——接地装置的对地电压，V；

　　　 I_{jd}——通过接地体流入地中电流，A。

从带电体流入地中的电流即为接地电流。接地电流有正常工作接地电流和故障接地电流。正常工作接地电流系指正常工作时通过接地装置流入地下，借大地形成工作回路的电流，例如三相中性点接地系统中，当三相负载不平衡时，就会有不平衡电流通过接地装置流入大地；而故障接地电流系指系统发生故障时出现的接地电流。

二、接地装置的施工

（一）接地装置的基本要求

接地装置应有足够的接地电阻和较强的防腐蚀能力，在通过雷电流或工频短路电流时应具有足够的热稳定性，雷电流或工频短路电流在接地装置上形成的跨步电压、接触电压不应危及设备或人身安全。各种防雷接地装置的工频接地电阻值，一般不大于下列数值：

（1）架空线路避雷线，根据土壤电阻率不同，分别为 $10\sim30\Omega$。

（2）容量 100kVA 及以上的变压器、配电所（站、室）母线上的避雷器接地电阻小于 4Ω。

（3）柱上开关、容量小于 100kVA 的变压器的避雷器接地电阻小于 10Ω。

（4）杆塔接地、重复接地、低压进户线的绝缘子铁脚接地电阻值小于 30Ω。

（二）接地体的施工

接地装置的接地体，有人工敷设的人工接地体和利用与大地直接接触的各种金属构件、金属井管、金属管道、钢筋混凝土基础等兼作的自然接地体等两种。

交流电力设备的接地装置，应充分利用自然接地体，一般可利用：

（1）敷设在地下直接与土壤接触的金属管道（易燃、易爆性气、液体管道除外）、金属构件等。

（2）有金属外皮的直埋电力电缆。

（3）与大地有良好接触的金属桩、件等。

（4）混凝土构件中的钢筋基础。

对人工接地体安装有如下要求：

（1）人工接地体一般选用镀锌钢材（圆钢、扁钢、角钢、钢管），采用垂直敷设或水平敷设，水平敷设接地体埋深不应小于 0.6m，垂直敷设的接地体长度不应小于 2.5m。为减少相邻接地体的屏蔽作用，垂直接地体的间距不宜小于其长度的 2 倍，水平接地体的相互间距根据具体情况确定，一般不应小于 5m。

（2）接地体埋设位置距建筑物不应小于 3m，并注意不应在垃圾、灰渣等地段埋设。经过建筑物人行通道的接地体，应采用帽檐式均压带做法。

（3）变配电所的接地装置，应敷设水平接地体为主的人工接地网。

（4）接地装置的导体截面应符合热稳定和均压的要求，且不应小于表 7-1 的要求。

（5）车间接地干线与自然接地体或人工接地体连接时，应不少于 2 根导体在不同地点连接。

表 7 - 1　　　　　　　　　　　　钢接地体和接地线的最小规格

种类、规格及单位		地上		地下
		室内	室外	
圆钢直径（mm）		6	8	10
扁钢	截面（mm²）	60	100	100
	厚度（mm）	3	4	4
角钢厚度（mm）		2	2.5	4
钢管管壁厚度（mm）		2.5	2.5	3.5

注　接地装置宜采用热镀锌，在地下不得采用裸铝导体作为接地体或接地线。电力线路杆塔的接地体引出线的截面不应小于 50mm²，引出线应热镀锌。接地引下线截面不应小于 35mm²。

（三）接地线的安装

（1）接地装置的连接应可靠，接地线应为整根或采用焊接。接地体与接地干线的连接应留有测定接地电阻值的断开点，此点采用螺栓连接。

（2）接地线的焊接应采用搭接焊，其搭接长：扁钢应为宽的 2 倍，应有 3 个邻边施焊；圆钢搭接长度为直径的 6 倍，应在两侧面施焊。焊缝应平直无间断，无夹渣和气泡，焊接部位在清理焊皮后应涂刷沥青防腐。

（3）无条件焊接的场所，可考虑用螺栓连接，但必须保证其接触面积；螺栓应采用防松垫圈并采用可靠的防锈措施。

（4）接地线与电气设备连接时，采用螺栓压接，每个电气设备都应单独与接地干线相连接，严禁在一条接地线串接几个需要接地的设备。

（四）人工接地体工频接地电阻值的计算

人工接地体工频接地电阻简易计算式见表 7 - 2。

表 7 - 2　　　　　　　　　　人工接地体工频接地电阻简易计算式

接地体种类		接地电阻（Ω）	备　注
名称	敷设方式		
单根垂直接地体	垂直	$R \approx 0.3\rho$	长度 3m 左右
单根水平接地体	水平	$R \approx 0.3\rho$	长度 60m 左右
n 根水平射线接地体	水平射线	$R \approx 0.062\rho/(n+1.2)$	各种杆塔 $n \leqslant 12$，每根长约 60m
复合接地体	以水平为主的接地体	$R \approx 0.5\rho/\sqrt{S} = 0.28\rho/r$ 或 $R \approx \sqrt{\pi\rho^2/(4L\sqrt{S})} = \rho(r/4 + 1/L)$	S—大于 100m² 的闭合接地网面积（m²）r—与接地网面积 S 等值的网的半径（m）L—接地体总长度（m）
平面板形接地体	埋在地下	$R \approx 0.22\rho/\sqrt{A}$	A—平板面积（m²）
直立板形接地体	埋在地下	$R \approx 0.253\rho/\sqrt{A}$	A—平板面积（m²）
钢筋混凝土电杆的自然接地体	单杆	$R \approx 0.3\rho$	
	双杆	$R \approx 0.2\rho$	
	拉线杆	$R \approx 0.1\rho$	

注　表中 ρ 为土壤电阻率（Ω·m）。

不同形状水平接地体的工频接地电阻近似值可按式（7-8）计算

$$R_{\mathrm{p}}=\frac{\rho}{2\pi L}\left(\ln\frac{L^2}{hd}+A\right) \tag{7-8}$$

式中 R_{p}——水平接地体的工频接地电阻，Ω；

      L——水平接地体的总长度，m；

      h——水平接地体的埋设深度，m；

      d——水平接地体的导线直径或等效直径，m；

      A——水平接地体的形状系数。

水平接地体的形状系数 A 见表 7-3。

表 7-3   水平接地体形状系数 A

形状	—	∟	人	＋	✕—	✳	□	○
形状系数 A	0	0.378	0.867	2.14	5.27	8.81	1.69	0.48

由此可见，不同形状的接地体其 A 值各不相同，因此在选择接地体形状时，可根据现场具体情况，选取形状系数较小的数值，以满足对接地电阻的要求。

三、接地装置的维护

（一）接地装置的维护检查

接地装置的维护检查内容包括：

（1）接地线外露部分有无断线或损伤。

（2）接地螺母有无丢失，连接是否可靠。

（3）接地支线和接地干线的连接是否牢固可靠。

（4）自然接地体连接是否牢固。

（5）接地线同电气设备及接地网的接触是否完好，有无松动脱落现象。

（6）焊接处有无脱焊或锈蚀现象。

（7）维护检查中发现的缺陷，应做好记录并及时消除和处理。

（二）接地装置的定期检查测量

接地装置定期检查测量内容包括：

（1）定期抽查对接地装置的地下部分，检查接地装置的连接是否可靠及有无锈蚀，对严重锈蚀的接地装置及时更换。

（2）定期测量接地电阻值。当接地电阻值超过规定值的 20% 及以上时，应补装新的接地体。测量接地电阻应在干燥季节，且在土壤电阻率为最高的时候进行。

（3）对敷设在重腐蚀地区（如沿海、盐碱、化工区）和易燃、易爆区的接地装置，根据具体情况，缩短其检查和测量周期。

第八章

配电带电作业

第一节　带电作业基本知识

带电作业是指在带电的情况下，对带电设备进行测试、维修或更换部件的作业方式。在作业过程中，不仅要保证电网正常运行，保证人体没有触电的危险，还要保证作业人员没有任何不舒服感。

一、电对人体的影响

电对人体发生危害作用有两种：一种是在人体的不同部位同时接触了有电位差（如相与相之间或相对地之间）的带电体时产生电流危害；另一种是人在带电体附近但尚未接触高压带电体时，因空间电场的静电感应而引起人体的风吹、针刺等不舒服感。

交流工频电场是一种变化缓慢的电场，可看作静电场，当人体作为一个导电体接近一个带电体时，人体因静电感应而聚积起一定量的电荷，使人处于某个电位，即产生了一定的感应电压。此时，如果人体的暴露部位触摸到接地体时，人体上聚积的电荷就会对接地体放电，放电电流达到一定数值时，就会使人产生刺痛感。同样，如果在电场中有一对地绝缘的金属物体，该物体也会因静电感应而聚积起一定量的电荷，并使其处于某一个感应电压中，此时，如果处于地电位的人用手触摸该物体，物体上聚积的电荷将通过人体对地放电，放电电流达到一定数值时，同样会使人产生刺痛感。研究表明，人体对放电电流产生生理反应的电流阈值见表8-1。

表8-1　　　　　人体对放电电流产生生理反应的电流阈值　　　　　（mA）

生理反应特征	感知	震惊	摆脱	呼吸痉挛	心室纤维护性颤动
男性	1.1	3.2	16.0	23.0	100
女性	0.8	2.2	10.5	15.0	100

而空间电场对人体的影响关键是电场的强度（即场强），试验研究表明，在空间电场场强达到一定的强度时，人体裸露的皮肤上就有"微风吹拂"的感觉，此时测量人体的体表场强约为2.4kV/cm。

由于带电作业的现场环境和带电设备布局的千变万化，带电作业的工具和作业方式的多样性，人在作业过程中有较大的流动性等因素，使带电作业空间的高压电场十分复杂。要做到带电作业时不仅能保证人体没有触电伤害的危险，而且也能保证带电作业人员没有任何不舒服的感觉，就必须满足下列三个基本要求：

（1）流经人体的电流不超过人体的感知水平 1mA（1000μA）。

（2）人体体表局部场强不超过人的感知水平 2.4kV/cm。

（3）人体与带电体保持规定的安全距离。

二、带电作业的基本方法

带电作业方法的一般可归纳为两类：一类是根据作业人员与带电体的相互关系来划分，也就是按人体直接接触带电设备与否，分为直接作业法和间接作业法两种基本方式；另一类是根据作业人员的人体电位来划分，可分为地电位作业法、中间电位作业法、等电位作业法三种。

1. 地电位作业法

地电位作业法是指作业人员始终处于与大地（杆塔）相同的电位状态下，通过绝缘工具接触带电体的作业。这时，人体与带电体的关系是"大地—人体—绝缘工具—带电体"，如图 8-1（a）所示。地电位作业也叫零电位作业，国外称为距离作业，地电位作业可分为"支、拉、紧、吊"四种基本的操作方式，它们的配合使用是间接作业的主要手段。这种方法的关键是人体与带电体有足够的安全距离，绝缘工具应满足其有效绝缘长度。

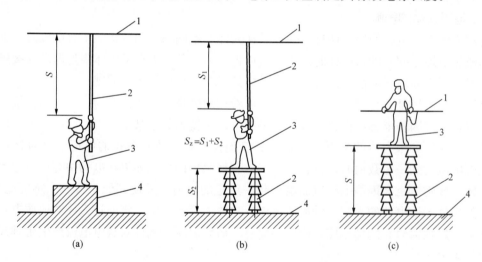

图 8-1　中压带电作业方法示意图

（a）地电位作业法；（b）中间电位作业法；（c）等电位作业法

1—带电体；2—绝缘体；3—人体；4—接地体

2. 中间电位作业法

中间电位作业法是指作业人员始终处于接地体和带电体之间的中间电位状态，通过绝缘工具间接接触带电体的作业。这时，人体与带电体的关系是"带电体—绝缘体—人体—绝缘体—大地"，如图 8-1（b）所示。由于人体通过两段绝缘体分别与接地体和带电体隔离，故这两段绝缘体起着限制流经人体电流的作用，同时人体与接地体和带电体的两段空气间隙，还具有防止带电体通过人体对接地体发生放电的作用。这两段空气间隙的和就是我们所说的组合间隙。采用中间电位作业法时，必须满足组合间隙的要求，有关组合间隙的概念在后面详细介绍。

3. 等电位作业法

等电位作业系指作业人员的体表电位与带电体电位相等的一种作业方法，作业过程中作业人员直接接触带电设备，等电位作业也叫直接作业法，国外称为徒手作业。这时，人体与带电体的关系是"带电体-人体-绝缘体-大地（杆塔）"，如图 8-1（c）所示。等电位作业法一般仅用于 35kV 及以上电压等级的带电作业。

三、配电带电作业的方法与特点

架空配电线路三相导线间空间距离小，且中压配电设施密集，因此作业人员容易触及不同电位的电力设施；其杆型、装置、绝缘子、导线布置等形式多样，有些杆塔线路一杆多回、多层布置、互相交叉，这对开展带电作业十分不利。但由于电压等级低，可以使用绝缘遮蔽工具来增加组合绝缘，从而提高作业的安全度；同时，由于中压线路杆塔高度较低，线路通常在交通方便的道路两旁，能充分利用绝缘斗臂车进行作业。

配电的绝缘遮蔽，就是在带电体上安装一层绝缘遮蔽罩或挡板，来弥补空气间隙的不足。遮蔽罩或挡板与空气组合形成了组合绝缘，延伸了气体放电路径，提高了放电电压值，从而提高了作业的安全度。采取这种防护措施应注意以下三点：一是它只限于中低压配电设备的带电作业；二是它不起主绝缘作用，但允许偶尔短时"擦过接触"，主要还是限制人体活动范围；三是遮蔽罩应与人体安全保护用具并用。

在配电线路的带电作业中，一般采用以绝缘工具为主绝缘、绝缘穿戴用具为辅助绝缘的间接作业法，即作业人员借助绝缘工具进行作业，与带电体保持足够的安全距离，而且人体各部位通过绝缘穿戴用具（绝缘手套、绝缘服、绝缘靴）与带电体、接地体保持隔离。也可采用以绝缘斗臂或绝缘平台为主绝缘、作业人员戴绝缘手套直接接触带电体，绝缘穿戴用具为辅助绝缘的直接作业法。这两种基本方法，若严格按作业人员的人体电位划分，都属于中间电位作业法。下面根据其应用的主绝缘工具来划分，介绍经常采用的作业方法及其特点。

（一）绝缘杆作业法

绝缘杆作业法是指作业人员与带电体保持足够的安全距离，通过绝缘工具进行作业的方式。作业人员应戴绝缘手套并穿绝缘靴，在作业范围窄小或线路多回架设的线路，作业人员有可能触及不同电位的电力设施时，作业人员应穿戴全套绝缘防护用具，同时对带电体进行绝缘遮蔽。绝缘杆作业法既可在登杆作业中采用，也可在斗臂车的工作斗或其他绝缘平台上采用。需说明的是，此时人体电位与大地（杆塔）并不是同一电位，因此不应混称为地电位作业法。

1. 登杆作业

作业人员通过登杆工具（脚扣等）登杆至适当位置，系上安全带，保持与带电体电压相适应的安全距离，作业人员应用端部装配有不同工具附件的绝缘杆进行作业。采用该种作业方式时，以绝缘工具、绝缘手套、绝缘靴组成带电体与地之间的纵向绝缘防护，其中绝缘工具起主绝缘作用，绝缘靴、绝缘手套起辅助绝缘作用，形成后备防护。在相与相之间，空气间隙是主绝缘，绝缘遮蔽罩起辅助绝缘作用，组成不同相之间的横向绝缘防护，避免因人体动作幅度过大造成相间短路。现场监护人员主要应监护人体与带电体的安全距离、绝缘工具的最小有效长度。该作业方法的特点是不受交通和地形条件的限制，在绝缘斗臂车无法到达的杆位也可进行作业，但操作机动性、便利性和空中作业范围不及绝缘斗臂车作业。

2. 绝缘平台

绝缘平台通常以绝缘人字梯、独脚梯等构成，绝缘平台与绝缘杆形成组合绝缘起主绝缘作用，绝缘手套、绝缘靴起辅助绝缘作用。在相与相之间，空气间隙起主绝缘作用，绝缘遮蔽罩形成相间后备防护。因作业人员与带电部件距离相对较近，作业人员应穿戴全套绝缘防护用具，形成最后一道防线，以防止作业人员偶然触及两相导线造成电击。

3. 绝缘斗臂车

绝缘杆和绝缘斗臂形成组合绝缘，其中绝缘斗臂车的臂起到主绝缘作用。在相与相之间，空气间隙起到主绝缘作用，绝缘遮蔽罩形成相间后备防护，因作业人员距各带电体部件相对距离较近，绝缘手套和其他绝缘防护用具形成最后一道防线，以防止作业人员偶然触及两相导线造成电击。

（二）绝缘手套作业法

绝缘手套作业法是指作业人员穿戴绝缘手套并借助绝缘斗臂车或其他绝缘设施（人字梯、靠梯、操作平台等）与大地绝缘而直接接触带电体的作业方式。作业人员穿戴全套绝缘防护用具，与周围物体保持绝缘隔离，橡胶绝缘手套外还应套上防磨、防刺的防护手套。采用绝缘手套作业法时，无论作业人员与接地体、带电体的空气间隙是否满足安全的作业距离，作业前均需对作业范围内的带电体和接地体进行绝缘遮蔽。在作业范围窄小、电气设备密集处，为保证作业人员对相邻带电体和接地体的有效隔离，在适当位置还应装设绝缘隔板以限制作业者的活动范围。同样需说明的是，此时人体电位与带电体并不是同一电位，因此不应混称为等电位作业法。

1. 绝缘平台

这种方式的绝缘平台起主绝缘作用，绝缘手套、绝缘靴起辅助绝缘作用。在相与相之间，空气间隙为主绝缘，绝缘遮蔽罩起辅助绝缘隔离作用，作业人员穿着全套绝缘防护用具（手套、袖套、绝缘服、绝缘安全帽等），形成最后一道防线，以防止作业人员偶然触及两相导线造成电击。

2. 绝缘斗臂车

这种方式下绝缘斗臂车的绝缘臂起主绝缘作用，绝缘斗、绝缘手套、绝缘靴起到辅助绝缘作用。同样，在相与相之间，空气间隙起主绝缘作用，绝缘遮蔽罩起辅助绝缘隔离作用，作业人员穿着全套绝缘防护用具，以防止作业人员偶然触及两相导线造成电击。

四、带电作业的有关基本概念

1. 安全距离

带电作业的安全距离是指保证带电作业人体和设备安全的有效距离。确定安全距离的原则，就是要保证在可能出现的最大过电压的情况下，不致引起设备绝缘闪络、空气间隙放电或对人体放电。

确定安全距离的步骤为：首先应计算出系统可能出现的最大大气过电压幅值和最大内过

电压幅值，然后计算出相应的危险距离，并对两种危险距离进行比较，取其最大值，再增加20％的安全裕度来确定带电作业安全距离。经计算，正常情况下，10kV 电压等级的人体与带电体的最小安全距离是 0.4m；20kV 为 0.6m。

2. 组合间隙

带电作业时，在接地体与带电体之间单间隙的基础上，由于人体的介入，将单间隙分割为两部分，即人体对接地体之间和人体对带电体之间的两个间隙，这两个间隙的总和，我们称之为组合间隙，即 $S_z = S_1 + S_2$，如图 8-2 所示。

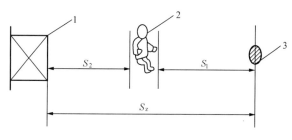

图 8-2　组合间隙示意图
1—杆塔（接地体）；2—人体；3—导线

组合间隙是一种特殊的电极形式，通过对组合间隙的试验可知，组合间隙的放电电压都比同等距离、同种电极型式的单间隙的放电电压降低了 20％左右。因此，在确定组合间隙安全距离时，仍然以单间隙的人体对带电体最小安全距离增加 20％左右。

3. 静电感应

当一个导体接近一个带电体时，靠近带电体的一面会感应出与带电体极性相反的电荷，而背离带电体的一面则会感应出与带电体相同的电荷，这种现象称为静电感应。

带电作业是在交流工频电场中，而交流工频电场，是一种变化缓慢的电场，可看作为静电场。在带电作业过程中，由于静电感应而使作业人员遭受电击的主要有以下两种情况：一是人对地绝缘时遭受的静电感应，这种情况下，作业人员穿戴绝缘防护用具进入强电场，因静电感应而积聚一定的电荷，当人体的暴露部位触及接地体（如铁塔）时，人体上积聚的电荷就会对接地体放电，放电电流达到一定数值时，就产生刺痛感；二是人处于地电位时遭受的静电感应，在强电场中，对地绝缘的金属物件因静电感应而积聚一定的电荷，形成一定的感应电压，此时处于地电位的人体触及该物体时，物体上积聚的电荷就会通过人体对地放电，放电电流达到一定数值时，就会遭受电击。因此，在带电作业过程中，处于地电位的作业人员要时刻注意不要让人体直接触及对地绝缘的金属物件。

4. 泄漏电流

在进行带电作业的过程中，除了要考虑工频电流及高频电流以外，在带电体与接地体之间的各种通道上，绝缘材料在内、外因素影响下，会在其表面流过一定的电流，这种电流称为泄漏电流。这个电流值的大小与绝缘材料的材质、电压的高低、天气等因素相关联，一般情况下，其数值都在几个微安级，因此对人体无多大的影响。

但是，如果在作业过程中空气湿度较大，或者绝缘工具材质差、表面粗糙、保管不当受潮等，将会导致泄漏电流数值增大，使作业人员产生明显的麻电感觉，对安全十分不利，应该加以防范，以免酿成事故。

5. 绝缘工具的有效长度

绝缘工具中往往有金属部件存在，计算绝缘工具长度时，必须减去金属部件的长度。而减去金属部件后的绝缘工具长度，被称为绝缘工具的有效长度，或称最短有效长度。

带电作业中，为了保证带电作业人员及设备的安全，除保证最小空气间隙外，带电作业所使用的绝缘工具的有效长度，也是保证作业安全的关键问题。试验证明，同样长度的空气间隙和绝缘工具作放电电压试验时，空气间隙的放电电压要高 6%～10%，因此各电压等级绝缘工具有效长度按 1.1 倍的相对地安全距离值计算。同时对于绝缘操作杆的有效长度，要考虑其使用中的磨损及在操作中杆前端可能向前越过一段距离，为此绝缘操作杆的有效长度再增加 0.3m，以作补偿。10kV 电压等级的绝缘操作杆的有效长度为 0.7m，绝缘工具、绝缘绳索的有效长度为 0.4m；20kV 电压等级的绝缘操作杆的有效长度为 0.9m，绝缘工具、绝缘绳索的有效长度为 0.6m。

第二节　带电作业的工器具与管理

一、常用作业器具

带电作业常用的作业器具一般可分为三类，即防护用具、绝缘工具、金属工具。

（一）防护用具

1. 绝缘遮蔽罩

由绝缘材料制成、用于遮蔽带电导体或非带电导体的保护罩，即绝缘遮蔽罩（护罩）。在带电作业用具中，遮蔽罩不起主绝缘作用，它只适用于在带电作业人员发生意外短暂碰撞时，即擦过接触时，起绝缘遮蔽或隔离的保护作用。绝缘遮蔽与绝缘隔离是中压配电带作业的一项重要安全防护措施。由于安全距离小，在人体与带电体之间，加装一层绝缘遮蔽罩或挡板，来弥补空气间隙的不足。

根据遮蔽对象的不同，遮蔽罩可以分为硬壳型、软型或变形型，也可以分为定型的或平展型。根据遮蔽罩的不同用途，可分为不同类型，主要有导线防护罩（导线绝缘软管）、耐张装置防护罩、绝缘子防护罩、横担防护罩、电杆防护罩、套管防护罩、跌落式熔断器防护罩、隔板、绝缘布、特殊防护罩等几种。

2. 绝缘服

绝缘防护用具包括绝缘衣、裤、帽、手套、肩套、袖套、胸套、背套等，其材质主要划分为橡胶制品、树脂 E.V.A 制品、塑料制品等。目前有两种绝缘服应用于配电网带电作业，一种是由袖套、胸套、背套组成的组合式绝缘服；另一种是由上衣、裤子组成的整套式绝缘服。一般来说，绝缘服不仅应具有高电气绝缘强度，而且应有较好的防潮性能和柔软性，使作业人员在穿戴绝缘服后仍可便利地工作。整套式绝缘服如图 8-3 所示。

作业人员身穿整套绝缘服在配电线路上作业时，一般采用两种作业方法：一是身穿全套绝缘服，通过绝缘手套直接接触带电体，这一方法在国外已被广泛采用。绝缘服作为人体与带电体间的绝缘防护，可以解决配电线路净空距离过小问题。但是，考虑到绝缘护具本身耐受电压的安全裕度不大，使用中可能产生磨损，因此其在直接作业中仅作为辅助绝缘，而不作为主绝缘，作为相对地的绝缘的是绝缘斗臂车的绝缘臂或绝缘平台，相间的绝缘防护采用绝缘遮蔽罩。二是通过绝缘工具进行间接作业，绝缘工具作为主绝缘，绝缘服和绝缘手套作为人体安全的后备保护用具。

此外，防护用具还有绝缘手套、绝缘鞋（靴）等，在此不作详细介绍。

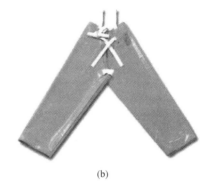

（a）　　　　　　　　　　　　（b）

图 8-3　绝缘服

（a）上衣；（b）裤子

（二）绝缘工具

带电作业用绝缘工具应有良好的电气绝缘性能、高机械强度，同时还应具有吸湿性低、耐老化等优点。为了方便现场作业，绝缘工具还应重量轻、操作方便、不易损坏。目前带电作业用绝缘工具包括硬质绝缘工具和软质绝缘工具两大类。

在硬质绝缘工具中，使用最广泛的是绝缘操作杆，如图 8-4 所示。此外，利用绝缘管材或板材又可以制成绝缘硬梯、托瓶架等。硬质绝缘工具基本都采用环氧玻璃钢为原材料。环氧玻璃钢（通常简称为玻璃钢）由玻璃纤维与环氧树脂复合而成，由于玻璃纤维和环氧树脂的电气绝缘性能都十分优良，因此由它们复合而成的玻璃钢具有优良的电气性能。

在软质绝缘工具中，使用最广泛的是绝缘绳。绝缘绳索是广泛应用于带电作业的绝缘材料之一，可用作运载工具、攀登工具、吊拉绳，连接套及保安绳等。以绝缘绳为主绝缘部件制成的工具，具有灵活、轻便、便于携带、适于现场作业等特点。此外，利用绝缘绳或绝缘带，又可以制成绝缘软梯、腰带等。不少软质绝缘工具具有中国带电作业的独有特色，这些软质绝缘工具主要以蚕丝或合成纤维为原料，其中蚕丝绳应用得最为普遍。蚕丝在干燥状态时是良好的电气绝缘材料，电阻率约为 $1.5 \sim 5 \times 10^{11} \Omega \cdot cm$，但由于蚕丝的丝胶具有亲水性及纤维具有多孔性，因此蚕丝具有很强的吸湿性，当蚕丝作为绝缘材料使用时，应特别注意避免受潮。

（三）金属工具

在带电作业过程中，金属工具通常是和绝缘工具配套使用的。一部分金属小工具，需要借助于绝缘操作杆来行施其各自的功能，如拔锁钳、扶正器、取绝缘子钳、火花间隙等。除此之外，有许多专用金属工具直接或间接地应用于带电作业中，如卡具类（翼形卡具、大刀卡具、直线卡具、半圆卡具、闭式卡具、自动封门卡具、弯板卡具等）、取销钳、紧线器、棘轮式收紧器、套式双钩收紧器、手动机械压钳、导线液压钳、丝杠断线剪、液压剪线钳、二线飞车、四线飞车、起重滑车、组合式电动清扫刷等。这些金属工具的使用与性能在此不作详细介绍，使用时可阅读其使用说明书。

二、作业工器具的试验

为了使带电作业的工器具保持良好的电气性能和机械性能，除了出厂的验收试验外，在

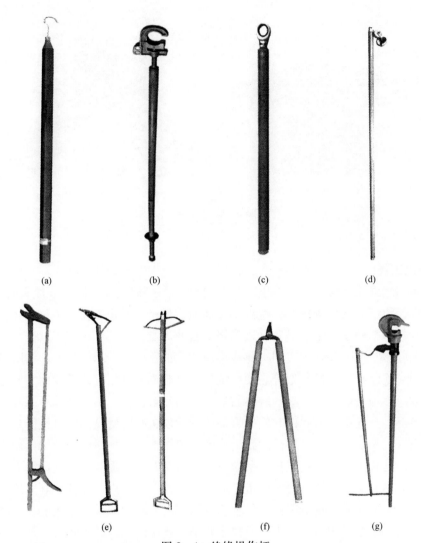

图 8-4　绝缘操作杆
(a) 绝缘测距杆；(b) 绝缘卡线钩；(c) 绝缘扳手；(d) 绕线器；
(e) 绝缘夹钳；(f) 绝缘剪线钳；(g) 液压绝缘断线器

使用中还必须定期进行预防性试验，以便及时掌握其绝缘水平和机械强度，做到心中有数，确保作业人员的安全。

（一）机械性能试验

带电作业工具的机械性能试验分静负荷试验和动负荷试验两种。对于正常承受静负荷的工器具，如绝缘拉杆、吊线杆等，仅做静负荷试验；而对于操作杆、收紧器等受冲击荷重的工具，则必须做静负荷试验和动负荷试验。

1. 静负荷试验

静负荷试验时，将带电作业工具组装成工作状态，加上 2.5 倍的使用荷重，持续时间为 5min，如果在这个时间内各部构件均未发生永久变形和破坏、裂纹等情况时，则认为试验合格。

2. 动负荷试验

动负荷试验时，将带电作业工具组装成工作状态，加上 1.5 倍的使用荷重，然后按工作情况进行操作。连续操作三次，如果操作轻便灵活，连接部分未发生卡住现象，则认为试验合格。

带电作业工具的机械性能试验是一种有损检测，试验次数过多势必影响寿命。同时目前在试验方法、条件、设备等一些技术性问题还有待于进一步研究完善。

（二）电气性能试验

对于用绝缘材料制成的工具（如操作杆），除经机械性能试验合格后，还应对各绝缘部分进行工频耐压试验，以确保其绝缘性能满足电气要求。

1. 预防性试验

（1）工频试验电压。

1）10kV 线路上用的绝缘工具，其预防性试验电压应不小于 44kV；

2）20kV 线路上用的绝缘工具，其预防性试验电压为 4 倍相电压。

工频耐压试验持续的时间为 1min。

（2）试验方法。根据被试品的形状设计配套试验电极，如绝缘服的试验，是在绝缘服里边及外边各套上一套均压服作为电极进行试验，而绝缘手套及绝缘鞋的试验，一般用自来水作电极进行试验等。在全部试验过程中，被试工具能耐受所加电压，而当试验电压撤除后以手抚摸，若无局部或全部过热现象，无放电烧伤、击穿等，则认为电气试验合格。

绝缘杆进行分段试验时，每段所加的电压应与全长所加的电压按长度比例计算，并增加 20%。

2. 检查性试验

绝缘工具的检查性试验是将绝缘工具分成若干段进行工频耐压试验，每 300mm 耐压 75kV，时间 1min，以无击穿、无闪络及过热为合格。

（三）机电联合试验

绝缘工具在使用中经常受电气和机械的共同作用，因而要同时施加 1.5 倍的工作荷重和两倍额定相电压，以试验其机电性能，试验持续时间为 5min。在试验过程中，如无绝缘设备表面开裂现象和放电声音，且当电压撤除后，立即用手摸，没有发热的感觉及裂纹等现象时，则认为机电联合试验合格。

三、作业工器具的保管

带电作业工器具，特别是绝缘工器具的性能优劣，是性命攸关的大事。因此，带电作业工器具应实行从采购、使用保管至报废的全过程管理，采取有效的措施进行保护，确保保持完好的待用状态，杜绝使用不良或报废的作业器具。

1. 设立工器具专用库房

设立专用工具库房存放带电作业工器具。库房四周及屋顶应装有红外线干燥灯，以保持室内干燥；库房内应装有通风装置及除尘装置，以保持空气新鲜且无灰尘；此外，库房内还应配备小型烘干柜，用来烘干经常使用的或出库时间较长的（例如外出工作连续几天未入库的）绝缘工器具。

带电作业专用库房除具备以上条件外，还应做到与室外保持恒温的效果，以防止绝缘工器具在冷热突变的环境下结霜，使工具变潮。库房内存放各类工器具要实行定置管理，有固定位置，绝缘工具应有序地摆放或悬挂在离地的高低层支架上（可按工器具用途或电压等级排序，且应标有名签），以利通风；金属工器具应整齐地放置在专用的工具柜内（按工器具用途分类或按电压等级排序，并应标有名签）。

2. 专职保管员制度

带电作业工器具要设专人管理，要将所有的工器具登记入册并上账，各类工器具要有完整的出厂说明书、试验卡片或试验报告书。工器具出入库必须进行登记。要定期对工器具进行烘干或进行外表检查及保养，如发现问题，应及时上报专责人员。此外，还要负责监督进行定期的电气试验和机械试验。

3. 现场使用保管要领

带电作业工器具出库装车前，必须用专用清洁帆布袋包装或配备专用工具箱，以防运输途中工器具受潮、污的侵袭，同时也防止由于颠簸、挤压使工器具受损。

现场使用工器具时，在工作现场地面应放苫布，所有工器具均应摆放在苫布上，严禁与地面直接接触；每个使用和传递工具的人员，无论在杆塔上，还是地面上，均需戴干净的手套，不得赤手接触绝缘工器具，传递人员传递工具时要防止与杆塔磕碰。若绝缘工具在现场偶尔被泥土粘污时，应用清洁干燥的毛巾或用无水酒精清洗，对严重粘污或受潮的，经过处理后须进行试验合格后方可再用。外出连续工作时，还应配置烘干设备，每日返回驻地后，要对所带绝缘工器具进行一段时间的烘干，以备次日使用。

此外，工器具管理还应把好采购及报废、淘汰这些重要环节。带电作业工器具有许多是根据作用项目的特殊要求而提出研制的，非标准的多，因此，采购环节、监造工作十分重要，同时新工具的入库，要把好验收试验关；而报废或淘汰工器具要坚决及时清理出库房，不得与可用工器具混放，以确保作业安全。

第三节　绝缘斗臂车与绝缘平台

带电作业的绝缘斗臂车自 20 世纪 30 年代在欧美国家开始研制，50 年代以后得到广泛应用。采用绝缘斗臂车进行带电作业，具有升空便利、机动性强、作业范围大、机械强度高、电气绝缘性能高等优点，目前在我国的配电带电作业中也得到广泛的应用。

一、绝缘斗臂车的类型

绝缘斗臂车根据其工作臂的形式，可分为折叠臂式、直伸臂式、多关节臂式、垂直升降式和混合式；根据作业线路电压等级，可分为 10、35、110kV 等。折叠臂式绝缘斗臂车如图 8-5 所示。

绝缘斗臂车的绝缘斗、绝缘臂、控制油路、斗臂结合部都能满足一定的绝缘性能指标。绝缘臂采用玻璃纤维增强型环氧树脂材料制成，绕制成圆柱形或矩形截面结构，具有质量轻、机械强度高、电气绝缘性能好、

图 8-5　折叠臂式绝缘斗臂车

憎水性强等优点，在带电作业时为人体提供相对地之间绝缘防护。绝缘斗有的为单层斗，有的为双层斗，外层斗一般采用环氧玻璃钢制作，内层斗采用聚四氯乙烯材料制作，绝缘斗应具有高电气绝缘强度，与绝缘臂一起组成相与地之间的纵向绝缘，使整车的泄漏电流小于 $500\mu A$，同时当工作时，若绝缘斗同时触及两相导线，应不发生沿面闪络。绝缘斗定位有的通过绝缘臂上部斗中的作业人员直接进行操作；有的通过下部驾驶台上的人员控制；有的作业车上下部都可以进行液压控制，具有水平方向和垂直方向旋转功能。采用高空绝缘斗臂车进行配电网的带电作业是一种便利、灵活、应用范围广泛、劳动强度较低的作业方法。

二、使用绝缘斗臂车的注意事项

在使用绝缘斗臂车进行作业之前，必须全面了解绝缘斗臂车的操作步骤及性能，操作员必须经过专门的技术培训。同时为了确保作业安全，绝缘斗臂车必须有专用车库，库房内应具有防潮、防尘及通风等设施。

1. 行驶的注意事项

（1）作业车在行驶时，必须达到以下状态：绝缘臂、绝缘斗及支腿收回到原始位置；小吊副臂移至水平位置；扣好小吊回转固定销；卸下液压工具油管；接地线收到滚筒上。

（2）行驶中绝缘斗内严禁载人和工具物品。绝缘斗臂车带有高空作业装置，比一般车辆重，重心也比较高，因此不能急刹车和急拐弯，以防发生车辆翻车事故。在下雪天时，为防止各机械及操作装置冻结，要装好绝缘斗外罩。

（3）关闭取力器开关，确认取力器脱开。否则可能造成绝缘臂等装置动作和油压发生装置损坏的情况。

（4）作业车因有高空作业装置，后方的视野较差，因此在倒车时，必须有人指挥，按照指挥者的指令驾驶。

2. 作业时的注意事项

（1）确定作业指挥员，并遵从指挥员的指挥进行作业。

（2）作业时，必须伸出水平支腿以可靠地支撑车体，做好车辆接地工作后再进行作业。

（3）绝缘斗内工作人员要正确佩戴安全带。不要将可能损伤绝缘斗的器材堆放在绝缘斗内。绝缘斗不得放置高于绝缘斗的金属物品，以防触电。火源及化学物品不得接近绝缘斗。

（4）操作绝缘斗时，要缓慢动作。动作过猛有可能使绝缘斗碰撞附近的物体，造成绝缘斗损坏和人员受伤。在进行反向操作时，要先将操作杆返回到中间位置，使动作停止后再扳到反向位置。

（5）作业人员不得将身体越出绝缘斗之外，两腿要可靠地站在绝缘斗底面，以稳定的姿势进行作业。不得在绝缘斗内使用扶梯、踏板等进行作业，不得从绝缘斗跨越到其他建筑物上。

三、绝缘斗臂车的定期检查与检测

绝缘斗臂车的定期检查有作业前的检查、定期的例行检查，这些检查主要侧重于外观的检查和日常的维护，还要定期做一次绝缘性能方面的测试。这些检查的结果应记录保存。绝缘斗臂车一般的检测项目有：

（1）整车绝缘臂、绝缘斗及斗内衬的耐压及泄漏电流检测。

（2）悬臂内绝缘拉杆、绝缘斗内小吊车臂耐压检测。

（3）液压软管的性能检测。

（4）液压油耐压检测。

上述检测项目的试验方法可参照有关规程和绝缘斗臂车的说明书进行，在此不做详细介绍。

四、绝缘平台

配电线路的许多杆塔绝缘斗臂车无法到达，仅靠绝缘斗臂车开展带电作业无法满足要求。为改变这一现状，许多开展带电作业工作的单位因地制宜设计了全方位旋转绝缘平台。根据安置型式分为落地式绝缘平台和抱杆式绝缘平台，如图 8-6 和图 8-7 所示。鉴于各地区作业方式不尽一样，绝缘平台的结构有所差异，但基本型式大体相同，普遍都具有升降和旋转功能。抱杆式绝缘平台以其部件少、安装简便、使用灵活，最为常见。

落地式绝缘平台包括底座、作业平台、抽拉式扶手、扶梯、升降装置以及升降传动系统，其特征在于升降装置由不少于两节的套接式矩形绝缘框架构成，各节绝缘框架间置有提升连接带，安装在底座内的升降传动系统的丝杠与蜗轮蜗杆减速器和电机依次连接，安装在丝杠上的可滑动卷筒与底座两侧的滑轮组上绕接有钢丝绳，钢丝绳从底座四角向上作为最外节绝缘框架的提升连接带，其余的提升连接带均为绝缘带，绝缘平台的四个角分别固定连接立柱，立柱之间横向固定连接有固定柱，立柱之间设置有导向条；立柱的下端固定连接有下绝缘平台；升降标准节安装在外套框架内，升降标准节通过导向条与外套框架上下滑动连接。通过对传动机构的简化以及将其整体压缩在底座内，使设备结构简单、体积小、制造成本低，又将平台的升降装置整体做成绝缘，实现了平台在升降过程中的绝对安全性。

图 8-6 落地式绝缘平台

图 8-7 抱杆式绝缘平台

抱杆式绝缘平台由安装平台、绝缘子支柱、连接平台固定连接成一体而成。绝缘平台装置一般包括杆式绝缘平台支架、用于支撑该平台支架、可安装于架空线电杆上的平台连接座架及主平台。平台支架由螺栓固定连接于平台连接座架的上、下端，平台连接座架上端分别由一链条滚轴轮装置及一刹车保险装置可转动地支承于电杆上，并锁紧其对电杆的固定，平台连接座架下端固定安装于可转动钢箍，可转动钢箍可滑动地置于紧固电杆上的固定钢箍托架上。一般的绝缘平台装置可旋转 360°安装，空中作业范围大，安全可靠、不受交通和地形条件限制，在高空绝缘斗臂车无法到达的杆位均可进行带电作业，机动性及便利性高，操作强度低。

绝缘平台大都属于自制研发的实用型工具，但应用前必须进行交接试验和定期试验，机械和电气性能符合作业要求，模拟演练操作成熟后推广。

绝缘平台使用时应注意以下事项：

（1）绝缘平台的绝缘部件应保持干燥洁净。作业前必须认真检查绝缘平台的部件是否齐全、完好，连接是否可靠。对传动机构进行试操作，确认传动机构正常，操作制动可靠。绝缘平台的组成部件出现裂纹、弯曲变形、脆裂、污秽、潮湿时，禁止使用。

（2）绝缘平台应有明显的有效绝缘长度（不少于 1m）限位装置，人员作业时应始终保持有效绝缘长度，不得超越平台有效绝缘长度限位区域。

（3）绝缘平台上作业严禁带入不合格的作业工器具。作业前，应仔细检查工器具是否损坏、变形、失灵；作业中，防止绝缘工器具脏污和受潮；绝缘遮蔽重叠部分应大于 0.15m。

（4）绝缘平台的安装方法、步骤应正确、牢固，安装位置应便于进行带电作业及作业后的拆除平台工作。安装完毕后应对平台进行承载冲击，确保满足承载作业人员荷重。严禁超载作业。

（5）现场作业人员应正确使用安全防护用具，杆上、绝缘平台上人员应穿戴合格、足够的绝缘防护用具。绝缘防护用具外观检查应干燥、清洁、无损伤。使用绝缘双保险安全带，且安全带和保护绳应分别挂在不同的牢固构件上，并不得低挂高用。

（6）在绝缘平台上作业时，人体、工具及材料与邻相带电体的安全距离不得小于 0.6m，人体、工具及材料与接地体（包括杆塔及金属横担）的安全距离不得小于 0.4m，达不到时应应用绝缘用具作可靠的绝缘遮蔽隔离。

第四节 中压配电带电作业

中压配电带电作业是针对其设备与装置的清扫、测试、缺陷处理、更换、加装、断接、引接、移位等。具体的常规带电作业项目有更换（加装）避雷器、更换绝缘子（耐张悬式、针式、棒式、横担式）、更换横担、更换（新装）跌落式熔断器、更换（新装或检查）柱上开关（隔离开关）、引流线空载断（引）接、导线修补、直线装置改耐张装置等，非常规项目有杆塔更换、移位、迁移线路等。

在售电量快速增长的地区，带电接火是最常开展、也是最有意义的项目，它满足了业扩工程不停电作业的需要。另外，配网改造工程中带电加装柱上开关，外力破坏带来的导线修补等项目也经常进行。下面就简要介绍几项典型项目的作业要领。

一、带电搭接引流线

带电搭接引流线（加装跌落式熔断器）采用绝缘手套作业法，是目前开展中压配电带电作业中最为频繁、最有实际意义的作业项目，适用于新用户的报装接火（见图 8 - 8）。该作业项目所需的工作人员 5 人，即工作负责人（安全监护人）1 人、绝缘斗中电工 2 人、地面电工 2 人。所使用的主要作业器具包括绝缘斗臂车 1 辆、绝缘传递绳、导线遮蔽罩、安装线夹工具、绝缘导线剥线器（用于绝缘导线）等。

图 8-8 在绝缘斗内带电搭接引流线
（属中间电位作业法）

作业要领及安全注意事项如下：

（1）做好作业前的必要准备工作，包括绝缘斗臂车位置选定、绝缘工具的检查、现场安全措施的布置、人员的分工等。

（2）做好绝缘遮蔽工作。对在作业中可能触及范围内的高低压带电部件需进行绝缘遮蔽，遮蔽的顺序为由近至远、从低到高，拆除时与此相反。

（3）逐相安装引流线，严禁带负荷接引流线。每相作业完成后，应迅速对其恢复和保持绝缘遮蔽，然后再对另一相开展作业；引流线长度应适当（可由斗中电工用绝缘测量杆测量引流线实际需要长度），连接应牢固可靠，与周围接地构件、不同相带电体应有足够的安全距离。

（4）按由远及近的顺序拆除绝缘遮蔽装置。检查确认安装完好后，斗内电工按由远及近、由上到下的顺序依次拆除绝缘横担遮蔽罩、引线遮蔽罩、绝缘子遮蔽罩、导线遮蔽罩等所有绝缘遮蔽用具。

二、带电立直线杆

带电立直线杆主要适用于新用户接入工程、配网线路改造、抢修需要等在运行线路档距中带电补立或更换直线杆的一种作业方式（见图 8-9）。该项目一般需要作业人员 7 名，其中工作负责人（安全监护人）1 名，绝缘斗内电工 2 名，吊车操作员 1 名，地面电工 3 名。所需要的作业工器具主要有绝缘斗臂车 1 部，立杆吊车 1 部，导线绝缘套管、绝缘布、绝缘毡夹等若干，混凝土电杆遮蔽罩或绝缘包毯、混凝土电杆遮蔽毡，绝缘吊绳，绝缘撑杆等。

作业要领及安全注意事项如下：

（1）做好作业前的准备工作。包括绝缘斗臂车和立杆吊车位置选定，绝缘工具的检查，现场安全措施的布置，混凝土电杆位置的摆放及人员的分工布置等。

（2）检查作业点耐张段内导线状况。必要时应先对作业点两侧电杆的导线进行绑扎加固或采取防止导线从绝缘子脱离的其他措施。

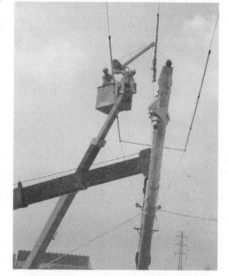

图 8-9 带电立直线杆

（3）沿线路方向开好混凝土电杆"马道"。"马道"必须顺线路方向且应开至坑底，坡度小于 45°，使混凝土电杆在起吊 45°后杆根即入坑底。

（4）安装导线撑杆并撑开两边相，采用导线绝缘套管遮蔽三相导线。由近及远遮蔽三相导线，遮蔽长度应作测量、计算，确保导线不被混凝土电杆直接碰及。

（5）利用绝缘遮蔽用具遮蔽电杆上部及横担、绝缘子。

（6）吊杆过程要防止混凝土电杆左右摆动。混凝土电杆要绑上两条绝缘绳索防止左右摆动碰及边相导线，除指挥人员和指定人员外，其他人员必须在远离杆下1.2倍杆高的距离以外。

三、带负荷加装分段开关

带负荷加装分段开关是一种较为复杂的作业项目，主要适用于配电线路带负荷安装分段开关。作业项目所需的人员7人，其中工作负责人（安全监护人）1人，绝缘斗内电工4人，地面电工2人。使用的主要工器具有绝缘斗臂车2辆，绝缘引流线，绝缘遮蔽罩（导线、横担、绝缘子遮蔽罩等），电杆绝缘包毯及毯夹若干，绝缘防护绳，绝缘板、绝缘垫若干，绝缘断线钳，钳形电流表，紧线器等。作业内容分解为预装开关和隔离开关本体、引线接火两大任务。作业要领及安全注意事项如下：

（1）做好作业前的准备工作。包括预先固定安装开关和隔离开关本体，绝缘斗臂车位置选定，绝缘工具的检测，现场安全措施的布置，两侧导线的检查，人员的分工布置等。

（2）遮蔽带电部件。对可能触及范围内的高低压带电部件需进行绝缘遮蔽，遮蔽的顺序为由近至远、从低到高，拆除时与此相反。

（3）安装好绝缘旁路引流线。旁路引流线的牢固连接并通流顺畅至关重要，绝缘旁路引流线和两端线夹的载流容量应满足最大负荷电流的要求，同时应用钳形电流表测量引流线的电流，确认通流是否正常。

（4）安装好具有良好的绝缘性能和足够的机械性能的导线保险绳。确认旁路引流线通流正常后，可利用导线断线钳将导线钳断，但在钳断导线时，应确定安装好紧线器和保险绳，以防导线松脱，同时还应在钳断处两端导线分别用绝缘卡线钩固定好，防止导线断头摆动。

（5）三相导线的搭接。开关的引线搭接至三相导线上，合上隔离开关和开关，并锁死开关跳闸机构，用钳形电流表测量开关引线的电流，确认通流正常后，绝缘斗内电工拆除三相临时引流线，按由远到近、由上到下的顺序拆除所有遮蔽罩、绝缘毯，恢复开关跳闸机构。

四、带负荷迁移中压配电线路

带负荷迁移中压配电线路是开展中压配网不停电作业项目中最为复杂、工作量最大的一个项目，其基本思路是将需要迁移的线路段利用引流电缆旁路运行，而后将该段线路退出并进行迁移，最后再将移好的线路接入并退出引流电缆，如图8-10所示。作业项目所需的作业人员包括工作负责人（安全监护人）1人，斗臂车绝缘斗内作业工2人，杆上线路若干人，地面电工若干人等。使用的主要工器具有绝缘斗臂车1辆，旁路负荷开关2台，旁路三相引流电缆（长度视现场情况决定），绝缘断线钳，钳形电流表，绝缘子遮蔽罩、导线遮蔽罩、横担遮蔽罩、绝缘毯、硅橡胶垫，绝缘滑轮支架、绝缘滑车、绝缘传递绳等。

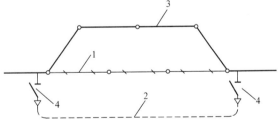

图8-10　线路拆迁旁路作业法示意图

1—需拆迁线路；2—旁路引流电缆；
3—迁移好的线路；4—旁路负荷开关

作业要领及安全注意事项如下：

（1）做好作业前的准备工作。包括现场实地勘测，施工方案的制订，绝缘斗臂车位置选定，两台旁路负荷开关的安装和旁路引流电缆的敷设，现场安全措施的布置，人员的分工安排等。

（2）斗臂车绝缘斗内的电工按照由近至远的顺序安装好线路两端旁路引流电缆的三相引线，三相引线分别安装在被迁移线路前段的三相导线上。应注意每安装好一相，就要对引线和导线的连接处恢复绝缘遮蔽。

（3）合上两台旁路负荷开关，用钳形电流表测量三相引线上的电流，通流正常后，斗内电工按照由远至近的顺序分别钳断被迁移线路的三相引线，钳断时应采取措施以防引线断头搭接到别的带电部件或接地构件上，钳断后应迅速对带电部分进行绝缘遮蔽。

（4）地面电工进行不带电线路的迁移施工。

（5）迁移好的线路两端分别与原带电线路进行连接，并检查确认连接完好、通流正常。

（6）分别断开两台旁路负荷开关，解开旁路负荷开关与旁路引流电缆的连接，收回旁路引流电缆。

第五节　低压配电带电作业

低压配电线路电压低，其杆型、绝缘子、导线布置等形式多样。在城市里通常是中低压同杆（塔）一杆多回，多层布置，互相交叉。与中压配电线路相比，相间距离更小，而且一般是三相四线制，配电设施密集，因此作业人员容易触及不同电位的电力设备。但由于电压低，只要做好安全技术组织措施，低压配电线路的带电作业就可以方便地开展。

一、作业技术要点

（1）必须配置专用工具箱（见图 8-11）。使用工具必须是绝缘柄完好，并在有开展低压带电作业的班组配置带电作业专用工具箱，严禁使用锉刀、金属尺和带有金属物的毛刷等工具。

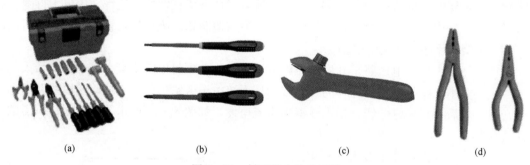

(a)　　　　　　(b)　　　　　　(c)　　　　　　(d)

图 8-11　低压带电作业工具

（a）工具箱；（b）绝缘螺丝刀；（c）绝缘扳手；（d）绝缘钳

（2）必须有专人监护。

（3）作业人员要戴绝缘手套和安全帽，穿全棉长袖紧口工作服；戴防电弧面罩的安全帽和护目镜，防止灼伤。

（4）上杆作业前先选好工作位置，分清零、火线。断开导线时，先断火线后断零线，搭接导线时，顺序相反。

（5）高低压同杆架设的低压线路带电作业，要事先检查与高压线的距离是否满足带电作业的安全距离，同时采取防止误碰高压带电设备的措施。

（6）低压相间距离小，作业时应采取防止相间短路和单相接地的绝缘隔离措施。

（7）在操作中作业人员必须精神集中，特别在人体接触某一导线的过程中，不许再与其他导线和接地部分相碰。

二、作业项目和方法

1. 带电搭接低压接户线

（1）禁止作业范围：

1）损坏严重或有接地引下线的电杆（如配变杆塔）；

2）用户负荷开关未在断开位置时；

3）雷雨天气；

4）杆上已有多对接户线且破损严重。

（2）作业步骤：

1）带好工具和安全带，并仔细检查其是否损坏、变形、失灵，戴好手套、安全帽和护目镜，穿好工作服和绝缘鞋；作业前应办理低压工作任务单，根据工作任务单核对用户的计量装置资产编号（电能表）。

2）登杆前检查杆根、拉线是否牢固；登杆工具、安全带是否完好，并采取防滑措施并做受力冲击实验。

3）登高至合适位置，以安全帽不超过架空导线，手能灵活方便地操作为佳。系好安全带、用验电笔检查横担对地确无电位差（电压）后，把绳索拴在主构件上；利用专用绳索传递接户线，解开绳索，使接户线位于接户担相应蝶式绝缘子（俗称"茶台"），用绑线固定，如图 8-12（a）所示，绑扎长度视导线截面而定，并留有足够长度用做引线（与架空导线连接部分）。

4）把引线固定在架空导线上的合适位置；引线在架空导线上方应顺幅度弯曲，做好防渗水措施，以防止雨水从连接处顺着线芯到达电能表，造成电能表短路而烧表。

5）用专用绝缘电工刀去掉引线与架空导线连接部分的绝缘皮层（裸导线则省略此步骤），再利用引线线芯中的任意一根卷成环状，暂将引线与架空导线固定在一起，而后用绑线加以绑扎，如图 8-12（b）所示，其长度视接户线截面而定。搭接顺序应遵循"先搭零线、后搭火线"的原则。搭接工作完毕，检查导线和杆上无遗留物后，返回地面，如图 8-12（c）所示。

（a）

（b）

（c）

图 8-12　带电搭接低压接户线图
（a）接户线固定；（b）接户线搭接；（c）搭接后单相接户线

2. 低压分线箱搭接电源

（1）禁止作业范围：

1) 雷雨天气；

2) 原有进出线破损严重；

3) 箱内铜排连接点已满；

4) 已无足够的孔洞空间进入操作时。

（2）作业步骤：

1) 带好工具，并仔细检查其是否损坏、变形、失灵，戴好纱手套、安全帽和护目镜，穿好工作服和绝缘鞋；作业前应办理低压工作任务单，根据工作任务单核对欲搭接用户的计量装置资产编号（电能表）。

2) 应先对用户的箱体进行验电，用验电笔验明箱体对地确无电位差（电压）后再接触表箱；应断开负荷侧刀闸、核实欲搭接导线的相序。打开箱（柜）门时应采用右手，打开过程人体不得直接面对箱（柜）本体，脸部随箱（柜）门转动并始终受箱（柜）门面板的保护，防止异常短路的电弧伤害。搭接前低压配电箱如图 8-13（a）所示。

3) 搭接前：亦应对用户的上一级电源分线箱箱体进行验电，验明箱体对地确无电位差（电压）后再接触分线箱；核实分线箱内电源的相序；根据目测，确定进入箱内导线的长度并做好线头压接。

4) 导线进入分线箱内和搭接过程中，均必须使用绝缘毯和绝缘夹进行相间隔离，如图 8-13（b）所示，安装绝缘遮蔽时应按照搭接相序的顺序依次进行。例如：当搭接零线时，应把 A 相、B 相、C 相用绝缘毯遮盖，零线铜排与靠近箱边隔离；特别指出，零线与箱体的隔离主要是要防止由于三相不平衡造成中性点飘移，零线对地间有电位差。

5) 按 N（零线）—A 相—B 相—C 相的顺序逐相搭接，如图 8-13（c）所示，必须使用专门绝缘扳手拧紧螺栓（最低限度采用等电位作业法）。

6) 搭接后，确认电源已连接到用户开关电源侧，检查确认安装接线无误，检查电能表是否潜动、进行带负载试验，检查电能表运行情况。箱内无其他物体，应先拆除绝缘遮蔽，并立即关好分线箱门，方可收拾工具等。

  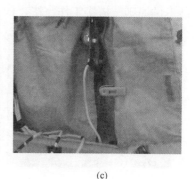

(a)　　　　　　　(b)　　　　　　　(c)

图 8-13　低压配电箱搭接电源图

（a）搭接前低压配电箱；（b）低压配电箱相间绝缘隔离；（c）低压配电箱搭接出线

3. 带电处理断落接户线

带电处理断落接户线通常指在接户线故障时所采取的紧急处理。作业步骤如下：

（1）切除断落接户线的所有用电负荷。

（2）判断断落接户线的零、火线相别，确定零、火线相别后按以下两种情况分别进行相应的作业方式。

1）若断落接户线为火线时，应先从故障点靠负荷侧方向的位置搭接好后，后续作业方法及安全注意事项与本节"作业项目和方法"中"带电搭接接户线"一样；

2）若断落接户线为零线时，应先从故障点靠电源侧方向位置搭接好后，再将接户线拉至最近的负荷侧设备接点进行搭接作业（主要是为了避免负荷侧方向突然来电的可能）。

（3）只有在接户线故障点搭接好后才可恢复用户侧的开关，恢复正常供电。

4. 带电更换不带互感器的三相四线电能表

（1）以下情况禁止开展此项作业：

1）明知已烧表；

2）用户无法停掉负荷；

3）雷雨天气；

4）进户线破损严重或电能表接线端子锈蚀。

（2）作业步骤：

1）带好工具，并仔细检查其是否损坏、变形、失灵，戴好手套、安全帽和护目镜，穿好工作服和绝缘鞋；作业前应办理低压工作任务单，根据工作任务单核对用户运行中的计量装置资产编号（电能表）。

2）对箱体进行验电，用验电笔验明箱体对地确无电位差（电压）后再接触表箱，断开出线断路器或隔离开关。

3）打开箱门检查电能表接线柱是否烧蚀，电能表进出线是否严重破损，接线是否正确，计量装置是否运行正常，电能表封印是否完好（含检定封印）。打开箱（柜）门时应采用右手，打开过程人体不得直接面对箱（柜）本体，脸部随箱（柜）门转动始终受箱（柜）门面板的保护，防止异常短路的电弧伤害。

4）在电能表接线盒检测相序后，先按 A 相—B 相—C 相—N（零线）的顺序，逐相拆除电能表电源进线；后按 A 相—B 相—C 相的顺序拆除电能表出线；拆除原有表计。拆除电能表进出线的过程中，应在线头逐相套上有相色标志的绝缘套，保证原有相序不变。

5）根据工作任务单核对用户新装出电能表资产编号，更换新电能表并安装牢固，先按 C 相—B 相—A 相的顺序逐相把电能表出线接入电能表相应接线柱、导线接头金属部分不得外露；后按 N（零线）—C 相—B 相—A 相的顺序逐相把电源进线接入电能表相应接线柱，导线接头金属部分不得外露。

6）安装完成后，检查确认安装接线无误、电能表是否潜动、带负载试验，检查电能表运行情况。把接线盒盖装上加封，外门加封。填写新、旧电能表的电量并经客户核对签字确认。

5. 带电更换带互感器的三相四线电能表

禁止开展此类作业的情况同上述"带电更换不带互感器的三相四线电能表"中的（1）。

作业步骤如下：

（1）带好工具，并仔细检查其是否损坏、变形、失灵，戴好手套、安全帽和护目镜，穿好工作服和绝缘鞋；作业前应办理低压工作任务单，根据工作任务单打核对用户运行中的计量装置资产编号（电能表）。

（2）对箱体进行验电，用验电笔验明箱体对地确无电位差（电压）后再接触表箱，断开出线断路器或隔离开关。

（3）打开箱门检查：电能表接线柱是否烧蚀，计量装置一、二次导线是否破损，计量装置接线是否正确，根据工作任务单核对电流互感器变比与现场的匝数是否相符，电流互感器是否烧坏、断裂，检查计量装置是否运行正常，检查电能表封印是否完好（含检定封印）。打开箱（柜）门时应采用右手，打开过程人体不得直接面对箱（柜）本体，脸部随箱（柜）门转动始终受箱（柜）门面板的保护，防止异常短路的电弧伤害。

（4）在电能表接线盒检测相序，先拆除公共线与 N（零线）柱的连接线，再按 A 相—B 相—C 相—N 相的顺序拆除电压回路；后按 A 相 K1—B 相 K1—C 相 K1—K2 公共线（系指电流回路采用四线制）的顺序拆除电流互感器与电能表的连接线，拆除原有表计。拆除（电流回路）过程中，应在线头逐相套上有相色标志的绝缘套，防止相间或对地短路。K2 公共线可不套。

（5）根据工作任务单核对用户新装出电能表资产编号，更换新电能表并安装牢固，先按 K2 公共线—C 相 K1—B 相 K1—A 相 K1 的顺序逐相把电流互感器与电能表的连接线接入电能表中相应的接线柱（电流回路）；后按 N（零线）—C 相—B 相—A 相的顺序逐相把电压线接入电能表中相应的接线柱（电压回路），最后把公共线与零线柱进行连接，以防止电压线接入误碰电流回路，造成短路；导线与接线柱连接牢固、导线排列整齐。

（6）安装完成后，检查确认安装接线无误、电能表是否潜动、带负载试验，检查电能表运行情况。把接线盒盖装上加封，外门加封。填写新、旧电能表的电量并经客户核对签字确认。

6. 带电隔离故障单相或三相电能表

（1）检查表计是否已烧毁，用户负荷是否可断开等，判断能否采用带电作业。

（2）作业步骤：

1）发现单相烧表或三相烧表时，必须先检查用户内部开关确已断开。

2）将竹梯或木梯等辅助工具放置合适的位置，作业人员方可对故障进行排除。

3）排除故障点。在排除故障时，必须先断开火线后断开零线，严禁零、火线同时剪断，防止相间短路。在分线箱内拆除用户电源后，确认到用户开关电源侧已无电、箱内无其他物体，应先拆除绝缘遮蔽，并立即关好箱门，方可收拾工具等。

配电自动化

配电自动化是配电网监测、保护、控制和管理的自动化，包括实时运行自动化（简称配电网运行自动化）和生产管理自动化或信息化（简称配电网管理自动化）两部分，本章重点介绍配电网运行自动化的内容。

第一节　配电自动化系统概述

配电自动化系统简称 DA（Distribution Automation）或 DAS（Distribution Automation System），是一切完成单一或综合的配电自动化功能的系统的总称。按照其完成的功能来划分，配电自动化系统可分为配电网运行自动化系统和配电网管理自动化系统两大类。配电自动化系统应用架构如图 9-1 所示。

一、配电网运行自动化系统

（一）主要功能

1. 数据采集及监控系统

数据采集及监控系统简称配电 SCADA（Supervisory Control And Data Acquisition）系统，是远动"四遥"（遥测、遥信、遥控、遥调）功能的深化与扩展。调度值班人员通过该系统，对配电网进行监视、控制与调整；同时，它还是实现各种配电网运行自动化高级应用功能的基础平台。

2. 馈线自动化系统

馈线自动化系统简称 FA（Feeder Automation）系统以 SCADA 监控为基础，完成中压配电网的自动故障定位、隔离及非故障段恢复供电功能。

3. 电压与无功控制

在对配电网电压进行实时监视的基础上，通过投切无功补偿装置、调整运行方式，达到优化无功、提高电压质量、减少损耗的目的。

实际工程中，更多的是以某控制点的功率因数为控制参数，通过配电变压器监测仪（TTU）投切无功补偿设备。

4. 负荷管理系统

负荷管理系统简称 LM（Load Management）系统，主要是在 SCADA 监控功能基础

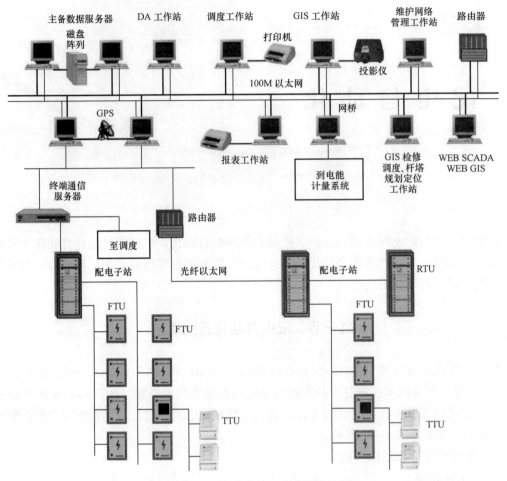

图 9-1　配电自动化系统应用架构图

上，完成用电监控、负荷管理功能。

5. 自动读表系统

自动读表系统简称 AMR（Automatic Meter Reading）系统，主要完成远方读表及计费管理功能。AMR 系统在企业内一般是相对独立的，为了避免重复投资，SCADA 系统可以从 AMR 系统获取用户负荷运行状态数据。

负荷管理系统和自动读表系统通常划归用电管理自动化的范畴，因而在此不作详细介绍。

（二）主要特点

（1）监控对象为中低压配电网中的变电所中压出线断路器、重合器、柱上开关、环网单元、开闭所、配电所（站、室）、配电变压器、无功补偿电容器等，监控节点众多、分布面广，系统需要处理海量数据。

（2）相当一部分监控设备安装户外，运行环境恶劣，温度通常在$-25\sim+80^{\circ}\text{C}$，湿度高达 90%，此外还需要考虑防雨、防晒、防雷、防风沙、防振动与强电磁干扰等。

（3）一次设备标准化程度低，相当一部分设备没有安装或在设计上考虑电压、电流互感器或传感器，信息采集比较困难，主站系统难以完整、全面地获取配电网运行数据。一些开关设备没有电动操动机构，不具备辅助接点，难以实现遥控以及对开关状态进行监控。

（4）需要具有完善的故障信息的采集与处理功能。除完成故障的自动定位、隔离与非故障段恢复供电功能外，还要能够对故障信息进行存储、分析、查询、统计。调度自动化系统主要面向电网的调度运行管理，电网故障与保护信息的采集与处理由专门的故障信息管理系统承担。

（5）配电网运行监控主要关注异常运行状态与故障的处理，而不像调度自动化系统那样还要重点考虑系统的稳定、经济调度、潮流优化等问题。鉴于这一特点，系统对模拟量测量精度要求相对较低，对数据刷新周期的要求也不高。为减少通信与主站数据处理负担，配电终端一般采用"主动报告"机制，在检测到开关变位、故障等事件时即时上报，而正常量测数据的刷新周期则可选为数分钟甚至数十分钟，远低于调度自动化系统要求的数秒钟。

（6）配电网异动率很高，结构经常因增容、技术改造、城市建设等原因变化，需要及时地更新系统网络拓扑与属性数据，参数配置、系统维护工作量大。

（7）配网自动化系统需要与调度自动化、配电管理等系统频繁交换数据，对系统设计的开放性要求高。

二、配电网管理自动化系统

1. 自动绘图/设备管理/地理信息系统

自动绘图/设备管理/地理信息系统简称 AM（Automatic Mapping）/FM（Facilities Management）/GIS（Geographic Information System），它以 GIS 为平台，对一个地理区域上的配电设备及其生产技术进行管理。GIS 可以作为一个独立的系统运行，完成一些离线的配电网管理功能（如设备管理功能），也可以与配电 SCADA（Supervisory Control And Data Acquisition）系统交换数据，实现更为完善的配电管理自动化功能（例如停电管理功能）。

2. 停电管理系统

停电管理系统简称 OMS（Outage Management System），完成用户电话投诉（TC‐Trouble Call）处理、故障定位、事故抢修调度等故障管理功能以及停电计划管理、智能操作票管理、供电可靠率统计等功能。

3. 配电工作管理系统

配电工作管理系统简称 WMS（Work Management System），完成配电网设备检修管理、统计报表管理、工程设计管理、施工计划管理等功能。

4. 用户信息系统

用户信息系统简称 CIS（Customer Information System），对名称、地址、联系人、电话、账号、缴费等用户基本信息以及用电性质、用电量和负荷、停电次数、电压水平等用电信息进行计算机管理，在此基础上，完成抄表、收费、用电申请、业扩、故障报修等用电管理功能。

事实上，OMS、WMS、CIS 都是建立在地理信息系统平台上的，它们与 AM/FM/GIS 集成，就构成了一个完整的配电网管理自动化系统，简称配电 GIS。

用户信息系统一般划归用电管理自动化的范畴。

5. 配电 GIS 系统

配电地理信息系统（简称配电 GIS 系统）是将地理位置信息与配电设备的静态信息

（设备台账、图纸资料等）及动态信息（实时监控）有机结合起来，提供一个以地理图形及信息为背景的控制平台，实现配电网接线图、设备台账及生产管理的信息化，配电 GIS 应用界面如图 9-2 所示。

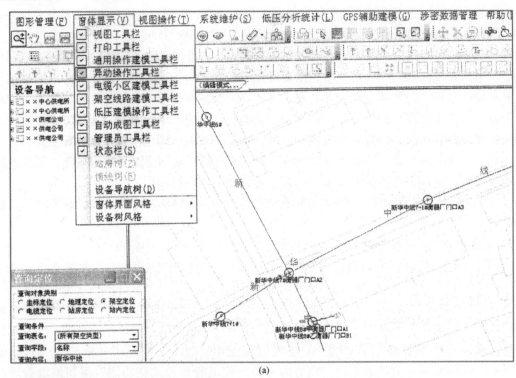

(a)

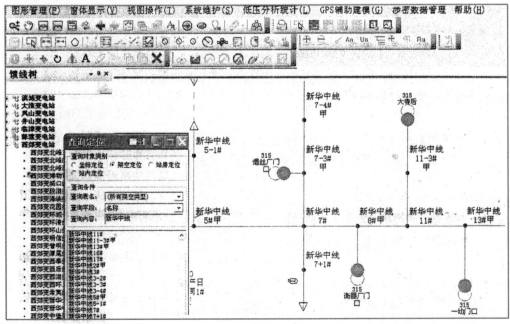

(b)

图 9-2　配电 GIS 应用示意图（一）

(a) 自动绘图与设备管理界面；(b) 电气接线图界面

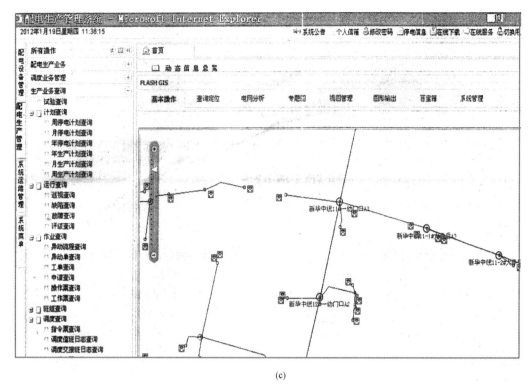

(c)

图 9-2　配电 GIS 应用示意图（二）

(c) 工作管理界面

　　建立在基于 GIS 的配电管理信息系统，提供配电网的接线图和设备属性管理平台，实现配电基础信息实时查询和运行数据的在线监管，管理配电生产工作业务，配电网数字化，生产业务流程化、规范化，为配电网的安全、有序、高效地运行提供有力的信息化支撑手段，提高配电生产管理水平和劳动效率。

　　GIS 作为传统的地图学、计算机图形学、测绘科学与现代信息科学结合的产物，逐步发展为处理空间数据的多学科综合应用技术。配电 GIS 系统除了具有地理信息系统的基本功能外，还具有以下主要功能：

　　（1）自动绘图与设备管理。配电网的特点是点多面广、异动频繁，通过建模绘图工具对配电网的接线、设备参数进行绘图及录入管理，对异动内容及流程实现闭环管理，及时维护更新配电网接线及台账，确保唯一性和单轨运行，配电诸多业务共享唯一图源和信息。

　　（2）配电网工作管理。对配电网的异动、巡视、缺陷、试验、评级、报表等维护检修生产业务进行流程化、信息化管理。

　　（3）配电网停电管理。对全网图、单线图、运行方式、停电、配电 SCADA、"两票"（工作票和操作票）、故障抢修、调度指令、调度日志等生产业务进行管理。与供电可靠性管理系统的接口，利用配电 GIS 的基础数据源，注册数据自动转换导入供电可靠性管理系统，停电事件采集录入与停电管理互动关联。此外，还能实现抢修车辆调度管理，根据车辆位置分布、出车情况、故障地点，指挥派出最近的抢修车辆及人员。

　　（4）配电网规划辅助决策。利用配电 GIS 建立的配电网现状模型，进行配电网分析、负荷预测、路径方案优化确定，也作为配电网布局规划以及用户接入方案制定的辅助工具。

（5）与其他系统良好的接口，实现资源共享，减少数据维护量和多源化。

与营销系统接口，实现停电信息、客户信息、配电网接线信息的相互交换，表计和表箱、表箱和变压器、变压器和馈线的隶属关系准确直观展示，有利于开展优质服务、线损分析和反窃电工作。

与配电 SCADA 的接口，配电 GIS 的配电网接线图和配电 SCADA 系统的实时监控信息双向交换，接线图纸模型由配电 GIS 绘图模块自动转换，SCADA 监控信息可在配电 GIS 系统展示，减少多轨制的维护量，确保数据的唯一性。

三、配电自动化的作用

配电自动化的作用主要在于提高供电可靠性、改善电能质量、提高运行与管理效率、延缓一次设备投资等，但其首要作用是减少停电时间，提高供电可靠性。

1. 降低故障发生几率

通过对配电网及其设备运行状态实时监视，改变"盲管"现象，及时发现并消除故障隐患，减少故障的发生。例如，可以及时发现配电设备过负荷现象，采取转供措施，防止设备过热损坏；通过记录分析瞬时性故障、接地故障，发现配电网绝缘薄弱点，及时安排消缺，防止出现永久故障。

2. 减少故障停电时间

受故障点查找困难、交通拥挤等因素的影响，传统依靠人工巡线进行故障隔离，往往要花费几个小时的时间，而应用 DA 则能够在几分钟以内完成故障隔离、非故障段负荷的自动恢复供电，可以显著减少故障影响范围与停电时间。此外，还可以及时定位故障，加快抢修进度，缩短故障修复时间。

3. 缩短倒闸操作停电时间

配电网经常会因为用电报装、设备检修安排计划停电，需要进行负荷转供操作。依靠人工到现场对柱上开关或环网单元（以下简称开关）逐一进行倒闸操作，则不可避免地造成部分用户较长时间停电，而应用 DA 进行"遥控"操作，则可以避免这一问题，同时也节省了人力。

4. 提高电压质量

配电自动化系统可以通过各种现场终端实时监视供电电压的变化，及时调整运行方式，调节变压器分接头挡位或投切无功补偿电容器组等，保证用户电压在合格的范围内；同时，还能够使配电网无功功率就地平衡，减少网损。

5. 提高用户服务质量

应用配电自动化系统后，可以迅速处理用户用电申请和接电方案，立即答复办理；加快用户电费缴纳与查询业务的处理速度，提高办事效率；在停电故障发生后，能够及时确定故障点位置、故障原因、停电范围及大致恢复供电时间，立即给用户一个满意的答复，由计算机辅助判别故障点并提供巡查方案，尽快修复故障，恢复供电，进一步增加用户满意度。

6. 提高管理效率

配电生产及用电管理实现自动化、信息化，可以很方便地录入、获取各种数据，并使用计算机系统提供的软件工具进行分析、决策，制作各种表格、通知单、报告，将人们从繁重的工作中解放出来，提高了工作效率与质量。

7. 推迟基本建设投资

采用配电自动化技术后可有效地调整峰谷负荷，提高设备利用率，压缩备用容量，减少或推迟发电厂站以及输变电设施的基本建设投资。

第二节　馈线自动化

馈线自动化系统（FA）以智能开关或 SCADA 监控功能为基础，可完成配电网的自动故障定位、隔离及非故障段恢复供电功能。其主要任务是馈线故障自动处理，提高供电可靠性。根据是否需要通信、使用的分段开关类型（负荷开关、断路器等）、检测的故障信号（电压、电流）等条件，有不同 FA 实现方案，具体可分为重合器—分段器配合、集中控制、分布式智能控制、网络保护 4 种类型，下面将分别加以介绍。最后介绍开闭所（配电所）的故障隔离和恢复供电方案。

一、重合器—分段器配合型

重合器—分段器配合型 FA 根据网络接线和故障信息特征，依靠预先设定的判据和逻辑顺序控制开关分合闸，实现故障区段自动隔离和非故障区段的自动恢复供电，它不依赖通信通道，又称无通道方式，有电压—时间控制方式和电流控制方式两种。

1. 电压—时间控制方式

图 9 - 3 所示为一辐射型线路，电压—时间控制系统由安装在变电站的断路器 QF 或重合器（R）与线路上的分段开关（Q_1、Q_2）组成。分段开关的分合由控制器 C 控制。电源变压器 T 给控制器提供电源，并且检测开关两侧是否存在电压。分段开关采用"常闭"工作方式，在开关两侧没有电压（失电）时跳开，在一侧有电压时合闸。分段开关合闸后在一预定时间 t_1 内如再一次检测到失压，说明下一段线路有故障，跳闸后闭锁，不再合闸。分段开关从检测到合闸的条件到合闸要有一个时间延迟 t_2，以给上一级开关一个故障判断时间，t_2 要大于 t_1（如级差 7s），以保证上一级电路可靠检测故障。

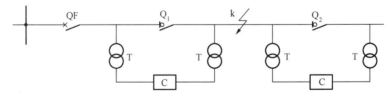

图 9 - 3　采用电压—时间控制方式的 FA 系统

假定在线路上 k 点发生永久故障，变电站断路器 QF 跳闸，分段开关 Q_1、Q_2 两侧失电跳开。经过一段时间后 QF 合，在时间 t_2 后 Q_1 合闸，由于合到故障上，QF 立即跳开，Q_1 在时间 t_1 以内检测到失压，跳开后自锁，不再合闸。再经过一段延时后，QF 重合，QF 与 Q_1 之间的线路段恢复供电。

若线路间有联络电源，联络点的开关比较两侧电压以及持续时间，决定是否合闸操作。正常时，联络点的两侧电压均为正常值，当联络开关监测到一侧有电压，另一侧无电压且无出现残压，且持续时间超过预先设定的时间（通常要大于每侧各级开关的延迟时间之和）时，则表明故障段不是在联络开关的临近段，启动合闸操作，将非故障段转由联络线供电；若监测到一侧有电压，另一侧无电压且有出现残压，即残压由前一级开关合闸到故障点产生的，则表明故障段是在联络开关的临近段，闭锁联络开关的合闸操作，即使持续时间超过预先设定的时间，也不会合闸。

2. 电流控制方式

电流控制方式中线路分段开关的控制器 C 检测故障电流，并计数通过故障电流的次数，在达到规定次数后自动分闸，隔离故障线段。

图 9-4 所示系统中，重合器 R 安装在变电站内，分段开关 Q_1 安装在线路上。如线路

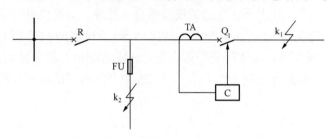

图 9-4 采用电流控制方式的 FA 系统

k_1 点发生永久故障，R 跳开，经过一段时间后 R 合闸，因故障没有消失，R 合闸后立即跳开，同时 Q_1 也因第二次感受到故障电流，在 R 再次跳开后立即分闸并自锁。再过一段时间后，R 第三次合闸，R 与 Q_1 之间的线路区段恢复供电。

电流控制方式的构成比电压—时间控制方式要简单一些，分段器动作次数少，但仍然要进行三次重合操作。该控制方式没有电压检测功能，不能用于环网供电系统。

就地顺序重合控制方式不需通信通道就能实现故障隔离，具有投资小、易于实现的优点，但断路器多次动作，对电网形成多次冲击。该方式主要用于农村及城郊配电网。

二、集中控制型

集中控制型 FA 利用配电自动化系统的远程监控功能，实现馈线自动化。SCADA 系统由安装在现场开关的监控终端（FTU）、通信网及控制主站三部分组成。故障发生后，控制主站根据 FTU 送来的信息进行故障定位，自动或手动隔离故障点，恢复非故障区段的供电。

遥控方式不足之处是需要通信通道及控制主站，投资较大。下面介绍不同线路的故障隔离及恢复供电方案。

1. 架空环网

架空环网的 FA 系统如图 9-5 所示，FTU 通过通信网向控制主站传送采集到的运行及故障数据并接受远方遥控命令。

当线路 k 点发生永久故障时，断路器 QF_1 重合到故障段跳开后，现场终端装置将故障电流检测结果送到控制主站，主站启动故障分析及处理软件。由于断路器 QF_1 的监控终端及分段开关 Q_{11} 处 FTU 感受到故障电流，而分段开关 Q_{12} 处 FTU 则没有检测到故障电流，主站判断出故障在 Q_{11} 与 Q_{12} 之间的线路区段上，自动地或由调度人员遥控拉开 Q_{11}、Q_{12}，隔离故障区段，然后合上 QF_1，再合上环网联络开关 Q_t，恢复非故障线路区段的正常供电。采用自动方式，整个过程可在 1～2min 的时间内完成。

2. 电缆环网

图 9-6 给出了采用环网单元的电缆环网，正常情况下，联络开关 Q_{22} 处于分闸位置。环

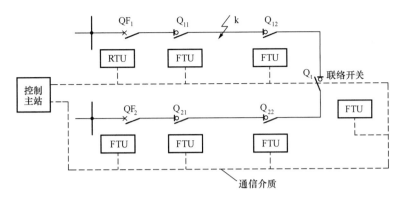

图 9-5 架空环网 FA 系统

网单元进线采用电动负荷开关，而出线采用负荷开关加熔断器的配置。

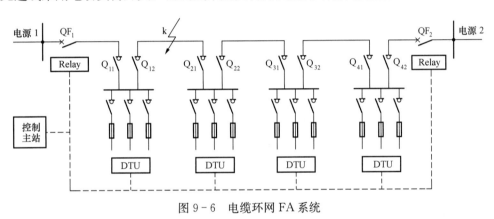

图 9-6 电缆环网 FA 系统

当 k 点发生故障后，变电站出线断路器 QF_1 跳开，主站系统根据现场终端送上来的故障检测结果，Q_{11}、Q_{12} 有短路电流通过，而 Q_{21} 没有，则判断出故障段位置是在 Q_{12} 与 Q_{21} 之间，遥控断开故障点两侧开关 Q_{12} 与 Q_{21}，隔离故障区段，然后合上 QF_1 及 Q_{22}，所有的环网单元恢复供电。

三、分布式智能控制型

常规的 FA 方式供电恢复时间都在分钟级，而基于点对点对等通信技术的分布式智能控制型 FA，能够在数秒内完成故障定位、隔离与非故障段恢复供电，使停电时间大为缩短。

图 9-7 给出了一个典型的电缆环网分布式智能控制型 FA 系统构成，FTU 与出口处的保护装置（Relay）接入点对点等通信网络（光纤工业以太网），其中 CP（Communication Processor）为通信处理机，用于向配网自动化主站转发 FTU 数据。之所以称为分布式智能控制型，是因为系统中的每一个 FTU 均可根据本地测量信息、相邻开关处 FTU 送来的测量信息进行故障处理控制决策，无需主站与子站的介入，也不需要知道整个网络的拓扑结构。

设图 9-7 系统中环网单元 RMU2 处的开关 Q_{22} 为联络开关，正常情况下处于断开位置。下面以线路 F 点发生永久故障为例说明故障处理过程。在出口断路器保护跳闸后，电源出

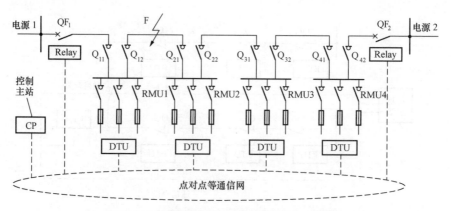

图 9-7 电缆环网分布式智能控制型 FA 系统

口断路器 QF_1 处的 Relay、环网单元 RMU1 处 FTU 因检测到故障电流而发起通信，向相邻的 FTU 请求相邻开关的故障检测信息；因环网单元 RMU1 的进线开关 Q_{12} 有故障电流流过，而环网单元 RMU2 的进线开关 Q_{21} 没有，环网单元 RMU1 处 FTU 判断出故障在 Q_{12} 与 Q_{21} 之间的区段上，在控制 Q_{12} 跳开的同时向环网单元 RMU2 处 FTU 发出跳开 Q_{21} 的信息，并在确认 Q_{12}、Q_{21} 跳开后发出"故障隔离成功"的消息；QF_1 处 Relay 和联络开关 Q_{22} 处 FTU 在收到"故障隔离成功"的消息后，分别控制 QF_1 与 Q_{22} 合闸，恢复故障区段两侧环网单元 RMU1、RMU2 的供电。故障处理完成后，环网单元 RMU1 处 FTU 将故障定位信息上报主站。

对于环网单元出线上的短路故障，在出线上不安装快速熔断器的情况下，FTU 在故障切除后打开负荷开关隔离故障，并向电源出口断路器处的 Relay 发出合闸命令，恢复主干线路供电。

对于小电阻接地系统，在环网单元出线发生单相接地短路故障时，与集中控制型类似，可由 FTU 直接跳开负荷开关切除故障。由于环网单元 FTU 在检测出出线上的接地故障后，可通过以太网向电源出口断路器保护（Relay）发出闭锁命令，防止越级跳闸，因此，可将出口断路器单相接地保护的动作延时缩短至 0.1s，从而加快主干线路接地故障切除速度。

四、网络保护型

以上介绍的三种故障隔离与非故障段恢复供电模式，尽管可以减少故障停电时间，但仍然避免不了短时停电，而对于一些对供电质量特别敏感的负荷，如半导体集成电路制造厂、有重要赛事的体育场馆，即便是几秒钟的短时停电也会造成严重的经济损失和社会秩序的混乱。下面介绍的网络保护型 FA 模式，则可以避免短时停电，实现"无缝自愈"。

网络保护型 FA 系统用于闭环运行的电缆环网（联络开关正常运行时处于合闸位置），两侧的电源取自同一母线，以避免因两侧电源电压不一致带来的潮流难以控制的问题。环网单元进线开关采用能够遮断故障电流的断路器，应用基于分布式智能控制的网络保护，在线路故障时直接跳开故障区段两侧断路器切除故障，使非故障区段用户的供电不受影响，实现所谓的无缝自愈。选择其中一个环网单元的一条出线与其他变电站出线联络，作为主供电源停电时的备供措施。网络保护型 FA 系统构成与分布式智能型 FA 系统类似，如图 9-8 所示。

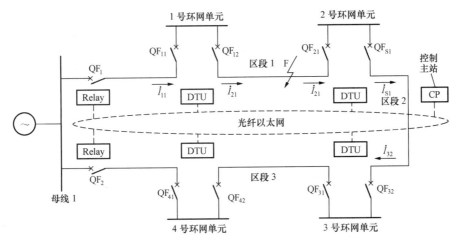

图 9-8 网络保护型 FA 系统

　　网络保护型 FA 系统中相邻 FTU 之间交换故障电流方向检测结果，可实现故障定位。非故障区段电流是穿越性的，电流方向一致，而故障区段电流由两侧注入，方向相反。

　　如果环网单元出线开关也采用断路器，则在出线上发生短路故障时，FTU 检测到出线上出现过电流现象，给出线断路器发出跳闸命令，出线断路器跳闸切除故障。如果环网单元出线上安装的是负荷开关，则由进线断路器动作切除故障，然后跳开出线负荷开关隔离故障，再合上进线开关恢复对环网单元的供电。这种处理方式，会造成环网单元上非故障出线短时停电。对于小电阻接地系统来说，在发生单相接地故障时，可直接跳开负荷开关切除故障，避免非故障线路出现短时停电。

五、开闭所就地控制故障隔离与恢复供电方案

　　实际应用的开闭所，有的出线柜配置熔断器或断路器保护，这样出线故障由熔断器或断路器切除，不会影响其他出线的供电。而一些情况下，出线柜不设计保护措施，当出线故障时，上一级保护动作，会导致同母线上其他出线停电。应用配网自动化系统的集中控制功能，可以实现故障隔离并恢复非故障线路供电，但速度慢且对主站依赖大。而利用开闭所终端的可编程逻辑控制（PLC）功能，就地实现开闭所故障隔离与恢复供电，则可以克服集中控制方式存在的问题。

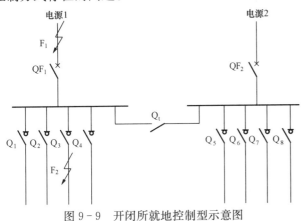

图 9-9 开闭所就地控制型示意图

　　应用就地控制的开闭所，出线采用电动负荷开关，进线采用断路器并配备保护，如图 9-9 所示。开闭所终端 DTU 监控所有的进线与出线开关，自动检测故障，判断出故障线路，恢复非故障线路的供电。

　　在电源进线上 F_1 点发生故障时，上一级保护动作，断路器跳开，进线断路器 QF_1 检测到失压后跳开，备用电源自投装置动作，联络开关 Q_t 合

上，开闭所恢复正常供电；在出线（如 F₂ 点）故障时，断路器 QF₁ 跳开，DTU 判断出故障线路后，打开负荷开关 Q₃，然后 QF₁ 合闸，恢复其他非故障线路供电。

对于采用小电阻接地的系统，在出线上出现单相接地故障时，与环网单元 FTU 处理方式类似，DTU 可直接跳开负荷开关隔离故障，以避免进线断路器动作引起其他出线停电。

第三节 配电自动化终端设备

配电自动化终端（简称配电终端）是用于配电网中的开闭所、配电所（站、室）、箱式变压器、柱上开关、环网单元、配电变压器、无功补偿电容器等一次设备的监测、控制单元的总称。配网终端设备采集配电网的各种数据，包括各种测量量、状态量、故障信号等，并且将这些数据传送给主站系统，同时接受主站系统的命令，对配电网设备发出各种控制操作。

一、配电自动化终端的功能

配电终端的监控对象与应用场合不同，对其功能的要求也不同。即使监控同样的设备，根据系统完成的功能与设计要求的不同，对配电终端功能要求也有所不同。归纳起来，主要功能如下。

1. SCADA 测控功能

SCADA 测控功能即传统 RTU 的"三遥"（遥测、遥信、遥控）功能。

2. 短路故障检测功能

短路故障包括相间短路故障与有效接地系统（小电阻接地系统）中的单相接地短路故障。实现短路故障检测功能的主要是 DTU 与 FTU，而 TTU 一般只采集、记录负荷变化情况，不要求其进行故障检测。

3. 小电流接地故障检测功能

DTU/FTU 要能够检测小电流接地配电系统的单相接地故障，以供主站系统确定小电流接地故障的位置。

4. 保护功能

当配电终端的监控对象是分支线、环网单元出线、开闭所出线、配电所（站、室）出线、用户分支线时，在所配开关类型为断路器的情况下，配电终端需要配置Ⅲ段电流保护、Ⅲ段零序电流保护以及重合闸等保护功能，与变电站出线断路器保护配合切除故障，以减小停电范围。如果所配开关类型为负荷开关，则要求在上一级变电站出线断路器保护动作跳开后，配电终端使其负荷开关分闸隔离故障。

5. 负荷监测功能

负荷监测功能主要适用于 TTU，用于检测记录配电变压器低压侧运行数据，主要包括实时运行数据采集、负荷记录、负荷统计等功能。

6. 电能质量监测功能

配网自动化系统对电能质量进行监测，关键是配电终端能够实时采集电能质量数据，主要是对用户影响最大的谐波、电压骤降数据，个别场合要求记录电压闪变参数。

电能质量检测一般作为配网终端的一个选配功能。实际工程应用中，根据电能监测的需要配置配电终端检测的电能质量参数。

7. 通信功能

一般来讲，配电终端对外通信需要配备两种类型的通信接口：

（1）远程通信接口。即与主站或配电子站通信的接口。新设计的配电终端一般都至少配备一个串行通信接口（RS-232）和一个网络通信（Ethernet）接口。远程通信接口支持多种通信规约。常用的串行通信规约有 DL/T 634.5—101（IEC 60870-5-101）、DNP3.0 等；网络通信规约一般采用 DL/T 634.5—104（IEC 60870-5-104）。

（2）当地通信接口。包括维护通信口（USB 或 RS-232）、现场总线接口（CAN 或 LON）以及用于转发当地其他智能装置（如开闭所内直流监测装置）的数据接口（RS-232 或 RS-485）。

8. 配置与维护功能

配电终端数量众多，且安装地点分散，设计时要考虑维护及管理的方便性。主站可通过通信网络下载配置方式字与整定值；也可以使用便携 PC 机，通过终端的维护通信口，在不影响装置与主站通信的情况下，就地在线检查、修改配置与整定值。此外，通过维护通信口，甚至可以下载应用程序模块，增加新的功能。

二、配电自动化终端的构成

配电自动化终端一般由中心测控单元、人机接口电路、操作控制回路、通信终端、电源电路几部分组成，如图 9-10 所示。

根据监控对象的不同，配电自动化终端可以分为三大类。

1. 配电所（站、室）终端

配电所（站、室）终端简称站所终端，安装在开闭所、配电所或箱式变压器内，完成监控站内电气设备（开关、配电变压器、无功补偿电容器等）。通常，将站所终端简称为 DTU（Distribution Substation Terminal Unit）。

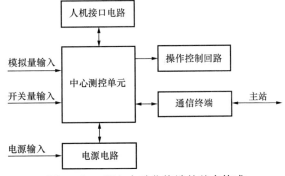

图 9-10 配电自动化终端的基本构成

配电所（站、室）终端 DTU 安装于开闭所、配电所（站、室）或箱式变压器中，对站内配电设备进行监控。开闭所 DTU 主要完成开闭所内中压进、出线以及母联开关的检测与控制；配电所（站、室）、箱式变压器 DTU 除完成中压线路的测控外，还要根据设计要求对配电变压器、无功补偿设备以及低压出线进行监测与控制。对于站所内微机保护、直流电源等其他智能设备，DTU 还需要对其数据进行转发。DTU 的结构有分布式与集中式两种。

分布式 DTU 由多个监控单元构成，每个单元之间通过现场通信总线（CAN、LonWorks 等）连接在一起，选择其中的一个单元作为主单元与主站通信，转发其他单元的数据。一般来说，DTU 的监控单元面向间隔层一次设备配置，每个开关设备配置一个监控单元。分布式 DTU 通常采用分散安装的方式［如图 9-11（a）所示］，即将监控单元安装到每一个一次设备（开关柜）里；也有集中组屏的方式，将所有的监控单元安装在一个屏柜里［如图 9-11（b）所示］。

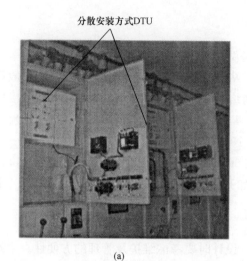
分散安装方式DTU

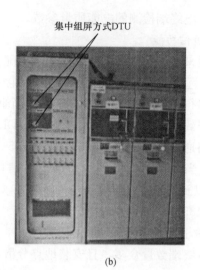
集中组屏方式DTU

(a)   (b)

图 9-11   站所终端的安装方式

(a) 分散安装方式；(b) 集中组屏方式

集中式 DTU 使用一个核心测控单元完成所有测控功能，集中安装在一个屏柜中，通过二次电缆与开关设备内的电压电流互感器、操作回路连接。图 9-12 给出了集中式 DTU 测

图 9-12   集中式 DTU 测控单元外形图

控单元的外形图，它一般采用插箱结构，有多个 I/O 插板，根据实际应用的需要配置。

开闭所、配电所（站、室）空间比较充裕，电压互感器、电流互感器、电动操动机构的配置比较完备，因此，要求 DTU 能够比较完整地采集所有每一个配电设备（开关、配电变压器、无功补偿电容器）的运行数据，并对其进行控制。DTU 的 I/O 容量根据监控需要配置。而由于开闭所、配电所（站、室）或箱式变压器都配备站用不间断电源，DTU 一般不再配备专用后备电源。

2. 馈线终端

馈线终端简称 FTU（Feeder Terminal Unit），用于中压馈线中开关设备的监控，包括柱上开关、环网单元等。实际工程中，有时将环网单元终端称为 DTU，而将 FTU 仅用于柱上开关监控终端。由于环网单元与柱上开关同属于线路开关设备，因此将它们都称为 FTU 比较合适。

馈线终端包括架空线路柱上开关 FTU 与电缆环网单元 FTU 两种。用于架空柱上分段开关、联络开关、分支线开关、用户分界开关的 FTU，户外柱上安装（见图 9-13），对其防护等级要求比较高。机箱一般用防腐蚀材料（如不锈钢）制成，通风良好，具有完善的防尘、防雨、防潮措施。

架空线路柱上开关 FTU 正常运行时，由电压互感器（TV）供电，配备蓄电池，提供不间断供电电源。

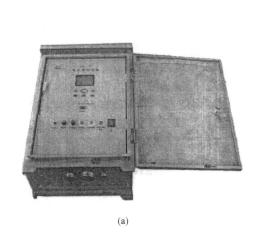

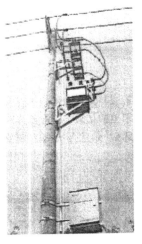

（a）　　　　　　　　　　　　　（b）

图 9-13　柱上开关 FTU 外形及安装图

（a）柱上开关 FTU；（b）现场安装

　　电缆环网单元 FTU 除不需要进行备用电源自投控制外，其功能与开闭所 DTU 类似；其构成和安装方式也是与开闭所 DTU 类似的；鉴于此，也有人将它称为 DTU。现场应用的电缆环网单元 FTU 多采用集中式结构。新型环网单元内一般都设计有监控装置的安装空间，FTU 可采用柜内壁挂、柜内立式两种型式。一些老式环网单元内没有终端安装空间，可采用柜外立式安装方式。个别情况下，环网单元 FTU 也有采用分布式结构。

　　图 9-14 给出了几种典型的环网单元 FTU 外形图及其在现场的安装情况。

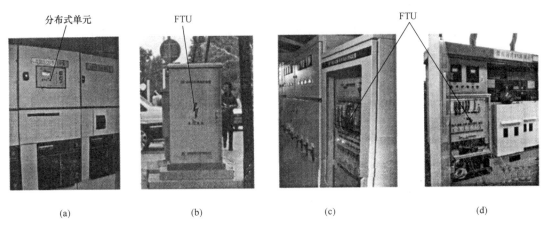

（a）　　　　　　（b）　　　　　　（c）　　　　　　（d）

图 9-14　几种典型的 FTU 外形图及其现场安装情况

（a）分布式结构；（b）柜外立式结构；（c）柜内立式结构；（d）柜内壁挂结构

3. 配电变压器监测终端

　　配电变压器监测终端简称 TTU（Transformer Terminal Unit），用于配电变压器的监测。TTU 构成与 FTU 类似。由于只有数据采集、记录与通信功能，无控制功能，结构要

图 9-15 TTU 外形图

简单得多。为简化设计及减少成本，TTU 由配电变压器低压侧直接变压整流供电，不配备蓄电池。在就地有无功补偿电容器组时，为避免重复投资，TTU 可增加电容器投切控制功能。TTU 外形图如图 9-15 所示。

配电变压器监测终端（TTU）监测并记录配电变压器运行工况，根据低压侧三相电压、电流采样值，每隔 1～2min 计算一次电压有效值、电流有效值、有功、无功、功率因数、有功电能、无功电能等运行参数；记录并保存一段时间（一周或一个月）和典型日上述数组的整点值，电压、电流的最大值、最小值及其出现时间，供电中断时间及恢复时间（记录数据保存在装置的不挥发内存中，在装置断电时记录内容不丢失）。DA 主站通过通信系统定时读取 TTU 测量值及历史记录，及时发现变压器过负荷及停电等运行问题；根据记录数据，统计分析电压合格率、供电可靠性以及负荷特性，并为负荷预测、配电网规划及事故分析提供基础数据。如不具备通信条件，使用掌上电脑每隔一周或一个月到现场读取记录，事后转存到配网自动主站系统或其他分析系统。

三、故障指示器

（一）故障指示器的原理

故障指示器是指示线路故障电流通路的装置，其原理是利用线路出现短路故障时电流正突变及线路停电来检测故障点。其在配网中虽只是一个极小的元件，作用却无比巨大。当短路故障指示器感应到故障电流时，若超过动作的启动条件，则指示器的显示窗口翻牌（或发光），具有通信功能的还可以向主站报告有故障电流通过的脉冲信息，由主站根据配电网接线拓扑关系和传回的信息智能定位故障区段，判断故障在哪个区段。一旦线路发生短路或接地故障，巡线人员可借助指示器上有无故障信息，迅速确定故障点所在的线路区段，彻底改变过去盲目全段巡线查找故障点的落后方法，缩短故障停电查找故障点的时间，大大提高供电可靠性。

短路检测原理：根据短路现象，短路瞬间电流正突变，保护动作超过启动值为动作依据。

接地检测原理：检测接地瞬间的电容电流首半波与接地瞬间的电容电流突变并且大于启动数值，且与接地瞬间的电压、首半波属同相，同时导线对电压下降，即判断线路发生接地，否则未发生接地。

故障指示器的主要技术参数有：短路电流的启动值、接地电流的启动值、自动复位时间。指示器动作翻牌后，按设定时间自动复位，动作复位时间一般为 6、12、24、36h 可选。

故障指示器按照使用环境可分为架空线路型和电缆线路型，按照功能分为短路型、短路接地合一型，按照指示方式分为面板型和智能型，按采集量分为模拟型和数字型。

面板型在线路正常运行时，窗口为白色显示；当线路发生短路、接地故障时，窗口翻牌显示为红色。智能型在线路发生短路、接地故障时，即向主站传回脉冲，主站即可通过接线拓扑关系分析判断故障区段。模拟型采用电磁感应原理及机械传动方式翻牌或者接通发光触发器，指示有故障电流通过；数字型则采用采集量数模转换为数字量并依据电流突变量比较判断，一般都是智能型指示方式。

故障指示器安装在架空线分支线、主干区段节点、电缆终端头，其作用也不相同。

（1）安装在长线路的中段和分支入口处：可指示线路故障区段及故障分支。

（2）安装在变电站出口：可判明是站内或站外故障。

（3）安装在用户配电变压器高压进线处：可判明故障是否由变压器或用户原因造成。

（4）安装在电缆与架空线连接处：可区分故障是否在电缆段。

（5）安装在电缆分支处，可区分哪条电缆故障。

（二）架空型故障指示器

架空型故障指示器直接安装在架空线路上，外观如图 9-16 所示，采用专用工具可以带电装卸，非常简单方便，不影响线路运行。如图 9-17 所示，线路故障时，馈线 3 的断路器跳闸，5、8、11 指示器翻红牌显示，表明均有故障电流通过，从而可判断出 9～12 指示器之间发生故障，巡线人员正是沿着有翻牌的提示信息快速找到故障区段和故障点。

图 9-16　架空型故障指示器

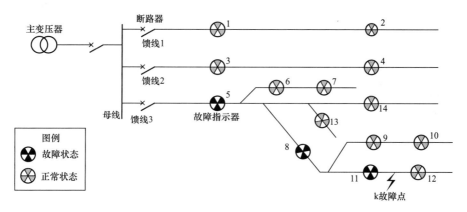

图 9-17　架空型故障指示器应用

（三）电缆型故障指示器

电缆型故障指示器安装在配电网络系统中的环网单元、电缆分支箱、箱式变压器的电缆头，用于指示相应电缆区段的短路或单相接地故障的一种实时监测装置，外观如图 9-18 所示。短路传感器必须安装在电缆的单相分支上，安装时可直接安装在被测电缆上，并进行紧固，防止滑动而造成脱落；接地传感器与零序电流互感器的安装方法相同，安装时应注意需将电缆的三相包围起来，电缆的接地线必须回穿传感器，并紧固，防止滑动而造成脱落。短路传感器和接地传感器可分别检测到电缆系统单相短路和总线接地故障，并同时根据故障信息以指示灯闪烁的方式告警，智能型通过通信传送到主站。

短路报警指示：短路传感器在工作中检测线路的电流，当线路发生短路故障时电流达到或超过短路电流的启动值时，短路传感器发出报警信号，通过导线（光纤）传输给主机，主

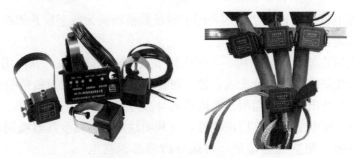

图 9-18　电缆型故障指示器

机接收到此信号后，产生相应的报警指示信号。

接地报警指示：接地传感器在工作中检测线路的零序电流，当线路发生接地故障，接地电流达到或超过接地电流的启动值时，接地传感器发出报警信号中，通过导线（光纤）传输到主机，主机接收到此信号后，产生相应的报警指示信号。

如图 9-19 所示，由 1、6、7、8 指示器翻牌显示即可知均有故障电流通过，从而可判断故障发生在 F 段电缆。

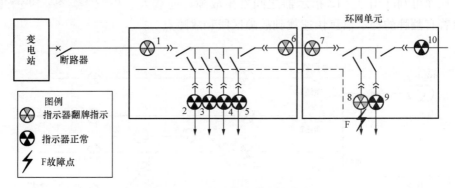

图 9-19　电缆型故障指示器的应用

第四节　配电自动化的通信

通信网络是配网自动化系统的重要组成部分，其性能与可靠性的好坏，对系统整体功能的实现及运行可靠性有着决定性的影响。配网自动化系统的通信站点众多，同时还有站点分散、通信距离短、每一节点的通信数据量小等特点，许多通信装置安装在户外，运行条件比较苛刻，对可靠性要求比较高。因此，在设计、建设配网自动化系统时，要认真研究通信网络的解决方案。

一、配电自动化的通信方式

配电自动化系统通信的一个特点是终端节点数量极大（一个中等规模的系统的通信终端节点数量要有上千个），通信节点分散、通信距离短、每一节点的通信数据量小；另一特点是许多配电自动化系统的通信装置安装在户外，要适应苛刻的运行条件。配电自动化主要的几种通信方式见表 9-1。

表 9－1			配电自动化主要通信方式		
通信方式种类		传输媒介	传输速率（bit/s）	传输距离	优缺点
有线	电力线载波	中压配电线路	50～300	<10km	直接利用电力线路加装载波设备，特别适用于非通信干道的电缆线路载波或低压集中抄表。但数据传输速率较低，容易受到干扰
		低压配电线路	50～300	台区内	
	电话专线	公用电话网	300～4800	较长	传输速率较低，抗干扰、抗过电能力也较差，拨号时间长，运行费用高
	现场总线和RS－485	屏蔽双绞线	<19.2k	<2km	开放式结构，便于设备间连接，传输距离较为有限
	光纤通信	多模光缆单模光缆	百兆级	多模：<5km单模：<50km	通信容量大、速率高，抗电磁干扰能力强、敷设方便等，但造价较高
无线	无线扩频	自由空间	<128M	<50km	特别适合于偏远山区和地理环境复杂、难以架设有线的地段
	数传电台	自由空间	<128M	<50km	使用专用频段，另外频率资源有限，频率占费用较高，必须克服互相干扰
	多址微波	自由空间	<128M	<50km	抗干扰能力差，且须直线传输
	卫星	自由空间	<1200M	全球	运行维护费用较高
	GPRS通信网	自由空间	115	通信公司网络覆盖区	传输速率较低，资源分配使实时性差，运行费用高
	3G通信网	自由空间	兆级	通信公司网络覆盖区	传输速率较高，资源分配使实时性差，运行费用高

常见的通信方式有电力线载波、光纤、电缆数据总线等。

1. 电力线载波

电力线载波通信有如下优点：①安全为电业部门所控制，便于管理；②连接沟通电力公司所关心的任何测控点。这种通信方式可以沿着电力线路传输到电力系统的各个环节，而不必考虑另外架设专用线路，并且 PLC 不必经过无线电管理委员会（FCC）的许可。

电力线载波通信方式也存在如下缺点：①数据传输速率较低；②容易受到干扰、非线性失真和信道间交叉调制的影响；③配电线载波通信系统采用的电容器和电感器的体积较大、价格也较高。

常用的配电载波技术包括电力线窄带载波调制、电力线扩频载波、OFDM 多载波调制等技术。利用电缆屏蔽层传输信号的耦合方式包括卡接式电感耦合方式和注入式电感耦合方式两种。

卡接式电感耦合方式具有安装时不需要停电、简单方便的优点，适用于各种地埋电缆，采用这种耦合方式时，耦合衰减比较大，数据传输距离一般不超过 5km，每个节点只需要一个电感耦合器。卡接式电感耦合方式的原理如图 9－20 所示。

注入式电感耦合方式和卡接式电感耦合方式一样适用于地埋电力电缆，不同之处是，注入式电感耦合器需要串接到电力电缆的屏蔽层，即初端一个接头接电力电缆的屏蔽层，另一个接头接地。注入式电感耦合方式安装耦合设备时一般需要停电，如果电缆终端有地线接线层，可以不停电安装，该方式信号衰减比较小，传输距离一般大于 5km，每个节点只需要一个电感耦合器。注入式电感耦合方式的原理如图 9－21 所示。

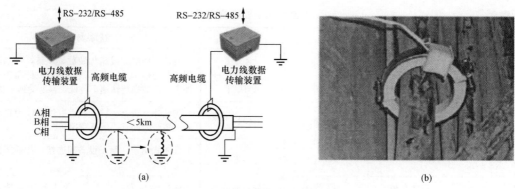

图 9-20 卡接式电感耦合方式

(a) 卡接式电感耦合方式示意图；(b) 卡接式电感耦合器安装图

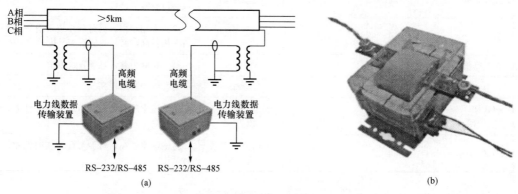

图 9-21 注入式电感耦合方式

(a) 注入式电感耦合方式示意图；(b) 注入式电感耦合器接线图

从实际应用效果来看，配电载波由于通信速率较低、易受网络及外界负载变化的影响且与其他通信方式兼容性不好，还难以完全满足配电网监控对可靠性与实时性的要求，因而主要用于自动读表（特别是低压用户的读表以及负荷控制）等实时性要求不高的场合。

2. 光纤通信

光纤通信是以光波作为信息载体，以光导纤维作为传输介质的先进的通信手段。与其他通信方式比较，光纤通信有以下的优点：

(1) 传输频带宽，通信容量大。

(2) 传输衰耗小，适合于长距离传输。

(3) 体积小、重量轻，可绕性、抗酸碱、抗腐蚀强，敷设方便，可埋地或架空架设。

(4) 输入与输出间电隔离，不怕电磁干扰；保密性好，无漏信号和串音干扰。

目前光纤通信技术已经成熟，较其他通信方式都优越之外，在于它对电磁干扰不敏感。随着光缆技术的提高和生产成本的不断下降，光缆的性价比将继续提高，因此在配电自动化系统中，作为通信干道，光纤通信将被广泛采用。

3. 现场总线和 RS-485

现场总线是近 20 年来发展起来的新技术，它是连接智能现场设备和自动化系统的数字式双向传输、多分支结构的通信网络。在配电自动化系统中，现场总线适合于用来满足

FTU 和附近区域工作站间的通信以及变电站内自动化中智能模块之间的通信。

RS-485 是一种改进的串行接口标准，最多可支持 64～256 个发送/接收器，其功能和安全性都能满足基本要求（如输入输出隔离、防静电、防雷击、微功耗等）。因此，采用 RS-485 方式也是配电自动化系统的理想选择之一。

二、通信方式的选用

各种通信方式拥有各自的特性，在现场设计实施过程中，通信方式的选用应遵循"先进性、实用性、可行性、可扩展性"的原则，因地制宜地优化选择多种通信方式组网的建设方案。结合各地配电设备现场情况，寻求一种"性能价格比"较好、恰当简便的通信方式，"统一规划、分步实施"而不致因技术进步而重复建设的系统和设备。通信系统信道的选用，根据通信规划、现有通信条件和配电自动化及管理系统的需求，按分层配置、资源共享的原则予以确定，在选择配电终端设备时确定通信模块和通信规约。选择通信方式的主要原则如下：

（1）必须满足通信速率的要求。通信速率依据监控点数据量及实时性要求而定，对不同的配电自动化系统终端通信速率的选择如表 9-2 所示。

表 9-2　　　　　　　　　　　不同终端通信速率的选择　　　　　　　　　　　(bit/s)

终端	通信速率	终端	通信速率
开闭所 DTU	1200～2M	TTU	300～9600
FTU	1200～9600	用户读表终端	300～1200

（2）根据重要性选择。实时监控设备的通信（如馈线自动化的通道）要求可靠、快速，可以考虑光纤通信。实时监测设备的通信（如集中抄表、负荷控制等）一般只要求定时采集，在通信速率和可靠性方面大大降低要求，可以选择低价的通信方式，如无线扩频、电力载波或电话专线。

（3）配电控制中心（主站）至配电控制分中心（子站）之间的通信为配电自动化的总动脉，在容量、速率上有较高的要求，宜采用直通的光纤高速以太网。

（4）在市区主要道路设计多个环网作为通信主干道连接至配电控制中心（主站）或配电控制分中心（子站）。主干道的通信为配电自动化的主动脉，宜采用光纤双环自愈网，同时串接沿线的各厂站终端设备。

（5）在郊区，由于配电设备分散、距离长，以有线通信方式为主，辅以其他多种通信方式，可根据地形配以无线扩频或电力线载波，也可考虑采用 GPRS 或 3G 通信。

（6）主干道上光 Moden 分支的通信连接着分散的终端设备，采用光 Moden 辐射型式，选用光纤、双绞线、电力载波、无线扩频等方式。

（7）配电变压器监测终端可选用公网通信网（如 3G、GPRS、CDMA、电话线等）或无线电通信方式。

（8）通信实体间进行数据交换的协议，成为通信协议或通信规约。通信协议规定怎样开始/结束通信、谁管理通信、怎样传输、数据怎样表示与保护、工作机理、支持的数据类型、指令/命令、怎样检测/纠错等内容，是启动和维持通信所必需的严格步骤，即数据传送格式的约定和规则。

IEC 60870-5-101、IEC 60870-5-104、DNP3.0 是配网自动化中常用的三种通信规约，控制中心需支持多种通信规约的接入。

第十章

配电网运行与监控

第一节 配电设备运行管理

一、配电设备双重称号

配电设备投运前应具有双重称号，即名称和编号。无名称和编号的设备严禁投运。双重称号与现场标示要求如下：

(1) 中低压配电设备及线路应采用双重称号。同杆架设的线路还应有位置称号，即指明上线、中线、下线或面向线路杆塔增加方向的左线、右线等。

(2) 每一个设备只能有一个唯一的双重称号。同一供电营业区、同一线路、同一台变内不得有重复。现场设备双重称号的标示做到齐全、正确、醒目。

(3) 设备运行维护部门应做好辖区内配电网设备的标示管理与更新维护，对于异动或者标示模糊不清的应及时进行更改与完善。

(4) 新建或改建的配电网，设备运行维护部门应与施工单位明确投运前的编号及现场标示，新架中压配电线路杆塔、电缆线路的名称及编号标示必须在验收送电前标示完整；改建或因异动需要引起的名称及编号变更的，由设备运行维护部门进行更新；户外环网单元、分支箱、配电站房及其内部主要设备的名称和编号也同样必须标示完整。

二、配电设备异动管理

配电设备异动管理是指配电网的结构、接线或设备变化的过程管理，它是确保配电设备安全运行的重要保证。在以下几种情况应办理设备异动：

(1) 配电网设备型号、规格、长度、截面等参数或安装位置的改变。

(2) 新建工程（包括业扩工程）竣工接入电网运行或引起主接线变化。

(3) 改建（包括增容）、检修工作涉及系统接线和运行方式改变。

(4) 电力线路迁移、增减电杆、更改导线（包括电缆）截面和型号，装拆开关、隔离开关、跌落式熔断器，交叉跨越等变化。

异动管理是一项比较复杂的管理，它牵涉到运行维护管理、施工和检修、调度的相关部门（或班组）和各流程环节，相关部门（或班组）和各流程环节要认真做好异动工作，确保异动信息及时、准确。

设备运行维护管理部门为设备异动管理的责任部门，负责异动申请的审核、跟踪和发布管理，有权对不合理的异动方案提出意见。施工、检修单位为设备异动的直接执行单位，工程施工前应向设备维护管理部门提出异动申请，并严格执行设备异动任务。通常，设备异动的流程如图 10-1 所示。

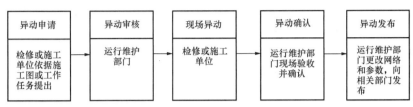

图 10-1 设备异动的流程图

三、设备缺陷管理

(一) 缺陷管理的要求

配电线路及其设备中各部件的性能指标的运行值与规定值的偏差超过了允许范围，即称为缺陷。缺陷主要是由于施工质量、产品质量、外界环境条件、意外灾害等原因引起的。只有准确、及时地发现和消除缺陷，才能保证配电线路及其设备处于良好的运行水平。缺陷管理通常要经历发现、分类、记录、上报、消除五个步骤，必须是一个闭环的管理过程。

设备的缺陷按其严重程度可分为紧急缺陷、重要缺陷、一般缺陷等三类。配电设备缺陷的管理，采取分级管理办法，要求各级人员尽心尽责，切实做好配电设备的缺陷发现、登记、处理、汇报等管理工作。

各运行维护班组应备有设备台账和缺陷记录，做到每台设备、每座杆塔、每条线路的台账有专人管理。维护人员在巡视检查及安全大检查中发现的缺陷，均应在巡视结束给予登记，并提出处理意见；各级领导、技术人员和现场人员在检修中发现的缺陷，均应告诉运行和维护人员，由其登记、处理及汇总上报。

对于一般缺陷，各运行和维护班（站）应每月汇总至技术专责，由技术专责进行分工、上报和协调处理；对于紧急缺陷和重大缺陷，运行和维护班（站）应立即报告部门领导和调度值班员落实处理。

运行维护部门必须及时消除缺陷，不允许有严重缺陷的设备长期运行，检修前要摸清设备缺陷情况，做好技术组织措施，检修中应认真细致处理缺陷，检修后实行严格的验收制度，并由运行和维护人员把已处理的缺陷及时记录。对上报的缺陷，各级应认真进行审查、核实，做到准确无误，必要时组织有关技术人员进行研究并提出处理意见，并按轻重缓急分别安排处理，力争做到设备处在完好状态下运行。

(二) 配电装置性缺陷

装置性缺陷指的是由于设计、施工或设备制造等原因造成的装置缺陷，也叫装置性违章，是配电设施存在着与规程和技术标准相违背的现象。其将影响配电设施的安全运行或危及人身安全，属原发性缺陷。

要杜绝装置性违章现象，一方面要从源头把关，配网工程的设计、施工、验收部门与人员应贯彻并严格执行有关标准、规程与规定；另一方面，要开展装置性违章专项整治，消除设备不安全因素，构筑本质安全。常见的装置性缺陷的违章表现及危害见表 10-1。

表 10-1　　　　　　　　　常见的装置性缺陷的违章表现及危害

设备分类	违章表现	危害
架空线路	不同区段电源的中、低压线路同杆架设，配变台区低压线路交叉跨越供到另一配变台区或超越了中压分段开关	检修时相互影响扩大停电范围，未全部停电从而引发人身触电伤害
	绝缘导线未设置验电和停电接地环	无法落实安全作业的技术措施
	跨越公路、铁路、河流Ⅰ、Ⅱ级通信线或 15°～45°转角杆未采用双担双碍子或耐张杆型，直线跨越杆未双固定	发生导线断落可能性，危及其他设施安全
	铜与铝连接未采用铜铝过渡线夹或铜铝设备线夹	铜与铝直接连接，在接触面会产生电化学腐蚀并导致断股或断线
	一档距内，一根导线接头超过一个	接头是个薄弱点，多了一个隐患
	穿越电力线的拉线未装设拉线绝缘子，或拉线绝缘子高度不符合要求	拉线触及带电线路或者拉线断落触碰带电部位，存在触电危险的公共安全
柱上开关架、配变台架	联络开关及隔离开关两侧未装设避雷器	雷电正行波和反射波正好峰值同时叠加危害很大，雷击易损坏设备
	同一根电杆装设两组开关、隔离开关、跌落式熔断器或电缆头	辨识不清、误判而影响操作和检修安全
	两台及以上配变台架并排相连且高低压不同侧	在带电的检修台上进行工作时，高低压容易混辨触电
	分支电杆或设置电缆头开关设备的电杆又装设变压器台架	维护检修安全技术措施布置困难，因带电部位安全距离不足易发生触电
	配变台架无上层高压隔离开关	人员在台架上检修作业与带电部位安全距离不足，容易发生触电
	配电变压器低压侧中性点未直接接地，TN—C 系统中性线未重复接地	中性线出现危险电压，单相接地故障时非故障相电压升高，容易发生用电设备损坏以及人身安全
电缆线路	并联使用的电缆，其型号、规格不同，长度偏差超过规定	影响负荷分配不平衡而过载
	电缆敷设的弯曲半径超过规定	损坏绝缘层
	金属套管未接地	产生感应电压而伤人
	与架空线路相连的电缆终端未装设避雷器	雷电损坏电缆主绝缘
配电站房及其开关盘柜	配电站房的门未朝外开	火灾时不利于人员紧急疏散撤离
	变压器室未设置围栏或者高压侧朝向外侧	容易造成巡视人员直接进入误碰带电部位
	裸露母线和引线未绝缘封闭或未设置围栏和标示	容易发生触电伤害
	电缆分支箱、环网单元、箱式变压器没有设置保护接地或者安装停电作业验电接地装置	影响检修接地保护和防人身触电伤害
安全距离	线路交叉跨越距离、过引线距离、同杆线路上下层间距、与建筑物水平和垂直距离不足	影响线路运行和人身安全
	高压配电线路跨越易燃、易爆场所或安全距离不足	易引发火灾事故
	配变台架对地距离不够或落地式安装无围栏	容易发生公众人身触电伤害
	户内配电盘柜与四周的墙壁、围栏净距小于规程规定的要求	不能满足巡视及维护检修人员的安全的基本条件

设备分类	违章表现	危害
名称标示	架空线路、电缆线路、配电设备的名称编号标志错编、漏编或与台账不相符	造成识别判断错误
	开关的分合闸指示不准确或与实际不相符	造成误操作事故
	电缆路径标示未设置	外破挖断或检修改造时难查找

四、设备评级管理

配电设备在使用中为了掌握整体的健康状况，通常采用设备评级管理的方法，这样也便于全面掌握设备的安全状况和存在的缺陷，为安全运行和设备的检修、技术改造提供依据。设备按其完好程度分为一、二、三类，一、二类设备统称为完好设备。

1. 设备评级的类别

（1）一类设备：指设备技术性能良好，能保证线路或设备额定负载长期安全运行。

（2）二类设备：指设备技术性能基本完好，个别零部件虽存在一般缺陷，但不影响线路在一定期限内安全经济运行。

（3）三类设备：有重大缺陷不能保证安全运行，或供电能力不够，或缺陷发展趋势明显地威胁安全的设备。

2. 设备评级考核指标公式［见式（10-1）］

$$设备完好率 = \frac{一类设备数 + 二类设备数}{参加评级的设备数} \times 100\%$$

$$一类设备占有率 = \frac{一类设备数}{参加评级的设备数} \times 100\%$$

$$（10-1）$$

3. 设备评级的单元划分

由于配电网的组成复杂，而评级需要分类分单元进行个体评价，最后进行总评确定该评级单元的健康级别。一般评级单元划分如下：

（1）配电线路每回馈线为一个单元（一回馈线主干线包括分支，同杆架设的线路随高一级电压等级的线路定级）。同杆架设双回路按两个单元统计，每个单元包括杆塔及基础、导线、绝缘子及金具、拉线。

（2）配电变压器（包括配电室、箱式变压器）以每台为一个单元，每个单元包括高低压隔离开关、高压跌落式熔断器、高低压避雷器、配电变压器、高低压出线、低压侧总开关或隔离开关（无开关含总低压干线）、接地装置等七个方面。

（3）配电网线路上的开关、隔离开关、跌落式熔断器，以每台（组）为一个单元（包括台架和引线等设备）。

（4）环网单元以每台为一个单元，每个单元包括开关、外壳、基础及远动装置。

（5）开闭所、配电所（站、室）以每台开关为一个单元，每个单元包括开关柜的一、二次设备。

4. 配电网设备的总体评价

配电网的评级单元，有许多个设备和元件组成，对各类元件进行评级，在利用加权算法计算评级单元的总体评价。这里介绍综合评价方法，各地可结合实际情况适当调整。

（1）各类元件占有率。

一类元件占有率＝一类元件数量/元件总数

二类元件占有率＝二类元件数量/元件总数

三类元件占有率＝1－一类元件占有率－二类元件占有率

1）当一类元件占有率不小于85％，该类元件可评定为一类设备；

2）当一类元件、二类元件占有率之和不小于85％且无紧急缺陷，该类元件可评定为二类设备；

3）当一类元件、二类元件占有率之和小于85％或有紧急缺陷，该类元件可评定为三类设备。

（2）评级单元的综合评定。对评级单元中的各类元件进行定级后，根据元件重要程度设定相应加权系数比例，汇总该评级单元的总体评价总分，评定出该评级单元的设备健康水平。模型参考如下：

1）总评分大于或等于85％且无紧急缺陷的可评定为一类设备；

2）总评分大于或等于60％小于85％且无紧急缺陷的，可评定为二类设备；

3）总评分小于60％或有紧急缺陷的，评定为三类设备。

五、技术档案管理

技术档案管理是配电基础管理的重要内容，完善、准确的配电图纸和资料是高效开展各项配电管理工作、确保安全生产的基础。配电管理各部门、班组应设立技术档案管理专（兼）职人员，负责管理本部门、班组的档案资料，负责各类报表的统计与上报，及时收集健全与本部门、班组管辖范围相关的有关图纸、记录，做到账、物相符，记录与现场相符，同时作为技术资料的唯一信息及时发布，与其他部门、班组实现信息共享，方便业务人员的查询、查阅。

逐步推广现代化的计算机信息管理，对于各项记录、图纸、台账采取电子文档的方式进行记录和管理，实现可下载的方式共享，对重要设备异动和重大事件及时发布信息，实现技术档案管理的现代化。

配电技术资料主要包括配电图纸、各种记录、工程档案、产品技术资料及使用手册（说明书）、工器具使用说明书、设备台账、市政工程建设相关资料等。其中图纸主要包括中压配电网络接线图、中压配电线路杆位图、配电所（站、室）平面布置图和电气主接线图电缆敷设图、电缆管沟分布详图、低压台区图等；记录主要包括巡线记录，交叉跨越记录，缺陷及处理记录，故障处理记录，中压馈线负荷记录，公用变压器负荷、末端电压记录，配网调度运行记录，工作许可与终结记录，现场照片等；台账主要包括线路台账，变压器台账，中压开闭所、配电所（站、室）台账，双电源清册（含用户侧和线路的双电源），试验报告单等。

下面以专业管理的分工，列举配电管理一些主要部门、班组应具备的技术资料及其管理要求。

1. 配网调度运行具备的技术资料

（1）具备的技术资料。主要技术规程（包括电网调度管理条例、地区电力调度管理规程、配电网络调度管理规程、电业安全工作规程等），中压配电网络接线图、配电线路杆位图，开闭所、配电所（站、室）柱上开关、隔离开关安装情况一览表、中压馈线负荷记录、配网调度运行记录、工作许可与终接记录等，中压馈线最大允许电流值、开关继保定值、双电源清册、重要用户台账等。

（2）管理要求。根据配电网的异动情况，及时更改中压配电网络连接图，调整运行方式。定期向有关维护班组、抢修班组、施工班组、设计班组、本部门技术负责、配电主管部门提供中压配电网络接线图的图纸。对开闭所、配电所（站、室）柱上开关、隔离开关在投运前进行命名并编号，及时发布信息。每月进行一次正常运行方式下的中压馈线负荷最大值运行分析和统计报表。即时记录配网调度运行记录及电话信息的电脑录音，有关资料保存期为一年。

2. 架空线路维护具备的技术资料

（1）具备的图纸资料。主要技术规程（包括电气装置安装工程施工及验收规范、架空配电线路运行规程、电力变压器运行规程、电力设施保护条例、电业安全工作规程等），中压配电网络接线图、中压配电线路杆位图、户外公用变压器低压台区图、巡线记录、交叉跨越记录、缺陷及处理记录、故障处理记录、防护通知单、检修记录，公用变压器负荷、末端电压记录，线路台账、变压器台账、中压柱上开关、隔离开关台账、开闭所和配电所（站、室）清册、双电源清册、试验报告单等。

（2）管理要求。根据工程验收及异动情况，及时更改中压配电线路杆位图，户外公用变压器低压台区图，健全线路台账，变压器台账、中压柱上开关和隔离开关台账、开闭所和配电站（室）清册，线路双电源清册。定期向配网调度班组、抢修班组、施工班组、设计班组、本部门技术专责、配电主管部门提供中压配电线路杆位图，户外公用变台区图纸和线路双电源清册。根据线路巡视与维护情况，在当天完成巡线记录、交叉跨越记录、缺陷及处理记录、故障处理记录、负荷测试记录、检修记录。防护通知单及现场照片等资料永久保存，定期送档案室归档。工程竣工验收后，工程竣工图纸及试验报告及时进行存档。

3. 电缆线路维护具备的技术资料

（1）具备的技术档案。主要技术规程（包括电气装置安装工程施工及验收规范、电力电缆运行规程、电力设施保护条例、电业安全工作规程等）；中压配电网络接线图，电缆敷设图，电缆管沟分布详图，配电所（站、室，含箱式变电站）低压台区图；巡试记录、缺陷及处理记录、故障处理记录、防护通知单、试验报告单、检修记录；有关设备台账、双电源清册等。

（2）管理要求。根据工程验收及异动情况，及时更改或建立电缆路径图、电缆沟分布详图、配电所（站、室，含箱式变电站）低压台区图，建立台账。根据线路巡视与维护情况，在当天完成巡线记录、缺陷及处理记录、故障处理记录、负荷测试记录、检修记录。定期向配网调度班组、修试班组、施工班组、设计班组、本部门技术专责、配电主管部门提供电缆路径图。防护通知单及现场照片等资料永久保存，定期送档案室归档，工程竣工验收后，工程竣工图纸及试验报告进行存档。

4. 配电站房维护具备的技术资料

（1）具备的技术档案。主要技术规程（包括电气装置安装工程施工及验收规范、电力变压器运行规程、配电站房现场运行规程、电业安全工作规程等），中压配电网络接线图，巡试记录、缺陷及处理记录、故障处理记录、试验报告单、检修记录，有关设备台账、双电源清册等。

（2）管理要求。根据工程验收及异动情况，及时更改或建立配电站房电气接线图和设备台账。根据线路巡视与维护情况，在当天完成巡线记录、缺陷及处理记录、故障处理记录、负荷测试记录、检修记录。定期向配网调度班组、修班组、施工班组、设计班组、本部门技术专责、配电主管部门提供配电站房电气接线图。工程竣工验收后，工程竣工图纸及试验报告进行存档。

5. 配电网抢修班组具备的技术资料

（1）具备的技术档案。主要技术规程（包括电气装置安装工程施工及验收规范、电力电缆运行规程、电力变压器运行规程、电力设施保护条例、电业安全工作规程等），中压配电网络接线图、中压配电线路杆位图、电缆敷设图、低压台区图、双电源清册，故障抢修处理记录、工作许可与终接记录等。

（2）管理要求。抢修结束后，及时向配网调度和维护部门（或班组）提供抢修情况及设备异动资料。根据线路故障情况，当日记录故障抢修处理记录。

6. 配电网规划设计部门具备的技术资料

（1）具备的技术档案。主要技术规程（包括架空配电线路设计技术规程、架空绝缘配电线路设计规程、电力电缆设计规范、城市中低压配电网改造技术导则实施细则、10kV及以下变电站设计规范、低压配电设计规范、配电工程典型设计图集、工程预算取费标准及预算定额等），保存工程初设图纸、施工图纸的蓝图与电子图档，建立配电网规划资料信息库。

（2）管理要求。工程图纸分类编号，同个工程的图纸装订成册。收集、建立与配电网建设相关的市政建设资料库。保存工程设计的路径依据、项目依据、原始资料，并进行归档。

第二节 配电网运行监控

配电网的运行监控就是对管辖范围内配电网及其设备进行运行监视、控制、调整和指挥，保证配电网的安全、可靠、经济运行，确保向用户提供满足需要的合格的电能。

配网调度负责辖区内中低压配电网的运行监控任务，为此，其主要工作职责如下：

（1）维护辖区配电网的正常运行，制订配电网的运行方式、保护整定值、设备名称编号并督促落实。

（2）受理辖区内配电网的各类停役申请、运行方式调整和实施。

（3）对辖区内的配电设备进行运行、调度管理，下达停送电、转供电的倒闸操作指令，督促准确实施。

（4）编制、平衡所辖设备的检修、配电网改造等停电计划，并批准、安排辖区设备的检修、配电网施工的停电事宜。

（5）指挥辖区内配电网故障的处理，参加配电网故障的分析，制订配电网安全运行措施。

（6）服从上级调度的指挥，执行上级调度（地调）的调度指令。

一、配电网的运行方式

配电网运行方式是指配电网中各设备及线路的连接方式及实际所处的工作状态，通常以常开的联络开关作为中压馈线运行供电区域的标志来划分。运行方式分为正常运行方式和非正常运行方式。正常运行方式是指正常情况下，配电网经常采用的运行供电范围及其联络开关的位置；非正常运行方式则是指在应急保供电、事故处理、设备故障或检修时，配电网所采用的运行供电范围及转供电方式、联络开关的位置，具有随机性。

编制配电网运行方式的原则为：①保证整个配电网及其各组成部分的安全、可靠、经济运行；②保证重要用户供电的可靠性、灵活性和双电源用户的要求；③考虑当配电网发生故障时，能迅速隔离故障，避免故障扩大。

配电网的接线变化相对频繁，同时各地的负荷变化受季节的影响非常明显，配网调度部门要结合配电网的实际情况和季节特点，每年定期（如 5 月和 10 月）编制中压配电网运行方式，明确各路馈线的运行供电范围及转供电方案，遇节施工检修停电作业或假日、特殊时期的重要用户保供电需要制订专项的保供电运行方式。中压配电网新馈线投运前，按照新馈线投运启动方案、馈线负荷情况、接线方式等，编制和修订有关馈线的运行方式。

二、停役申请与受理

配网设备的检修、施工的停电，实行统一的计划管理。配电设备停电计划由施工、检修部门向管辖的部门提出，经审批后报可靠性专责汇总，由可靠性专责会同配网调度、上级调度（地调或县调）、生产技术部平衡后作为生产计划下达各有关部门。

凡是配网调度管辖的设备，其状态变更均应提前向调度管辖部门办理设备停役申请手续，填写设备状态变更申请书（以下简称停役申请书），填明设备的名称及其状态要求、工作内容、安全措施以及对其他设备的影响等，并符合设备双重编号、调度术语、调度命名、设备状态等规定。配电网改造可能使其相序接错或在设备停电检修中需变动或更改设备及参数时，均应在申请书设备异动栏附上异动申请单，提供详细的说明和图纸，并在异动申请单备注栏内明确要求进行核相工作。

有关单位在填报有设备异动的停役申请书时，应同时报送异动申请单，异动申请单应经设备运行维护和调度管理部门审核同意，否则有关部门对其作业停役申请有权不予审批。

工程施工检修工作结束后，设备运行维护管理部门会同施工单位验收确认后，向配网调度当值人员报告设备已按异动单执行异动、可恢复送电运行的结论，调度值班员应做好记录和录音。当值调度员应得到"可以送电运行"报告后，方可下令对设备进行送电操作。

三、新（改）建配电工程的接入管理

（1）配电网新建、改建线路（或设备）在投入运行前，项目负责人应提前书面向配电网运行部门申请，配电网运行部门审核合格后向配网调度部门填报设备状态变更申请单，申请启动送电。配网调度部门编制启动方案，审批、执行设备状态变更申请单。工程项目负责人申请时提供的资料包括：①线路接线图（含异动前后）；②与现场接线相一致的竣工图纸；③线路设备规范参数和线路设备试验报告；④线路验收合格报告和投运报告；⑤线路投运方案和核相方案。

(2) 配电网新建、改建线路（或设备）在投运送电前应具有双重名称，严禁无名称和编号的设备投运。

(3) 线路（或设备）在投运送电前，设备运行维护班组需确认线路验收合格并确认送电范围，具备运行条件，出具线路验收合格报告。线路投运时，调度值班员在得到运行维护班组现场验收人员确认线路设备状态、验收合格的报告及送电范围后，方可对线路进行送电。

(4) 设备异动单各相关资料的设备名称、双重编号、用户名称及电缆的起点、终点保持一致。

(5) 配网调度管辖的所有配电网设备，须经配网调度管理部门许可，方可投入配电网运行。凡是由于资料不全或在安全上不具备运行条件的新设备，配网调度管理部门有权拒绝批准该设备投入。

(6) 用户专用配电设施验收送电前，验收单位应提前向配网调度管理部门报送计划，并填报配网调度部门管辖设备的状态变更申请。验收送电时，现场验收负责人向调度值班员报告并经许可，方可投运送电。

(7) 新架设线路（包括电缆线路）的投入，以及可能使相序/相位紊乱的检修及改造（包括线路改造、开闭所改造等）等异动的工程，投运时都必须核相，核相正确后应安排进行一次合解环试验。

(8) 与运行中的配电网形成电气连接的配电线路（或设备），应按运用中的设备纳入配网调度管理，及时异动修改配电网接线图纸和参数，编制运行方式、启动方案。

四、事故处理

1. 一般规定

(1) 配网调度值班员是配电网事故调度处理的指挥人，对配电网事故处理的正确性和迅速性负责。处理配电网事故应做到：①尽快限制事故的发展，消除事故根源，解除对人身和设备安全的威胁；②用一切可能的办法，保证对用户的正常供电和转供电；③尽快恢复配电网的正常运行方式，保证正常设备的继续运行；④尽快对已消除故障和已停电但不在故障范围内的用户恢复供电，缩小故障影响范围。

(2) 抢修班组负责线路故障的查找及事故原因分析和判断，事故处理现场的抢修人员应向调度值班员报告事故情况，报告内容包括发生事故和异常的详细位置和具体现象，继电保护安全自动装置、开关动作情况，表计和信号指示，电压变化情况等。同时根据事故处理规定，尽快处理所管辖范围内设备的事故。

1) 抢修工作指配电网设施配电设备在运行中发生故障或严重缺陷，有扩大故障范围、危及人身安全、造成设备严重损坏的可能，必须立即进行隔离处理的工作。

2) 事故应急抢修应填用事故应急抢修单，非连续进行或者隔夜的事故修复工作应使用工作票。

3) 若事故涉及上级调度管辖范围内的设备，调度值班员应主动与上级调度值班员联系并报告情况，特别涉及越级跳闸故障要查出故障点。

(3) 事故处理期间，对配网调度管辖范围内的设备操作，应得到调度值班员的指令或同意后方可进行。为防止事故扩大，下列操作无须等待调度值班员的指令，可执行后再详细报告：①将直接对人身安全有威胁的设备停电；②将可能造成事故扩大的已损坏的设备隔离；

③已知线路故障，而开关柜动时，将该馈线开关断开；④规程或现场规定中明确规定可不等待调度值班员指令自行处理的操作。

（4）事故发生时，调度值班员应关注配电自动化系统所提供的保护事项、故障事项等相关信息，帮助故障点的定位及故障性质的判断。配电自动化系统如果提供故障隔离及非故障段供电的处理方案时，调度值班员根据实际情况，判断是否可信，并将方案告知抢修人员，为缩短故障处理时间提供帮助。

（5）事故处理过程中，不允许交接班。直到事故处理告一段落后，接班者清楚事故处理情况，能够开始工作时，方可交接班。

2．事故处理

（1）配电线路发生事故时按下列情况分别处理：

1）装有自动重合闸的馈线开关跳闸重合不成功时，抢修人员应对有关的配电网设施都进行巡视检查，将检查情况详细报告调度值班员，并对线路是否具备送电条件作出明确判断，由其决定是否试送。

2）馈线开关遮断容量足够而自动重合闸退出运行，以及开关跳闸自动重合闸装置拒动，雷雨天气时或重要保供电区域以架空线路为主的可强送一次。强送成功后通知有关维护人员进行巡视检查；若强送不成功，抢修人员应对线路进行巡查，排除故障后方可送电。

3）对于线路检修后，复电时断路器即发生跳闸不得强送。

4）线路开关跳闸重合或强送成功后，随即出现单相接地故障时，应立即通知抢修班组。在接到线路有断线等危及人身的报告后，应立即将馈线开关断开。

5）开关允许切除故障电流的次数应在现场规程中规定，开关实际切除故障的次数应有记录。每次开关跳闸时，抢修维护人员应将下列情况向调度值班员报告，并提出观察意见：①开关跳闸次数已达到规定；②开关有溅油，喷油或产生瓦斯等现象；③对开关是否可以投入运行作出明确判断。

（2）线路以电缆为主或按规定不能投重合闸的线路发生跳闸后，应待查明原因后才能强送；若无法查明原因而电网又急需送电时，经部门分管领导同意后调度员可进行强送一次。线路开关跳闸重合或强送成功，调度值班员也应立即通知设备维护人员安排巡视检查。

（3）查明故障段并采取措施隔离后，应及时恢复对非故障段线路的供电。在确认非故障段线路确无故障点，可根据配电网的接线方式，考虑通过其联络线进行转供电。线路故障未查明原因之前，不得将故障段向正常运行线路转移负荷。

（4）故障线路抢修完毕，抢修班组应根据巡视和故障处理的结果，对线路是否具备送电条件作出明确判断，汇报是否试送电。调度值班员在得到抢修班组对故障线路抢修合格可以投入运行的报告后，才可发令送电。

五、配电自动化操作管理

（1）配电自动化系统是配电网的监视、控制和管理辅助手段，它既含有对整个配电网进行实时监控的 SCADA 系统，也包括一些其他的控制和管理系统。配网调度范围包括配电自动化终端设备的投/退，远动压板的投/退，远方/就地开关的投切。

（2）投入正式运行的配电网自动化设备应统一管理（一般由配网调度负责），未经同意，不得无故改变状态。

（3）开关经过遥控试验合格，具备投运条件正式投入运行后，开关的控制方式应置于远方位置，以确保操作时能进行遥控。正常的倒闸操作，优先采用遥控操作，并做好相应记录。若因操作需要，需临时将控制方式改到就地位置，事后（具备改为远方位置条件）应将其改回远方位置。

（4）对开关的遥控操作若由调度员完成，必须由两个调度员共同完成，即一人在一工作机下预令，另一人在另一工作机审批，然后才能正式下令执行（期间各自使用自己的口令与密码，保证操作监护制度在遥控过程的执行，严禁互通密码）。

（5）调度值班员利用自动化系统进行遥控操作时，应查明所遥控的开关遥信已变位和线路电流遥测值已改变到相应值后，方可下令进行下一步的操作。

（6）实现"三遥"的自动化开关由运行转冷备用或检修状态的操作，由调度值班员通过遥控使开关转为热备用状态，再由操作人员进行后续操作；开关由检修或冷备用转运行的操作，由现场操作人员将开关操作到热备用状态后，再由调度值班员通过遥控操作到运行状态。

第三节　配电网倒闸操作

一、倒闸操作的基本术语

1. 设备的运行状态

设备分为运行、热备用、冷备用、检修四种状态。

运行状态是指断路器（或开关）、隔离开关均在合闸位置的状态，开关的操作电源处于合闸状态。

热备用状态是指断路器（或开关）在分闸位置、隔离开关处于合闸位置，开关的保护和操作电源处于合闸状态，断路器（或开关）一经合闸设备即转入运行的状态。

冷备用状态是指断路器（或开关）、隔离开关均在分闸位置，开关的保护和操作电源处于断开、"远方/就地"切换开关转换至就地位置。

检修状态是指断路器（或开关）、隔离开关均在分闸位置，开关的保护和操作电源处于断开、"远方/就地"切换开关转换至就地位置，设备的接地刀闸处于合闸（或挂上接地线）并悬挂"设备检修，禁止合闸！"的警示牌。

2. 配电线路的运行状态

配电线路存在着相互联络、分支辐射成网的连接关系，运行状态通常指整条线路或其中某段线路的状态，分为运行、热备用、冷备用、检修四种状态。

运行状态是指该线路段可转供电的一侧的断路器（或开关）、隔离开关均在合闸位置，开关的操作电源处于合闸，其余各侧的断路器（或开关）、隔离开关均在冷备用状态；若可转供电的还有一侧的断路器（或开关）、隔离开关也处于合闸位置，此时称为并列运行。

热备用状态是指该线路段可转供的一侧的断路器（或开关）在分闸位置、隔离开关处于合闸位置，开关的保护和操作电源处于合闸状态，其余各侧的断路器（或开关）、隔离开关均在冷备用状态。

冷备用状态是指该线路段可转供的各侧的断路器（或开关）、隔离开关均在分闸位置，开关的保护和操作电源处于断开、"远方/就地"切换开关转换至就地位置。

检修状态是指该线路段可转供的各侧的断路器（或开关）、隔离开关均在分闸位置，开关的保护和操作电源处于断开、"远方/就地"切换开关转换至就地位置，停电线路的接地刀闸处于合闸（或挂上接地线）并悬挂"线路检修，禁止合闸!"的警示牌。

3. 倒闸操作

将设备由一种状态转变为另一种状态的过程称为倒闸，所进行的操作就称为倒闸操作。事故处理所进行的操作，实际上是特定条件下的紧急倒闸。

二、倒闸操作的基本内容

倒闸操作有一次设备的操作，也有二次设备的操作，其操作内容如下：

（1）拉开或合上断路器（俗称开关）和隔离开关（俗称刀闸）；

（2）拉开或合上接地刀闸（拆除或挂上接地线）；

（3）装上或取下控制回路、合闸回路、电压互感器回路的熔断器；

（4）投入或停用继电保护和自动装置及其改变整定值；

（5）悬挂或拆除标示牌、遮栏（围栏）。

三、倒闸操作的基本原则

1. 基本要求

倒闸操作人员应熟悉管辖范围内配电网络的接线方式和开关的性能特点，充分考虑到由于操作对电网运行、电力潮流、电压、继电保护、安全自动装置等方面的影响。倒闸操作必须严格遵守规章制度，认真执行操作监护制，正确实现电气设备状态的改变和转换；保证电网安全、稳定、经济地连续运行；保证用户的用电安全不受影响。除紧急情况及事故处理外，交接班期间一般不要安排倒闸操作；条件允许时，一切重要供电区域的倒闸操作尽可能安排在负荷低谷时进行，以减少误操作对电网和用户用电的影响。

2. 倒闸操作基本原则

（1）倒闸操作必须得到相应级别的调度和值班长的指令才能执行。

（2）执行操作票或单项操作，进行模拟操作，以核对操作票操作顺序正确无误。

（3）停送电操作顺序：

1）拉合隔离开关及小车断路器之前，必须检查并确认断路器在断开位置；

2）严禁带负荷拉合隔离开关，所装的电气和机械防误闭锁装置不能随意退出；

3）停电时，先断开断路器，后拉开负荷侧隔离开关，最后拉开电源侧隔离开关，送电时，先合上电源侧隔离开关，再合上负荷侧隔离开关，最后合上断路器。

（4）变压器停送电顺序：送电时，应先送高压侧，后送低压侧；停电时操作顺序与此相反。

四、倒闸操作的基本步骤

（1）接受操作任务。操作任务（预令）由配网调度当值调度员下达，是进行倒闸操作准备的依据，包括操作目的、操作项目、设备状态，操作任务的发令人和受令人应认真记录，复诵核对无误后执行。

（2）确定操作方案。结合当前配电网的实际运行方式和配电网络特点，查看所需操作的开关是否为断路器、负荷开关，查看是否具有"三遥"控制方式，查看是否具有电动操作机构等，综合考虑后确定操作内容、操作方案及操作步骤。

（3）进行异常预想。制订倒闸操作中防止设备异常的各项安全技术措施，并进行必要的准备。要从电气操作可能出现的最坏情况出发，结合本专业的实际，拟订的对策及应急措施要具体可行。

（4）填写操作票，明确操作人、监护人、操作内容及步骤，交代操作任务和注意事项。

（5）审核操作票。操作票填写好必须经过自审、初审、复审，检查操作票的填写是否有漏项、操作顺序是否正确、操作术语使用是否正确、操作内容是否正确。自审由操作票填写人自己审查，初审由操作监护人审查，复审由值班负责人审查，审核无误后在操作票上签字。

（6）接受操作指令。正式操作，必须有相应级别的调度员或值长发布的操作指令，发令人和受令人双方复诵核对无误后，在操作票上填写发令人、受令人姓名和发令时间。

（7）模拟操作。操作人及监护人应了解操作对象的装置特点，熟悉操作要领，进行模拟预演，核对无误后方可现场操作。

（8）正式操作。操作人及监护人做好了必要的准备工作后，携带操作工具及安全用具，进入现场进行正式的设备操作。

（9）复查设备及状态。一张操作票执行完毕后，操作人、监护人均应全面复查一遍，检查操作过的设备是否正常，仪表指示、信号指示、联锁装置等是否正常，并总结本次操作情况。

（10）操作汇报。操作结束后，监护人应立即向发令人汇报操作情况、结果、操作起始和结束时间，经发令人认可后，由操作人在操作票上盖"已执行"图章。监护人将操作任务、起始和终结时间记入操作记录本中。

五、现场操作

（1）倒闸操作必须由两人进行，每进行一项操作，都应遵循"唱票—对号—复诵—核对—操作—复查—打'√'做执行记号"这7个程序。

（2）严格按操作票进行操作，不得跳项和漏项，也不准擅自更改操作票内容及操作顺序，每执行完一项操作，做一个记号"√"。不得将操作票的范围任意扩大。

（3）执行"待令"操作项时，操作人员应向发令人汇报"待令"项前的操作任务的完成情况，在得到发令人许可后，方可继续执行下一操作项。"待令"项应注明起始与终结时间。

（4）在倒闸操作过程中，如果预料有可能引起某些保护、自动装置误动或失去正确配合，要提前采取措施。

（5）操作中产生疑问或发现电气闭锁装置动作，应立即停止操作，报告值班负责人，查明原因后，再决定是否继续操作。

（6）除故障紧急处理外，雷雨天气禁止进行户外的倒闸操作，若确因倒闸操作，应使用防雨型令克棒、戴绝缘手套。

（7）具备配电自动化"三遥"功能的开关，可由调度值班员进行遥控操作。停送电操作时应查明所遥控的开关遥信显示在开关断开位置、遥测电流值为零后，方可下令进行分合隔离开关或跌落式熔断器的相关操作。

六、配电网的合环操作

"手拉手"环网馈线的倒闸操作尽可能采用合环、解环操作，减少转供电操作的停电。配电网的合环操作，应在满足相序、相位的条件下进行，并考虑到环路内潮流、负荷分配的变化以及电网、设备容量和继电保护及自动装置的运行要求。联络开关两侧电源的相角差超过规定的，严禁合环操作。在进行线路合环送电前，应确认线路已经核相正确，具备合环送电的条件。合、解环操作宜在开闭所或可遥控的柱上开关进行。利用主干线的开关进行合解环，配网调度调度员应事先通知上级调度员，随时了解潮流情况，尽可能与操作人员保持联系。合、解环操作后立即报值班调度员备案。

第四节　保供电与应急管理

一、保供电

为保障重大活动和重要节假日的电力供应，维护社会秩序稳定、人民生活安定和地方经济发展，供电单位应积极认真做好保供电。

(一) 保供电的分级与配置要求

保供电工作的分级、分类尚无统一的标准，各地区一般根据实际情况和要求确定，划分与配置要求如下：

1. 保供电的分级

(1) 按照保供电对象的范围大小分类。

1) 专项保供电：主要针对特定的重大活动的保供电工作，其特点是有明确具体、数量有限、范围较小的重点保供电对象，如重大会议、展览、演出、赛事、全国性统一考试等。

2) 一般保供电：不特别针对具体重大活动，主要为特定时期的、保供电对象范围较为广泛的活动或时段，如节假日、抢险救灾等。

(2) 按照保供电的来源或重要性分级。

1) 一级保供电：具有省级及以上重大政治活动、重大军事活动，全国性影响较大的活动，具有国际影响的会议展览等其他活动等。国家级的重要活动单独列作特级保供电。

2) 二级保供电：法定节日，全国性统一考试，市级重要政治活动和具有较大影响的其他活动等。

3) 三级保供电：非一、二级的保供电活动。

2. 保供电工作的配置要求

(1) 一级保供电：电网供电回路应不少于两回、一供一备并实现备自投，主备回路均应自动切换运行。中压配电馈线及其所属的变电站电源点组织特巡和消缺，取消和停止相关设施的计划检修停电，同时在现场还提供移动式发电车，作为重要负荷的应急电源。

(2) 二级保供电：电网供电回路应不少于两回、一供一备，主备回路均应切换运行。中压配电馈线及其所属的变电站电源点组织特巡和消缺，取消和停止相关设施的计划检修停电。

(3) 三级保供电：中压配电馈线及其所属的变电站电源点组织特巡和消缺，取消和停止相关设施的计划检修停电。

（二）保供电主要工作组织与流程

（1）成立保供电组织机构，确保工作有序开展。保供电工作应遵循统一指挥、分级负责、严密落实、响应及时的总体原则。

1）保供电指挥中心主要负责保供电的调度指挥与协调工作。一般下设配电网安全运行保障组、主网安全运行保障组、重要场所供电设施保卫组、抢修应急处理组、后勤保障组等工作组。

2）配电网安全运行保障组负责保供电措施的制订与具体实施，负责配电设施（含用户侧）的巡视检查与消缺，保障配电网安全、可靠运行。

3）主网安全运行保障组负责主网保供电措施的制订与具体实施，负责输变电设施的巡视检查与消缺，负责主网安全、可靠运行的总协调、总检查、总安排。

4）供电设施保卫组负责保供电期间生产重点场所和电力设施要害部位的安全保卫工作，必要时负责联系公安武警协助。

5）抢修应急处理组负责保供电期间输变配电设施故障的应急抢修工作。

6）后勤保障组负责保供电期间的交通饮食、物资供应、安全监督、信息发布与宣传、对外联络工作。

（2）制订典型电网应急预案，确保快速处理故障。对主配电网运行方式、保供电方案和应急预案、安全保卫、抢修策略等进行了全面细致的准备。

（3）统一调配资源，提高快速反应能力。合理安排人员、设备、物资、车辆等资源，确保到位到岗。

（4）组织巡视消缺，确保设备安全可靠。组织人员到各个重点活动场所、涉及的输变配电设施检查保供电情况，加强巡视和设备消缺力度。

（5）调整电网运行方式，确保电网可靠运行。调整好主网和配电网的运行方式，以全结线的方式保证重要用户在线路短、轻载、健康水平好的馈线上运行，有双电源的用户尽可能安排在不同变电站供电。

（6）召开有关重要用户座谈会，明确双方职责。开展重要活动场所用户侧安全供电检查，督促用户制订并落实重要用电设备的保电措施和临时保电方案。

二、供电应急管理

供电应急是指电网为应对突发性（如遭受自然灾害）而发生大面积停电事故的紧急处理机制。

（一）建立应急体系的必要性

为了正确、有效和快速预防和处理配电网络大面积停电事故，提高供电单位在突发性配电网络大面积停电以及防抗自然灾害、战争状态等的快速应变能力，最大限度地减少事故造成的影响和损失，保障电力持续供应，维护社会秩序稳定、人民生活安定和地方经济发展，各供电单位应建立应急处理体系，在可以预见的范围内，制度化、规范化地迅速响应、快速组织、果断处理，控制并降低重、特大事故带来的影响，确保配电网迅速恢复正常生产秩序。

配电网可能遭遇的自然灾害按其特点和灾害管理的不同可归纳为以下几类。

（1）气象灾害：热带风暴或台风、龙卷风或飑线风、雷暴雨、暴风雪、霜冻、覆冰等。

（2）海洋灾害：风暴潮、海啸等。

（3）洪水灾害：洪水或江河泛滥、内涝积水等。

（4）地质灾害：崩塌、滑坡、泥石流、塌陷、地震等。

现代经济发展和社会生活越来越离不开电力，电力网存在遭受自然灾害等原因，造成大面积停电的危险；配电网直接联系着千家万户，一旦灾害出现其后果也同样是灾害性的。因此，加强配电网的防灾抗灾处置管理，是近代配电网管理的重要内容。

（二）供电应急预案

供电应急预案是针对电网可能发生的重大事故或灾害时，为保证迅速、有序、有效地开展应急与救援行动，降低事故损失而预先制订的有关计划或方案。应急预案编制是应急准备工作的核心内容之一，各供电单位应根据本地的社会、地理、遭受灾害的不同种类，分别制订相应的防灾与供电应急预案。

供电应急预案主要包括以下内容：

（1）依据有关法律法规，制订防灾与供电应急管理制度，规范各单位、各部门（含社会联队单位、用户）的行为职责。

（2）明确组织机构与职责，建立供电应急指挥机构及职责分工。

（3）负荷供电应急分级，按照电网停电范围、事故程度、遭受灾害后果将供电负荷应急状态分为黄色预警、橙色警戒状态、红色紧急状态、黑色危急状态等四个级别。

（4）供电应急响应。根据不同的应急级别启动相应的应急措施，及时响应。

（5）应急保障措施。包括技术保障、资金和物资保障、人员保障三部分内容。

（6）后期处置。及时总结应急处理工作的经验和教训，进一步完善和改进应急处理预案、事故抢险与紧急处置体系。

（7）培训与演练。所有在应急预案中承担某项职责的人员都必须接受有针对性的培训，熟知所在岗位的应急处理职责，熟练掌握所在岗位的应急处理任务，能按预案进行事故报警、调度、抢修、物资运送、通讯联络、指挥等，提高应急处理反应能力。应急指挥办公室负责预案的演练工作，按周期有针对性地制定演练计划，根据演练情况进行评价并提出整改意见。

（三）应急处置的基本原则

（1）预防为主。坚持"安全第一、预防为主"的方针，制订突发事件或重要保供电的故障预防控制措施、应急处置措施，定期进行安全检查，组织开展有针对性的反事故演习，提高各单位事故处理、应急抢险以及恢复电力正常生产的能力。

（2）统一指挥。在生产应急指挥中心的统一指挥和协调下，通过各单位各级应急指挥机构，组织开展事故处理、事故抢险、供电恢复、应急处理、维护稳定、恢复电力生产等各项应急处理工作。

（3）分级负责。按照"统一协调、各负其责"的原则，各单位和电力用户都要根据本单位的具体情况，建立应急处理体系，制订相应的应急处理预案。各级应急指挥机构主要负责事故抢险、应急处理、恢复电力生产等工作。电力用户应根据重要性程度，自备必要的保安措施和运行值班，提高自身应对能力和自救能力，避免在突然停电情况下发生次生灾害。

（4）保证重点。遵循"保人身、保重点"的原则，在供电恢复中，优先考虑重要地区、重要负荷、生命线工程以及政府机关、指挥中心、通信设施等重要用户恢复供电，尽快恢复社会正常供电秩序。必须针对每种状况下用户的负荷等级和分类用户的保供电序位，分清主次先后做好保供电与抢修恢复供电，先主网、主干线，后分支线；先高压，后低压；先重要用户，后一般用户；确保电网调度指挥系统的供电和电网恢复供电，优先保障抢险指挥机构、医疗卫生、重要政府部门、供水、排洪排涝民生保障等重要用户的供电。

参 考 文 献

[1] 李天友. 配电技术 [M]. 北京：中国电力出版社，2008.

[2] 李天友. 供用电工人职业技能培训教材，配电线路 [M]. 北京：中国电力出版社，2006.

[3] 徐丙垠，李天友，薛永端，等. 智能配电网讲座　第一讲　智能配电网概述 [J]. 供用电，2009，3：81-84.

[4] 徐丙垠，李天友，薛永端，等. 智能配电网讲座　第二讲　分布式电源并网技术 [J]. 供用电，2009，4：22-27.

[5] 徐丙垠，李天友，薛永端，等. 智能配电网讲座　第五讲　柔性配电与故障电流限制技术 [J]. 供用电，2010，1：20-25.

[6] 李天友，徐丙垠. 智能配电网自愈功能与评价指标 [J]. 电力系统保护与控制，2010，22：105-108.

[7] 肖湘宁. 电能质量分析与控制 [M]. 北京：中国电力出版社，2004.

[8] E. Lakervi, E. J. Holmes. 配电网络规划与设计 [M]. 范明天，张祖平，岳宗斌，译. 北京：中国电力出版社，1999.

[9] 丁一正，谈克雄. 带电作业技术基础 [M]. 北京：中国电力出版社，1998.

[10] 胡毅. 配电线路带电作业技术 [M]. 北京：中国电力出版社，2002.

[11] 李天友. 试论配电的带电作业 [J]. 福建电力与电工，2000，4：20-21.

[12] 徐丙垠，李胜详，陈宗军. 电力电缆故障探测技术 [M]. 北京：中国机械出版社，1999.

[13] 要焕年，曹梅月. 电力系统谐振接地 [M]. 北京：中国电力出版社，2000.

[14] 张纬，何金良，高玉明. 过电压防护及绝缘配合 [M]. 北京：清华大学出版社，2002.

[15] 汤毛志. 电力施工企业职工岗位技能培训教材　起重技术 [M]. 北京：中国电力出版社，1999.

[16] 徐丙垠，李天友. 配电自动化若干问题的探讨 [J]. 电力系统自动化，2010，34 (9)：81-86.